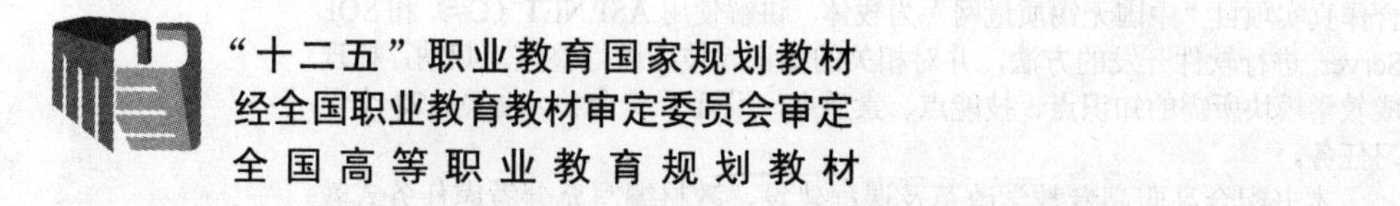

ASP.NET软件开发实用教程

第2版

主　编　华　驰　倪喜琴

副主编　姜　彬

主　审　顾晓燕

机械工业出版社

本书根据企业中软件开发过程及规范，结合职业教育教学理念，以校企合作真实项目“中国无锡质量网”为载体，讲解使用 ASP.NET（C#）和 SQL Server 进行软件开发的方法，并对相关的知识、技能进行整理、归纳，梳理成教学模块所需的知识点、技能点、素质点，设置了 5 个学习情境、28 个学习任务。

本书配合高职高专教学改革及课程建设，教材编写充分考虑任务式教学方法，课堂上采用项目导向、任务驱动学习，课后在教师指导下完成另外一个校企合作模仿任务，从而实现“工学交替、学做融合”的教学过程，让学生能够实际掌握基于 CMMI3 的 Web 应用软件开发规范及流程，养成良好的团队协作职业素质，从而可以掌握 Web 应用软件开发各类岗位所学的各项技能。

本书结构清晰、浅显易懂，配套资源和素材丰富，既可以作为高职高专院校计算机相关专业 Web 开发课程教材，也可作为软件设计师的职业资格考试、相关职业技能考证的参考教材，同时还适合具有一般计算机基础的软件开发爱好者自学使用。

本书配有授课电子课件，需要的教师可登录 www.cmpedu.com 免费注册、审核通过后下载，或联系编辑索取（QQ：1239258369，电话：010-88379739）。

图书在版编目（CIP）数据

ASP. NET 软件开发实用教程/华驰，倪喜琴主编. —2 版. —北京：机械工业出版社，2015. 1

“十二五”职业教育国家规划教材　全国高等职业教育规划教材

ISBN 978-7-111-48861-3

Ⅰ. ①A…　Ⅱ. ①华…　②倪…　Ⅲ. ①网页制作工具—程序设计—高等职业教育—教材　Ⅳ. ①TP393. 092

中国版本图书馆 CIP 数据核字（2014）第 306714 号

机械工业出版社（北京市百万庄大街 22 号　邮政编码 100037）

责任编辑：鹿　征　　责任校对：　张艳霞

责任印制：李　洋

北京振兴源印务有限公司印刷

2015 年 2 月第 2 版 · 第 1 次印刷

184mm×260mm · 19. 75 印张 · 488 千字

0001—3000 册

标准书号：ISBN 978-7-111-48861-3

定价：43. 00 元

凡购本书，如有缺页、倒页、脱页，由本社发行部调换

电话服务

服务咨询热线：010-88379833

读者购书热线：010-88379649

网络服务

机 工 官 网：www. cmpbook. com

机 工 官 博：weibo. com/cmp1952

教育服务网：www. cmpedu. com

金　书　网：www. golden-book. com

全国高等职业教育规划教材计算机专业

编委会成员名单

出版说明

《国务院关于加快发展现代职业教育的决定》指出：到 2020 年，形成适应发展需求、产教深度融合、中职高职衔接、职业教育与普通教育相互沟通，体现终身教育理念，具有中国特色、世界水平的现代职业教育体系，推进人才培养模式创新，坚持校企合作、工学结合，强化教学、学习、实训相融合的教育教学活动，推行项目教学、案例教学、工作过程导向教学等教学模式，引导社会力量参与教学过程，共同开发课程和教材等教育资源。机械工业出版社组织全国 60 余所职业院校（其中大部分是示范性院校和骨干院校）的骨干教师共同策划、编写并出版的“全国高等职业教育规划教材”系列丛书，已历经十余年的积淀和发展，今后将更加紧密结合国家职业教育文件精神，致力于建设符合现代职业教育教学需求的教材体系，打造充分适应现代职业教育教学模式的、体现工学结合特点的新型精品化教材。

“全国高等职业教育规划教材”涵盖计算机、电子和机电三个专业，目前在销教材 300 余种，其中“十五”“十一五”“十二五”累计获奖教材 60 余种，更有 4 种获得国家级精品教材。该系列教材依托于高职高专计算机、电子、机电三个专业编委会，充分体现职业院校教学改革和课程改革的需要，其内容和质量颇受授课教师的认可。

在系列教材策划和编写的过程中，主编院校通过编委会平台充分调研相关院校的专业课程体系，认真讨论课程教学大纲，积极听取相关专家意见，并融合教学中的实践经验，吸收职业教育改革成果，寻求企业合作，针对不同的课程性质采取差异化的编写策略。其中，核心基础课程的教材在保持扎实的理论基础的同时，增加实训和习题以及相关的多媒体配套资源；实践性较强的课程则强调理论与实训紧密结合，采用理实一体的编写模式；涉及实用技术的课程则在教材中引入了最新的知识、技术、工艺和方法，同时重视企业参与，吸纳来自企业的真实案例。此外，根据实际教学的需要对部分课程进行了整合和优化。

归纳起来，本系列教材具有以下特点：

1）围绕培养学生的职业技能这条主线来设计教材的结构、内容和形式。

2）合理安排基础知识和实践知识的比例。基础知识以“必需、够用”为度，强调专业技术应用能力的训练，适当增加实训环节。

3）符合高职学生的学习特点和认知规律。对基本理论和方法的论述容易理解、清晰简洁，多用图表来表达信息；增加相关技术在生产中的应用实例，引导学生主动学习。

4）教材内容紧随技术和经济的发展而更新，及时将新知识、新技术、新工艺和新案例等引入教材。同时注重吸收最新的教学理念，并积极支持新专业的教材建设。

5）注重立体化教材建设。通过主教材、电子教案、配套素材光盘、实训指导和习题及解答等教学资源的有机结合，提高教学服务水平，为高素质技能型人才的培养创造良好的条件。

由于我国高等职业教育改革和发展的速度很快，加之我们的水平和经验有限，因此在教材的编写和出版过程中难免出现问题和疏漏。我们恳请使用这套教材的师生及时向我们反馈质量信息，以利于我们今后不断提高教材的出版质量，为广大师生提供更多、更适用的教材。

机械工业出版社

前　言

随着社会对软件服务需求的不断扩大，软件工程师成为热门岗位，有着很好的职业发展空间和广阔的人才吸纳能力，软件设计与开发是该职业岗位的一项基本职业能力。

本书共分 5 个学习情境、28 个学习任务，涵盖了“中国无锡质量网”项目需求分析、系统设计、开发环境的建立、开发工具的安装和使用、详细设计编码实现、项目测试和系统发布安装部署等，体现了基于 CMMI3 的软件项目开发过程。学习情境 1 结合实际开发过程中的工作要点，介绍政府（部门）门户网“中国无锡质量网”的分析与设计方法和过程；学习情境 2 结合“中国无锡质量网”前台程序及后台管理程序，介绍系统开发工具的安装和使用方法，主要包括前端开发、调试工具 Firebug 和 Fiddler 的安装和使用，系统功能开发和调试工具 Visual Studio 2012 的安装与使用，AJAX 工具包的安装与使用，以及 SQL Server 2008 的安装与使用；学习情境 3 则进入“中国无锡质量网”的开发阶段，主要实现新闻种类管理、新闻管理、用户管理、文件或附件管理以及用户角色管理等功能；学习情境 4 结合实际项目开发过程中的工作要点对“中国无锡质量网”进行单元测试和集成测试，并介绍单元测试和集成测试的过程；学习情境 5 结合实际项目开发过程中的工作要点对“中国无锡质量网”进行安装与部署，详细介绍 IIS Web 服务器安装与配置、Xcopy 部署、制作安装程序的过程。

书中紧密围绕完成任务所需的知识和技巧，首先引导学生明确任务及学习相关知识完成“任务准备”；然后根据这些知识来指导学生进行“任务实施”并完成任务；再对部分知识进行“任务拓展”；最后让学生完成课后“图书馆门户信息管理系统”的相应任务，从而完成学生从“扶着走”到“自己走”的学习过程。各个任务之间承前启后，环环相扣，重点在于各个工作任务的设计，以达到符合企业需求的目的，同时也让学生掌握 ASP.NET 的编程方法及编程理念。

本书由华驰、倪喜琴担任主编，姜彬担任副主编，顾晓燕担任主审，华驰负责确定教材大纲、规划各章节内容，并完成全书的统稿工作；无锡英臻科技有限公司王辉博士、无锡君元科技有限公司钦晓峰、无锡绿源科技有限公司刘剑滨、无锡市政设计研究院有限公司邹修建参与了部分章节的编写，并对项目进行了审核测试，在此一并表示感谢。

为了方便教师的教学工作，本书配有精品课程网站（http://jpkc.jsit.edu.cn/ec2006/C66/index.asp），网站提供课程标准、考核标准、教学课件、教案、课程录像、项目素材和文档等教学资源。

由于作者水平有限，书中难免有不妥和疏漏之处，敬请广大读者批评指正。

编　者

目　录

学习情境 1　系统分析与设计

政府（部门）门户网是信息化时代的政府与社会公众之间的有效载体，是电子政务重要的对外服务窗口，政府（部门）门户网站的建设目标是：具有高性能、高可靠性、技术先进、能实现统一的信息发布、集中的信息存储备份、专业的系统管理维护和便捷的网上办事系统的政府（部门）门户网站。

本学习情境结合实际项目开发过程中的工作要点介绍政府（部门）门户网“中国无锡质量网”的分析与设计方法和过程。

任务 1.1　项目开发计划

1.1.1　任务引入

动态管理系统的开发项目很少能由一人全部承担，大都是通过多人组成的团队协作完成。团队中各成员的任务相互关联，如果某一项任务出现问题或者进度滞后，将会影响整个系统的开发进程。

项目管理就是为了实现最初制订的目标，有效地利用分配到的资源（人、财、物），最大限度地发挥团队中每一位成员的能力，使长期、复杂的工程在有效的控制下高效地运行。

工期是项目开发需求方最关心的问题之一。能否按期完成开发任务，会发生各种预想不到的困难和问题，某一个环节的延期都会给整体工程造成很大的影响。因此，为了确保最终期限所采取的调整手段是项目管理的一个要点。

1.1.2　任务目标

为确保“中国无锡质量网”能够在现有条件下如期完成，需要制订详细的项目开发计划。本学习情境的任务就是以书面文件的形式，将项目开发过程中所涉及的人员、成本、进度及所需软、硬件条件等问题进行合理的估算规划。

1.1.3　相关知识

1．CMMI3 项目管理规范

由美国卡内基梅隆大学的软件工程研究所（SEI）创立的 CMMI（Capability Maturity Model Integration，软件能力成熟度模型），在过去的十几年中，对全球的软件产业产生了非常深远的影响。CMMI 评估认证是目前世界公认的软件产品进入国际市场的通行证，它不仅仅是对产品质量的认证，更是软件过程改善的标准。参与 CMMI 评估的博科负责人表示，通过 CMMI 的评估认证不是目标，它只是推动软件企业在产品的研发、生产、服务和管理上不断成熟和进步的手段，是一种持续提升和完善企业自身能力的过程。如果一家公司最终通过 CMMI 的评估认证，则标志着该公司质量管理能力已经上升到一个新的高度。

CMMI 共有五个等级，分别标志着软件企业能力成熟度的五个层次。

（1）初始级

软件过程是无序的，有时甚至是混乱的，对过程几乎没有定义，成功取决于个人努力。管理是反应式的。

（2）可重复级

软件过程建立了基本的项目管理过程来跟踪费用、进度和功能特性，制定了必要的过程纪律，能重复利用以前类似应用项目取得的成功经验。

（3）已定义级

已将软件管理和工程两方面的过程文档化、标准化，并综合成该组织的标准软件过程。所有项目均使用经批准、剪裁的标准软件过程来开发和维护软件，软件产品的生产在整个软件过程中是可见的。

（4）量化管理级

通过分析软件过程和产品质量的详细度量数据，对软件过程和产品有定量的理解与控制。管理过程得出的结论有客观依据，能够在定量的范围内预测性能。

（5）优化管理级

软件过程的量化反馈及其先进的新思想、新技术促使其持续不断改进，从而使软件开发生产计划精度逐级升高，单位工程生产周期逐级缩短，单位工程成本逐级降低。据 SEI 统计，通过评估的软件公司对项目的估计与控制能力提升 40%～50%；生产率提高 10%～20%，软件产品出错率下降超过 1/3。对一个软件企业来说，达到 CMMI2 就基本上进入了规模开发，基本具备了一个现代化软件企业的基本架构和方法，具备了承接外包项目的能力。CMMI3 评估则需要对大软件集成的把握，包括整体架构的整合。一般来说，通过 CMMI 认证的级别越高，其越容易获得用户的信任，在国内、国际市场上的竞争力也就越强。因此，是否能够通过 CMMI 认证也成为国际上衡量软件企业工程开发能力的一个重要标志。

其中 CMMI3 属于已定义级，一般作为中小软件企业的开发规范，也是本书所讲述软件开发过程质量控制的主要依据。

2．软件项目开发计划

软件项目开发计划涉及项目实施的各个环节，带有全局的性质。计划是否合理准确往往关系到整个项目的成败。制订软件开发项目计划书的目的就是要回答该项目的工作范围是什么、需要哪些资源、应完成多少工作量、要用的成本有多少以及进度如何安排等一系列问题。根据 CMMI3 软件开发过程质量控制规范，软件开发项目计划书主要应包括以下几方面的内容。

- 项目的目的和开发方针。
- 项目定义书/基本构想/运用条件/系统化范围和条件。
- 项目的开发团队构成及任务分配。
- 项目进度计划。
- 项目实施预算。
- 项目质量保证计划。

● 项目结束的条件。
● 项目维护计划。
● 项目风险管理计划。
● 项目管理运用基准和问题对策。

3．项目进度时间的估算

在 CMMI3 软件开发过程质量控制规范下，项目的进度安排主要是考虑软件交付使用前的这一段开发时间的安排。项目任务时间的估算应当做到：让某项任务的负责人对该任务进行工期估算；每个项目应任命有经验的人进行工期估算；可以参考历史数据；工期估算要符合实际。项目任务时间的估算可以用 GANTT 或 PERT 方法，下面分别对两种方法进行简单介绍。

（1）GANTT 方法

GANTT 图（甘特图）是安排项目进度计划的简单工具。用 GANTT 图描述项目进度时，首先要把项目任务分解成一些子任务，常用水平线来描述每个子任务的进度安排，以及项目的各项子任务之间在时间进度上的并行和串行关系，该方法简单易懂、一目了然。

GANTT 图以表格形式列出工程项目中从开始到结束的每个阶段有哪些子任务在进行，每个子任务分别在什么时候开始，什么时候结束。图 1-1 为某项目开发计划的 GANTT 图。

ID	任务名称	开始时间	完成	2014年											2015年
				02月	03月	04月	05月	06月	07月	08月	09月	10月	11月	12月	01月
1	需求分析	2014/2/4	2014/3/8												
2	测试计划	2014/3/5	2014/3/29												
3	概要设计	2014/3/5	2014/5/20												
4	详细设计	2014/5/21	2014/8/1												
5	编码	2014/9/2	2014/11/29												
6	模块测试	2014/10/1	2014/11/29												
7	集成测试	2014/12/2	2015/1/29												
8	验收测试	2015/2/3	2015/2/10												
9	文档编写	2014/3/4	2015/2/10												

图 1-1 GANTT 图

（2）PERT 方法

PERT（Program Evaluation and Review Technique），程序评价和审查技术又称工程网络技术，利用 PERT 图可以制订项目的进度计划，求得计划的最优方案，并据此组织和控制开发进程，是进度计划和进度管理的有力工具，是达到预定目标的一种科学管理方法。

如果把一个项目分解成多个 PERT 子任务，并且这些子任务之间的依赖关系又比较复杂时，可以用 PERT 图来表示。画出 PERT 图能够实现“向关键工作要时间，向非关键工作要资源”，从而在最短时间内选择最佳方案，使项目如期完成。图 1-2 为某项目的 PERT 图。图中所涉及的概念解释如下。

① 最早时刻（EET）：每个事件的最早时刻（EET）是该事件可以开始的最早时间。在PERT 图中应由起始事件开始，沿着事件发生的顺序，依次计算每个事件的最早时刻。计算方法是：首先确定进入该事件的所有子任务，然后计算每个子任务的持续时间与起始事件的最早时刻之和，则该事件的最早时刻就是上述子任务时间和中的最大值。

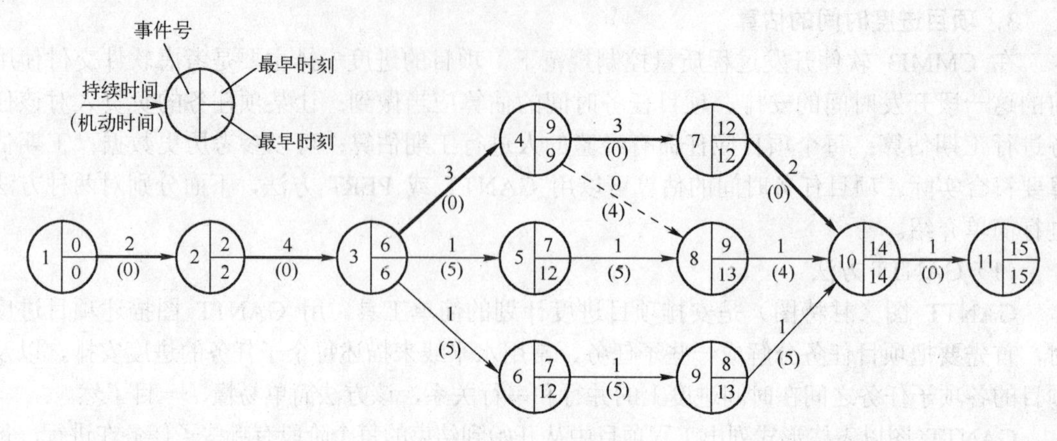

图 1-2　PERT 图

② 最迟时刻（LET）：每个事件的最迟时刻（LET）是在不影响项目进度的前提下，可以安排该事件发生的最晚时刻。计算每个事件的最迟时刻是从结束点开始，向开始点方向，逐个事件进行倒推计算，计算结果写在圆圈的右下部内。结束点的最迟时刻与它的最早时刻相同，其他事件的最迟时刻按子任务的逆向顺序，计算时首先考虑离开该事件的所有子任务，然后用每个子任务的结束事件的最迟时刻减去该子任务的持续时间，最后选取上述差值中的最小值，作为该事件的最迟时刻。

③ 关键路径：为最早时刻与最迟时刻相同的事件所组成的路径，在图中用粗线箭头表示。关键路径上的每个事件都必须准时开始，处于关键路径上的子任务是关键子任务，它们的实际持续时间不能超过预先估计的时间，否则，项目将无法按进度计划准时结束。

④ 机动时间：不在关键路径上的子任务，在执行时间上可以有一定的机动时间。其实际开始时间可以比预定时间晚一点，或者实际持续时间可以比预定持续时间长一些，所推迟的时间只要在允许的机动时间内就不会影响整个工程的结束时间。某个子任务所允许的机动时间等于它的结束事件的最迟时刻减去它的开始事件的最早时刻，再减去这个子任务的持续时间。

绘制 PERT 图的步骤如下。

① 确定子任务。要表示出每个子任务之间的相互依赖关系，分析出哪些子任务完成了才可以开始进行某个或某些子任务，由此画出 PERT 图中各个事件圆圈的位置及箭头的指向。

② 计算事件的最早时刻。沿着子任务发生的顺序，从开始到结束的方向，依次计算每个事件的最早时刻。

③ 计算事件的最迟时刻。沿着子任务发生的逆向顺序，从结束到开始的方向，逐一计算每个事件的最迟时刻。

④ 确定关键路径。

⑤ 计算每个子任务的机动时间。

4．Microsoft Office Visio 安装

要使用 Microsoft Office Visio 软件来制图，必须先安装 Microsoft Office Visio 软件环境。下面以 Microsoft Office Visio 2010 为例介绍 Microsoft Office Visio 的安装过程，具体操作步骤如下。

① 双击 setup.exe 文件，进入安装准备对话框，如图 1-3 所示。

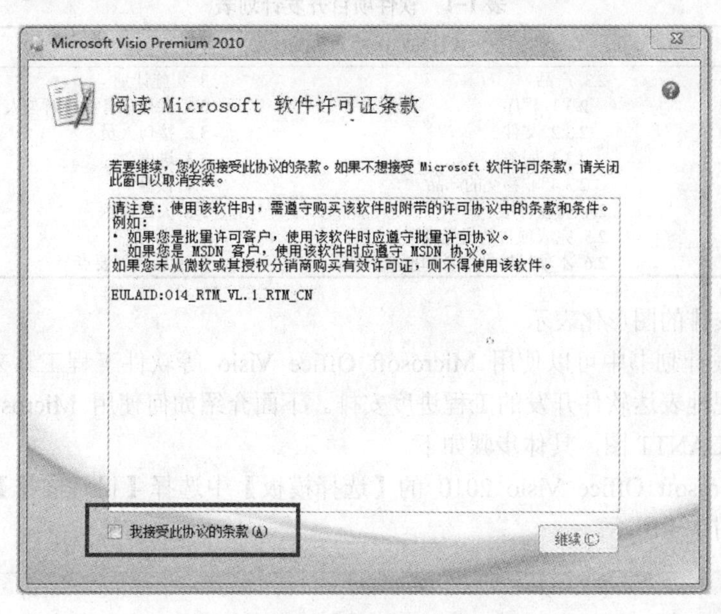

图 1-3　Microsoft Office Visio 2010 安装（1）

② 选中复选框【我接受此协议的条款】，单击【继续】按钮进入安装程序，如图 1-4 所示。

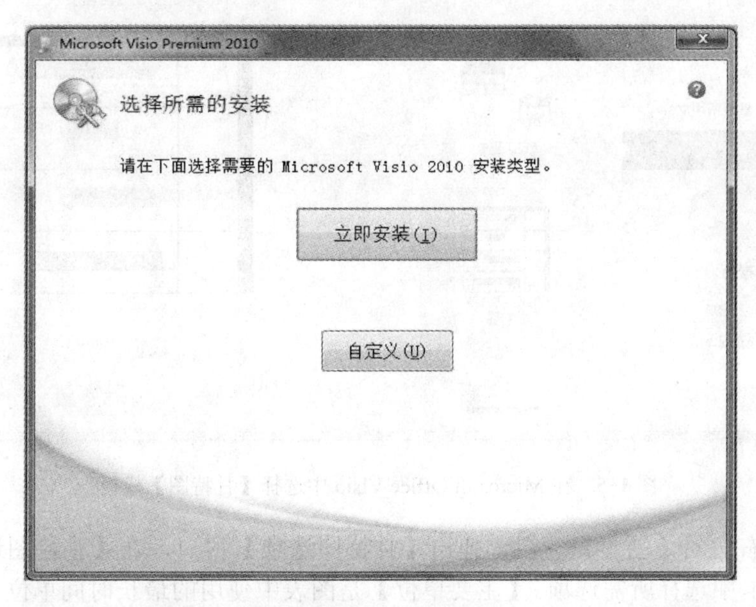

图 1-4　Microsoft Office Visio 2010 安装（2）

③ 单击【立即安装】按钮，Microsoft Office Visio 2010 将开始安装，安装过程所需时间

较长，待安装结束后，关闭此安装窗口即可。

5. 项目计划文档撰写

（1）软件项目计划书撰写规范

软件项目计划书主要依据 CMMI3 软件项目计划书模板完成，如表 1-1 所示。

表 1-1　软件项目开发计划表

项目开发计划（CMMI3）		
1 引言	2.3 产品	3 实施计划
1.1 编写目的	2.3.1 程序	3.1 工作任务的分解与人员分工
1.2 项目背景	2.3.2 文件	3.2 接口人员
1.3 定义	2.3.3 服务	3.3 进度
1.4 参考资料	2.3.4 非移交的产品	3.4 预算
2 项目概述	2.4 验收标准	3.5 关键问题
2.1 工作内容	2.5 完成项目的最迟期限	4 支持条件
2.2 主要参加人员	2.6 本项目的批准者和批准日期	5 专题计划要点

（2）进度安排的图形化表示

在项目开发计划书中可以使用 Microsoft Office Visio 等软件工程工具来绘制进度安排图，以更加直观地表达软件开发的工程进度安排。下面介绍如何使用 Microsoft Office Visio 2010 工具绘制 GANTT 图，具体步骤如下。

① 在 Microsoft Office Visio 2010 的【选择模板】中选择【日程安排】类型的【甘特图】模板，如图 1-5 所示。

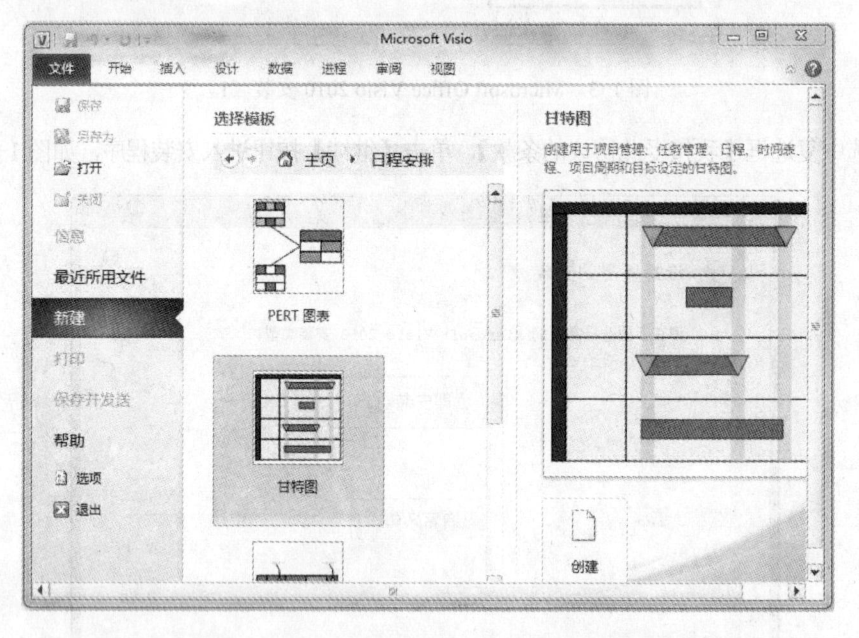

图 1-5　在 Microsoft Office Visio 中选择【甘特图】模板

② 单击右边的【创建】按钮，弹出【甘特图选项】窗口，在【甘特图选项】窗口的【日期】选项卡中选择所需选项。【主要单位】是图表中使用的最长时间单位（如年或月），【次要单位】是最短时间单位（如日或小时），如图 1-6 所示。

③ 在【格式】选项卡中选择任务栏、里程碑和摘要栏上使用的形状和标签，然后单击

【确定】按钮。如果不确定要选择的格式，可以使用默认选项，也可以在以后更改该格式，如图 1-7 所示。

图 1-6 【日期】选项卡

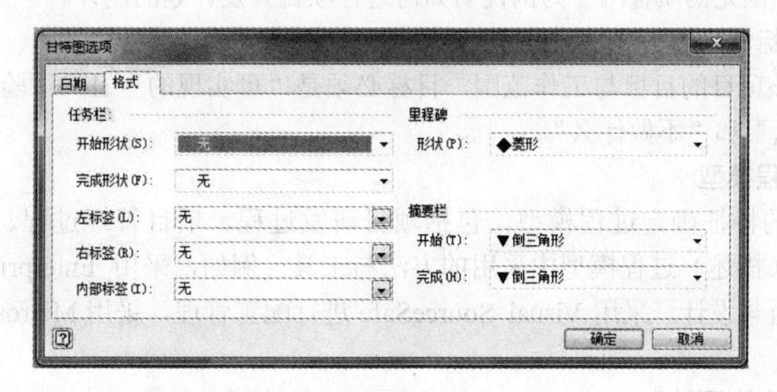

图 1-7 【格式】选项卡

④ 建立甘特图后，将显示一个通用的图表框架，该框架就像一幅空白画布，可以在其中添加日程的详细信息，如图 1-8 所示，具体添加方法如下。

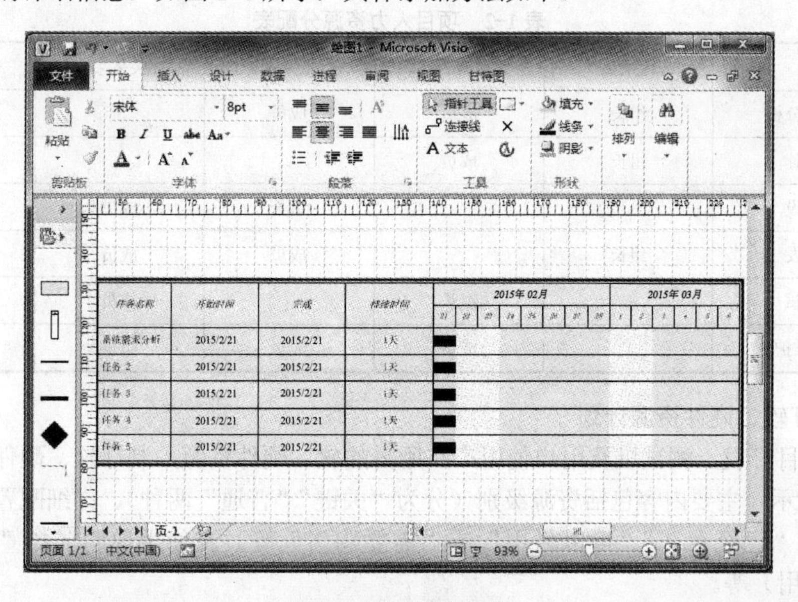

图 1-8 输入任务名称

在【任务名称】列中单击某个单元格，输入特定的任务名称来代替通用文字。根据项目计划，可以添加多个任务。

【开始时间】和【完成】列中的日期即为任务计划的开始日期和完成日期，要更改该日期，单击单元格输入新日期即可。

【持续时间】列会随输入的开始日期和完成日期自动更新。还可以输入开始日期或完成日期之一以及工期来指示任务的时间长度。

在【时间刻度】中，主要单位显示在顶部，次要单位显示在底部。时间刻度始于指定的开始日期，止于指定的完成日期。当添加任务的开始日期和结束日期或工期时，时间条将出现在时间刻度下面的区域中，且该区域将展开。

1.1.4 任务实施

下面以“中国无锡质量网”为例说明如何进行项目开发计划的制订。

1．确定目标与范围

首先确定该项目的目标与工作范围，目标必须是“可实现的”且“可验证的”，工作范围包括“做什么”和“不做什么”。

2．确定过程模型

根据项目的特征确定过程模型，包括项目研发过程、项目管理过程、机构支撑过程等，以及确定（描述）过程模型中采用的方法与工具。例如，采用 Enterprise Architect 进行面向对象分析与设计，采用 Visual SourceSafe 进行配置管理，采用 Microsoft Office 制作文档等。

3．制订人力资源计划

制定项目人力资源分配表，为已知的项目成员分配各自的角色及职责（一个人可以兼多个角色），如表 1-2 所示。

表 1-2　项目人力资源分配表

	徐某某	李某某	张某某	吴某某	倪某某
产品需求分析	组长	成员	成员		
总体设计	组长	成员			成员
系统建设			组长	成员	成员
软件开发	组长		成员	成员	
软件测试		组长		成员	成员
运行与维护		成员	成员	组长	

4．制订软、硬件资源计划

分析项目开发、测试以及用户使用产品所需的软、硬件资源，制订软、硬件资源计划，如表 1-3 所示，主要内容包括资源级别（分为“关键”“普通”两种）、详细配置、获取方式与时间（如“已经存在”“可以借用”或“需要购买”等）及使用说明（如“谁”在“什么”时候使用）等。

表 1-3　软、硬件资源计划

软、硬件资源名称	级　别	详 细 配 置	获取方式与时间	使 用 说 明
SQL Server 2008 R2 数据库	关键	SQL Server 2008 R2	已经存在	管理系统数据库
IIS	关键	IIS 7.0	已经存在	为系统分配访问 IP
Visual Studio 2012	关键	Visual Studio 2012	已经存在	开发系统
PC 机	普通	内存 2GB	已经存在	为开发系统提供基础保障
服务器	普通	普通服务器	已经存在	发布系统
Web 浏览器	普通	支持 JavaScript 浏览器	已经存在	浏览系统

5. 制订财务计划

制订财务计划，如表 1-4 所示。

表 1-4　财务计划

开 支 类 别	主要开支项、用途	金　额	时　间
技术资料开销	书籍等资料购买	****元	
	开发人员、维护人员培训费用	****元	
硬件资源开销	设备购买	****元	
	设备维护	****元	
系统维护开销	维护人员差旅费	****元	

6. 分配任务并制订进度计划表

利用 GANTT 图进行任务分配并制订项目进度计划表，如图 1-9 所示。

ID	任务名称	开始时间	完成
1	系统需求分析	2014/2/4	2014/3/20
2	用户手册填写	2014/3/25	2014/9/25
3	测试计划	2014/3/4	2014/6/4
4	系统设计	2014/3/18	2014/5/17
5	数据库设计	2014/5/27	2014/7/19
6	系统建设与网页设计	2014/7/22	2014/8/13
7	用户登录模块	2014/8/19	2014/10/4
8	用户角色管理模块	2014/9/16	2014/10/30
9	用户角色分配管理	2014/11/4	2014/12/20
10	新闻管理模块	2014/12/24	2015/1/10
11	视频管理模块	2014/12/25	2015/1/10
12	咨询与解答管理模块	2014/12/25	2015/1/10
13	新闻种类管理模块	2014/12/25	2015/1/13
14	相关信息管理模块	2014/12/30	2015/1/13
15	数据备份模块	2014/12/30	2015/1/13
16	单元测试	2015/1/6	2015/1/13
17	功能测试	2015/2/3	2015/2/10

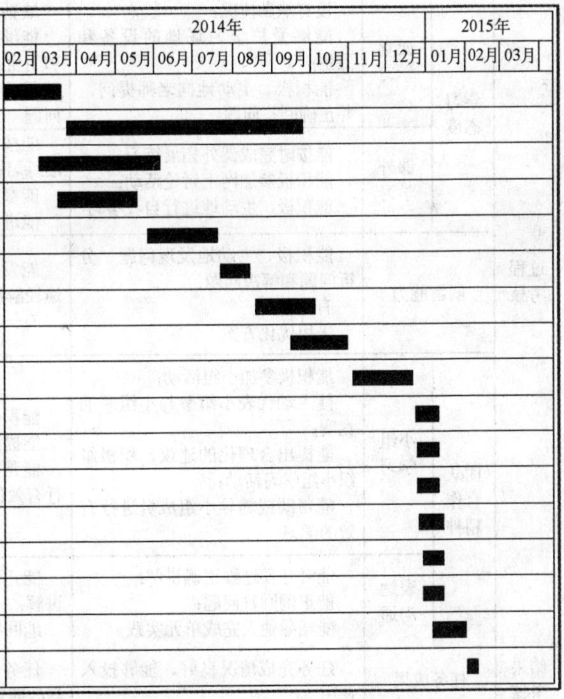

图 1-9 “中国无锡质量网” GANTT 图

7．项目进度计划审批

（1）申请审批

项目经理将《项目计划》提交给相关负责人，申请审批。申请书可以采用电子邮件或书面报告等形式。如果是合同项目，可能还要请客户审批。

（2）审批与修正

相关负责人或客户根据“项目计划检查表”审批《项目计划》。如存在不合理之处，应根据审批意见及时修改《项目计划》。

（3）批准生效

相关负责人或客户签字批准后，该《项目计划》正式生效，此后将不能随意修改。

1.1.5 任务考核

课程的考核由过程考核和结果考核两个方面组成。其中过程考核主要考核实施过程、学习态度、创新能力和团队合作精神四个方面。任务成果考核由各子任务的考核成绩的平均分组成，每个子任务的考核成绩总分为 100 分。表 1-5 是课程总体考核标准，表 1-6 是本任务考核标准。

表 1-5　课程总体考核标准

考核项目	考核点		评分标准：优秀（85～100 分）	评分标准：良好（70～84 分）	评分标准：及格（60～69 分）	比例
过程考核	实施过程		能够按工作的要求和进度安排进行任务实施	实施过程基本符合工作任务要求，进度稍有落后	实施过程与任务要求存在一定差距，需要进一步改进	20%
过程考核	学习态度	课堂学习	没有缺勤情况； 能够爱护学习场地的设备和卫生； 能积极、主动地向老师提问，并正确回答问题	缺勤 10%以上； 能够爱护学习场地的设备和卫生； 能向老师提问，并回答问题	缺勤 30%以上； 能够爱护学习场地的设备和卫生； 能基本回答老师问题	20%
过程考核	学习态度	课外学习	能按时完成课外拓展练习； 能积极参加网上讨论活动； 能积极、主动地进行自我学习	能按时完成 80%的课外拓展练习； 能参加网上讨论活动； 能进行自我学习	能按时完成 60%的课外拓展学习； 能参加网上讨论活动	
过程考核	创新能力		能积极、主动地发现问题、分析问题和解决问题； 有创新； 采用优化方案	能发现问题，并通过各种途径解决问题； 有一定的创新	能发现问题并在他人帮助下解决问题； 局部方案有创新	10%
过程考核	团队合作精神	小组学习	能积极参加小组活动； 能主动代表小组参与小组间的竞赛； 能提出合理化的建议，积极组织小组学习活动； 能帮助或辅导小组成员进行有效的学习	能积极参加小组活动； 能提出合理化的建议； 能帮助或辅导小组成员进行有效的学习	能参加小组活动； 能在小组成员的辅导下进行有效的学习	10%
过程考核	团队合作精神	表达沟通	能对开发过程正确讲解； 能正确回答问题； 能辅导他人完成单元实践	能正确地对开发过程进行讲解； 能回答问题	能对开发过程进行讲解； 能回答部分问题	
结果考核	任务成果		任务完成情况良好，能够投入使用	任务完成情况较好，稍加修改即可投入使用	任务还需进行一定程度的完成	40%
总计			100 分			

表 1-6 本任务考核标准

评分项目	评分标准	等级	比例
项目开发计划书内容	项目开发计划书结构合理、内容正确、图形准确，能够对软件开发有良好的指导作用	优秀（85～100 分）	70%
	项目开发计划书结构合理、内容基本正确、图形准确，稍作修改即可作为软件开发文档使用	良好（70～84 分）	
	项目开发计划书还需进行一定的修改才能使用	及格（60～69 分）	
任务完成时间	在规定时间内完成任务者得满分，每推延一小时扣 5 分	0～100 分	30%

1.1.6 任务小结

制订软件项目开发计划是进行软件开发的第一步，是软件开发进度控制的依据，对整个软件开发过程起着指导作用。在制订项目计划时需要掌握开发计划制订标准、开发计划制订步骤和时间估算方法等知识。

本工作任务是在具备了相关知识的基础上，以编写“中国无锡质量网”项目开发计划为例，对其中的关键步骤进行讲解。通过本工作任务的实施，学生可具备对一般软件项目进行开发计划制订的能力，能够撰写规范的软件项目开发计划书。

1.1.7 拓展与提高

在实际软件开发项目的开发计划制订过程中，除了使用 GANTT 法或 PERT 法对时间进度进行详细安排外，还需要对项目成本和效益进行详细分析。本任务的拓展训练为利用课余时间学习成本估算技术和效益分析方法，从而具备制订完整项目开发计划的能力。

1.1.8 思考与讨论

（1）通过本任务的学习，请按自己的理解描述什么是 CMMI3。

（2）如何制订项目开发计划？

（3）结合本任务的学习，谈谈 Visio 在软件开发中的作用。

1.1.9 实训题

（1）以“图书馆门户信息管理系统”为题材编写一份可行性研究报告。

（2）通过访问“http://lib.jsit.edu.cn/”，分析“图书馆门户信息管理系统”由哪些功能模块组成，根据这些功能模块的功能，参考本任务实施，基于 CMMI3 项目开发过程完成“图书馆门户信息管理系统”项目开发计划。

任务 1.2 建模工具的使用

1.2.1 任务引入

计算机辅助软件工程（Computer Aided Software Engineering，CASE）是支持软件开发生命周期的集成化工具、技术和方法。CASE 工具涉及软件开发、维护、管理过程中的各项活动，并辅助开发者高效、高质量地完成这些活动。在“中国无锡质量网”项目的分析和设计过程中选用的 CASE 工具是 Microsoft Visio 2010 建模工具。

1.2.2 任务目标

掌握 Microsoft Visio 2010 建模工具的使用方法，同时利用建模工具对统一建模语言（UML）有直观的了解和认识。

1.2.3 相关知识

1．UML 介绍

UML（Unified Modeling Language，统一建模语言）是一种通用的可视化建模语言，主要用于对软件进行描述、可视化处理、构造和建立软件系统文档，同时也用于对系统的理解、设计、浏览、配置、维护和信息控制。

UML 的目标是以面向对象的可视化方式来描述任何类型的系统，具有很宽的应用领域，其中最常用的是建立软件系统的模型，但它同样可以用于描述非软件领域的系统，如机械系统、企业机构或业务过程，以及处理复杂数据的信息系统、具有实时要求的工业系统或工业过程等。

UML 的发展历程上经历了一系列版本变更，在 UML 2.0 中一共定义了 16 种图示（diagrams），分别是结构图（Structure diagrams）、类图（Class diagram）、组件图（Component diagram）、复合结构图（Composite structure diagram）、部署图（Deployment diagram）、对象图（Object diagram）、包图（Package diagram）、行为图（Behavior diagrams）、活动图（Activity diagram）、状态机图（State Machine diagram）、用例图（Use Case Diagram）、交互图（Interaction diagrams）、通信图（Communication diagram）、交互概述图（Interaction overview diagram）（UML 2.0）、序列图（顺序图）（Sequence diagram）和时间图（UML Timing diagram）（UML 2.0）。

其中最经常使用的图是用例图、序列图、通信图和类图，因此需要重点学习绘制这些图的方法和技能。

2．UML 建模工具

常见的 UML 建模工具有 PowerDesigner、Enterprise Architect 和 Microsoft Office Visio 等。

① PowerDesigner：其系列产品提供了一个完整的建模解决方案。业务或系统分析人员、设计人员、数据库管理员（DBA）和开发人员都可以对其裁剪以满足他们的特定需求。PowerDesigner 提供了直观的符号使数据库的创建更加容易，并使项目组内的交流和通信标准化，能够更加简单地向非技术人员展示数据库的设计。

② Enterprise Architect：是一个基于 UML 的 Visual CASE 工具，主要用于设计、编写、构建并管理以目标为导向的软件系统。它支持用户案例、商务流程模式以及动态的图表、分类、界面、协作、结构和物理模型。此外，它还支持 C++、Java、Visual Basic、Delphi、C# 以及 VB.NET 语言。

③ Microsoft Office Visio：是微软公司出品的一款软件，可帮助 IT 和商务专业人员以可视化形式轻松地分析和交流复杂信息。它能够将难以理解的复杂文本和表格转换为一目了然的 Visio 图表。该软件通过创建与数据相关的 Visio 图表来显示数据，易于刷新。Visio 提供的模板有业务流程图、网络图、工作流图、数据库模型图和软件图等，这些模板可用于可视

化和简化业务流程，跟踪项目和资源，绘制组织结构图、映射网络，绘制建筑地图以及优化系统等。由于它对数据库及.NET语言具有良好兼容性，在“中国无锡质量网”的分析设计过程中被选择为建模工具。

1.2.4 任务实施

1．Microsoft Visio 2010 UML 建模功能简介

UML 建模工具 Visio 最初仅仅是一种画图工具，能够用来描述各种图形，如电路图、房屋结构图，从 Visio 2000 开始引进软件分析设计功能到现在的生成代码等功能，它可以说是目前最能够用图形方式来表达各种商业图形用途的工具，对软件开发 UML 的支持仅仅是其强大功能中很少的一部分。它与微软的 Office 产品具有很好的兼容性，能够把图形直接复制或者内嵌到 Word 的文档中。Visio 2010 又引入了许多新功能，这使 Visio 功能更加强大和易于使用。下面简要介绍 Visio 2010 的特点。

（1）增强的用户体验

Visio 2010 在用户界面和体验的方面有较大改进，不仅完全抛弃了“菜单”和“工具”等旧的操作界面，全面采用 Office Fluent 界面，在用户体验、数据共享、协同办公等方面都做了重大的改进。

（2）图形操作的改进

Visio 2010 增加了实时的主题预览效果，当鼠标移到相应的形状样式时，Visio 设计窗口中的图形就会实时响应选中的主题效果。它还增强了自动连接功能，将指针放置在蓝色“自动连接”箭头上时，会显示一个浮动工具栏，其中可最多包含当前所选模具的“快速形状”区域中的四个形状。字也增加了自动对齐和自动调整间距功能，用“自动对齐和自动调整间距”按钮可对形状进行对齐和间距调整，并可以调整图表中的所有形状，或通过选择指定要对其进行调整的形状。

（3）Visio 服务

之前版本的 Visio 在将制作的图形传给他人时可能会遇到无法查看 Visio 图的情况，这是由于对方机器可能没有安装 Visio 或者相关的查看器。Visio 2010 可以通过 Visio 服务将本地的图表与 SharePoint Web 部件集成到了一起，在与他人分享 Visio 图片时只需要告诉对方文档的地址即可。SharePoint 的 Visio Web Access 部件将会提供高保真的 Visio 查看效果，并且可以看到相应图形的属性及链接访问。

2．Microsoft Visio 2010 的使用

在本情景的任务一中已经对 Microsoft Visio 2010 的安装作简要介绍，此处不再赘述，本任务将主要介绍 Microsoft Visio 2010（以下简称 Visio 2010）的使用。

（1）Visio 2010 界面

Visio 2010 界面主要分为快速访问工具栏、文件菜单、选项卡、功能区、形状窗口、绘图区和状态栏，如图 1-10 所示。

① 快速访问工具栏：默认有【保存】、【撤销】、【重复】三个按钮，如果要经常用到某个按钮，可右击该按钮，然后单击【添加到快速访问工具栏】，即可将其添加到快速访问工具栏中，如图 1-11 所示。

②【文件】菜单：一般针对于文件的操作，如打开，保存，打印等。在【文件】菜单

下，单击【最近所用文件】，可以查看最近打开的文件。单击右边的图钉图标可将文档置顶固定，以方便下次快速打开，如图 1-12 所示。

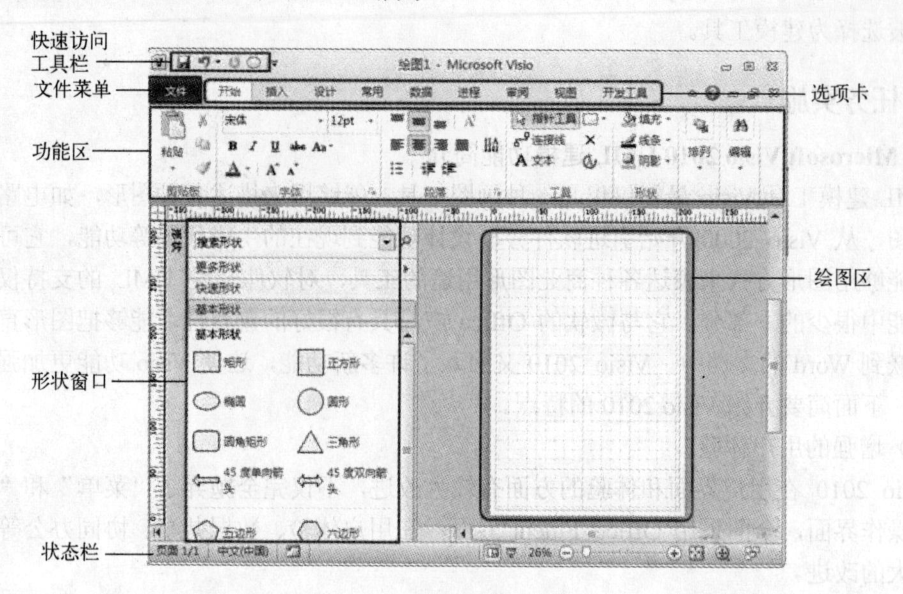

图 1-10　Visio 2010 界面

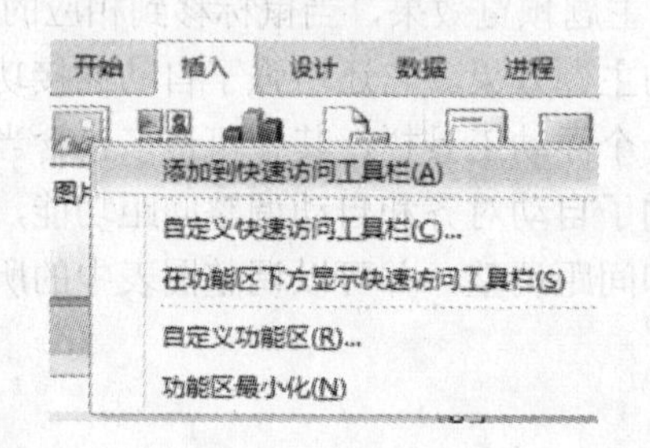

图 1-11　在【快速访问工具栏】中添加按钮

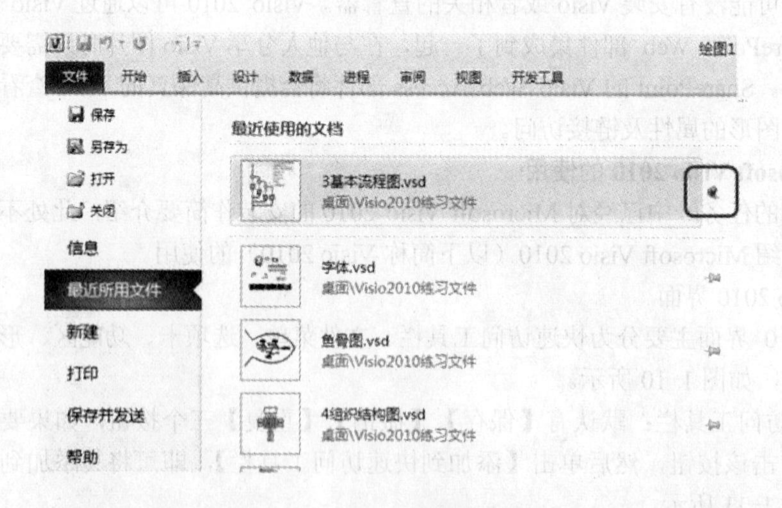

图 1-12 【文件】菜单窗口

③ 选项卡：【开始】、【插入】、【设计】、【数据】等，这些再也不称为菜单，而是选项卡。双击任意选项卡可以隐藏或显示该选项卡，也可用〈CTRL+F1〉组合键隐藏或显示选项卡。另外，如果选择图片将出现【图片工具】选项卡，若选择图表将出现【图表工具】选项卡，这些称为上下文选项卡。

④ 功能区：包含常用的一些命令。在每一组的右下角中单击小图标，将显示相应的对话框，如图 1-13 所示。

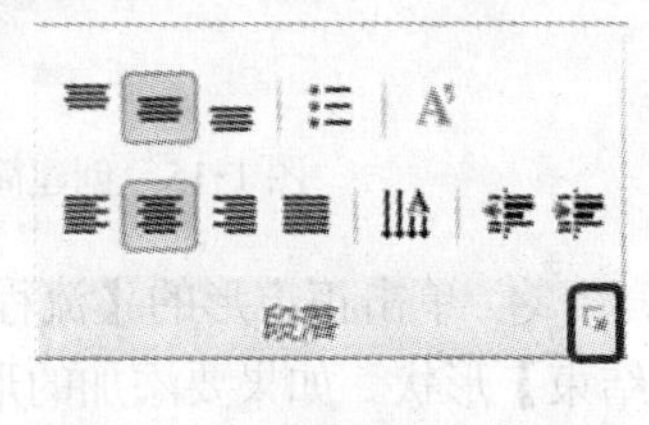

图 1-13 【功能区】窗口

⑤ 形状窗口：常用的形状可直接拖放到绘图区。

⑥ 绘图区：绘图的场所，是完成绘图工作的区域。

⑦ 状态栏：查看一些图形信息，右边可以进行视图切换，也可以改变屏幕显示大小。

（2）在 Visio 2010 中建立图表

Visio 图表具有许多种类，但可以使用相同的三个基本步骤创建几乎全部种类的图表，具体方法如下。

1）选择并打开一个模板。

启动 Visio 2010，在【模板类别】下，单击【流程图】，进入【流程图】选项卡，然后双击【基本流程图】，进入【基本流程图】绘制页面，如图 1-14 所示。

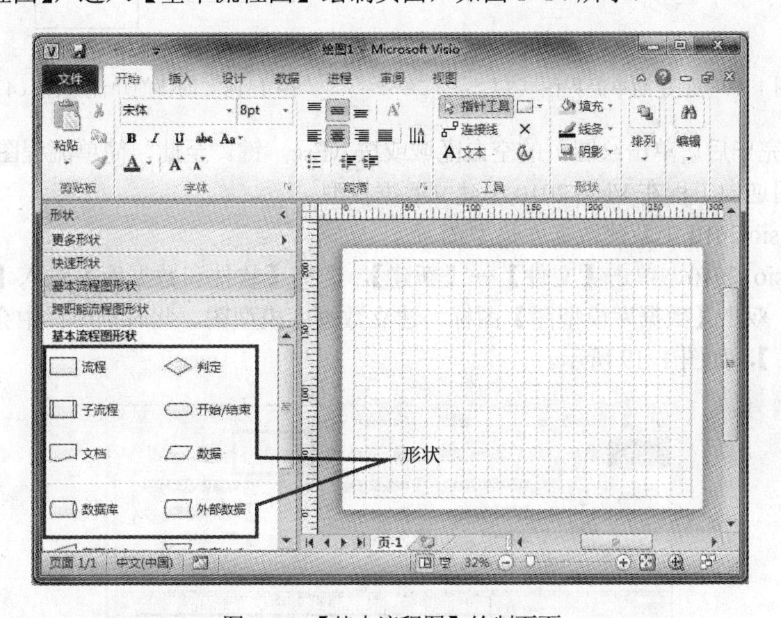

图 1-14 【基本流程图】绘制页面

2）拖动并连接形状。

若要创建图表，则将形状拖至空白页上并将它们相互连接起来。用于连接形状的方法有多种，但是现在使用自动连接功能，方法如下。

① 将【开始/结束】形状从【基本流程图形状】模具拖至绘图页上，然后松开鼠标，如图 1-15 所示。

② 将光标放在形状上，以显示蓝色箭头，如图 1-16 所示。

③ 将光标移到蓝色箭头上，蓝色箭头指向第二个形状的放置位置。此时将会显示一个

浮动工具栏，该工具栏包含模具顶部的一些形状，如图 1-17 所示。

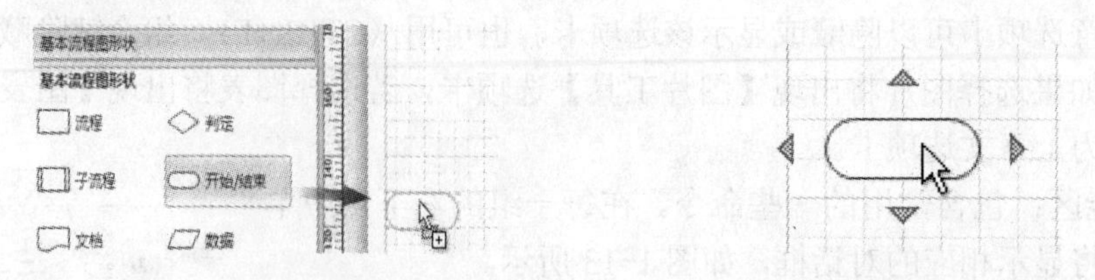

图 1-15　创建简单流程图（1）　　图 1-16　创建简单流程图（2）

④ 单击正方形的【流程】形状，【流程】形状即会添加到图表中，并自动连接到【开始/结束】形状。如果要添加的形状未出现在浮动工具栏上，则可以将所需形状从【形状】窗口拖放到蓝色箭头上。新形状即会连接到第一个形状，就像在浮动工具栏上单击了它一样。

3）向形状添加文本。

① 双击相应的形状并开始输入文本，如图 1-18 所示。

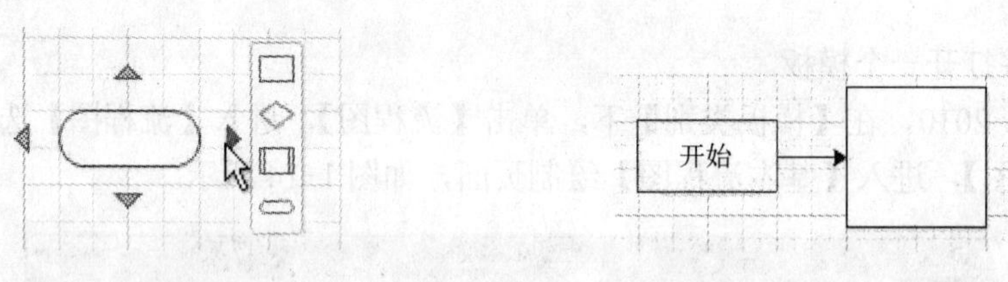

图 1-17　创建简单流程图（3）　　图 1-18　创建简单流程图（4）

② 输入完毕后，单击绘图页的空白区域或按〈Esc〉键。至此，简单流程图创建完毕。

（3）使用逆向工程在 Visio 2010 中建立数据模型

1）在 Visio 2010 中新建数据库模型图。

打开 Visio 2010，单击【文件】→【新建】，选择【软件和数据库】进入【软件和数据库】选项卡，双击【数据库模型图】图标，建立数据库模型图。此时菜单栏中会多出一个菜单项【数据库】，如图 1-19 所示。

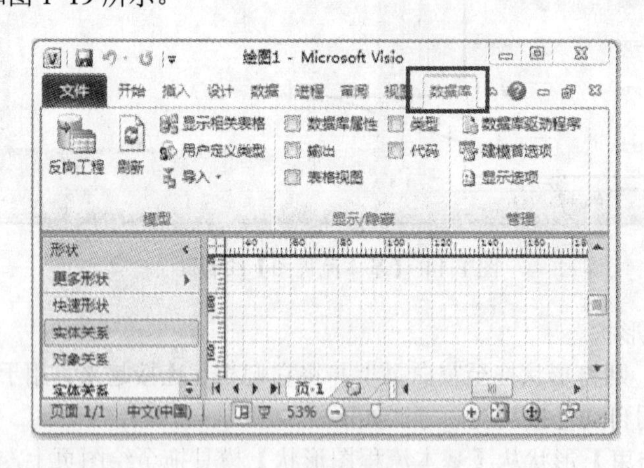

图 1-19 【数据库】选项

2）建立与数据库的连接。

① 单击菜单栏中的【数据库】选项卡，在弹出的列表框中选择【反向工程】，弹出【反

向工程向导】窗口，如图 1-20 所示。

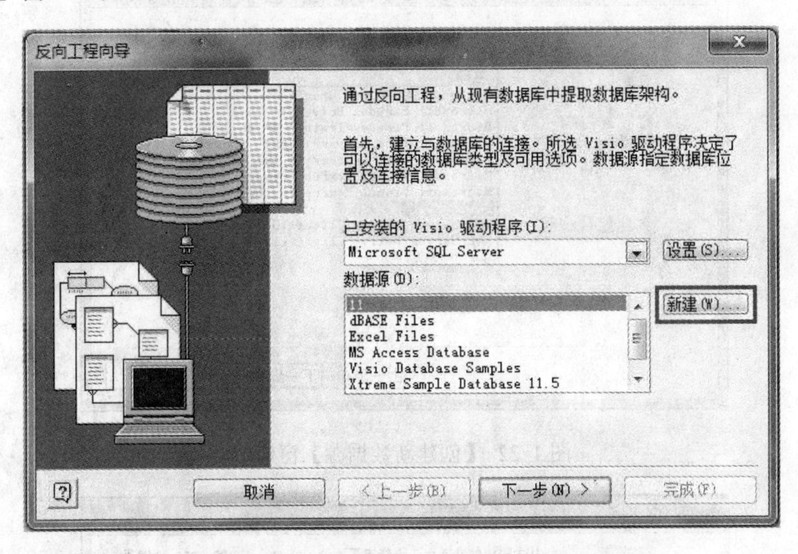

图 1-20 【反向工程向导】窗口

② 选择 Visio 驱动程序的类型决定了可以连接的数据库类型及可用选项，数据源则指定数据库位置及连接信息。本书选择的 Visio 驱动程序为 Microsoft SQL Server，如果数据源没有提前建立，可以单击【新建】建立数据源，弹出【创建新数据源】窗口，如图 1-21 所示。

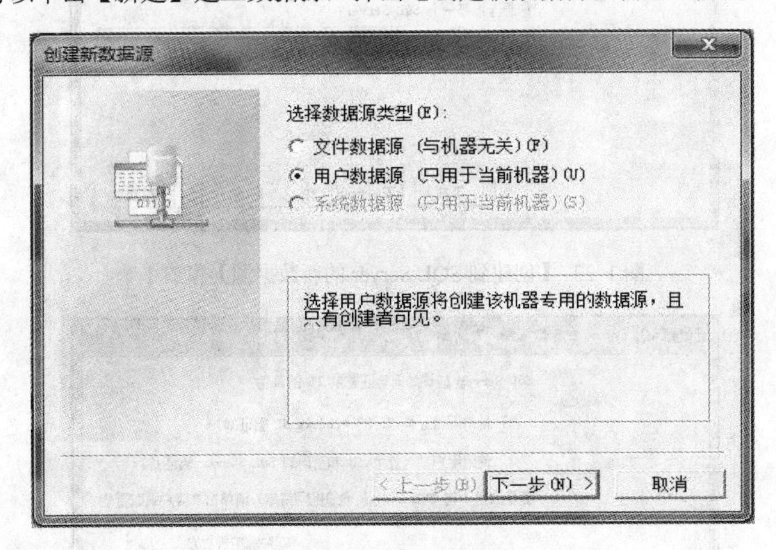

图 1-21 【创建新数据源】窗口 1

③ 选择【用户数据源（只用于当前机器）】，单击【下一步】按钮，弹出下一【创建新数据源】窗口，如图 1-22 所示。

④ 选择 SQL Server 作为数据源的驱动程序，单击【下一步】按钮，将弹出【创建到 SQL Server 的新数据源】窗口，如图 1-23 所示。

⑤ 设定数据源名称及服务器地址，服务器地址可以为服务器名称，也可以为 IP 地址。单击【下一步】按钮，进入下一【创建到 SQL Server 的新数据源】窗口，如图 1-24 所示。

创建新数据源

选择您想为其安装数据源的驱动程序(S)。

名称
Microsoft ODBC for Oracle
Microsoft Paradox Driver (*.db)
Microsoft Paradox-Treiber (*.db)
Microsoft Text Driver (*.txt; *.csv)
Microsoft Text-Treiber (*.txt; *.csv)
Microsoft Visual FoxPro Driver
Microsoft Visual FoxPro-Treiber
SQL Server
SQL Server Native Client 10.0
SQL Server Native Client 11.0

< 上一步(B) 下一步(N) > 取消

图 1-22 【创建新数据源】窗口 2

创建到 SQL Server 的新数据源

此向导将帮助建立一个能用于连接 SQL Server 的 ODBC 数据源。

您想用什么名称来命名数据源?

名称(M): data

您希望如何描述此数据源?

描述(D):

您想连接哪一个 SQL Server?

服务器(S): (local)

完成 下一步(N) > 取消 帮助

图 1-23 【创建到 SQL Server 的新数据源】窗口 1

创建到 SQL Server 的新数据源

SQL Server 应该如何验证登录 ID 的真伪?

使用网络登录 ID 的 Windows NT 验证(W)。

使用用户输入登录 ID 和密码的 SQL Server 验证(S)。

要更改用于与 SQL Server 通讯的网络库，请单击“客户端配置”

客户端配置(T)...

连接 SQL Server 以获得其它配置选项的默认设置(C)。

登录 ID(L): sherry

密码(P):

< 上一步(B) 下一步(N) > 取消 帮助

图 1-24 【创建到 SQL Server 的新数据源】窗口 2

⑥ 此处选择【使用网络登录 ID 的 Windows NT 验证（W）】，单击【下一步】按钮，进入下一【创建到 SQL Server 的新数据源】窗口，如图 1-25 所示。

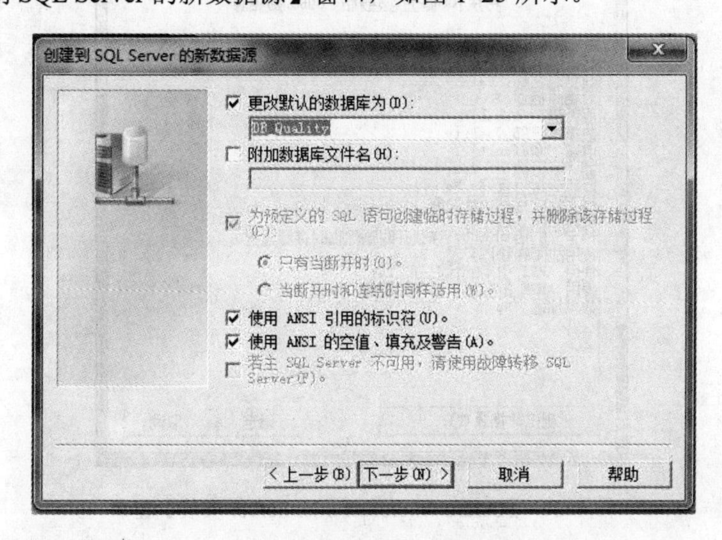

图 1-25 【创建到 SQL Server 的新数据源】窗口 3

⑦“中国无锡质量网”管理系统选用的数据库是 DB_Quality，所以在【更改默认的数据库为】选项中，选择“DB_Quality”，单击【下一步】按钮，进入下一【创建到 SQL Server 的新数据源】窗口，如图 1-26 所示。

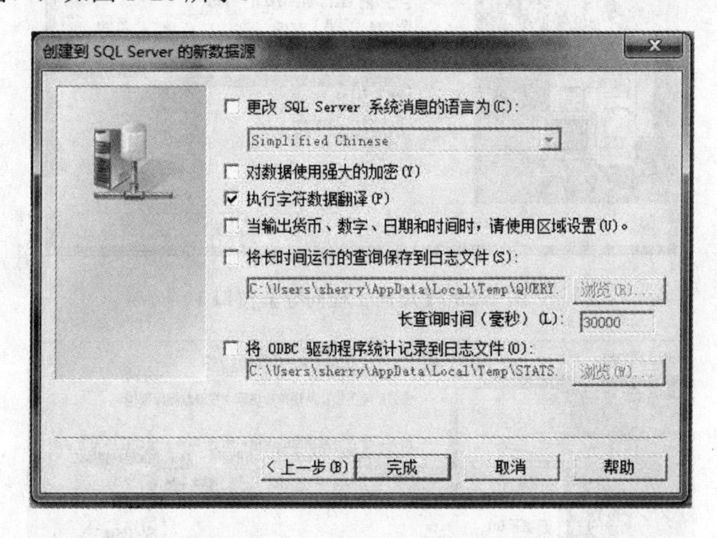

图 1-26 【创建到 SQL Server 的新数据源】窗口 4

⑧ 此处均选择了默认值，如果需要更改默认值，只需选中复选框就可进行相应的更改，单击【完成】按钮，弹出【ODBC Microsoft SQL Server 安装】窗口，如图 1-27 所示。

⑨ 单击【测试数据源】按钮，可以测试数据源是否连接成功，单击【确定】按钮，数据源建立成功，自动跳转到【反向工程向导】窗口，会发现【数据源】列表多了新建的数据源“data”，如图 1-28 所示。

⑩ 单击【下一步】按钮，弹出【连接数据源】窗口，如图 1-29 所示。

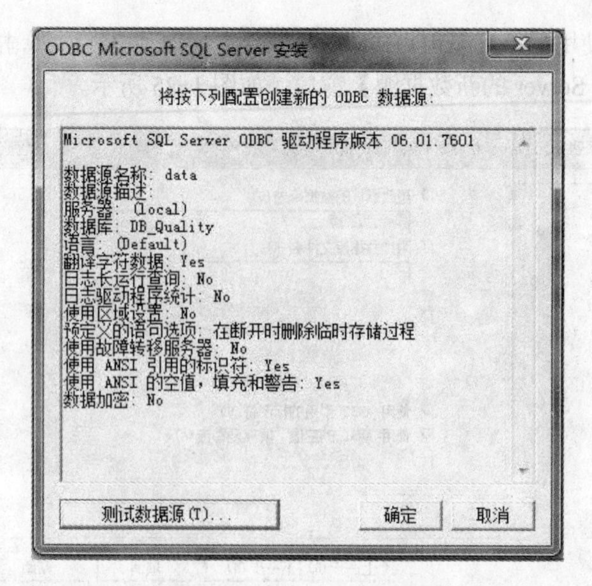

图 1-27 【ODBC Microsoft SQL Server 安装】窗口

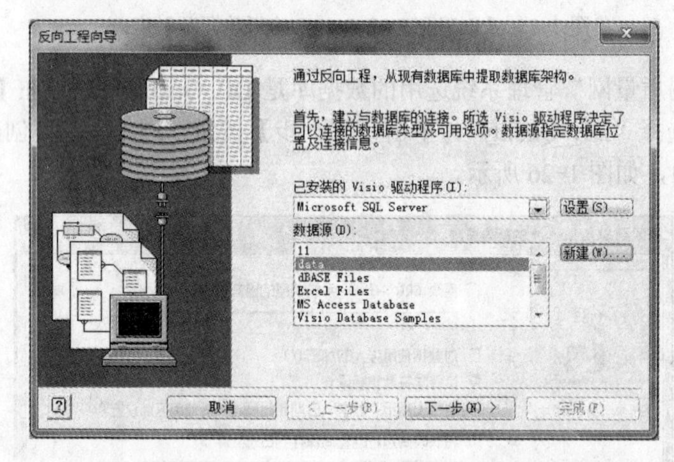

图 1-28 【反向工程向导】窗口 1

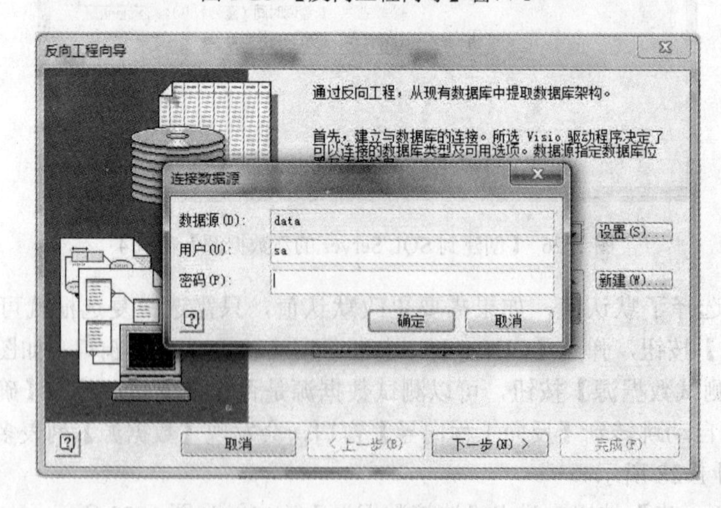

图 1-29 【连接数据源】窗口

⑪ 输入连接数据库的密码，单击【确定】按钮，弹出下一【反向工程向导】窗口，如图 1-30 所示。

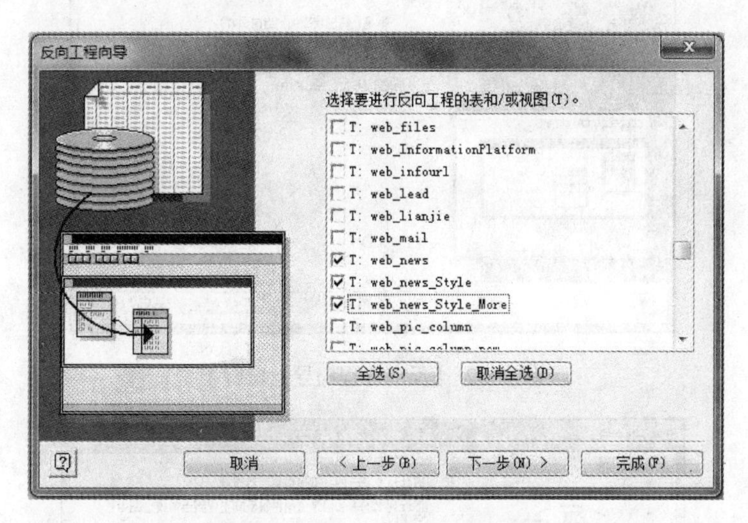

图 1-30 【反向工程向导】窗口 2

⑫ 选中需要进行反向工程的表，单击【下一步】按钮，弹出下一【反向工程向导】窗口，如图 1-31 所示。

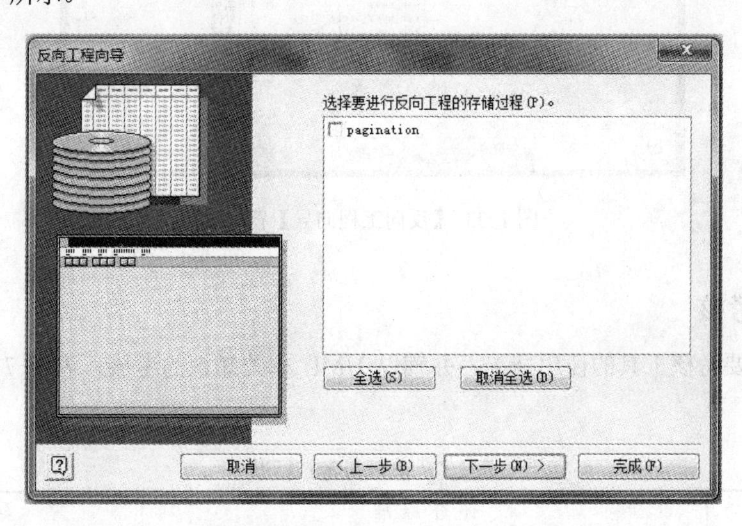

图 1-31 【反向工程向导】窗口 3

⑬ 选中需要进行反向工程的存储过程，单击【下一步】按钮，弹出下一【反向工程向导】窗口，如图 1-32 所示。

⑭ 如果想让选择了反向工程的项添加到当前工程中，此处选择【是，将形状添加到当前页】才能生成图片。单击【下一步】按钮，进入下一【反向工程向导】窗口，如图 1-33 所示。

⑮ 此处提供检查表和目录信息，如果正确，单击【完成】按钮，至此，通过逆向工程在 Visio 2010 中成功建立了数据模型。

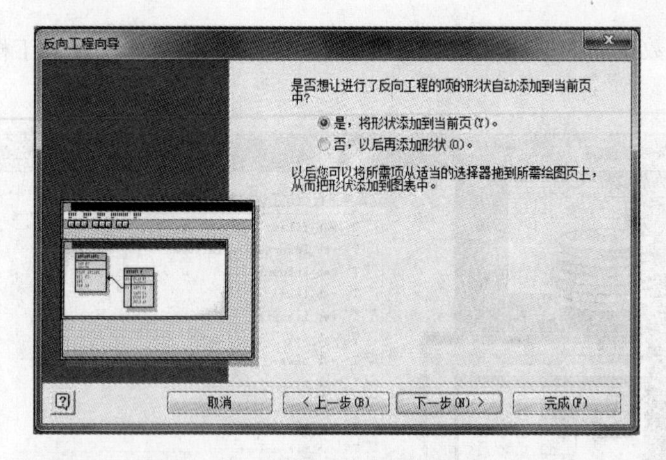

图 1-32 【反向工程向导】窗口 4

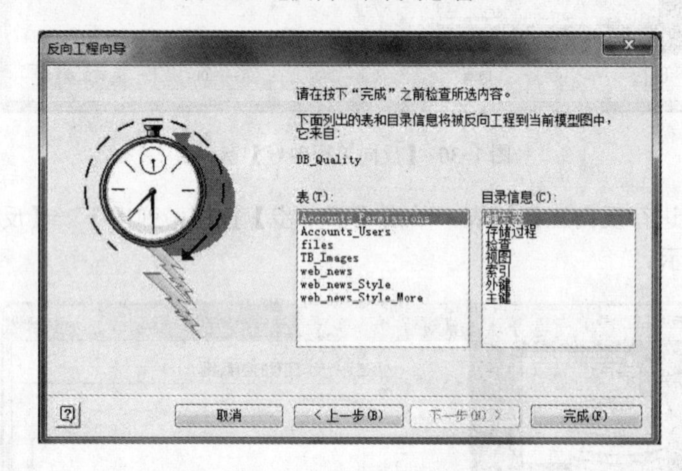

图 1-33 【反向工程向导】窗口 5

1.2.5 任务考核

本任务主要考核工具的使用情况，并辅以 UML 相关知识的考核，表 1-7 为本任务考核标准。

表 1-7 本任务考核标准

评 分 项 目	评 分 标 准	等 级	比 例
工具的安装	能够独立、正确安装工具软件	优秀（85～100 分）	10%
	在帮助、指导下能够争取安装工具软件	良好（70～84 分）	
工具的使用	能够正确使用工具绘制 UML 图，工具使用熟练、准确	优秀（85～100 分）	40%
	在帮助、指导下能够正确使用工具绘制 UML 图	良好（70～84 分）	
	工具还需进一步学习和熟悉	优秀（85～100 分）	
相关知识的掌握	相关知识点： ● 什么是 UML？ ● UML 在软件开发过程中的作用是什么？ ● UML 模型图有哪 16 种？ ● UML 建模工具有哪些？	根据知识点的掌握情况酌情打分	20%
任务完成时间	在规定时间内完成任务者得满分，每推延一小时扣 5 分	0～100 分	30%

1.2.6 任务小结

“工欲善其事，必先利其器”，通过本任务的实施，读者可以了解 UML 及建模基础知识，了解常用的软件建模工具，掌握 Microsoft Visio 2010 建模工具的使用技能和方法，为以后系统的分析与设计等一系列相关任务打下坚实的基础。

1.2.7 拓展与提高

在软件系统建模过程中，根据建模要求，不仅要求绘制常见的 UML 模型，也有可能会用到一些不常见的模型，可拓展练习本书中未涉及的 UML 模型的绘制。

1.2.8 思考与讨论

（1）通过本任务的学习，谈谈对统一建模语言（UML）的认识。

（2）常见的 UML 建模工具有哪些？其中哪种工具更适合自己使用，为什么？

1.2.9 实训题

熟悉 Microsoft Visio 2010 界面及常见工具的使用，能够自行在 Visio 2010 中使用逆向工程来建立数据模型。

任务 1.3 系统需求分析

1.3.1 任务引入

虽然在可行性研究阶段已经粗略地了解了用户的需求，甚至还提出了一些可行的方案，但是由于可行性研究的目的是用较小的成本在较短的时间内确定系统是否存在可行的解法，因此系统的许多细节在此阶段中被忽略了，但是在最终的系统中，任何一个微小的细节都是不能遗漏的，所以可行性研究并不能代替需求分析。需求分析是软件生命周期中重要的一步，也是最关键的一步。

1.3.2 任务目标

本任务通过对需求及相关知识的学习，掌握需求分析的一般方法和技能，从而对“中国无锡质量网”进行需求分析。

1.3.3 相关知识

1. 需求

什么是需求？简单而言，就是客户、用户、投资者、开发人员等所有对项目结果有重大影响的人员在项目工作内容方面达成并保持一致，重点是用户的需要和目标。可以将整个软件需求工程研究领域划分为需求开发和需求管理两部分。

软件系统的需求包括 3 个不同的层次——业务需求、用户需求和功能需求（也包括非功能需求）。其中，业务需求反映了客户对系统或产品高层次的目标要求，在项目总体规划与范围的文档中予以说明；用户需求是指用户使用产品必须要完成的任务，在用例文档中予以说明；功能需求则定义了开发人员必须实现的软件功能，以达到用户要求，从而满足业务需求。

可以按照 FURPS+模型对需求的不同方面进行描述，主要包括以下几个方面。

- F——功能性：描述系统的特性、能力以及安全性等。
- U——可用性：描述系统的人性化因素、帮助文档等。
- R——可靠性：描述系统的故障周期、可恢复性、可预测性等。
- P——性能：描述系统的响应时间、吞吐量、准确性、有效性、资源利用率等。
- S——可支持性：描述系统的适应性、可维护性、国际化、可配置性等。
- +——辅助和次要的因素，例如，
- 实现：描述系统的资源限制、语言和工具、硬件等。
- 接口：描述系统与外部系统接口所加的约束。
- 操作：描述系统操作环境中的管理。
- 包装：描述系统的组件结构。
- 授权：描述系统的使用许可、许可证或其他方式等。

使用 FURPS+模型来描述系统需求并不是唯一的，但用来作为需求范围检查是很有效的，可以降低分析系统需求时遗漏某些因素的风险。

2．需求分析

在 CMMI3 的定义中，需求分析指的是在建立一个新的或改变一个现存的软件系统时描写新系统的目的、范围、定义和功能时所要做的所有工作。需求分析是 CMMI3 中的一个关键过程，在此过程中，系统分析员和软件工程师应确定用户的需要，只有在确定用户需要之后，才能够分析和寻求新系统的解决方法。

（1）需求分析的阶段

需求分析可进一步分为问题获取、分析、编写规格说明和验证 4 个阶段，包括软件类产品中需求收集、评价、编写文档等所有活动。这些活动主要包含以下几个方面。

- 确定需求产品的用户类别。
- 获取每个用户类的需求。
- 了解实际用户任务和目标以及这些任务所支持的业务需求。
- 分析源于用户的信息以区别用户任务需求、功能需求、业务规则、质量属性、建议解决方法和附加信息。
- 将系统级的需求分为几个子系统，并将需求中的一部分分配给软件组件。
- 了解相关质量属性的重要性。
- 商讨实施优先级的划分。
- 将所收集的用户需求编写成文档和模型。
- 评审需求规格说明，确保对用户需求达到共同的理解与认识，并在整个开发小组接受说明之前将问题都弄清楚。

传统的面向过程需求分析与面向对象分析是不同的，传统方法把系统看作一个过程的集合体，由人和机器共同完成一个任务，计算机与数据交互、读出数据、进行处理又把结果写回到计算机里面去。而对象方法把系统看作一个相互影响的对象集，对象重要的是具有行为（方法），行为发送消息请求另一个对象做事情，就本质而言，对象方法不包括计算机过程和数据文件，而是对象执行活动并记录下数据，当为系统响应建模时，对象方法包括响应模型、模型行为以及对象的交互。在面向对象的需求分析中，对象、事件和响应成为分析的主体，分析的着力点转向了交互，并且有相应的方法来描述功能，这就是用例，是需求分析的重要部分。

（2）需求分析的过程

需求开发过程可分为两个阶段：用户需求调查阶段和产品需求定义阶段，而“需求分析”则贯穿于上述两个阶段。需求调查阶段和需求定义阶段在逻辑上存在先后关系，实际工作中二者通常是迭代进行的。为避免与其他开发人员混淆，通常把从事需求开发工作的人员称为需求分析员（也叫系统分析员）。

① 需求调查：其目的是通过各种途径获取用户的需求信息（原始材料），产生《用户需求说明书》。

② 需求分析：其目的是对各种需求信息进行分析、消除错误、刻画细节等。常用的需求分析方法有“问答分析法”“结构化分析法”和“面向对象分析法”。

③ 需求定义：其目的是根据需求调查和需求分析的结果，进一步定义准确无误的产品需求，生成《产品需求规格说明书》。系统设计人员将依据《产品需求规格说明书》开展系统设计工作。

需求开发过程中生成的主要文档有《用户需求说明书》和《产品需求规格说明书》。

（3）需求管理

需求开发的结果应该有项目视图和范围文档、使用实例文档、软件需求规格说明及相关分析模型。通过评审批准后，这些文档就定义了开发工作的需求基线，基线在客户和开发人员之间构筑了计划产品功能需求和非功能需求的一个约定。需求约定是需求开发和需求管理之间的桥梁，需求管理包括在工程进展过程中维持需求约定集成性和精确性的所有活动。

需求管理主要有需求确认、需求跟踪与需求变更控制 3 个过程。

① 需求确认：是指开发方和客户共同对需求文档进行评审，双方对需求达成共识后作出书面承诺，使需求文档具有商业合同效果。

② 需求跟踪：是指通过比较需求文档与后续工作成果之间的对应关系，建立与维护“需求跟踪矩阵”，确保产品依据需求文档进行开发。

③ 需求变更控制：是指依据“变更申请—审批—更改—重新确认”的流程处理需求的变更，确保需求的变更不会失去控制而导致项目发生混乱。

需求管理过程产生的主要文档有《需求评审报告》《需求跟踪报告》和《需求变更控制报告》。

3．需求建模

（1）模型与建模的重要性

模型是对现实的简化，是对现实世界某些重要方面的表示。模型是一种抽象，从某个视点、在某种抽象层次上详细说明被建模的系统。它帮助人们按照实际情况或按人们需要的样式对系统进行可视化，提供一种详细说明系统的结构或行为的方法，给出一个指导系统构造的模板，对所做出的决策进行文档化。

模型从某一个建模观点出发，抓住事物最重要的方面而简化或忽略其他方面。工程、建筑和其他许多需要具有创造性的领域中都使用模型。

软件系统的模型用建模语言来表达，如 UML。模型包含语义信息和表示法，可以采取图形和文字等多种不同形式。

（2）需求建模的作用

确定用户的最终需求其实是一件很困难的事，有以下几点主要原因。

① 用户缺少计算机知识，开始时无法确定系统究竟能为自己做什么，不能做什么，因此无法一下子准确表达自己的需求，他们所提出的需求往往是不断变化的。

② 设计人员缺乏与用户沟通的技巧，不易理解用户的真正需求，甚至误解用户的需求。

③ 新的硬件、软件技术的出现也会使用户需求发生变化。

因此设计人员必须借助软件模型与用户不断地进行交流。需求建模，一方面用于精确地记录用户从各个视点、各个抽象级别上对原始问题级目标软件的描述；另一方面，它也将帮助分析人员去伪存真、由此及彼、由表及里地挖掘用户需求。

需求建模的步骤是：首先模型化当前系统，建立当前系统的物理模型，然后抽象描述当前系统的逻辑模型，最后导出目标系统的逻辑模型，如图 1-34 所示。

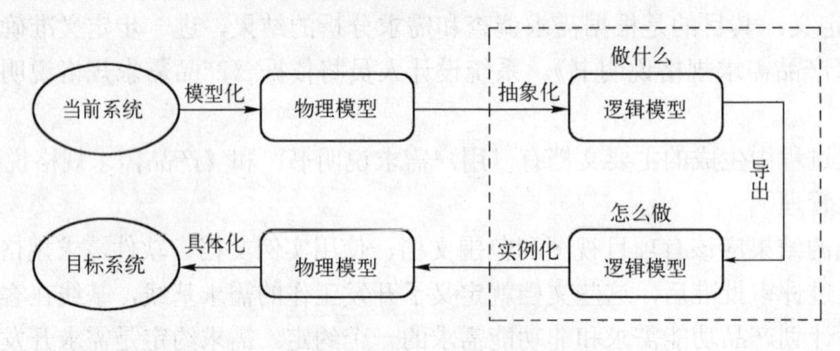

图 1-34　软件需求建模步骤

4．面向对象需求模型——用例模型

用例模型描述的是外部参与者（Actor）所理解的系统功能，主要用于需求分析阶段，建立用例模型是系统开发者和用户反复讨论的结果，表明了开发者和用户对需求规格达成的共识。其作用有三个方面：首先，它描述了待开发系统的功能需求；其次，它将系统看作黑盒，从外部参与者的角度来理解系统；最后，它驱动了需求分析之后各阶段的开发工作，不仅在开发过程中保证了系统所有功能的实现，而且被用于验证和检测所开发的系统，从而影响到开发工作的各个阶段和 UML 的各个模型。在 UML 中，一个用例模型由若干个用例图来描述，如图 1-35 所示。

（1）系统边界（System Border）

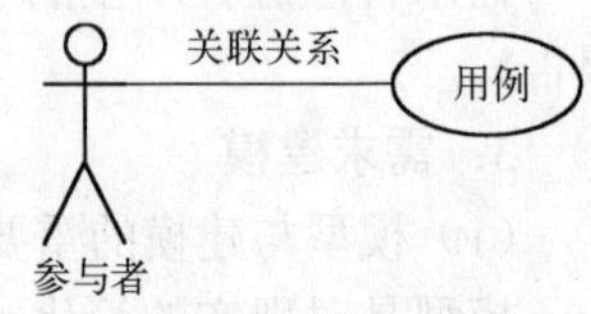

图 1-35　用例示意图

在进行一个系统的需求分析时，人们对这个待开发的系统的内部构成情况尚处于一无所知的状态。系统分析员只知道用户要求开发一个系统，能提供这样或那样的功能。至于系统中包含哪些对象、这些对象的特征以及相互之间的关系，都需要在对需求有了明确的认识之后才能确定。此时的系统对开发者而言是个未知的空间，但是人们可以预测这个系统在开发完成之后应该发挥什么样的作用。就如同观察一座神秘的城堡，人们只能在其城墙之外看到每一座城门进进出出的是些什么事物。这道城墙就是系统与外界的分界线，即系统边界。

系统边界是指系统内部的所有成分与系统以外各种事情之间的分界线。在这条分界线以内，是系统本身所包含的全部对象；在系统边界以外，是与系统进行信息交换的各种事物，即人员、设备和外系统等各种参与者，如图 1-36 所示。

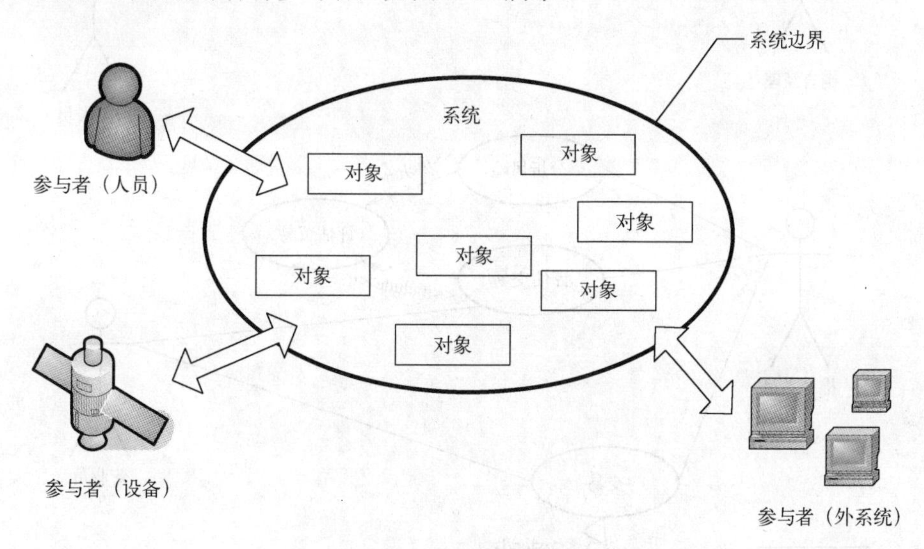

图 1-36　系统、系统边界与参与者

确定系统边界的目的有以下四个方面。

① 明确分析员的责任范围。分析员的工作应该在自己所负责的系统范围内进行。当一个系统被划分为若干个子系统时，如果各个子系统的分析工作是独立进行的，则分析员应该明确自己所承担的子系统的边界；如果各个子系统的分析工作是紧密配合的，则所有的分析工作应该在一个统一的系统边界内进行。

② 明确哪些事物被划定在系统边界之内，在分析工作中将这些事物抽象为系统中的对象，构成系统。

③ 明确系统边界之外将有哪些参与者与系统进行交互，分析在交互过程中所要完成的每一项功能，从而找出系统中应该由哪些对象来处理这些交互并完成所要求的功能。

④ 排除与系统责任无关的事物，即那些既不属于系统边界范围内，又不与系统进行交互的事物。

（2）参与者（Actor）

明确了系统边界之后，在系统边界以外与系统进行交互的事物统称为参与者。研究参与者的根本目的是为了搞清楚系统对它的外部世界所表现的行为，即被开发的系统应该对它的外部世界发挥什么作用才能满足用户的需求。因此，参与者不仅仅包含与系统进行交互的各类人员，还包括一些设备和与当前系统相连接的其他系统。

例如，某贸易系统中有销售经理、推销人员、营业员和财务人员四种人员。在该贸易系统中他们都扮演着相同的角色，起着同一种作用，所以可以统称为参与者。一个用户也可以扮演多种角色（参与者）。例如，一个高级推销人员既可以是贸易经理，也可以是普通的销售员；一个推销人员也可以同时是营业员。该贸易系统用例图如图 1-37 所示。

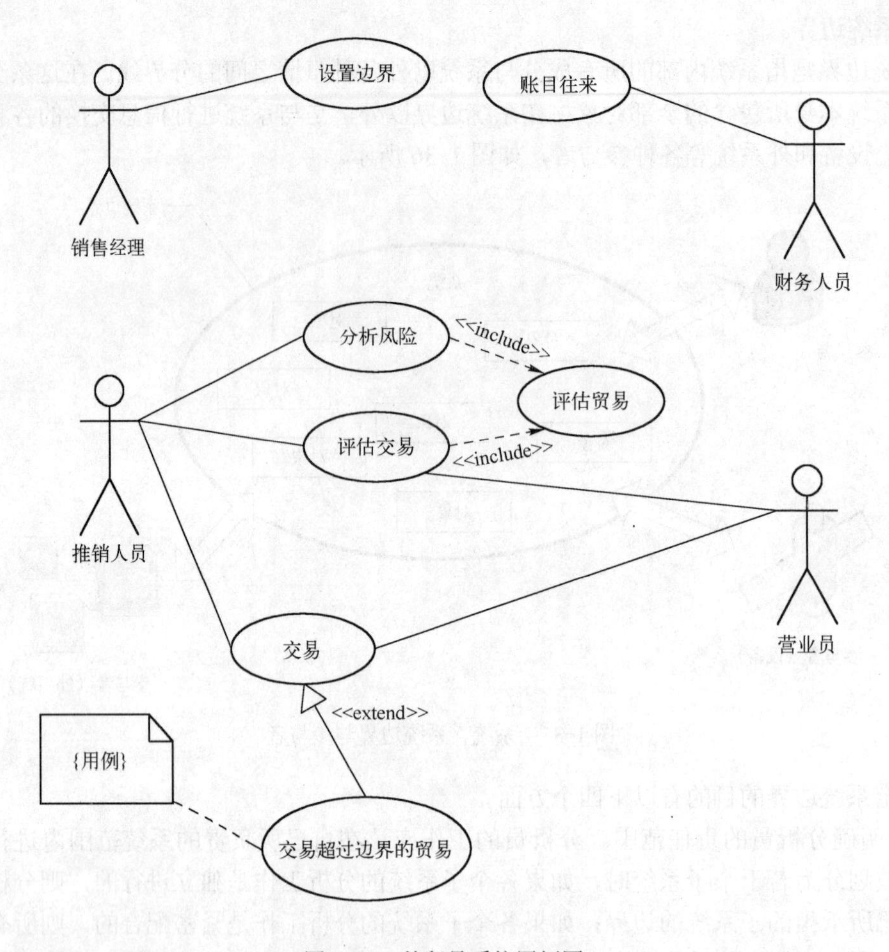

图 1-37　某贸易系统用例图

每个参与者可以参与一个或多个用例。它通过交换信息与用例发生交互作用（因此也与用例所在的系统或类发生了交互作用）。而参与者的内部实现与用例是不相关的，参与者可以被一组定义它的状态的属性充分描述。

图中的实线段将参与者与用例连接在一起，表示两者之间可以交换信息，称为关联关系。单个参与者可以与多个用例联系，一个用例也可以与多个参与者联系。

（3）用例（User Case）

用例是对一组动作序列的描述，系统执行这个动作序列来为参与者产生一个可观察的结果值。通常用例表示为一个椭圆。其中“可观察的结果值”强调系统行为的重点在于为用户提供数据。用例分析的关键是关注于“怎样才能使系统为用户提供可观察的数值，或帮助用户实现他们的目标”，而不是仅仅按照特性和功能详细罗列系统需求。

图 1-37 中“分析风险”“评估交易”“交易”“设置边界”“交易超过边界的贸易”“评估贸易”“账目往来”等都是用例的实例。

概括地说，用例有以下特点。

① 用例捕获某些用户可见的需求，实现一个具体的用户目标。

② 用例由参与者激活，并提供可见的价值结果给参与者。

③ 用例可大可小，但它必须是一个具体的用户目标实现的完整描述。

（4）用例间关系

在图 1-37 中除了参与者与用例之间的关联关系外，还有另外两种类型的连接，用于表示用例之间的包含（include）和扩展（extend）关系。

包含关系是通过在关联关系上应用<<include>>构造型来表示的，它所表示的语义是指基础用例（Base）会用到被包含用例（Inclusion），也就是说，用例 A include 用例 B，表示没有了用例 B，用例 A 本身也就不完整了。例如，在 ATM 机中，如果查询、取现、转账这三个用例都需要打印一个回执给客户，就可以把打印回执部分抽象成为一个单独的用例“打印回执”，而原有的查询、取现、转账三个用例都会包含这个用例。以后要对打印回执部分的需求进行修改时，就只需要改动一个用例，而不用再每一个用例都做相应修改，这样就提高了用例模型的可维护性。图 1-37 所示的贸易系统中，现实中风险分析和交易评估都需要评估贸易，为此可单独定义一个用例“评价贸易”，而“分析风险”和“评估交易”用例将使用它。

当一个用例与另一个用例相似但所做的动作多一些时，就可以用到扩展关系。用例 B extend 用例 A，表示用例 B 是用例 A 在某种特定情况下可能会出现的扩展用例。例如，在图 1-37 中，基本用例是“交易”。交易中可能一切都进行得很顺利，但也可能存在扰乱顺利进行交易的因素，其中之一便是超出某些边界值的情况。一般可在“交易”用例中做改动，但这就把该用例与一大堆特殊的判断和逻辑混杂在一起，使正常的流程很难理解。因此将常规的动作放在“交易”用例中，而将非常规的动作放置于“交易超过边界的贸易”用例中，这便是扩展关系的实质。

除此之外，用例间还有一种关系是泛化（generalization）。当多个用例共同拥有一种类似的结构和行为时，可以将它们的共性抽象成为父用例，其他的用例作为泛化关系中的子用例。在用例的泛化关系中，子用例是父用例的一种特殊形式，子用例继承了父用例所有的结构、行为和关系。例如，执行交易是一种交易抽象，执行房产交易和执行证券交易都是一种特殊的交易形式，那么“执行交易”就为父用例，“执行房产交易”和“执行证券交易”都是子用例。

（5）场景（Scenario）

场景是参与者和被讨论系统之间的一系列特定的活动和交互，是使用系统的一个特定情节或用例的一条执行路径，通常称为“用例的实例”场景。例如，使用现金成功购买商品的场景或由于信用卡交易拒绝造成的购买失败的场景。通俗地讲，一个用例就是描述参与者使用系统来达到目标时一组相关的成功场景和失败场景的集合。

场景是指从单个执行者的角度观察目标软件系统的功能和外部行为。这种功能通过系统与用户之间的交互来表示。因此也可以说，场景是用户与系统之间进行交互的一组具体的动作。相对于用例而言，场景是用例的实例，而用例是某类场景的共同抽象。

对场景的完整描述应包含场景名称、执行者实例、前置条件、事件流和后置条件。

例如，某“家庭保安系统”具有“系统配置”“开机”“关机”“门窗监测”“烟雾监测”和“复位”等场景。其中，门窗监测场景的具体描述如下。

① 场景名称：门窗监测。

② 执行者实例：警报器、报警电话、显示器和门窗监测器。

③ 前置条件：系统已开机。

④ 事件流：包括以下几个方面。

- 门窗检测器发现门或窗发生异动，向软件系统报告异常事件。
- 软件系统启动警报器并拨报警电话号码。
- 报警电话接通后，软件系统播出语音，报告异常事件发生的时间、地点和事件的性质（门窗异动）。
- 系统在控制面板的显示器上显示报警时间及当前状态（报警：门窗异动）。

⑤ 后置条件：系统处于“报警”状态。

1.3.4 任务实施

1．陈述问题

“中国无锡质量网”管理系统主要分成两个方面：一方面用于管理员登录，管理员分为系统管理员和普通管理员，系统管理员主要负责维护系统的正常运行、修改系统管理用户权限、管理用户更新自己的密码、管理普通用户、维护新闻等；普通管理员主要负责管理系统的新闻信息及其资源等。另一方面用于普通用户登录，普通用户主要是浏览新闻。从总体上考虑，系统应该实现下列功能。

（1）管理员功能

- 添加普通管理用户并赋予维护新闻及资源信息的权限；
- 修改系统管理用户信息及系统管理员权限；
- 更改和管理用户密码；
- 负责维护系统的正常运行；
- 负责质量网新闻的增删改操作及其他资源的操作，如在线解答操作等。

（2）普通用户功能

普通用户功能包括浏览质量网新闻、搜索新闻、进行在线咨询。

2．发现参与者

根据参与者的定义，参与者是在系统之外与系统交互的某人或某事物，因此，可以明确参与者的两个明显特征，一是参与者是在系统之外，在系统之内的不是参与者；二是参与者与系统有明显的系统边界，可以通过这两个特征来发现系统的参与者。除此之外，还可以通过以下问题的答案来发现参与者：

- 谁负责提供、使用或删除信息？
- 谁使用此功能？
- 谁负责支持和维护系统？
- 系统有哪些外部资源？
- 其他还有哪些系统将需要与该系统进行交互？
- 谁对系统有着明确的目标和要求并且主动发出动作？
- 系统是为谁服务的？

通过回答上述问题可以得出“中国无锡质量网”系统参与者陈述列表，如表 1-8 所示。

表 1-8　参与者陈述列表

系统管理员可以对新闻信息进行三种基本操作：添加新的新闻、删除旧的新闻、修改原有新闻，其中包括增加、修改和删除附件和图片
系统管理员可以增加、删除普通用户，并且分配权限给普通用户，例如分配维护新闻信息的权限
系统管理员可以进行审核新闻信息并且发布新闻（包括视频新闻、在线咨询与解答）
系统管理员可以根据需要调整网站菜单并且进行删除工作
系统管理员根据需要修改个人信息和登录密码
系统管理员可以查看、添加、修改、删除民意调查投票系统
系统管理员查看系统日志
普通管理员根据系统管理员分配的权限进行后台操作，如维护质量网新闻
普通用户浏览新闻、搜索新闻及在线咨询等

从表 1-8 中可以发现，参与者有系统管理员、普通管理员及普通用户。“中国无锡质量网”管理系统的参与者及其关系如图 1-38 所示。

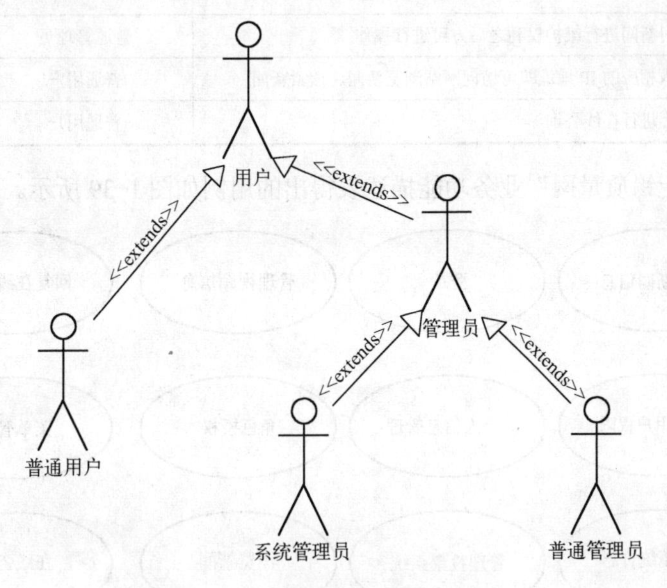

图 1-38　“中国无锡质量网”参与者

3．确定用例

由于业务用例是指系统提供的业务功能与参与者的交互，它表现问题领域中各实体间的联系和业务往来活动。因此，要确定系统的业务用例，需将陈述中描述出的业务功能指派给相应的参与者，然后使用交互性强的“动宾短语”概括出用例名。而系统用例的参与者是除人之外的其他系统、硬件或组织等，因此，确定系统用例的方法与业务用例差别不大，只是参与者不同而已。

可以通过建立业务功能描述表（表 1-9），把功能需求赋予参与者，并根据不同的业务功能概括出用例。注意，不在系统应用范围之内的潜在业务功能不能被转换为用例。例如，告知普通管理员用自己的姓名和生日分别作为登录名和密码，由于本系统没有涉及电子邮件功能，这个任务已经超出这个系统的业务范围，不能作为用例。

表 1-9　业务功能描述表

业 务 功 能	参 与 者	用 例
系统管理员可以对新闻信息进行三种基本操作：添加新的新闻、删除旧的新闻、修改原有新闻，其中包括增加、修改和删除附件和图片	系统管理员	管理新闻信息
系统管理员可以对视频进行增加删除操作	系统管理员	管理视频信息
系统管理员可以对普通用户的在线咨询进行审核并且回复	系统管理员	回复在线咨询
系统管理员可以对用户的资料进行查询、删除并修改及可对自己的权限进行修改	系统管理员	管理用户及权限
系统管理员登录系统，才能维护质量网信息	系统管理员	登录系统
系统管理员可以对个人信息进行查看并且修改	系统管理员	个人信息管理
系统管理员可以根据需要调整网站菜单并且进行删除工作	系统管理员	菜单管理
系统管理员授权普通管理员增删改新闻信息	系统管理员	角色授权
系统管理员可以查看系统日志	系统管理员	查看系统日志
系统管理员可以查看、删除民意调查并且添加新的民意调查	系统管理员	管理民意调查投票系统
普通管理员被授予对新闻进行维护权利之后方可进行操作	普通管理员	维护新闻信息
用户在浏览器中输入相应的 IP 地址即可访问网站浏览新闻、搜索新闻	普通用户	浏览新闻
用户可以在质量网上进行在线咨询	普通用户	在线咨询

根据“中国无锡质量网”业务功能描述表得出的用例如图 1-39 所示。

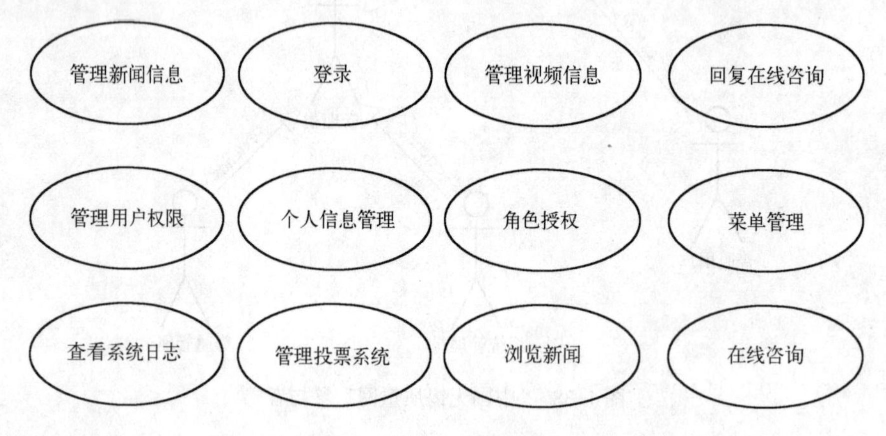

图 1-39　“中国无锡质量网”用例

4．绘制用例图

由于参与者和用例都已经在前面分析完成，并且参与者与用例之间的关系也已确定，要绘制系统的完整用例图，必须先弄清楚用例与用例之间的关系。在得出的用例中没有泛化关系。弄清楚各个用例之间的关系后，就可以使用 Microsoft Visio 2010 建模工具绘制用例图。可按参与者分别绘制，也可绘制总的用例图。

（1）用户

用户用例图如图 1-40 所示。

（2）普通用户（浏览者）

普通用户用例图如图 1-41 所示。

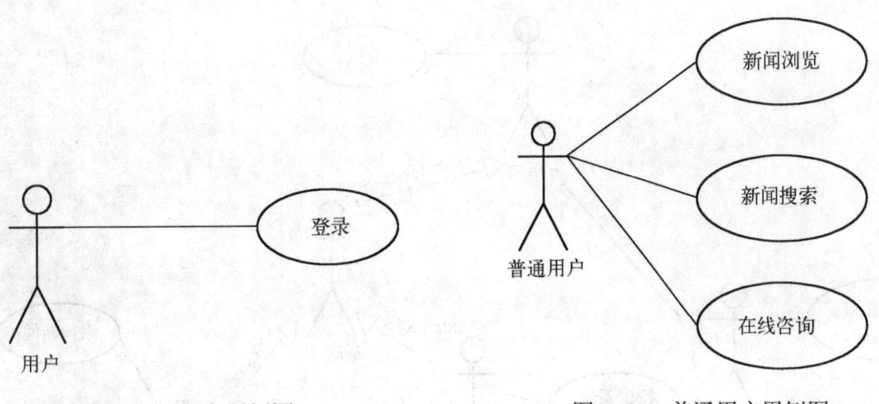

图 1-40　用户用例图　　　　图 1-41　普通用户用例图

（3）系统管理员

系统管理员用例图如图 1-42 所示。

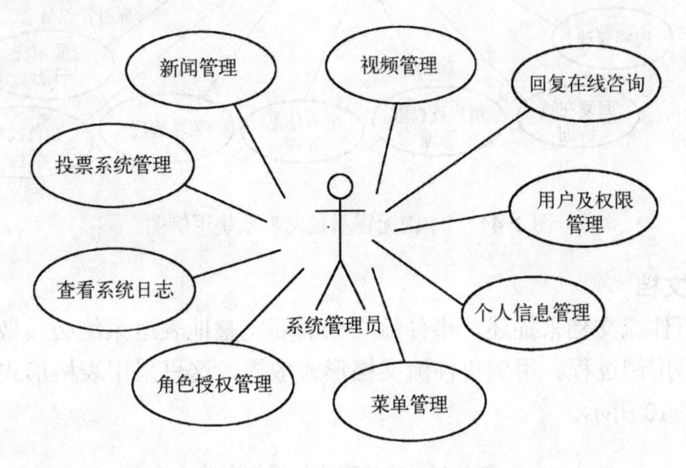

图 1-42　系统管理员用例图

（4）普通管理员

普通管理员用例图如图 1-43 所示。

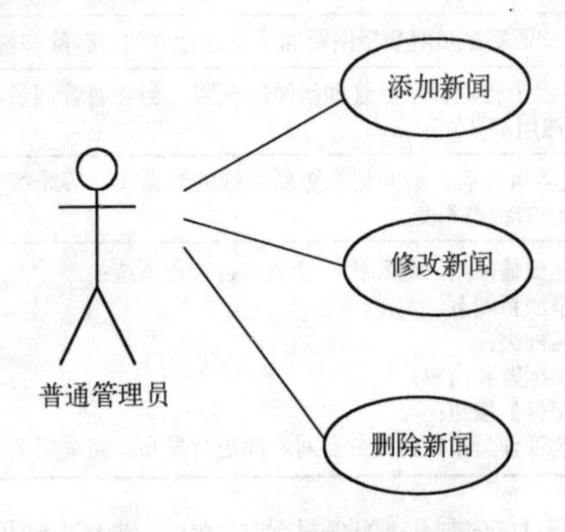

图 1-43　普通管理员用例图

各个参与者及其用例总图如图 1-44 所示。

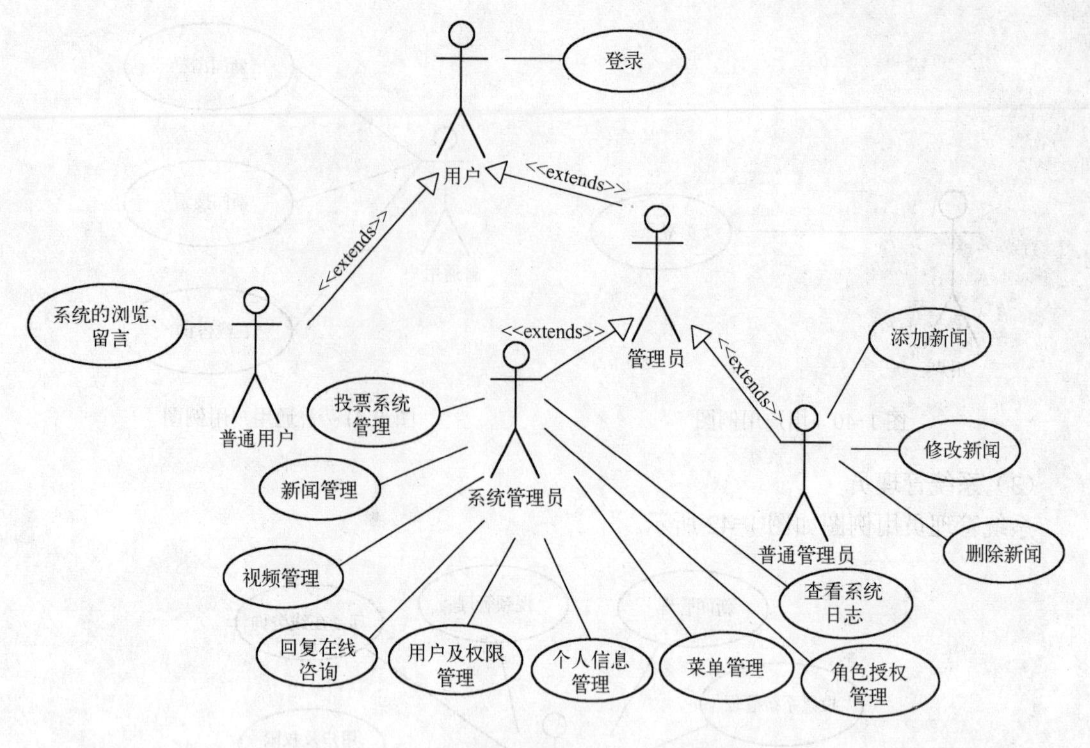

图 1-44 “中国无锡质量网”系统用例图

5. 编写用例文档

用例必须用事件流文档来描述，事件流文档需要完整地表达系统必须做什么和参与者什么时候激活用例等用例过程。用例事件流文档形式多样，这里采用表格形式对其中一个用例进行描述，如表 1-10 所示。

表 1-10 表格形式的用例文档

用例名	参与添加新闻信息	用例类型	
用例 ID	U-001	业务用例	
主要业务参与者	普通管理员		
描述	该用例允许普通管理员对质量网新闻信息进行增加、删除和修改操作		
前置条件	系统管理员赋予普通管理员管理新闻的权限，当普通管理员获得管理新闻权，成功登录后台管理系统后，开始该用例		
后置条件	如果用例成功执行后，新闻记录更新系统的数据库，等系统管理员审核并发布后显示在新闻浏览页面，否则系统的状态不变		
基本流程	① 普通管理员输入用户名和密码登录后台管理系统； ② 单击【添加新闻】； ③ 选择新闻种类； ④ 增加新闻标题和内容； ⑤ 单击【保存】按钮； ⑥ 等待系统管理员审核新闻并且对新闻进行发布，结束用例		

值得注意的是，基本流程中所有步骤都是肯定的、能成功执行的，不能用“是否是”等模棱两可、不肯定的词语。

1.3.5 任务考核

本任务主要考核系统需求分析的能力，以及使用 Microsoft Visio 2010 工具绘制用例模型的能力。表 1-11 为本任务考核标准。

表 1-11 本任务考核标准

评分项目	评分标准	等级	比例
系统需求分析能力的考核：需求文档的撰写（包括 EA 工具使用是否熟练、使用用例进行需求建模的方法是否掌握）	需求分析文档格式规范、内容正确、图形准确，正确描述了系统需求	优秀（85～100 分）	60%
	需求分析文档格式规范、内容基本正确、图形基本准确，能够较好地描述系统需求	良好（70～84 分）	
	需求文档还需进行一定的修改	及格（60～69 分）	
知识的掌握	相关知识点： ● 什么是软件需求？ ● 需求分析的作用是什么？ ● 需求分析的方法有哪些？ ● 为什么要建模？ ● 如何绘制用例模型？	根据知识点的掌握情况酌情打分	30%
任务完成时间	在规定时间内完成任务者得满分，每推延一小时扣 5 分	0～100 分	10%

1.3.6 任务小结

通过本次任务的完成，可以使读者掌握需求、需求分析和需求管理的相关知识；并通过对用例的理解和使用，掌握面向对象需求分析方法，学会使用建模工具绘制 UML 的用例图。

1.3.7 任务拓展训练

（1）查阅资料，学习面向过程的需求分析方法，并与面向对象的需求分析方法比较各自的优缺点。

（2）访问淘宝网站（http://www.taobao.com），熟悉其业务，并对其进行需求分析。

1.3.8 思考与讨论

（1）在 CMMI3 中，需求分析的主要作用是什么？

（2）需求分析活动主要包括哪几个方面？

（3）需求建模的主要作用有哪些？

（4）用例模型的基本组成及作用是什么？

1.3.9 实训题

仿照“中国无锡质量网”的用例模型构建过程，参考任务实施，使用 Microsoft Visio 2010 工具完成“图书馆门户信息管理系统”的用例模型构建。

任务 1.4 建立领域模型

1.4.1 任务引入

在用户需求和相关的业务领域中，往往有一些全局性的概念对于理解需求至关重要。因此，有必要抽取这些概念，并研究概念之间的关系。

1.4.2 任务目标

用例模型原则上不是面向对象的，它描述的是系统的功能，只是建立系统最初的输入，为了更细腻地分析需求，从面向对象的角度，可以建立领域模型。识别一个丰富的对象集或者领域类集是面向对象分析的核心工作，做好这项工作，将会在设计和实现期间事半功倍。本次任务通过对几个领域模型相关知识的学习，建立系统的领域模型。

1.4.3 相关知识

1．领域模型

现实世界中系统所要解决问题的领域为“问题域”，如“银行业务”属于“银行的问题域”。设计一个系统，总是希望它能解决一些问题，这些问题总是会映射到现实问题和概念。对这些问题进行归纳、分析的过程就是领域建模。典型的面向对象的分析或调研的步骤是把一个相关的领域分解为能够理解的单个的领域类或者对象。这里的域指的就是问题域；所建的模型就是领域模型。因此，领域模型是领域类或者现实对象的可视化表示，它们也被称为概念模型、领域对象模型、分析对象模型等。在 UML 中，领域模型用不定义操作（方法）的一组类图来说明，它主要表达领域对象或者领域类、领域类之间的关联、领域类的属性，从而表达对象的状态。

建立领域模型具有以下好处：

- 通过建立领域模型能够从现实的问题域中找到最有代表性的概念对象。
- 发现其中的类和类之间的关系，因为所捕捉出的类是反馈问题域本质内容的信息。

2．领域对象

用领域对象分析问题域，建立在领域模型中的领域对象可以分为边界对象、实体对象和控制对象。

（1）边界对象

边界对象是参与者与系统进行交流的介质，它代表系统的内部工作和它所处环境之间的交互。

边界类将系统的其他部分和外部的相关事物隔离和保护起来，其主要的责任是输入、输出和过滤。

（2）实体对象

实体对象代表要保存到持续存储体中的信息。实体类通常用业务域中的术语进行命名，通过它可以表达和管理系统中的问题域信息。在领域模型中，系统中的关键概念以实体对象来表现，实体对象主要的责任是业务行为的主要承载体。

（3）控制对象

控制对象协调其他类的工作，每个用例通常有一个控制类，控制用例中的时间顺序。

控制类控制其他对象相互协作以实现用例的行为，也称管理类，其主要的责任是控制事件流，负责为实体类分配责任。

三种领域对象的 UML 图示如图 1-45 所示。

图 1-45　领域对象

3．鲁棒分析

鲁棒分析也称为健壮性分析，它让边界对象、实体对象和控制对象相互之间遵循一定的规则进行交互，从而来验证用例事件流的正确性和发现领域对象。鲁棒分析遵循的规则如下：

- 用例的参与者只能与边界对象交互。
- 边界对象只能与控制对象和参与者交互（即不能直接访问实体对象）。
- 实体对象只能与控制对象交互。
- 控制对象可以和边界对象交互，也可以和实体对象交互，但是不能和参与者交互。

4．类图

类的 UML 表示是一个长方形，垂直地分为三个区，如图 1-46 所示。顶部区域显示类的名字，中间的区域列出类的属性，底部的区域列出类的操作。当在一个类图上画一个类元素时，必须要有顶端的区域，下面的两个区域是可选择的，因为当类图描述仅仅用于显示类与类关系的高层细节时，下面的两个区域是不必要的。

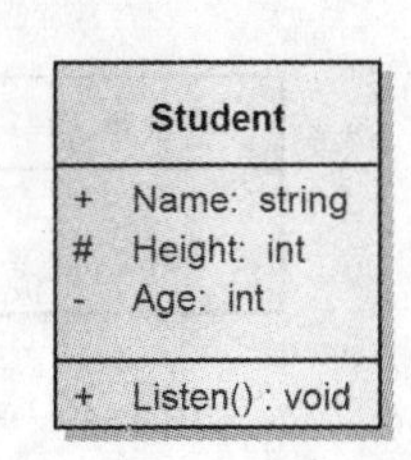

图 1-46　类图

图 1-46 是一个 Student 类，顶部区域显示的是类名 Student；中部区域显示该类有三个属性：Name，Height，Age，属性后面是类型；属性前面的+、#和-分别表示属性的访问控制——public、protected、private；属性底部区域显示的是方法 Listen( )。

类与类之间的关系有关联、泛化、依赖和实现四种，下面分别用 UML 图来表示这四种关系。

（1）关联关系

关联关系可分为单向关联和双向关联。单向关联指的是两个类是相关的，但是只有一个类知道这种联系的存在。一个单向关联用一条带有指向已知类的开放箭头的实线表示，在线的任一端可以放置一个该类在关联关系中扮演的角色名和多重值。这里的多重值是指关联的两个类之间对应的数量关系。例如，图 1-47 中的多重值表示一个学生可以读一到多种图书；一本图书可以被 0 到多个学生阅读。多重值的表示及含义如表 1-12 所示。

表 1-12　多重值表示方法

表　示	含　义	表　示	含　义
0..1	0 个或 1 个	1..*	1 个或多个
1	只能 1 个	3	只能 3 个
0..*	0 个或多个	0..5	0～5 个
*	0 个或多个	5..15	5～15 个

双向关联指的是两个类彼此知道它们间的联系，如图 1-48 所示。默认情况下，关联关系就是双向关联，因此也可以省略箭头，表示成如图 1-49 所示的形式。

（2）泛化关系

泛化关系使用一端带三角形箭头的实现表示，其中箭头指向的一端为父类，如图 1-50 所示。

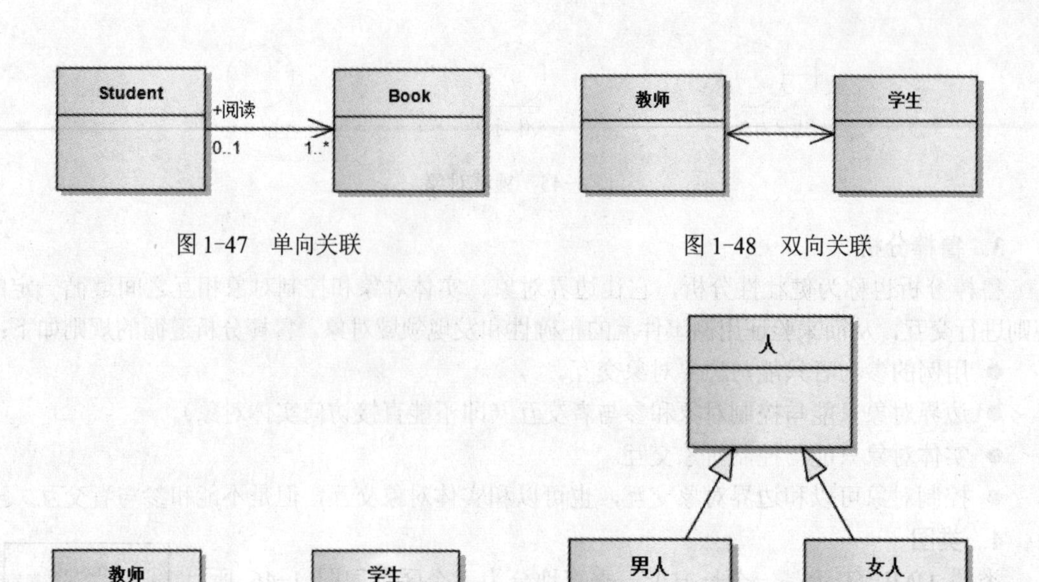

图 1-47　单向关联　　图 1-48　双向关联

图 1-49　双向关联的另一种表示　　图 1-50　泛化关系

（3）依赖关系

依赖关系使用带开放箭头的虚线表示，箭头指向的一端表示被依赖的类，如图 1-51 所示。

（4）实现关系

实现关系使用带三角形箭头的虚线表示，箭头方向由实现接口的类指向接口，如图 1-52 所示。

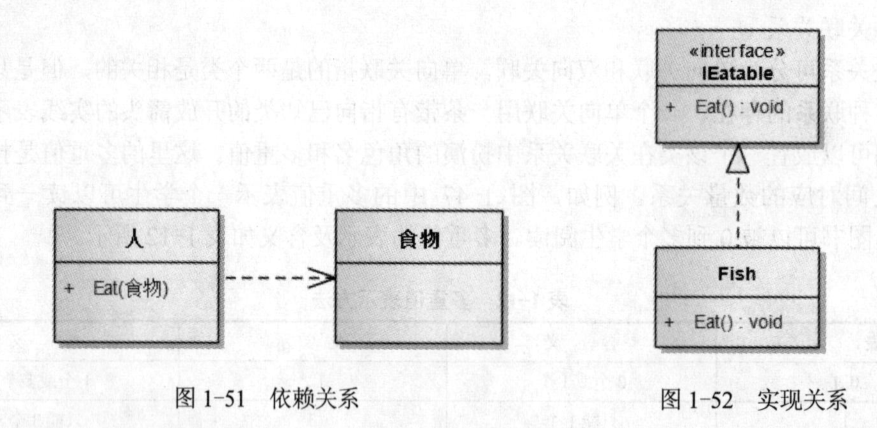

图 1-51　依赖关系　　图 1-52　实现关系

5. 领域模型分析的原则

一般来说，用大量细粒度的领域类来充分描述领域模型比粗略描述要有说服力。下面是识别领域类的一些指导原则：

- 不要认为领域模型中领域类越少越好，情况往往恰恰相反。
- 在初始识别阶段往往会漏掉一些领域类，如果后面考虑属性和关联时，发现遗漏则应加上。

- 不要仅仅因为需求中没有要求保留一些领域类的信息，或者因为领域类没有属性，就排除掉这个领域类。
- 无属性的领域类，或者在问题域里面仅仅担当行为的角色而非信息角色的领域类，都可以是有效的领域类。

1.4.4 任务实施

识别领域类的策略主要有以下几种方式，在实际分析领域类的过程中，往往这几种方式要结合使用。

1．使用领域分类表

可以通过建立一个候选领域类的列表来开始建立模型。表 1-13 为从系统管理员增删改新闻领域中抽取的概念列表。

表 1-13　系统管理员增删改新闻的概念列表

领域类分类	示　例
物理或具体对象	新闻
抽象名词的概念	新闻列表
分类	新闻类型
规则和政策	新闻生成规则
人的角色	系统管理员、普通管理员
事物的容器	无
容器包含的元素	无
在该系统之外的其他计算机或系统	无
组织	无
过程（通常不表示一个概念，但可以被表示成一个概念）	无

2．识别名词短语

曾经有人提出通过名词短语分析找出领域类，然后把它们作为候选的领域类或者属性的方法。使用这种方法必须十分小心，直接从多重含义的自然语言名词机械地映射领域类有很多不确定性。不过，可以通过用例事件流中的一些名词短语来找出一些候选领域类。例如，通过“普通管理员添加新闻”用例表，如表 1-14 所示。

表 1-14　“系统管理员添加新闻”用例表

基本流程：
1．普通管理员登录后台管理系统。 2．系统显示新闻列表。 3．普通管理员单击添加新闻按钮。 4．系统进入添加新闻页面。 5．普通管理员选择新闻种类。 6．普通管理员选择发布区域。 7．普通管理员可以上传图片。 8．普通管理员上传附件。 9．系统记录新闻到数据库中，并等待审核发布。 10．系统管理员审核通过新闻，结束用例

仔细研究其中的名词，可以看到很多有用的领域类，如新闻、新闻种类、新闻列表、图片，这其中也可能有些是属性。这种方法的缺点就是不精确，但对研究问题域会非常有用，如果结合其他几种领域类识别方法，就能弥补不足之处。

3．使用鲁棒分析

将用例的事件流按鲁棒分析规定的对象之间交互的规则绘制鲁棒分析图，从中也可得到领域类。以“参与增删改新闻”为例绘制鲁棒分析图，如图 1-53 所示。

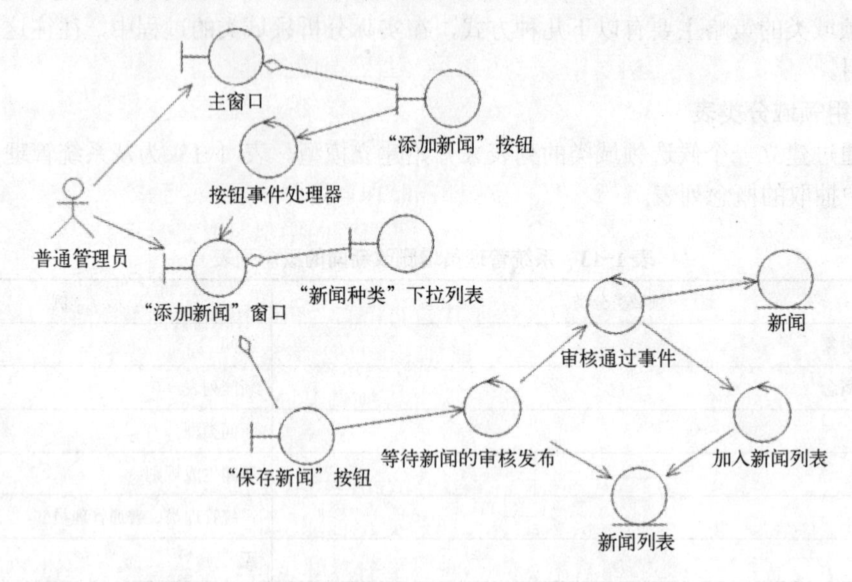

图 1-53　鲁棒分析图

从图 1-53 中可以得到“新闻”“新闻列表”等领域类。

通过综合使用上述方法，将得到的领域类再经过过滤、整理，识别其相互关系得到“中国无锡质量网”的领域模型，并使用 Microsoft Visio 2010 建模工具绘制领域或模型图，如图 1-54 所示。

从建立的领域模型中可以看出，整个领域中涉及的关键对象以及它们之间是相互协作的关系。

1.4.5　任务考核

本任务主要考核运用面向对象思想对系统进行领域模型分析的能力及使用 Microsoft Visio 2010 工具绘制领域模型的能力，表 1-15 为本任务考核标准。

表 1-15　本任务考核标准

评分项目	评分标准	等　级	比　例
领域模型的绘制	所绘制的领域模型符合需求描述的对象及类的识别率，类与类之间的关系符合需求描述的实际情况	优秀（85～100 分）	60%
	所绘制的领域模型基本符合需求描述的对象及类的识别率，类与类之间的关系基本符合需求描述的实际情况	良好（70～84 分）	
	领域模型还需进行一定的修改	及格（60～69 分）	

（续）

评分项目	评分标准	等级	比例
知识的掌握	相关知识点： ● 什么是领域对象？ ● 什么是鲁棒分析？ ● 什么是类图？ ● 类之间的关系有哪些？	根据知识点的掌握情况酌情打分	30%
任务完成时间	在规定时间内完成任务者得满分，每推延 1 小时扣 5 分	0～100 分	10%

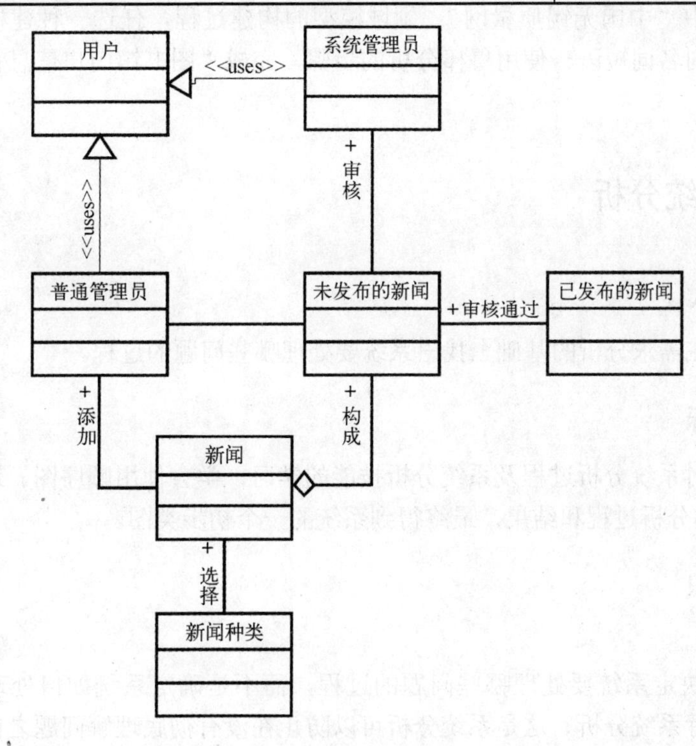

图 1-54 “中国无锡质量网”领域模型图

1.4.6 任务小结

通过领域模型及鲁棒分析方法的介绍，掌握领域模型建模的基本知识，并能根据需求通过鲁棒分析方法，使用 Microsoft Visio 2010 建模工具建立适合系统需要的静态模型——类图，为后续的分析设计阶段做充分准备。

1.4.7 拓展与提高

（1）选择一个自己陌生的业务领域，建立领域模型，并将建立好的领域模型与相关领域专家讨论。

（2）建立百度搜索引擎的领域模型。

1.4.8 思考与讨论

（1）什么叫作领域模型？建立领域模型具有哪些优点？

（2）领域对象的作用是什么？

（3）鲁棒分析遵循的规则有哪些？

（4）类与类之间的关系有哪些？

（5）识别领域类的指导原则有哪些？

1.4.9 实训题

参考本任务中“中国无锡质量网” 领域模型的构建过程，任选一种建模工具按照建立领域分类表、识别名词短语、使用鲁棒分析的步骤，完成“图书馆门户信息管理系统”的领域模型构建。

任务 1.5 系统分析

1.5.1 任务引入

系统分析是在需求分析的基础上找出系统要处理哪些问题的过程。

1.5.2 任务目标

本任务通过对系统分析过程及系统分析技能的学习，学会使用顺序图、通信图以及类图等 UML 图来描述分析过程和结果，最终得到系统的一个初步类图。

1.5.3 相关知识

1. 系统分析

系统分析是决定系统要处理哪些问题的过程，而不是确定系统如何处理这些问题的过程。为什么要进行系统分析？这是系统分析可以防止在没有彻底理解问题之前盲目进入设计解决方案阶段，尽管在原则上可以不经过系统分析直接跳到设计阶段，再进入实现阶段，并在实现阶段通过试验和更正错误来弥补前面理解问题的不足，但经过系统分析，不仅可以让开发人员充分理解要处理的业务领域，以及确信分析出的对象能够支持系统所需要的功能，同时还可以让客户确认我们对业务对象的理解是否正确。总之，系统分析是精化领域建模及明确若干难以确定问题的要素。系统分析可分为静态分析和动态分析。

（1）静态分析

静态分析的结果（静态分析模型）可以使用 UML 中的类图来描述，类图显示了系统要处理的对象和这些对象之间的相互关系。静态分析是确定系统的逻辑或物理部分，以及如何把它们连接在一起。也就是说，通过静态分析描述出构建和初始化系统必需的类或者对象。静态分析的主要工作是：在领域模型基础上进一步确定类；识别类与类之间的关系；确定多重性；确定类的属性。

（2）动态分析

动态分析的结果（动态分析模型）可以通过通信图、顺序图等来证明静态模型的可行性。动态分析的目的是确认类图是完整的、正确的，以便尽早更正错误，如添加、修改或删除类、类关系、类的属性和行为。在实际分析过程中，动态分析是在静态分析之后进行的，可根据实际情况选择两者交叉结合使用。

系统分析是在需求分析之后进行的，在领域模型及前面的需求分析结果基础上进行进一步的分析确认，在客户满意之前，系统分析一般要反复经历如下步骤。

① 使用用例图及用例事件流描述，查找候选类，以更详细地描述与系统相关的对象。

② 确定类与类之间的关系（关联、聚合、泛化、实现、依赖等）。

③ 确定类的属性。

④ 验证用例事件流，确定已有的对象支持它们。在检查过程中微调类、属性和关系，以及一些其他的行为。

⑤ 更新一些非功能需求，用例本身不需要更新，但用例的事件流有个别地方可能需要更正，以便更符合计算机实现的软件系统规程。

虽然在领域模型中已经找到一些候选类，并确定了类与类的简单关系，但领域模型中的类或者对象离软件系统中的类或对象还有一定的差距，因为在领域模型中，类的属性和方法很少甚至没有，不具备面向对象软件系统中参与协作和通信的类的特征。经过系统分析，可以确定参与业务协作的软件系统中的类或对象。

2．顺序图

顺序图是 UML 交互图中的一种，表示对象之间传送消息的时间顺序。在顺序图中将每一个类元角色用一条生命线来表示，即用垂直线代表整个交互过程中对象的生命期。生命线之间的箭头连线代表消息。顺序图可以用来进行一个场景说明，即一个事务的历史过程；还可以用来表示用例中的行为顺序。当执行一个用例行为时，顺序图中的每条消息对应一个类操作或状态机中引起转换的触发事件。顺序图中几个重要的概念如下。

① 对象与角色：即最顶上一排矩形框。在交互图中，参与交互的对象既可以是具体的事物，又可以是原型化的事物。作为具体的事物，一个对象代表现实世界中的某个东西。例如，aNew 作为类 New 的一个实例，可以代表一个特定的订单；而如果作为一个原型化的事件，则 aNew 可以代表类 New 的任何一个实例，如图 1-55 所示。

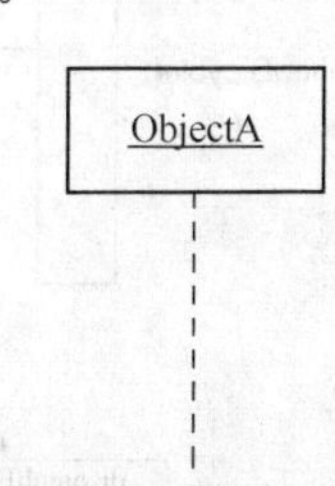

图 1-55　顺序图中对象的表示

② 生命线与控制焦点：每个对象都有自己的生命线，对象生命线是一条垂直的虚线，用来表示一个对象在一段时间内存在，如图 1-56 所示。

③ 消息：用来描述对象之间所进行的通信。消息带有对将要发生的活动的期望。当对象收到消息，立即执行相应的活动，即该对象被激活。消息可分为简单消息、同步消息和异步消息。其中，同步消息表示发送一个消息给一个对象时，等到接收消息的对象完全执行完成后才获得控制权；异步消息表示消息发送后立即获得控制权，而接收消息的对象同时在另外一个控制线程中执行，其表示方法如图 1-57 所示。

④ 顺序编号：整个消息的传递过程就形成了一个完整的序列，因此通过在每个消息的前面加上一个用冒号隔开的顺序号来表示其顺序，如图 1-58 所示。

例如，图 1-59 是一个用例的完整顺序图。在 dispatchForm（分发窗体）中，对于某个已支付的 Order 进行分发时，就会调用该订单（一个 Order 类的实例对象 aOrder）的 dispatch() 方法。dispatch() 方法将逐个调用该 Order 对应的所有 OrderItem 对象的 getPeddleryId()方法获取供应商 ID（PeddleryId），而 OrderItem 对象则是通过其所对应的

Product 对象的 getPeddleryId()方法来获取供应商 ID。当 Order 的实例对象 aOrder 得到返回的 PeddleryId 后，根据该值判断是否已经有相对应的 DeliverOrder 对象，如果没有就创建它（调用 create(PeddleryId)），然后再将对应的 Product 添加到这个 DeliverOrder 对象中，否则就直接添加到相应的 DeliverOrder 对象中。

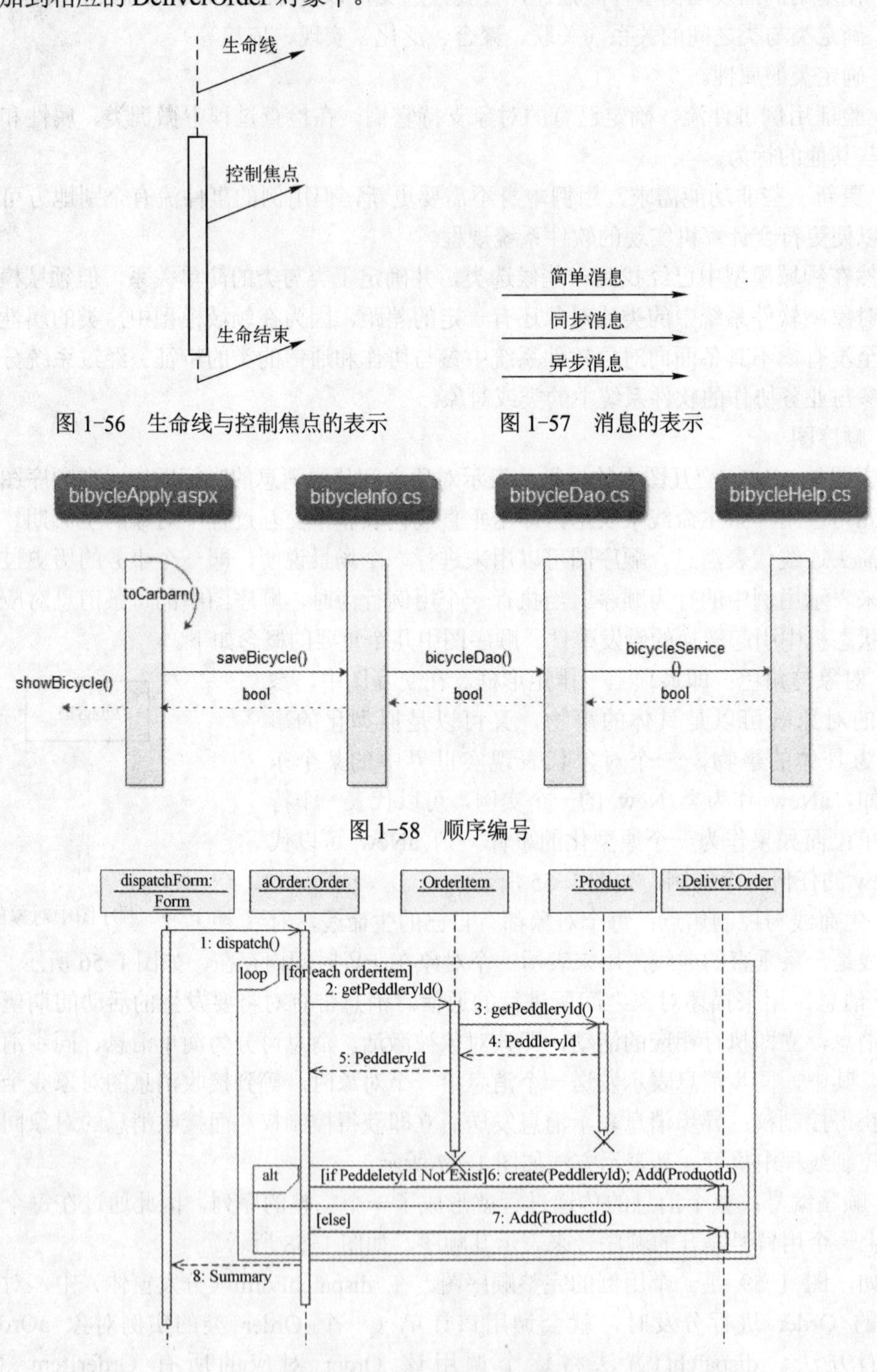

图 1-56　生命线与控制焦点的表示　　图 1-57　消息的表示

图 1-58　顺序编号

图 1-59　一个用例的完整顺序图

用例图是用来描述对象如何协作实现用例功能的，因此为了更有效确定类或对象以及它们的属性和方法，应该为每一个用例绘制顺序图，如图 1-60 所示。

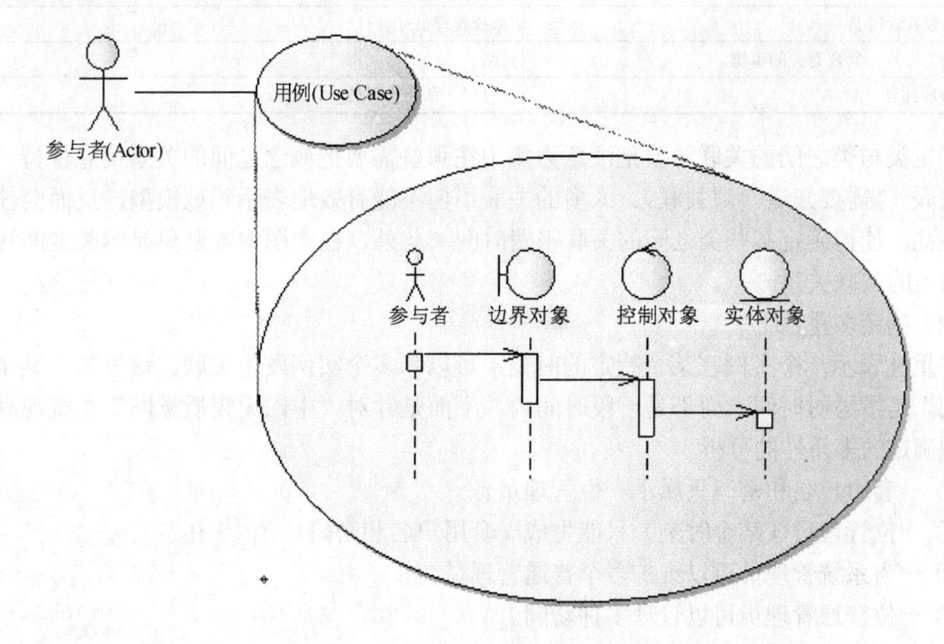

图 1-60　用例的顺序图

顺序图除了用来明确实现参与者用例目标中各个对象的协作先后次序关系外，还有一个更本质的用途是为类分配职责。顺序图中为对象发送消息，就认为该对象具有消息指定的相应行为，也就是该对象所抽象的类具备相应的方法，因此，绘制顺序图实际上是为类分配职责（方法）。

1.5.4　任务实施

1．静态分析

（1）分析类关系

前面章节已对类与类之间的关系有比较详尽的描述，其中的泛化关系、实现关系和依赖关系比较容易确定，这里主要说明如何识别类之间的关联关系。

对于分析人员来说，从一个比较陌生的领域系统中找出类与类之间的关联的确不是一件容易的事情，接下来将通过“添加管理员”案例举例说明如何找出类的关联关系，如表 1-16 所示。

表 1-16　分析类关系的问题列表

分　类	示　例
A 在物理上是 B 的一部分	用户名-用户列表
A 在逻辑上是 B 的一部分	密码-用户名
A 在物理上包含在 B 中	用户名-用户列表
A 在逻辑上包含在 B 中	用户列表-密码
A 是 B 的一个组织子单元	用户名-用户列表

（续）

分　类	示　例
A 使用或者管理 B	系统管理员-用户
A 是一个与另一个 B 有关的事物	（略）
A 为 B 所拥有	用户名-系统管理员

确定类与类之间的关联，要把注意力集中在那些需要把概念之间的关系信息保持一段时间的关联（“需要知道”型关联）。太多的关联不但不能有效地表示领域模型，反而会使类图变得混乱，使得确定某些类之间的关联很费时间。此外，在类图中要避免显示类之间冗余的或者导出的关联关系。

（2）确定多重性

多重性表示一个实例在某个特定的时刻，可以和多个实例发生关联。这里的“某个特定的时刻”是指瞬时时间，而不是一段时间内。下面是针对“中国无锡质量网”系统现有的领域模型确定的多重性的分析。

① 一套用户名和密码只属于一位管理员。

② 一位管理员（某个时刻）只能生成一套用户名和密码。

③ 一为系统管理员可以维护多个普通管理员。

④ 一位普通管理员可以管理多种新闻。

⑤ 一种新闻可以有多个管理员维护。

通过对各个领域对象实例数量的分析，得到包含多重性的类图，如图 1-61 所示。

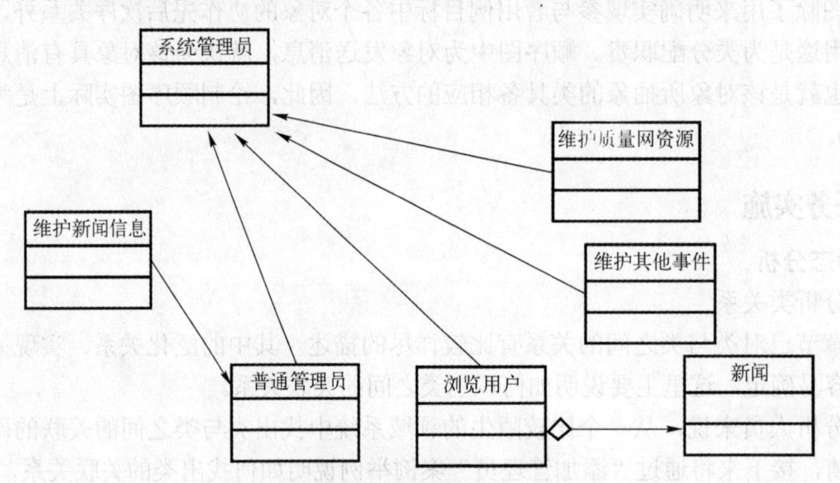

图 1-61 “中国无锡质量网”包含多重性的类图

（3）类的属性

由于在领域模型中，类只有比较重要的属性，有时为了强调类之间的关系，甚至暂时不考虑类的属性。因此，在系统分析过程中就要确定类的属性。分析类的属性可以采取以下几种途径。

① 概念类所表示的事物具有的静态特征

绝大部分概念类是直接反映业务领域中具体事物的，首先可以从常理上理解该概念类所反映的事物的静态特征，这样以便于确定概念类的属性。例如，考生的静态特征有考号、身份证号、姓名、性别、出生年月等，可以将这些静态特征作为概念类的候选属性，但不能不加分析就直接作为最终确定的属性，因为系统可能并不需要某些特性。

② 在业务领域中概念类具有的属性

同一事物在不同的业务领域中要求或突出的静态特征是不同的。例如，同一个人在学校中作为学生时，除了姓名、性别、出生年月等一般特征外，还要考虑与学习有关的特征，如所学课程、各科成绩等；但在医院中作为病人时，除一般特性之外，还要反映病人身体状况和病情状况，如血压、脉搏、体温等。

③ 概念类需要记录和保存的信息

概念类需要记录和保存的信息应该作为类的属性。例如，学生所修课程的成绩是需要保存的信息，因此，成绩就可以作为概念类的一个属性。通过前面用例事件流描述，很容易知道概念类中哪些信息是需要记录的，图 1-62 是分析出类属性的类图。

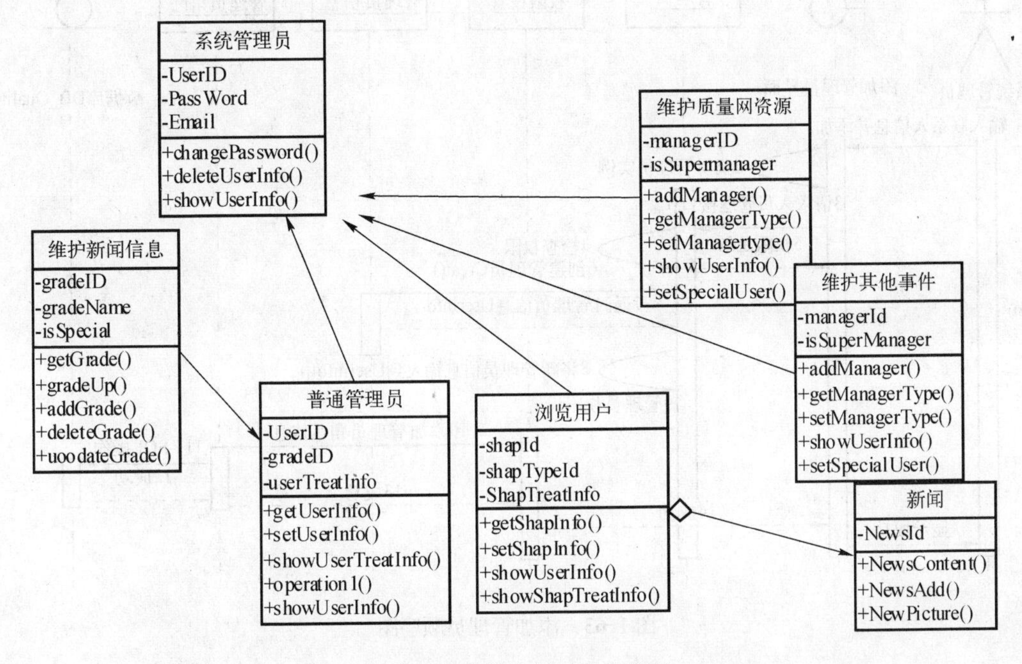

图 1-62　分析出类属性的类图

2．动态分析

经过静态分析后，进行动态分析就可以确定分析对象是否能够支持系统需要的功能。UML 中可用于动态分析的图形有通信图、顺序图和状态图。其中状态图主要针对对象的状态进行分析，绘制该对象在不同时刻、不同条件下的状态转换关系。通信图和顺序图主要描述的是对象之间相互通过消息进行协作的关系，在早期的 Rational Rose 建模工具中，这两种图可以互相转换，说明它们之间本质上是差不多的，只不过各自强调的重点不同。顺序图强调的是对象之间消息通信的时间先后顺序；通信图则强调的是有哪些对象参与交互，参与交互的消息是如何传递的。

这里以“添加管理员”用例的顺序图为例，说明如何根据领域模型及用例事件流描述进行动态分析。

① 确定“添加管理员”参与交互的对象——边界对象、控制对象和实体对象。这里的边界对象是添加管理员界面（AddUserUI），用来显示添加管理员所需要的信息，供管理员填写，并显示添加成功的信息；控制对象无；实体对象主要是数据库（DB_Quality）。

② 确定交互的起始点和终结点。这里以从单击【添加新管理员】按钮到提交管理员信息显示添加成功时为止。

③ 确定消息及通信的时间顺序，并按消息通信的时间先后顺序绘制顺序图。系统管理员添加管理员的事件发生的先后顺序是：系统管理员单击【添加新用户】按钮开始；“添加管理员”界面显示添加管理员信息；根据要求添加新管理员信息；选择管理员权限；单击【提交】按钮，检查权限并核实新增管理员名称的唯一性，操作成功；“管理员”界面显示新增加管理员信息。将上述过程绘制成顺序图如图 1-63 所示。

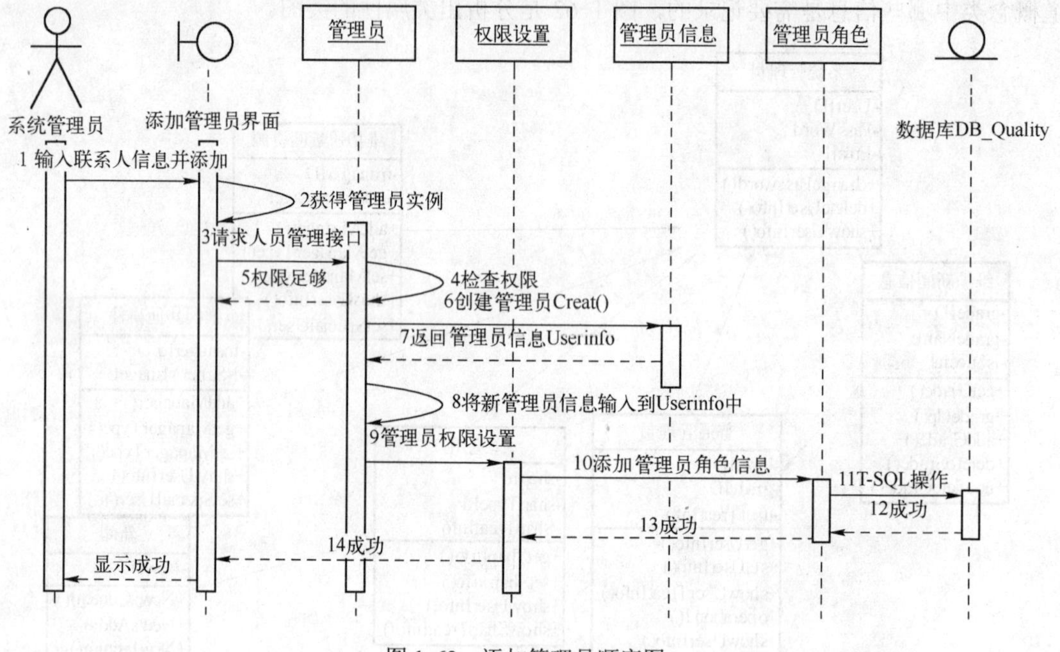

图 1-63　添加管理员顺序图

④ 将涉及的对象及消息（也就是方法）分别进行整理，得到如图 1-64 所示的类图。

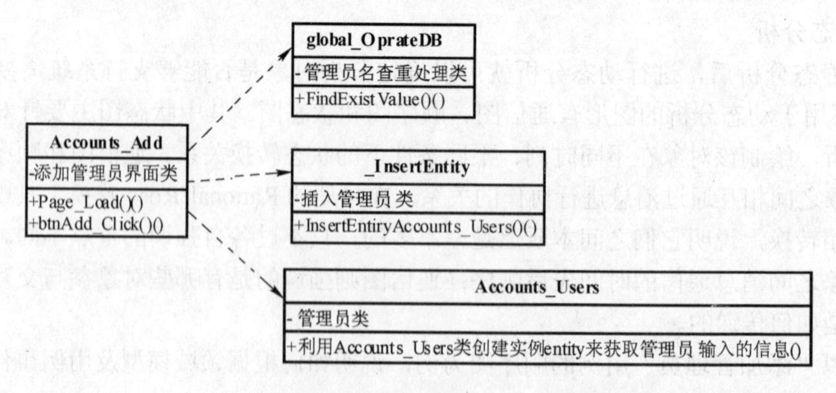

图 1-64　涉及的对象及消息的类图

其中添加管理员界面类（Accounts_Add）如表 1-17 所示。

表 1-17　添加管理员界面类说明

方 法 名	说 明
Page_Load()	数据绑定所属区域和管理员权限
btnAdd_Click()	提交管理员信息

管理员名查重处理类（global_OprateDB）如表 1-18 所示。

表 1-18　管理员名查重处理类说明

方 法 名	说 明
FindExistValue()	查找输入的新管理员名数据库中是否存在

管理员类（Accounts_Users）如表 1-19 所示。

表 1-19　管理员类说明

方 法 名	说 明
无	利用 Accounts_Users 类创建实例 entity 来获取管理员输入的信息

插入管理员类（_InsertEntity）如表 1-20 所示。

表 1-20　插入管理员类说明

方 法 名	说 明
InsertEntiryAccounts_Users()	插入管理员信息到数据库

通过绘制各个业务用例的顺序图，不断地更新静态分析模型，并与静态分析结果进行比对后，对静态模型进行修正，从而最终得到合理的、符合需求的类图。

1.5.5 任务考核

本任务主要考核进行系统分析的能力，需要读者熟悉顺序图的画法，并通过静态分析和动态分析的方法不断完善系统类图。表 1-21 为本任务考核标准。

表 1-21　本任务考核标准

评 分 项 目	评 分 标 准	等 级	比 例
系统分析能力的考核：类图的绘制	类图是否能够准确表达系统	优秀（85～100 分）	60%
	类图基本符合系统	良好（70～84 分）	
	类图还需要进一步改进	及格（60～69 分）	
知识的掌握	相关知识点： ● 静态分析的方法。 ● 动态分析的目的和作用。 ● 如何绘制顺序图？	根据知识点的掌握情况酌情打分	30%
任务完成时间	在规定时间内完成任务者得满分，每推延一小时扣 5 分	0～100 分	10%

1.5.6 任务小结

通过本任务内容的学习，了解静态分析主要工作和分析方法，并在此基础上进行动态分析。通过绘制顺序图，不仅验证了业务事件流的正确性，而且给各个类分配了职责（方法），从而使整个类图更完善、更符合系统需求。

1.5.7 拓展与提高

（1）绘制通信图，进行系统动态分析。

（2）绘制对象图，对对象进行状态建模。

1.5.8 思考与讨论

（1）系统分析的主要作用是什么？系统分析分成两个方面，静态分析和动态分析，请问静态分析和动态分析分别是如何执行的？

（2）请问什么是顺序图，在系统分析中，顺序图有何作用？

（3）请问用例图在系统分析中有什么作用？

1.5.9 实训题

仿照“中国无锡质量网”的系统分析过程，参考任务实施，使用 Microsoft Visio 2010 工具完成“图书馆门户信息管理系统”的系统分析。

任务 1.6 系统设计

1.6.1 任务引入

系统设计是一个把软件需求转换为软件表示的过程，实际上是为需求说明书到程序间的过渡架起一座桥梁，其目的是为编程制订一个周密的计划。

1.6.2 任务目标

通过需求分析、系统分析阶段，弄清楚整个系统的问题领域相关问题后，就可以进入系统设计阶段。在系统设计阶段主要考虑系统实施的相关问题，为解决问题领域提供解决方案。

系统设计之源是软件需求，包括“功能性需求”与“非功能性需求”。系统设计的目标就是使所设计的系统能够被开发方顺利地实现，并且恰如其分地满足用户的需求，使开发方和用户的利益极大化。依据“分而治之”的思想，我们把系统设计过程划分为两个阶段：高层设计阶段和详细设计阶段。高层设计阶段的重点是体系结构设计；详细设计阶段的重点是用户界面设计、模块设计、数据库设计、系统通用类设计等。

1.6.3 相关知识

1．体系结构设计

体系结构是指软件系统的基本和主体的形态，也就是软件系统中“最本质”的东西。一个软件系统的体系结构设计得好不好，可以用“合适性、结构稳定性、可扩展性、可复用性”这些特征量来评估。

（1）合适性

合适性，即体系结构是否适合于软件的“功能性需求”和“非功能性需求”。

设计师可以充分发挥主观能动性，根据需求的特征，通过推理和归纳的方法设计出合适的体系结构。经验不丰富的设计师往往把注意力集中在“功能性需求”而疏忽了“非功能性需求”，殊不知后者恰恰是最能体现设计水平的地方。

高水平的设计师高就高在设计出恰好满足客户需求的软件，并且使开发方和客户方获取最大的利益，而不是不惜代价设计出最先进的软件。对于软件系统而言，能够满足需求的设计方案可能有很多种，究竟该选哪一种？此时商业目标是决策依据，即选择能够为开发方和客户方带来最大利益的那个设计方案。大部分软件开发人员天生有使用新技术的倾向，而这种倾向对开发商业产品而言可能是不利的。

（2）结构稳定性

体系结构一旦设计完成，应当在一定的时间内保持稳定不变，只有这样才能使后续工作顺利开展。如果体系结构经常变动，那么建筑在体系结构之上的用户界面、数据库、模块、数据结构等也跟着经常变动，这将导致项目发生混乱。

高水平的设计师应当能够分析需求文档，判断出哪些需求是稳定不变的，哪些需求是可能变动的。然后根据那些稳定不变的需求设计体系结构，而根据那些可变的需求设计软件的“可扩展性”。

（3）可扩展性

可扩展性是指软件扩展新功能的容易程度，可扩展性越好，表示软件适应“变化”的能力越强。如果每次变化都导致体系结构发生大的变动，这样的体系结构无疑是败笔之作。

稳定性和可扩展性之间存在辩证的关系：如果系统不可扩展的话，那么就没有发展前途，所以不能只关心稳定性而忽视可扩展性；而软件系统“可扩展”的前提条件是“保持结构稳定”，否则软件难以按计划开发出来。稳定性是使系统能够持续发展的基础。

可扩展性越来越重要，这是由现代软件的商业模式决定的。社会的商业越发达，需求变化就越快。现代软件产品通常采用“增量开发模式”，开发商不断地推出软件产品的新版本，从而不断地获取增值利润。

（4）可复用性

复用是指“重复利用已经存在的东西”。复用有利于提高产品的质量、提高生产率和降低成本。由经验可知，通常在一个新系统中，大部分的内容是成熟的，只有小部分内容是创新的。一般地，可以相信成熟的东西总是比较可靠的（即具有高质量），而大量成熟的工作可以通过复用来快速实现（即具有高生产率）。

可复用性是指成果被复用的容易程度。要使体系结构具有良好的可复用性，设计师应当分析应用域的共性问题，然后设计出一种通用的体系结构模式，这样的体系结构才可以被复用。

设计虽然被人为地分成两个阶段：体系结构设计和详细设计阶段，然而，在面向对象的传统中，可以模糊这两者的边界、反复斟酌、螺旋式上升。通常体系结构设计需要考虑如下几个方面。

- 选择系统拓扑结构：软件和硬件在网络上如何分布。
- 选择技术：编程语言、数据库、通信协议等。
- 设计并发、安全策略。
- 分解子系统：开发一个解决所有问题的系统常常是不切实际的，需要开发若干个子系统，然后确保子系统之间可以有效地通信。
- 把子系统分解为层或其他子系统：每个子系统一般都要进一步分解为可管理的块，然后才能进行详细设计。

2．详细设计

（1）用户界面设计

用户界面设计的目的是设计友好的软件系统界面。通俗地讲，用户界面是否“友好”，主要看它是否“容易使用”和“美观”，即易用性和美观程度。

用于提高易用性的界面设计原则有以下几个：

- 用户界面适合于软件的功能。
- 容易理解。
- 风格一致。
- 及时反馈信息。
- 出错处理。
- 适应各种用户。
- 国际化。
- 个性化。

用于提高美观程度的设计原则如下：

- 合理的布局。
- 和谐的色彩。

（2）模块设计

对于软件系统而言，模块泛指软件系统的功能部件。在软件的体系结构设计完成之后，我们就已经确定了所有模块的功能，并且把模块安放在体系结构的恰当位置上。每个模块都具有特定的、明确的功能（否则不能成为模块）。人们在设计模块时应当尽量使模块的功能独立，因为功能独立的模块可以降低开发、测试、维护的代价，但是功能独立并不意味着模块是绝对孤立的，所有的模块应当能够被集成为一个系统，所以模块之间必定要交流信息、相互配合。例如，手和脚是两个“功能独立”的模块，没有脚时，手照样能干活；没有手时，脚仍可以走路。但如果想让人跑得快，那么迈左脚时一定要伸右臂甩左臂，迈右脚时则要伸左臂甩右臂。所以在设计模块时不仅要考虑“这个模块应当有什么样的功能”，还要考虑“这个模块应该怎样与其他模块交流信息”。

“模块化”是指将系统分解为一系列功能模块，然后逐一实现这些模块，最后把所有的模块集成为完整的系统。这样做的好处是能够大大降低系统的开发难度。当然，也并不是将系统分解得越细越好、得到的功能模块越多越好。模块设计主要遵循的原则如下。

- 信息隐藏。接口设计是模块设计的核心工作之一，体现了信息隐藏这一原则。接口是模块的外部特征，应当公开；而数据结构、算法、实现体等则是模块的内部特征，应当隐藏。

- 高内聚。内聚是一个模块内部各成分之间相关联程度的度量。内聚程度从低到高大致划分为低端、中段和高端。模块设计者没有必要确定内聚的精确级别，重要的是尽量争取高内聚，避免低内聚。
- 低耦合。耦合是模块之间依赖程度的度量。内聚和耦合是密切相关的，与其他存在高耦合的模块通常意味着低内聚，而高内聚的模块通常意味着与其他模块之间存在低耦合。模块设计应当争取“高内聚、低耦合”，而避免“低内聚、高耦合”。

（3）数据库设计

数据库设计是指根据用户的需求，在某一具体的数据库管理系统上，设计数据库的结构和建立数据库的过程，是信息系统开发过程中的核心技术。由于数据库应用系统的复杂性，为了支持相关程序运行，数据库设计就变得异常复杂，因此最佳设计不可能一蹴而就，而是一种“反复探寻，逐步求精”的过程，即规划和结构化数据库中的数据对象以及这些数据对象之间关系的过程。数据库设计的难易程度取决于两个要素：数据关系的复杂程度和数据量的大小。如果应用软件只涉及几张简单的表，并且数据量特别小，那么设计这样的数据库就非常容易（如设计一个班级的学生成绩单数据库）。

数据库设计的主要工作是：设计数据库的表（数据就存在表里面），表的结构就是数据的存储结构；对这些表中的数据进行操作，常见操作如查询、插入、修改、删除等。

数据库设计的一般步骤如下：

① 需求分析。调查和分析用户的业务活动和数据的使用情况，弄清所用数据的种类、范围、数量以及它们在业务活动中交流的情况，确定用户对数据库系统的使用要求和各种约束条件等，形成用户需求规约。

② 概念设计。通过对用户要求描述的现实世界（可能是一个工厂、一个商场或者一个学校等），如其中住处的分类、聚集和概括，建立抽象的概念数据模型。这个概念模型应反映现实世界各部门的信息结构、信息流动情况、信息间的互相制约关系以及各部门对信息储存、查询和加工要求等。所建立的模型应避开数据库在计算机上的具体实现细节，用一种抽象的形式表示出来。以扩充的实体—联系模型（E-R 模型）方法为例，首先明确现实世界各部门所含的各种实体及其属性、实体间的联系以及对信息的制约条件等，从而给出各部门内所用信息的局部描述（在数据库中称为用户的局部视图）；再将前面得到的多个用户的局部视图集成为一个全局视图，即用户要描述的现实世界的概念数据模型。

③ 逻辑设计。其主要工作是将现实世界的概念数据模型设计成数据库的一种逻辑模式，即适应于某种特定数据库管理系统所支持的逻辑数据模式。与此同时，可能还需为各种数据处理应用领域产生相应的逻辑子模式。这一步设计的结果就是所谓的“逻辑数据库”。

④ 物理设计。根据特定数据库管理系统所提供的多种存储结构和存取方法等依赖于具体计算机结构的各项物理设计措施，对具体的应用任务选定最合适的物理存储结构（包括文件类型、索引结构和数据的存放次序与位逻辑等）、存取方法和存取路径等。这一步设计的结果就是所谓的“物理数据库”。

⑤ 验证设计。在上述设计的基础上收集数据并建立一个数据库，运行一些典型的应用任务来验证数据库设计的正确性和合理性。一般地，一个大型数据库的设计过程往往需要经过多次循环反复。当设计的某步发现问题时，可能就需要返回到前面去进行修改。因此，在做上述数据库设计时就应考虑到今后修改设计的可能性和方便性。

⑥ 运行与维护设计。在数据库系统正式投入运行的过程中，必须不断地对其进行调整与修改。

（4）系统通用类设计

由于系统中对于数据库操作都需要处理连接字符串、创建连接、执行查询、更新等通用操作，为了提高代码的复用性，在软件开发时一般都创建数据库通用类完成数据库的通用操作。例如，在使用 ADO.NET 访问数据库时，每次操作都要设置数据库连接 Connection 属性、建立连接、使用 SQLcommand 和进行事物处理等，比较烦琐且有很多重复操作。项目开发中一般创建数据库通用类把这些烦琐的、常用的操作封装起来，以更方便、安全地使用 ADO.NET。

1.6.4 任务实施

1. 系统总体设计

（1）系统功能描述

“中国无锡质量网”管理系统主要包括新闻种类管理、新闻管理、视频管理、咨询与解答管理、用户管理、用户角色管理、用户角色分配管理、前台新闻显示等功能，各个功能的具体描述如下：

① 新闻种类管理：分为新闻大类和新闻小类，其中每一种大类又包括多种小类，新闻大类和小类之间通过序号关联。

- 添加新闻的种类，新闻种类为新闻的上级目录。
- 修改新闻种类。
- 删除新闻种类。

② 新闻管理：

- 添加新的新闻，新闻为系统的主要内容，其中新闻又包括普通新闻、图片新闻和附件新闻。
- 修改新闻，同时可以更新新闻的附件和图片。
- 删除新闻，同时删除该新闻所包括的附件和图片。

③ 视频管理：

- 添加新的视频。
- 修改视频标题和内容。
- 删除视频。
- 预览视频。

④ 咨询与解答管理：

- 审核咨询问题，并且进行发布。
- 解答咨询的问题。
- 删除咨询问题。

⑤ 用户管理：

- 添加系统管理用户，包括系统用户和新闻管理用户，其中系统用户维护系统的正常运行，新闻管理用户管理系统的新闻信息及其资源。
- 修改系统管理用户，该项功能主要是修改用户的权限等。

● 删除系统管理用户以及该用户的权限。

● 管理用户更新自己的密码。

⑥ 用户角色管理：其主要作用是管理系统的角色，如系统管理员、普通管理员等。系统中的不同角色管理权限是不相同的。它的具体功能如下：

● 添加新的用户角色。

● 修改用户角色。

● 删除用户角色。

⑦ 前台新闻显示功能：主要是显示系统的新闻、图片、友情链接、民意调查、视频、咨询与解答，同时还提供了新闻搜索功能。它的具体功能如下：

● 新闻浏览。

● 图片浏览。

● 民意调查。

● 友情链接。

● 显示咨询与解答。

● 显示视频。

（2）系统功能模块划分

本系统直接建立在 SQL Server 2008 R2 数据库上，即应用程序的 Web 页面直接访问数据库，应用程序设计的层次关系如图 1-65 所示。

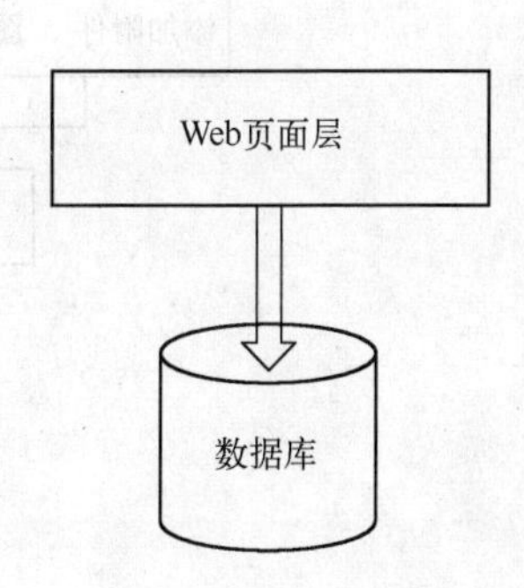

图 1-65 系统总体架构设计图

本系统可以实现八个完整的功能。根据这些功能，可以设计出系统的功能模块，各个系统功能模块之间的关系如图 1-66 所示。

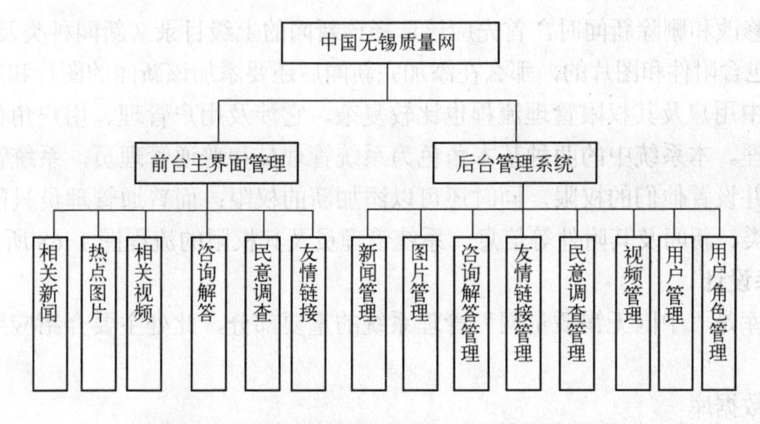

图 1-66 “中国无锡质量网”功能模块设计图

（3）系统部分模块详细设计

前台新闻显示功能模块组成本系统的前台系统；新闻种类管理、新闻管理、视频管理、咨询与解答管理、用户管理、用户角色管理和用户角色分配管理组成本系统的后台系统。前台系统主要显示系统的数据内容，后台系统是维护系统的数据、前台数据内容显示的格式和版式，以及用户、角色的管理等。

后台管理系统中的新闻管理流程比较复杂，它涉及新闻管理模块和新闻种类管理模块，如果新闻存在附件和图片，它还需要涉及上载新闻附件和图片的功能。新闻管理的操作流程图如图 1-67 所示。

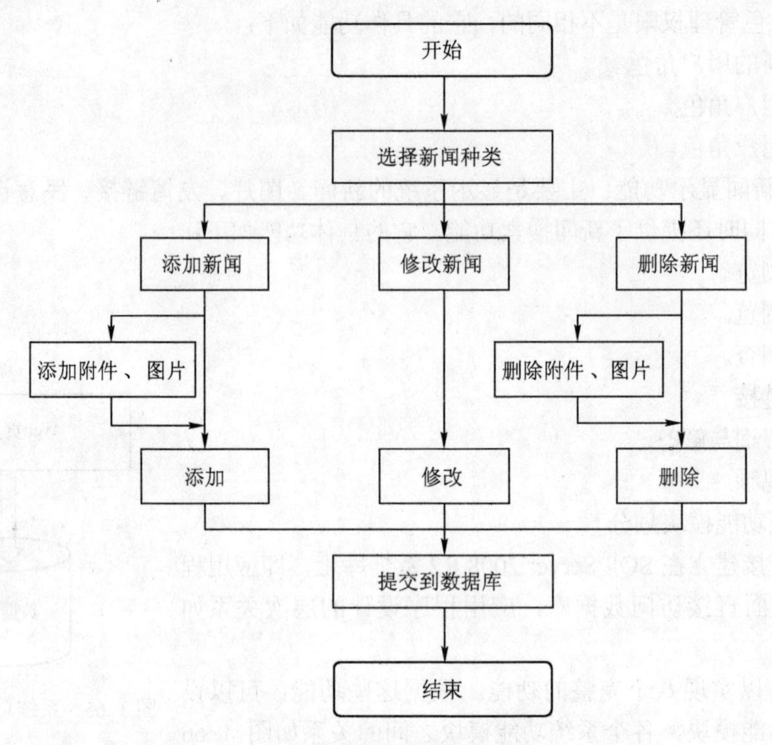

图 1-67　新闻管理的操作流程

在添加、修改和删除新闻时，首先应该选择该新闻的上级目录（新闻种类及新闻小类），如果该新闻还包含附件和图片的，那么在添加完新闻后还要添加该新闻的图片和附件。

后台系统中用户及其权限管理流程也比较复杂，它涉及用户管理、用户角色管理及用户的角色分配管理。本系统中的两种基本角色为系统管理员和普通管理员，系统管理员可以管理普通管理员并设置他们的权限，同时还可以添加新的权限；而普通管理员只能管理自己的信息或新闻种类、新闻及其附件等信息。系统管理员及其权限的流程图 1-68 所示。

2．数据库设计

系统数据库是“中国无锡质量网”管理系统的重要部分，此处主要介绍应用程序数据库的设计。

（1）创建数据库

“中国无锡质量网”系统使用 SQL Server 2008 R2 作为应用程序的数据库。考虑系统的实际需要，系统至少需要实现新闻、用户、角色等数据，因此本系统数据库至少要包含用户表（Accounts_Users）、角色表（Accounts_Permissions）、新闻种类大类表（web_news_Style）、新闻种类小类表（web_news_Style_More）、新闻表（web_news）、菜单表（Sys_Tree）和附件表（PUBLIC_FILES）等。随后将介绍各个表的详细信息。

（2）数据库表设计

下面将介绍系统的数据库表结构，可以在数据库 DB_Quality 中创建表。

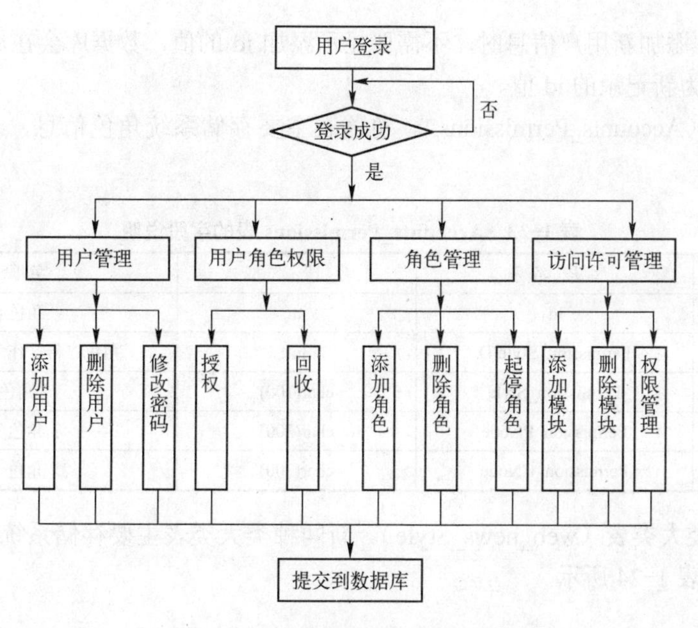

图 1-68　系统管理员及其权限分配图

① 用户表（Accounts_Users）。用户表主要存储用户信息，它使用角色表的 Permission_StyleID 作为该表的外键。用户表的字段说明如表 1-22 所示。

表 1-22　Accounts_Users 表的字段说明

编　号	字 段 名 称	字 段 类 型	字 段 说 明
1	id	int	用户表主键
2	UserName	char(50)	用户名称
3	Password	char(40)	用户密码
4	TrueName	char(50)	用户真实名称
5	Sex	char(2)	用户性别
6	Phone	char(20)	用户电话
7	Email	char(100)	用户 E-mail 地址
8	SMS	char(50)	用户手机
9	Department	char(100)	用户所在部门
10	Activity	bit	
11	UserType	char(2)	用户权限
12	SkinStyle	int	界面风格
13	Permission_StyleID	int	外键
14	DepartmentAreaID	char(16)	用户所在部门 ID
15	adduser	char(50)	添加用户者
16	adddate	datetime	添加时间

在用户表（Accounts_Users）中，使用 id 字段唯一标识某个用户，并将其设为自动增

1，当向数据库中添加新用户信息时，不需要显示添加 id 的值，数据库会在原来的 id 值基础上自动增 1 后作为新记录的 id 值。

② 角色表（Accounts_Permissions）。角色表主要存储系统角色信息，表的字段说明如表 1-23 所示。

表 1-23 Accounts_Permissions 表的字段说明

编号	字段名称	字段类型	字段说明
1	id	int	角色表主键
2	Permission_StyleID	int	角色序号，作为用户表的外键
3	Permission_Style	char(100)	角色名称
4	Permission_PNode	char(300)	角色父节点
5	Permission_CNode	char(300)	角色子节点

③ 新闻种类大类表（web_news_Style）。新闻种类大类表主要存储系统新闻种类大类信息，字段说明如表 1-24 所示。

表 1-24 web_news_Style 表的字段说明

编号	字段名称	字段类型	字段说明
1	id	bigint	新闻种类大类表主键
2	style	nvarchar(100)	大类名称
3	style_id	int	大类序号
4	department_id	int	所在部门序号

在新闻种类大类表中 style_id 字段作为新闻种类小类表的外键。

④ 新闻种类小类表（web_news_Style_More）。新闻种类小类表主要存储系统新闻小类信息，字段说明如表 1-25 所示。

表 1-25 web_news_Style_More 表的字段说明

编号	字段名称	字段类型	字段说明
1	id	bigint	新闻种类小类表主键
2	style_more	nvarchar(100)	小类名称
3	style_more_id	int	小类序号
4	style_id	int	大类序号
5	department_id	int	所在部门

每种新闻大类可以包含多个新闻小类。

⑤ 新闻表（web_news）。新闻表主要存储新闻信息，它使用新闻种类大类表的 style_id 字段和新闻种类小类表的 style_more_id 字段作为外键。新闻表的字段说明如表 1-26 所示。

表 1-26 web_news 表的字段说明

编号	字段名称	字段类型	字段说明
1	id	bigint	新闻表主键
2	news_id	nvarchar(300)	新闻序号

（续）

编　号	字段名称	字段类型	字段说明
3	news_title	nvarchar(2000)	新闻标题
4	news_author	nvarchar(1000)	新闻作者
5	news_source	nvarchar(1000)	新闻来源
6	news_content	ntext	新闻内容
7	news_addUser	nvarchar(50)	新闻添加者
8	news_addDate	datetime	新闻添加时间
9	news_editUser	nvarchar(50)	新闻编辑者
10	news_editDate	datetime	新闻编辑时间
11	news_issuanceUser	nvarchar(50)	新闻发布者
12	news_issuanceDate	datetime	新闻发布时间
13	news_issuance	char(10)	新闻发布
14	style_id	int	新闻大类序号
15	style_more_id	int	新闻小类序号
16	user_departmentId	nvarchar(50)	新闻添加者所在部门序号
17	liulancishu	bigint	浏览次数
18	news_color	int	新闻标题颜色。0 是默认黑色，1 标题显示红色
19	memo	nvarchar(50)	附件
20	news_area	nvarchar(50)	新闻发布区域
21	fbwz	int	新闻发布状态

新闻表包含新闻的标题和内容，以及其他的与新闻相关的信息，如新闻发布状态的标识 fbwz。

【提示】：*web_news 表的 fbwz 字段标志某条新闻发布的范围。*

⑥ 附件表（files）。附件表主要存储新闻的附件信息，它使用字段 anli_id 作为新闻表的外键。附件表的用户说明如表 1-27 所示。

表 1-27　files 表的字段说明

编　号	字段名称	字段类型	字段说明
1	id	char(50)	附件表表主键
2	anli_id	varchar(100)	序号，外键
3	news_title	varchar(500)	附件标题
4	img_name	varchar(1000)	附件名称
5	img_data	image	附件数据
6	img_contenttype	varchar(200)	附件类型
7	img_size	bigint	附件大小
8	user_id	varchar(100)	用户序号
9	add_date	datetime	添加时间

附件表通过字段 anli_id 和新闻表字段 news_id 取得关联。

⑦ 图片表（TB_Images）。图片表主要存储新闻的图片信息，它使用字段 news_id 作为新闻表的外键。图片表的用户说明如表 1-28 所示。

表 1-28　files 表的字段说明

编　号	字 段 名 称	字 段 类 型	字 段 说 明
1	id	bigint	附件表表主键
2	news_id	char(50)	序号，外键
3	title	char(400)	附件标题
4	img_data	image	附件名称
5	img_contentType	char(300)	附件数据
6	imageSize	bigint	附件类型
7	user_id	char(50)	附件大小
8	add_date	datetime	用户序号
9	suiji	char(50)	添加时间
10	tidai	char(10)	

图片表通过字段 news_id 和新闻表字段 news_id 取得关联。

（3）数据库关系设计

在数据库 DB_Quality 中，用户表 Accounts_Users 和角色表 Accounts_Permissions 相关联；新闻表（web_news）和新闻种类大类表（web_news_Style）、新闻种类小类表（web_news_Style_More）、附件表（Files）、图片表（TB_Images）相关联。用户表又和新闻表相关联。数据库的关系设计图如图 1-69 所示。

3．系统通用类设计

此处主要介绍“中国无锡质量网”后台管理系统中使用的主要通用类，如数据库连接字符串类、用户输入处理类以及 Web.config 文件等。

（1）系统通用类设计

① 数据库连接字符串类（gloabl）：由于在系统中，数据库连接字符串在多处使用，所以在此封装成一个类专门处理数据库连接字符串。该类代码如下：

```
public class gloab
{public static string connString;
public static string getConnString(){ string connString = System.Configuration.Configuration Manager.
AppSettings["conn"]; //调用 web.cofig 中 Appsettings 节点下的一个 conn 的节点，来获取连接数据库信息
return connString; //返回获取到的连接数据库信息}}
```

② 用户对数据库中的数据进行读取、增加、修改类。

此处主要通过对表 web_news_Style 中记录的读取、修改、增加来说明类_getEntity、类_InsertEntity、类__UpdateEntity 的定义。类_getEntity 的主要定义如下：

```
public class _getEntity
{ public web_news_Style    GetEntiryweb_news_Style(System.Data.IDataReader dr)
{web_news_Style entity = new web_news_Style(); //创建表 web_news_Style 的实例 entity
if (dr["id"].ToString()!="")
```

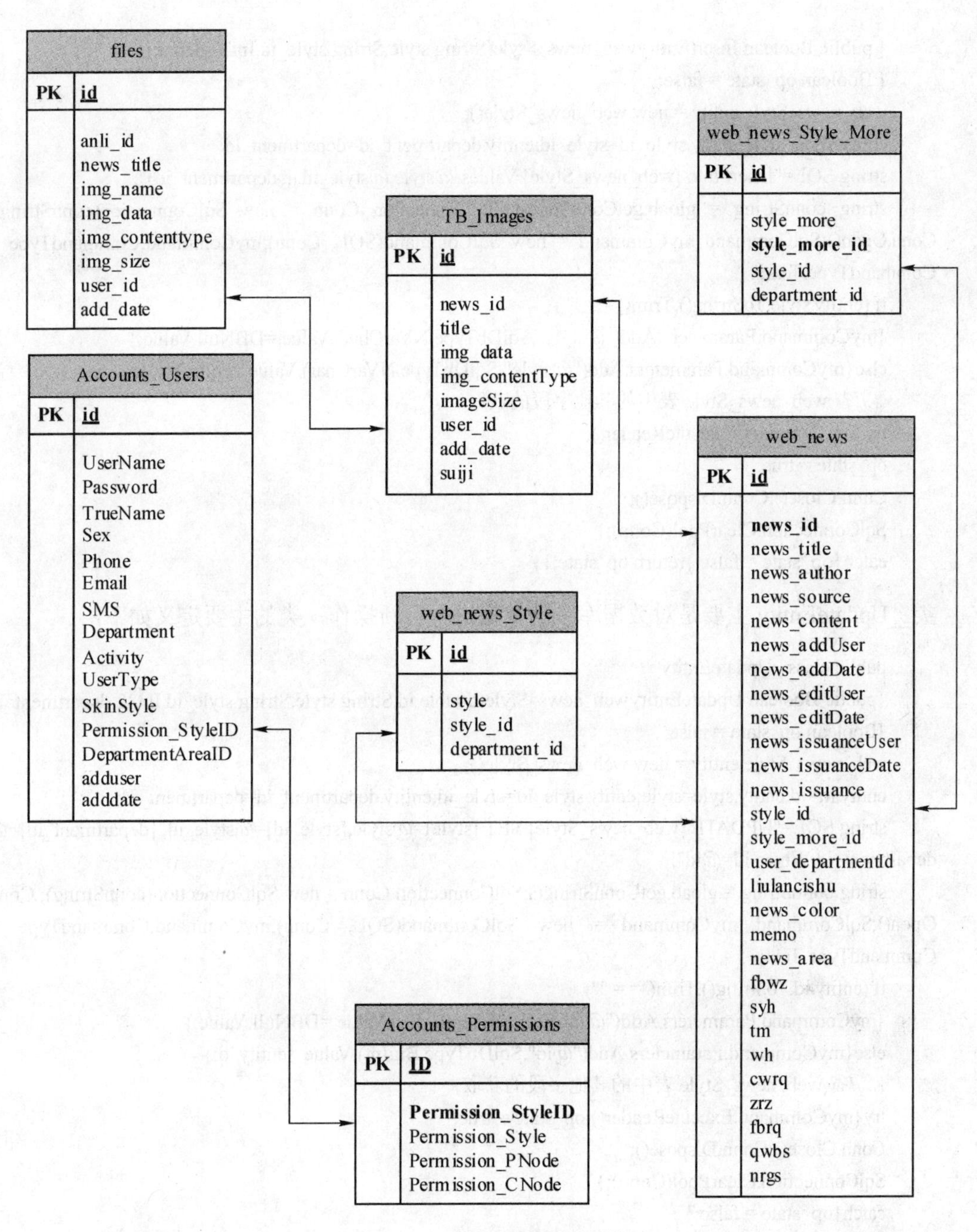

图 1-69　数据库关系设计图

```
{entity.id = Convert.ToInt64(dr["id"]);}
else{entity.id=0;}
…//省 web_news_Style 表中的其他字段的获取
return entity;}}
```

类_InsertEntity 主要是对数据库中的数据进行插入操作，类的主要定义如下：

```
public class _InsertEntity
```

```
{ public Boolean InsertEntiryweb_news_Style(String style,String style_id,Int32 department_id)
{ Boolean op_state = false;
web_news_Style entity = new web_news_Style();
entity.style=style;entity.style_id=style_id;entity.department_id=department_id;
string SQL="Insert Into [web_news_Style] Values(@style,@style_id,@department_id)";
string connString = gloab.getConnString();SqlConnection Conn = new SqlConnection(connString);
Conn.Open();SqlCommand myCommand = new SqlCommand(SQL, Conn);myCommand.CommandType =
CommandType.Text;
if (entity.style.ToString().Trim() == "")
{myCommand.Parameters.Add("@style",SqlDbType.NVarChar).Value =DBNull.Value;}
else{myCommand.Parameters.Add("@style",SqlDbType.NVarChar).Value =entity.style;}
…//省 web_news_Style 表中的其他字段的获取
try{myCommand.ExecuteReader();
op_state = true;
Conn.Close();Conn.Dispose();
SqlConnection.ClearPool(Conn);}
catch{op_state = false;}return op_state;}}
```

类_UpdateEntity 主要是对数据库中的数据进行更新操作，类的主要定义如下：

```
public class _UpdateEntity
{public Boolean UpdateEntiryweb_news_Style(double id,String style,String style_id,Int32 department_id)
{Boolean op_state = false;
web_news_Style entity = new web_news_Style();
entity.id=id;entity.style=style;entity.style_id=style_id;entity.department_id=department_id;
string SQL="UPDATE [web_news_Style] SET [style]=@style,[style_id]=@style_id, [department_id]=@
department_id Where id=@id";
string connString = gloab.getConnString();SqlConnection Conn = new SqlConnection(connString); Conn.
Open();SqlCommand myCommand = new SqlCommand(SQL, Conn);myCommand.CommandType =
CommandType.Text;
if (entity.id.ToString().Trim()== "")
{myCommand.Parameters.Add("@id",SqlDbType.BigInt).Value =DBNull.Value;}
else{myCommand.Parameters.Add("@id",SqlDbType.BigInt).Value =entity.id;}
… //省 web_news_Style 表中的其他字段的获取
try{myCommand.ExecuteReader();op_state = true;
Conn.Close();Conn.Dispose();
SqlConnection.ClearPool(Conn);}
catch{op_state = false;}
return op_state; }}
```

（2）Web.config 设计

在本系统中，Web.config 文件配置系统的总体信息，如数据库连接字符串、全局主题信息、上传文件大小、水晶报表信息及第三方控件 FCKeditor 信息等。该文件的主要配置如下：

```
<?xml version="1.0"?>
<configuration><system.web>…
```

```
<pages theme="BlueTheme" styleSheetTheme="BlueTheme" validateRequest="false"/><!-- 全局主题 -->
<!--通过 <authentication> 节可以配置 ASP.NET 使用的安全身份验证模式，以标识传入的用户。-->
<authentication mode="Windows"/>
<!--上传大文件-->
<httpRuntime maxRequestLength="40690" useFullyQualifiedRedirectUrl="true" executionTimeout="6000" minFreeThreads="8" minLocalRequestFreeThreads="4" appRequestQueueLimit="100" enableVersionHeader="true"/>
<!--如果在执行请求的过程中出现未处理的错误，则通过 <customErrors> 节可以配置相应的处理步骤。具体说来，开发人员通过该节可以配置要显示的 html 错误页以代替错误堆栈跟踪。-->
<customErrors mode="RemoteOnly" defaultRedirect="login.aspx">
<error statusCode="403" redirect="NoAccess.htm"/>
<error statusCode="404" redirect="FileNotFound.htm"/></customErrors></system.web>
<location allowOverride="true" inheritInChildApplications="true"><appSettings>
<!—数据库连接字符串 -->
<add key="conn"value="server=localhost;uid=sa;pwd=826819;database=DB_Quality"/>
<!—水晶报表配置信息 -->
<add key="CrystalImageCleaner-AutoStart" value="true"/>
<add key="CrystalImageCleaner-Sleep" value="60000"/>
<add key="CrystalImageCleaner-Age" value="120000"/>
<!—第三方控件配置信息 -->
<add key="FCKeditor:BasePath" value="~/fckeditor/"/>
<add key="FCKeditor:UserFilesPath" value="/upfiles/"/>
<add key="FCKeditor:FolderPattern" value="%y%m%d/"/></appSettings></location></configuration>
```

1.6.5 任务考核

在本任务中，读者需要完成系统的设计，包括系统界面设计、数据库设计和系统通用类设计，主要考核系统界面设计、数据库设计及系统通用类设计。表 1-29 为本任务考核标准。

表 1-29 本任务考核标准

评分项目		评分标准	等级	比例
系统设计	用户界面设计	用户界面美观合理	优秀（85～100 分）	20%
		用户界面基本合理、比较美观	良好（70～84 分）	
		用户界面还需要改进	及格（60～69 分）	
	数据库设计	数据库设计合理、无冗余，能够满足系统需求	优秀（85～100 分）	20%
		数据库设计基本合理	良好（70～84 分）	
		数据库有待改进	及格（60～69 分）	
	系统通用类设计	系统通用类设计合理、无冗余，能够满足系统需求	优秀（85～100 分）	20%
		系统通用类设计基本合理	良好（70～84 分）	
		系统通用类有待改进	及格（60～69 分）	
知识的掌握		相关知识点： ● 系统设计的基本原则是什么？ ● 数据库设计的步骤是什么？ ● 模块设计的原则是什么？ ● 系统通用类设计的原则是什么？	根据知识点的掌握情况酌情打分	30%
任务完成时间		在规定时间内完成任务者得满分，每推延 1 小时扣 5 分	0～100 分	10%

1.6.6 任务小结

通过本章节内容的学习，读者可以了解系统设计的内容及基本方法，并在此基础上设计出“中国无锡质量网”管理系统的层次结构、数据库和系统通用类。考虑到读者层次，对类图没有进行进一步设计，因此，在扩展性、可重用性等方面还有一些欠缺，希望有兴趣的读者参阅设计模式相关知识后，在此基础上优化设计。

1.6.7 拓展与提高

（1）使用 Visio 工具将数据模型直接转换为 SQL Server 2008 R2 的物理模型，即通过 Visio 直接建立 SQL Server 2008 R2 数据库。

（2）了解 UML 部署图基础知识及绘制方法。

（3）选取其他系统设计好的类图，将类图转换为关系模式并规范化。

1.6.8 思考与讨论

（1）软件的详细设计包括哪几个部分？

（2）“模块化”是指将系统分解为一系列功能模块，然后逐一实现这些模块，最后把所有的模块集成为完整的系统，模块设计主要遵循的原则是什么？

（3）结合本任务的学习，谈谈数据库设计的一般步骤是什么？

1.6.9 实训题

模仿“中国无锡质量网”管理系统的总体设计、系统功能模块划分及设计、数据库设计的过程，完成“图书馆门户信息管理系统”的总体设计、系统功能模块划分及设计、数据库设计。

学习情境 2　系统开发工具

选择适当的开发工具不仅能够提高系统开发效率，更能使开发的系统功能强大、使用高效、操作简单、便于维护。开发“中国无锡质量网”网站系统，既要求用户操作简便快捷，用户界面布局合理美观、又要求服务端高效和易维护，同时还要使用数据库来存储读取海量数据。因此安装和熟练使用开发工具是顺利完成“中国无锡质量网”网站系统的保证。

本学习情境结合“中国无锡质量网”的前台界面设计及后台管理程序，介绍系统开发工具的安装和使用方法，主要包括前端开发和调试工具 Firebug 和 Fiddler、系统功能开发和调试工具 Visual Studio 2012、AJAX 工具包以及 SQL Server 2008 R2 的安装与使用。

任务 2.1　前端开发和调试工具 Firebug 和 Fiddler 的安装和使用

2.1.1　任务引入

目前人们对 Web 开发有了更高的要求，既要准确地编写 HTML 代码，又要设计精致的 CSS 样式以展示每个页面模块功能，此外，还要调试 JavaScript 给页面增添一些活泼的要素，同时也要使用 AJAX 给用户带来更好的体验。因此，用户界面的设计已超越了传统的页面设计范畴。一个优秀的 Web 开发人员需要顾及更多层面，才能交出一份同样优秀的作业。

古语有云：“工欲善其事，必先利其器。”好的开发工具会帮助 Web 前端开发者事半功倍。资深的前端设计师都会有自己最喜欢的开发工具。本书引入两种 Web 前端开发工具 Firebug 和 Fiddler 来开发“中国无锡质量网”的 Web 页面。

2.1.2　任务目标

为确保“中国无锡质量网”Web 页面载入速度，尽量减少 HTTP 请求、减少 DNS 查找、避免重定向、杜绝 HTTP 404 错误，通过 AJAX 缓存、延迟载入组件、预载入组件、减少 DOM 元素数量、切分组件到多个域等方式优化 Web 页面。本任务使用前端开发工具 Firebug 和 Fiddler 辅助开发人员完成页面优化设计等一系列工作，从而达到减少开发成本及美化页面的目的。

2.1.3　相关知识

1. 前端开发

2005 年以来，互联网进入 Web 2.0 时代，各种类似桌面软件的 Web 应用大量涌现，网站的前端由此发生了翻天覆地的变化。以前掌握 Photoshop 和 Dreamweaver 就可以制作网页，现在只掌握这些已经远远不够了。无论是开发难度上，还是开发方式上，现在的网页制作都更接近传统的网站后台开发，所以现在不再叫网页制作，而是叫 Web 前端开发。网页不再只是承载单一的文字和图片，各种富媒体让网页的内容更加生动，网页上软件化的交互形式为用户提供了更好的使用体验，这些都是基于前端技术实现的。

Web 前端开发在系统开发环节中的作用变得越来越重要，而且需要专业的前端工程师才能做好，这方面的专业人才近几年来备受青睐。Web 前端开发人员能够准确和快速地把握整个网页的架构，从而达到减少开发成本和页面美化目的。简单地说，Web 前端开发的主要职能就是把网站的界面更好地呈现给用户。

Web 前端开发技术包括三个要素：HTML、CSS 和 JavaScript，但是随着 RIA（Rich Internet Application，富互联网应用）的流行和普及，Flash、Flex、Sliverlight、XML 及服务器端语言也应用到 Web 前端开发中。Web 前端开发是个非常新的领域，总有新的灵感和技术不时闪现出来，如 HTML8、CSS sprite、负边距布局、栅格布局等；各种 JavaScript 框架层出不穷，如 EXT、Jquery 等，为整个 Web 前端开发领域注入了巨大的活力；浏览器大战也越来越白热化，跨浏览器兼容方案的解决依旧是百家争鸣，各有所长。为了满足“高可维护性”的需要，需要更深入、更系统地去掌握 Web 前端开发技术，这样才能创建一个好的前端架构，保证系统的质量。

2．前端开发工具

前端开发工具即网页调试工具，在前端开发中我们经常会要调试页面，主要是 HTML 调试、CSS 调试和 JavaScript 调试。前端开发工具在网页调试过程中起着事半功倍的作用，其种类繁多，有基于 Firefox 浏览器的、有基于 IE 浏览器的，还有其他调试工具，本任务主要推荐一些优秀、并被广为用之的前端开发工具，例如基于 Firefox 浏览器的 Firebug 插件、基于 IE 浏览器的 Fiddler 插件。

2.1.4 任务实施

下面以“中国无锡质量网”为例说明如何进行 Firebug 和 Fiddler 的安装和使用。

1．Firebug 的安装和使用

Firebug 是网页浏览器 Mozilla Firefox 的一个插件，Firebug 和 Firefox 整合在一起可以组成强大的网页调试工具。Firebug 可以在任何网页中编辑、调试或监视 HTML、CSS、JavaScript 代码，如同一把精巧的瑞士军刀，从各个不同的角度剖析 Web 页面内部的细节层面，给 Web 开发者带来很大的便利。

Firebug 也是一个纠错工具。Web 开发者可以利用它编辑、删改任何网站的 CSS、HTML、DOM 以及 JavaScript 代码，下面结合“中国无锡质量网”详细介绍网页速度优化工具 Firebug 的使用方法。

（1）Firebug 的安装

由于 Firebug 需要在 Firefox 浏览器中运行，所以首先要安装浏览器 Mozilla Firefox 23.0.1（目前最新官方版本是 23.0.1 版本）。浏览器安装完毕后，打开该浏览器，选择顶部菜单栏的【工具】菜单，单击【最新使用菜单】中的【自定义 Firefox】，进入 Firefox 浏览器的插件库，在【搜索附加组件】输入框中输入“Firebug”，等搜索结果出来后就可以发现一个名称为“Firebug 1.12.1”的插件，其图片标志为一个小爬虫，这就是我们要找的 Firebug。单击后面的【添加到 Firefox】按钮进入 Firebug 的下载安装页面。下载结束会弹出【软件安装】窗口，如图 2-1 所示。

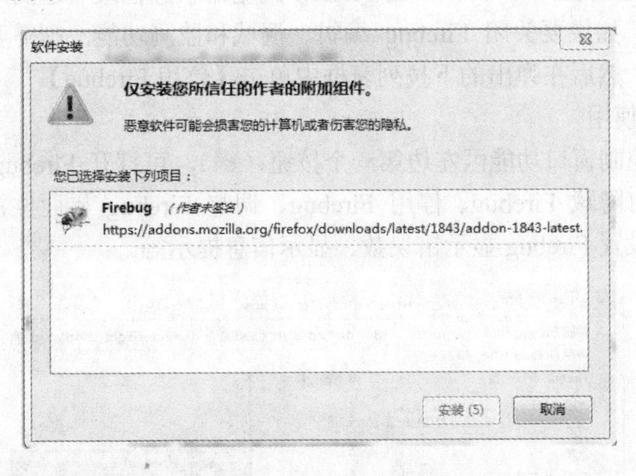

图 2-1　Firebug 的安装

单击【安装】按钮，完成 Firebug 的安装。安装完毕后重启 Firefox 浏览器，此时在状态栏最右边会出现一个“小爬虫”的图标（），灰色图标表示 Firebug 未开启对当前网站的编辑、调试和监测功能，而黄色图标则表示 Firebug 已开启对当前网站的编辑、调试和监测功能。

（2）Firebug 的启用和关闭

以“中国无锡质量网”为例，在 Firefox 浏览器地址栏中输入“http://localhost:4036/wxzl/index.aspx”，单击浏览器状态栏最右边的“小爬虫”图标或者按〈F12〉键，即可打开 Firebug 控制窗口，如图 2-2 所示，此时浏览器窗口被分成两部分，上半部分是网站网页，下半部分是 Firebug 的控制窗口，其中 Firebug 控制窗口也由两部分组成，一部分是功能区，另一部分是信息区，上面同步显示了网页的源代码。

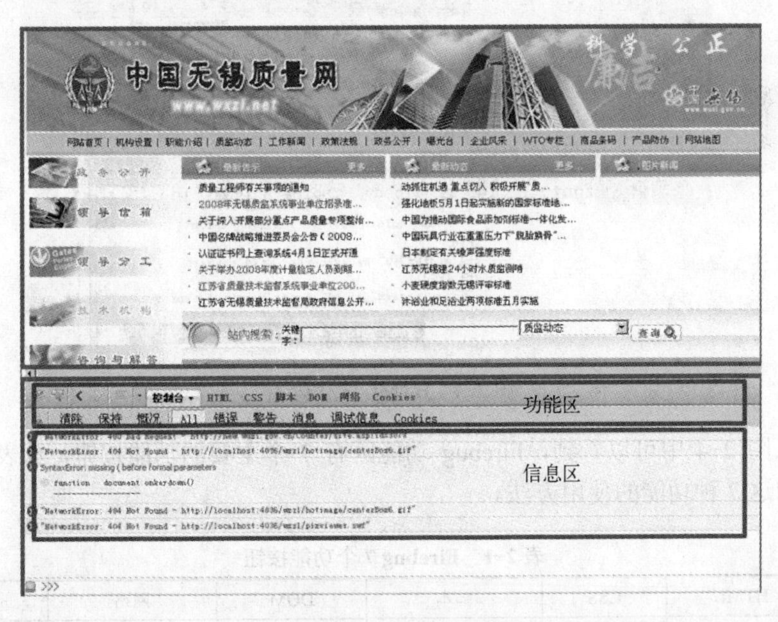

图 2-2　Firebug 的启用

要关闭 Firebug 控制窗口，再次单击 Firefox 浏览器状态栏最右边的“小爬虫”图标或按〈F12〉键就可以了。如果要关闭 Firebug 编辑、调试和监测功能，则需要单击功能区最左边的“小爬虫”图标，然后在弹出的下拉列表框中单击【停用 Firebug】。

（3）Firebug 的使用

单击 Firebug 控制窗口功能区左边第一个按钮（），可打开 Firebug 主菜单，如图 2-3 所示，其主要功能有隐藏 Firebug、停用 Firebug、调整 Firebug 界面位置、调整信息区域显示文本的字号以及设置 Firebug 显示错误数、显示信息提示等。

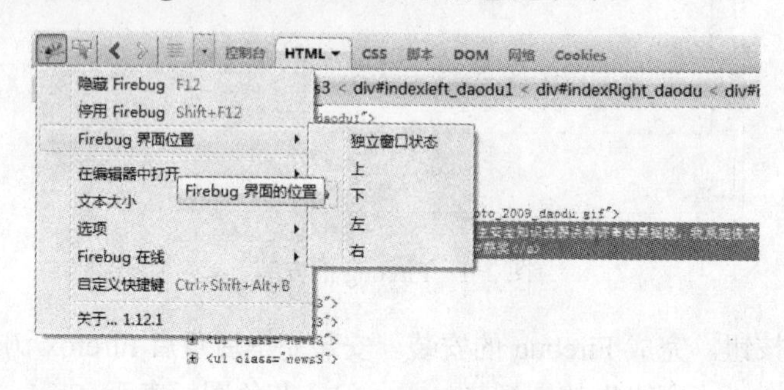

图 2-3 Firebug 主菜单

单击功能区左边第二个按钮（），用鼠标直接选择网页中的一些区块，可查看相应的 HTML 源代码和 CSS 样式表，选中代码中的文本节点，即可对其进行修改，修改结果随即会反应在网页中，真正地做到所见即所得。例如，单击功能区左边第二个按钮（），接着用鼠标选中“中国无锡质量网”【最新告示】栏目中【更多...】超链接，如图 2-4 所示，然后在 HTML 控制面板中将“更多”改成“MORE”，修改完成后，在“中国无锡质量网”Web 页面内即可看到相应的变化，如图 2-5 所示。

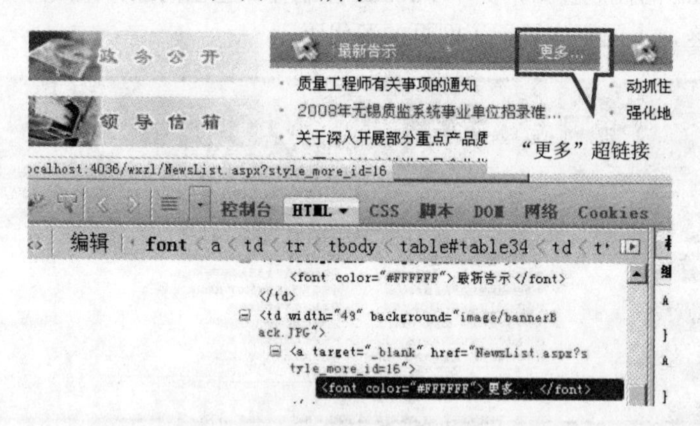

图 2-4 HTML 源代码 1

此外，从图 2-4 中可以看到，Firebug 功能区有 7 个主要的功能按钮，如表 2-1 所示，下面主要介绍这 7 种功能的使用方法。

表 2-1 Firebug 7 个功能按钮

控制台	HTML	CSS	脚本	DOM	网络	Cookies
控制台	HTML 查看器	CSS 查看器	Script 脚本调试器	DOM 查看器	网络监控器	Cookies 查看器

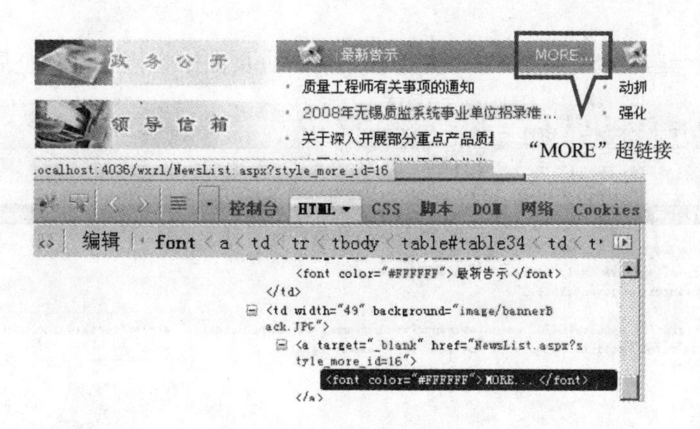

图 2-5　HTML 源代码 2

默认情况下，控制台、脚本、网络、Cookies 这四个功能按钮是关闭的，需要手动开启，而 HTML、CSS 和 DOM 按钮是默认激活的。

① 控制台：其主要功能是用来显示网页各类错误信息，包括显示当前网页中的脚本错误及警告，并提示出错的文件和行号，以方便调试。这些错误提示比起浏览器本身提供的错误提示更加详细且更具有参考价值。而且在调试 AJAX 应用的时候也是特别有用，能够在控制台里看到每一个 XMLHTTPResquests 发送的参数、URL、HTTP 头及回馈内容，原本似乎在幕后黑匣子里运作的程序被清清楚楚地展示出来。

以“中国无锡质量网”为例，打开 Firefox 浏览器，启用 Firebug 并打开其控制窗口，开启控制台查看器，在 Firefox 浏览器地址栏中输入“中国无锡质量网”的地址，在信息区中即可以清楚地看到“中国无锡质量网”首页出现的五处错误，如图 2-6 所示。

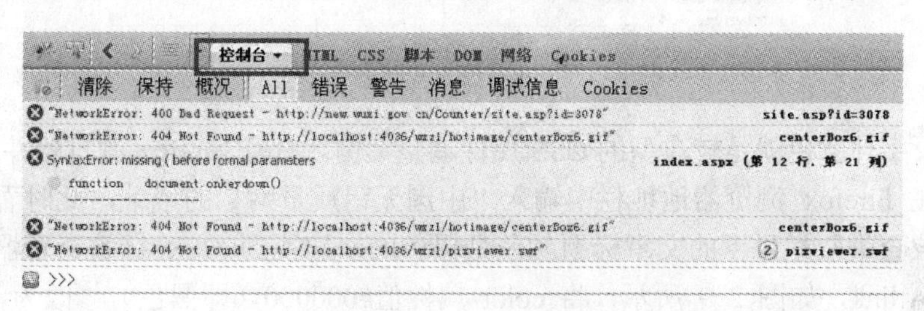

图 2-6　控制台查看器

② HTML 查看器：其主要功能是查看 HTML 源代码。虽然 Firefox 也提供了查看页面源代码的功能，但是它显示的只是页面文件本身的源代码，并不能显示通过脚本输出的 HTML 源代码。但是利用 Firebug 则能看到层次清晰、经过格式化的 HTML 源代码，并且编辑后可实时显示到网页中，从而实现页面最佳效果。

单击功能区【HTML】标签即可切换到 HTML 查看器页面，如图 2-7 所示，此时，在 HTML 查看器中显示的是“中国无锡质量网”的 HTML 源代码，各个标签之间的从属关系层次清晰，所见即所得。

③ CSS 查看器：其主要功能是查看和编辑网页中定义的 CSS 样式。单击功能区的【CSS】标签，可切换到 CSS 查看器页面，如图 2-8 所示，它自下向上列出每个 CSS 样式的从属继承关系，以及每个样式在哪个样式文件中的定义。此外，在这个查看器中可以直接添

加、修改、删除一些CSS样式属性，并可在当前网页页面中直接看到调整后的效果。

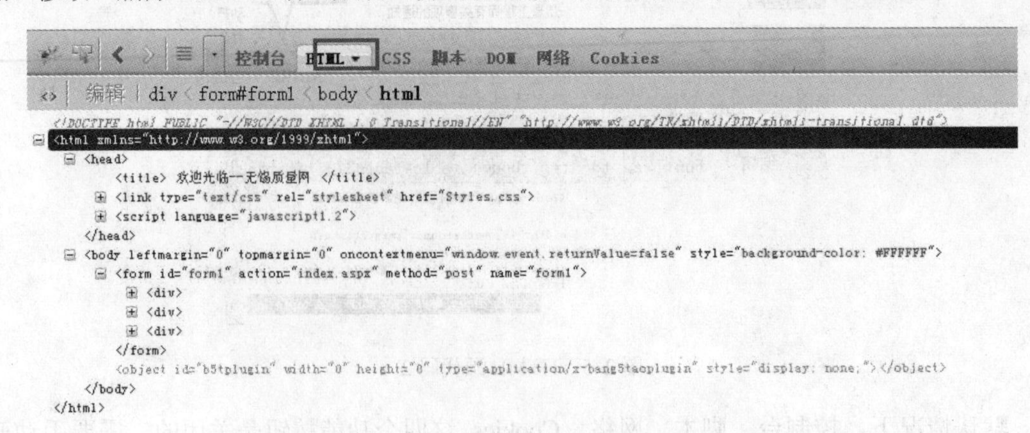

图 2-7 HTML 查看器

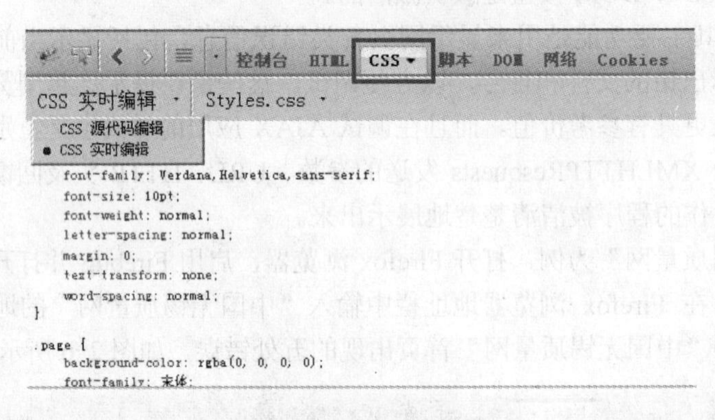

图 2-8 CSS 查看器

调整网页字体颜色就是较典型的CSS属性调整案例。打开Firefox浏览器并启用Firebug控制窗口，在Firefox浏览器地址栏中输入“中国无锡质量网”的地址，此时看到“技术交流”和“企业查询”栏目下的文章标题颜色是黑色的，切换到CSS标签查看器，找到文章标题的样式A:link，如图2-9所示，将color属性值#000000（即黑色）修改为red，这时网页中“技术交流”和“企业查询”栏目下的文章标题即变成了红色，如图2-10所示。

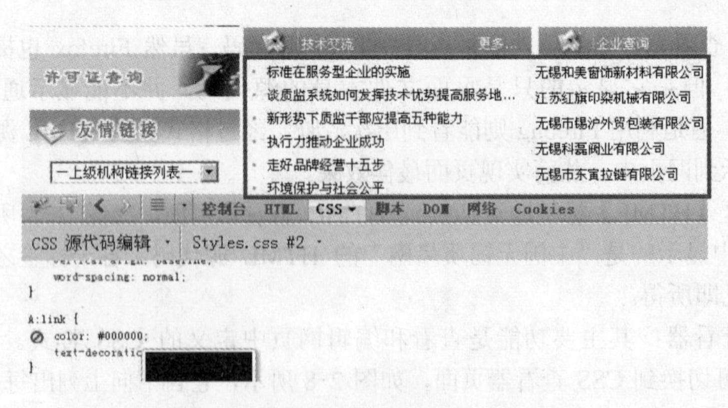

图 2-9 CSS样式修改前文章标题颜色

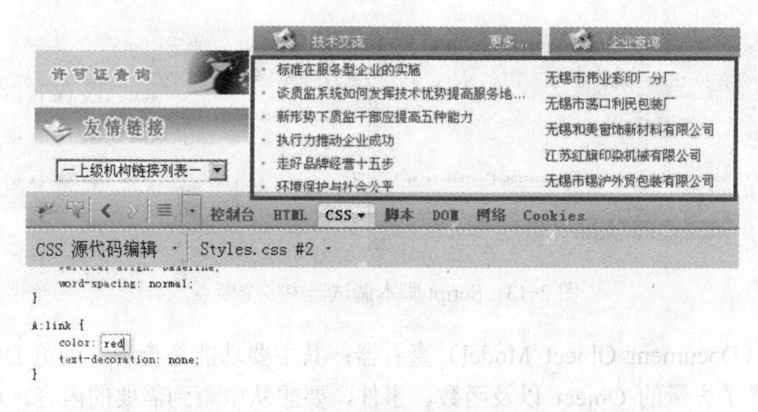

图 2-10　CSS 样式修改后文章标题颜色

【提示】：在 Firebug 中调试出正确的源代码和 CSS 样式后，需要将调整后的源代码和 CSS 样式复制到源代码文件中，否则调试结果在页面刷新之后会付之东流。

④ Script 脚本调试器：其主要功能是进行脚本单步调试、断点设置及变量查看等，同时可通过右边的监控功能来查看和统计脚本运行时间，提高运行效率。单击功能区的【脚本】标签，可切换到脚本调试器页面，如图 2-11 所示。

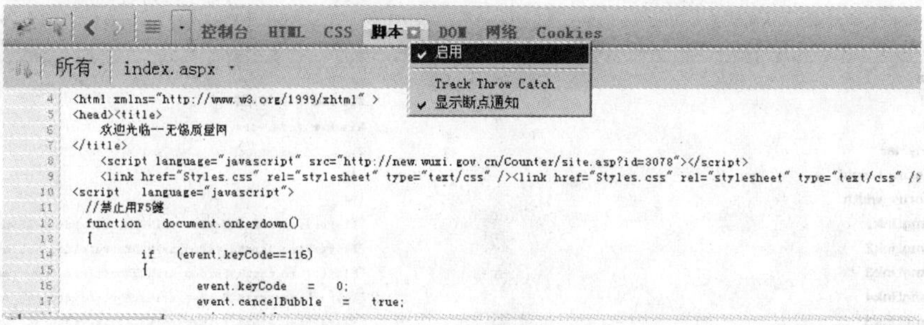

图 2-11　Script 脚本调试器

【提示】：如果要在脚本中设置一个断点，可以单击设置断点处行号旁边的空白区域，此时会出现一个红色的点，如图 2-12 所示，当脚本运行到此时即停止运行，等待手动进行下一步操作。在右边的小窗口中切换到"断点"标签不仅可以查看所设置的所有断点也可以移除或禁用所有断点，如图 2-13 所示。右击断点标记的红点还可以设置断点条件，在满足设置条件时会停止脚本的执行。

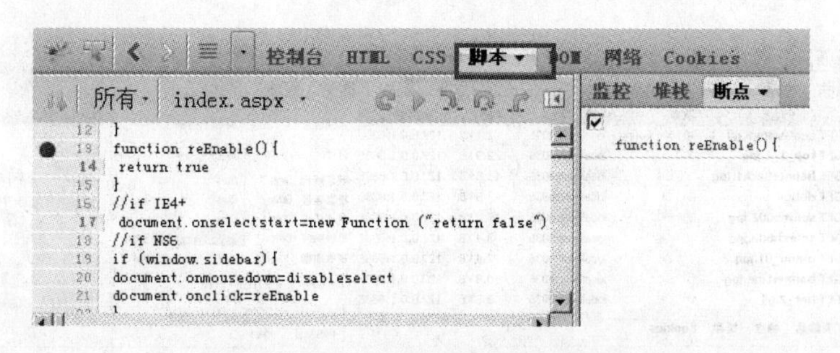

图 2-12　Script 脚本调试器中单个断点

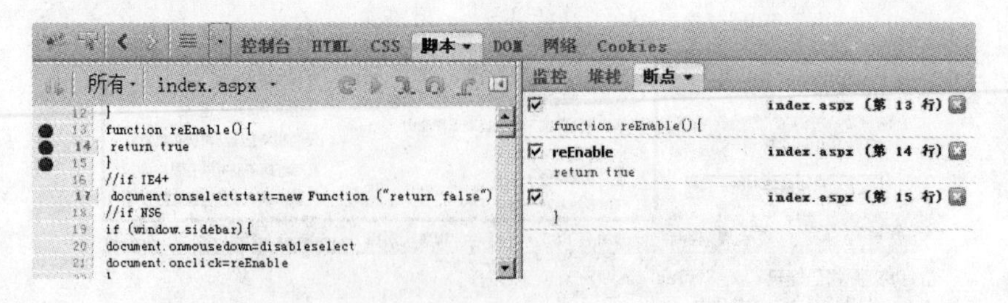

图 2-13　Script 脚本调试器中多个断点

⑤ DOM（Document Object Model）查看器：其主要功能是查看、浏览 DOM 的内部结构。DOM 包含了大量的 Object 以及函数、事件，要想从中查到需要的内容，就好比从一个大型图书馆中找到几本名字不太确切的小说，众多的选择会让你无所适从。但是使用 Firebug 的 DOM 查看器确能方便地浏览 DOM 的内部结构，快速定位 DOM 对象，并可双击来实现对 DOM 节点属性或值的修改。单击功能区【DOM】标签，可切换到 DOM 查看器页面，如图 2-14 所示。

【提示】：编辑 DOM 对象值时，DOM 具有自动完成功能，例如，当输入“document.get”之后，按〈tab〉键就能补齐为“document.getElementById”。

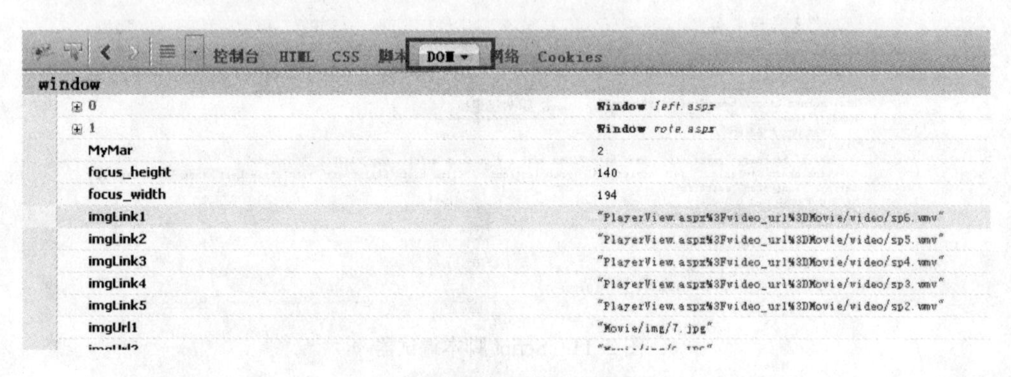

图 2-14　DOM 查看器

⑥ 网络监控器：网络监控器功能同样强大，它能将页面中的 CSS、Javascript 以及网页中引用的图片载入所消耗时间以矩状图显示出来，方便找出其中运行时间较慢的部分，进而对网页加载速度进行优化。单击功能区【网络】标签，可切换到网络监控器页面，如图 2-15 所示。

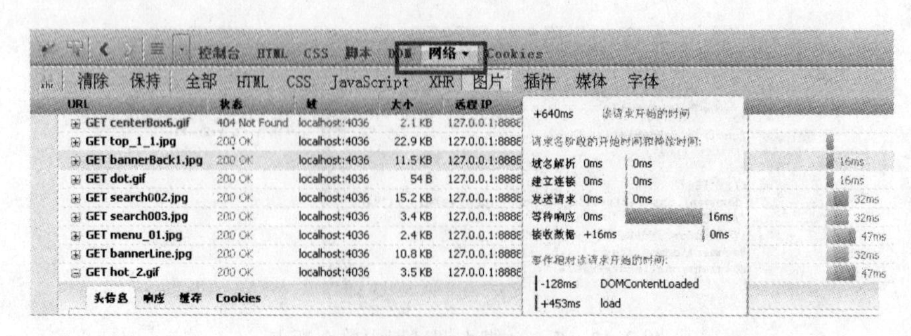

图 2-15　网络监控器

如图 2-14 所示，在网络监控器中所查看到的“中国无锡质量网”网页中载入图片消耗的时间及图片大小、状态等，进而可以分析哪些图片载入的时间过长以致影响网页打开速度。

⑦ Cookies 查看器：其主要功能是以列表形式显示当前页面的所有 Cookie。其中，每一行对应一个 Cookie 的基本信息，包括名称、域名、路径等。列表的每一项都可以展开，因为有很多 Cookie 的值很长，展开以后才可以查看全部内容，而且展开以后可以直接对 Cookie 的值进行复制。单击功能区【Cookies】标签，可切换到 Cookies 查看器页面，如图 2-16 所示。

图 2-16　Cookies 查看器

2．Fiddler 的安装和使用

Fiddler 是用 C#编写的一个基于 IE 浏览器的 HTTP/HTTPS 免费网络调试器。英语中 Fiddler 是小提琴的意思，Fiddler Web Debugger 就像小提琴一样，可以让前端开发变得更加优雅。

Fiddler 的运行机制是在本机上监听 8888 端口的 HTTP 代理。Fiddler 是最强大、最好用的 Web 调试工具之一，它能够记录所有客户端和服务之间的 HTTP 和 HTTPS 请求，允许监视、设置断点，甚至修改输入输出数据（如 Cookies、HTML、JavaScript 及 CSS 等文件）。Fiddler 要比其他网络调试器更加简单，因为它不仅仅暴露 HTTP 通信且提供了一个友好的用户格式。

Fiddler 主要功能有：分析页面性能；分析 HTTP 请求与响应数据；设置断点，调试线上错误；伪造数据请求，调试数据接口。

接下来将结合“中国无锡质量网”介绍 Fiddler 网页速度优化工具的详细使用方法。

（1）Fiddler 的安装

安装 Fiddler 之前必须先安装.net framework2.0 及以上版本，然后再在下载地址“http://www.xp510.com/xiazai/Application/other/16821.html”中下载 Fiddler2 汉化版软件。下载完成后，解压文件，双击“Fiddler.exe”文件即可启动软件。

（2）Fiddler 的启用

Fiddler 启动时默认将 IE 的代理连接设为 127.0.0.1:8888，如图 2-17 所示。Fiddler 启动后，HTTP 代理的任意程序都能被 Fiddler 捕获到，即程序将会把自己作为一个互联网代理服务器，并通过检查代理设置窗口来验证 Fiddler 是否正确地被截获 Web 请求。具体操作是单击【设置】选项卡，在弹出的下拉列表框中单击【代理验证】后，通过 IE 打开某一 Web 页面，会先弹出如图 2-18 所示的提示对话框，输入代理服务器的用户名和密码，单击【确定】按钮，Web 页面就会完整显示出来。

作为系统代理，所有来自互联网服务的 HTTP 请求在到达目标 Web 服务器之前都会经过 Fiddler，同样，所有的 HTTP 响应在返回客户端之前也会经过 Fiddler。

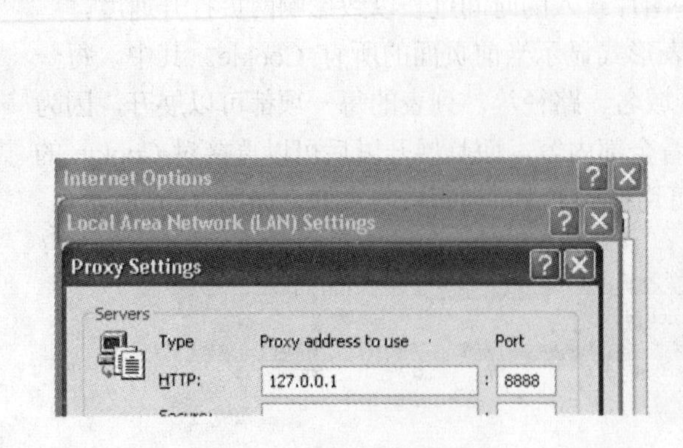

图 2-17　浏览器代理设置

图 2-18　代理服务器设置

Fiddler 运行界面如图 2-19 所示，从图中可以看出，界面可分为六部分：菜单栏、工具栏、会话列表、命令行工具栏、HTTP Request 显示栏、HTTP Response 显示栏。这样的界面在捕获数据时即一目了然。

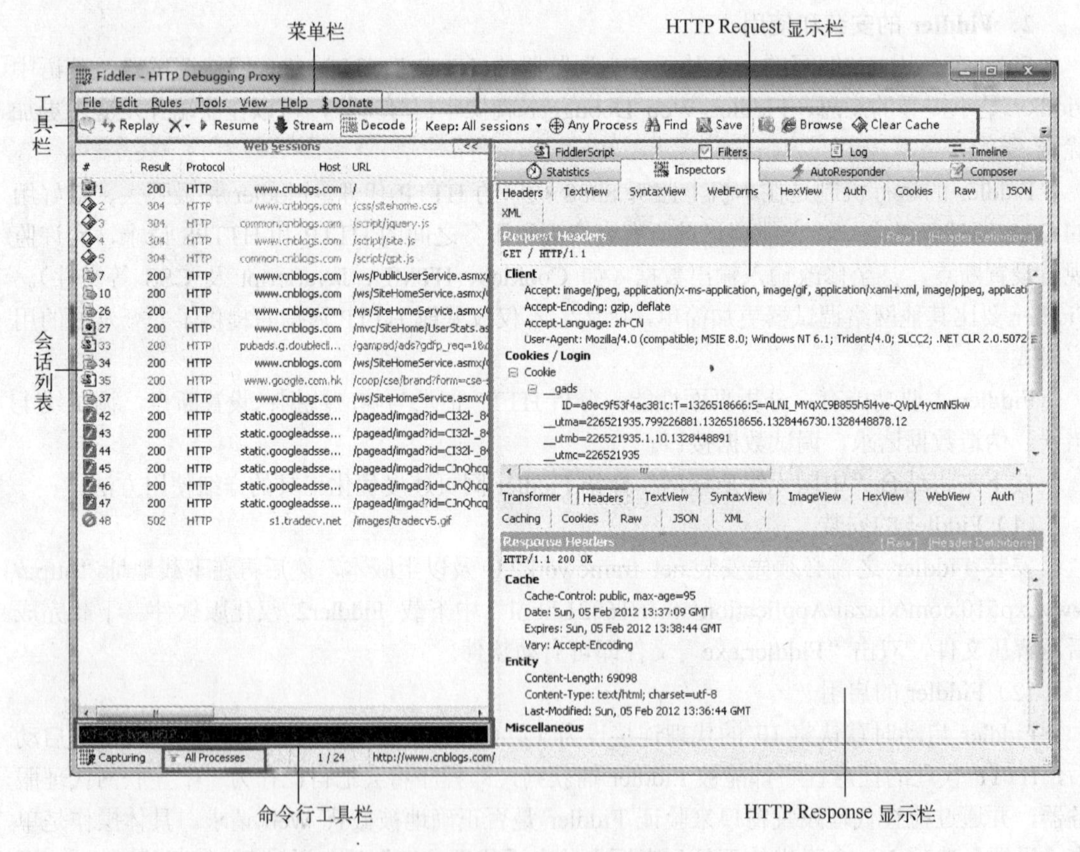

图 2-19　Fiddler 运行界面

【提示】：关闭 Fiddler 后，程序会自动从系统注册表中移出，Fiddler 就不会再起任何作用了。

（3）Fiddler 的使用

① Fiddler 的 HTTP 统计视图会话列表中陈列出了所有的 HTTP 通信量，并以列表的形式展示出来，选择一个或者多个会话，单击右边的【统计】选项卡，即可查看到 HTTP 请求数、发送字节数等信息。如果选择第一个请求和最后一个请求，可获得整个页面加载所消耗的总体时间，如图 2-20 所示，进而对页面的访问速度进行优化。

图 2-20　HTTP 统计视图

如图 2-20 所示，打开“中国无锡质量网”，可以清楚地观察到“中国无锡质量网”的 HTTP 请求数为 62 条，其中数据请求成功 60 条，发送 26466 字节，接收 3094287 字节等利用我们优化访问页面速度的数据。

② QuickExec 命令行是会话列表下边的黑色区域，在里面输入命令，按〈Enter〉键即可执行该命令，使用简便快捷，下面介绍几个常用的命令。

- help 用来打开官方的使用页面介绍，所有的命令都会列出来。
- cls 是清屏命令（按〈Ctrl+X〉组合键也可以清屏）。
- select 是选择会话的命令。
- ?.png 用来选择以 png 为后缀名的图片。
- bpu 用来截获 Request。

③ 通过 Fiddler 设置断点修改 Request。Fiddler 最强大的功能莫过于设置断点了，设置好断点后，可以修改 HTTPRequest 的任何信息，包括 host、Cookie 或者表单中的其他数据。设置断点有如下两种方法。

方法一是打开 Fiddler，选择菜单栏中的【设置】菜单，单击【自动断点】中的【请求之前】（这种方法会中断所有的会话）；如果要撤消命令，同样选择【设置】菜单，单击【自动断点】下的【禁用】即可。

方法二是在命令行中输入“bpu 网址名”命令（这种方法只会中断某一具体的会话）；如果要撤消命令，需再在命令行中输入“bpafter”命令。

④ 通过 Fiddler 设置断点修改 Response。其方法与修改 Request 类似，在此不再赘述。

⑤ 在 Fiddler 中查询会话按〈Ctrl+F〉组合键打开【Find Sessions】对话框，如图 2-21 所示，输入要查询会话的关键字，则查询结果即会用黄色标记显示。例如，在 Fiddler 查询会话框中输入“wxzl”，单击【Find Session】按钮，那么服务器中包含 wxzl 的所有信息将会

以黄色高亮显示出来，如图 2-22 所示。

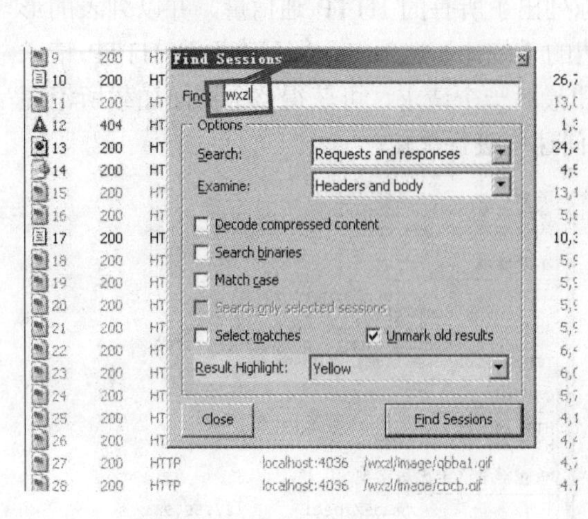

图 2-21　Fiddler 查询会话 1　　　图 2-22　Fiddler 查询会话 2

2.1.5　任务考核

本任务考核标准如表 2-2 所示。

表 2-2　任务考核标准

评 分 项 目	评 分 标 准	等　　级	比例
Firebug 的安装和使用	能够正确安装 Firefox 浏览器，并在 Firefox 中安装 Firebug，能够按照本任务所讲的使用方法正确执行	优秀（85～100 分）	40%
	能够正确安装 Firefox 和 Firebug，本任务所讲的实例 70%以上步骤都能够正确调试通过	良好（70～84 分）	
	在指导老师或同学帮助下可以正确安装 Firefox 和 Firebug，本任务所讲的实例通过率在 70%以下	及格（60～69 分）	
Fiddler 的安装	能够在 IE 环境下正确安装 Fiddler，并熟悉 Fiddler 操作界面，能够正确完成本任务所讲的调试步骤	优秀（85～100 分）	40%
	能够在 IE 环境下正确安装 Fiddler，并熟悉 Fiddler 操作界面，基本能够正确完成本任务所讲的调试步骤	良好（70～84 分）	
	在指导老师或同学帮助下能够在 IE 环境下正确安装 Fiddler，并基本熟悉 Fiddler 操作界面	及格（60～69 分）	
任务完成时间	在规定时间内完成任务者得满分，每推延一小时扣 5 分	0～100 分	20%

2.1.6　任务小结

在“中国无锡质量网”用户界面完成之后，肯定还有一些细节问题需要调试，如页面错误或无效链接、不当的 CSS 样式表、错误的 JavaScript 代码等。系统的调试是一个不容忽视的环节，只要是设计开发，就需要进行调试。尽管相对来说，前端的调试要简单一些，但使用一些调试工具或插件还是能提高工作效率。本任务通过安装和使用前端开发工具 Firebug 和 Fiddler 对“中国无锡质量网”的前台程序及后台管理程序进行测试与分析，进而优化代码执行效率和页面访问速度。

2.1.7 拓展与提高

本任务重点介绍了两款 Web 前端开发调试工具：Firebug 和 Fiddler，实际上如果上网搜索一下，这样的工具还有很多，而且每种工具应用环境不同，功能侧重点也不同。因此应当学会根据实际项目需要，选择合适的开发和调试工具。

本任务的拓展训练是选择如 WebDeveloper 等其他 1～2 款调试工具，正确安装并熟悉其用法。

2.1.8 思考与讨论

（1）常见的浏览器有哪些？对应常见的浏览器，Web 前端开发常见的调试工具有哪些？

（2）通过本任务的学习，谈谈对 Web 前端开发的理解。

（3）结合本任务的学习，谈谈前端开发工具 Firebug 和 Fiddler 在“中国无锡质量网”的前台程序及后台管理程序开发中的作用。

2.1.9 实训题

在正确完成本任务的两个调试实例的基础上，以“图书馆门户信息管理系统”的前台程序及后台管理程序开发为依托，自己设计两个调试实例，分别使用 Firebug 和 Fiddler 进行调试。

任务 2.2 系统功能开发和调试工具 Visual Studio 2012 的安装与使用

2.2.1 任务引入

Viusal Studio 2012 是微软集成开发环境（IDE）的最新版本，是开发“中国无锡质量网”最主要的开发工具，它提供了良好的代码管理、程序调试和分发部署等一体化功能，可帮助开发者创建调试基于不同语言的“中国无锡质量网”项目、进行应用界面的布局、编写应用的功能代码、完成项目打包发布等工作。Visual Studio 2012 可以说是一个完整的程序生命周期管理（ALM）解决方案。

2.2.2 任务目标

ASP.NET 是微软公司推出的一项服务器端 Web 应用开发技术，完全基于模块与组件，具有很好的可扩展性和易用性，ASP.NET 的很多新特性能够有效缩短 Web 应用程序的开发周期。本任务主要完成两个目标：一是知识目标，了解 ASP.NET 的基本概念、运行环境的安装和配置；二是能力目标，掌握 ASP.NET 的开发工具 Visual Studio 2012 的安装和使用。

2.2.3 相关知识

1．ASP.NET 简介

ASP.NET 是微软公司推出的.NET Framework 体系结构的重要组成部分，可以使用任何与.NET 兼容的语言来编写 ASP.NET 应用程序，它建立在公共语言运行库（CLR）和.NET 类库（CL）之上，在 ADO.NET 技术的支持下，用于服务器上部署和创建 Web 应用的框架和应用模式。ASP.NET 使用 Web 页面（Web Forms）进行编译，可以提供比脚本语言更出色的性能表现。原因是 Web Forms 允许在网页基础上建立强大的窗体，当建立页面时，可以使用 ASP.NET 服务器端控件来建立常用的 UI 元素，并对它们进行编译来完成所需的任务，同时这些控件允许使用内置可重用的组件和自定义组件来快速建立 Web Forms，可以使代码简单化。

ASP.NET 技术是对 Web 应用领域的一次革命性的改变，它提供了一种编程模型和结构，对比原来的 Web 技术来说，它能更快速、更高效地建立灵活、安全和稳定的 Web 应用程序。

2．ASP.NET 的主要新特征

ASP.NET 是 ASP 3.0 的后继版本，虽然提供了对先前 ASP 应用程序的兼容支持，但它并不是 ASP 的简单升级。ASP.NET 采用面向对象的、基于组件的和事件驱动的组件编程技术，为 Web 应用的设计和开发提供了更加简便快捷的方法，它引入了许多新的特征，下面分别进行介绍。

（1）多语言支持

ASP.NET 支持多种编程语言编写 Web 应用程序，如 Visual Basic .NET、C#、Visual C++ 等，除此之外，第三方语言提供者也在开发其他语言的.NET 编译器，由此可见，ASP.NET 具有很强的多语言支持功能。

（2）增强的性能

在 ASP.NET 中，Web 页面源代码是被编译执行的，它利用提前绑定、即时编译、本地优化和缓存技术来提高性能，由于 Web 页面文件是一次编译多次执行，因此具有较高的执行效率。

（3）类和名空间

ASP.NET 中有一套类和名空间（Namespaces）机制，名空间是一种组织机制，是一种可用于其他程序和应用的程序组件方法，名空间包括类和接口，它可以使 Web 应用程序的编写更加便捷和规范。

（4）服务器控件

ASP.NET 为 Web 页面引入了功能强大的服务器控件（Server Controls），使 Web 页面的编制任务大大简化。这些服务器控件可以提供显示、日历、表格以及安全验证等功能，它们能够自动维护其选择状态，并允许服务器端代码访问和调用其属性、方法和事件。因此，服务器控件其实就是用于 Web 页面的结构化编程模型。

（5）强大的 Web 服务

ASP.NET 提供强大的 Web 服务支持能力，可以将不同厂商、不同硬件环境、不同语言编写的 Web 程序集成在一起，形成一系列分布式、自动化和智能化的 Web 应用，从而扩展 Internet 上各类分布式 Web 资源的利用。

（6）更高的安全

与早期的 ASP 技术相比，在支持 Windows 身份验证方法的基础上，ASP.NET 还提供了 Passport 和 Cookies 两种不同类型的登录和身份验证方法。同时，ASP.NET 还采用了基于角色的安全模式，为不同角色的用户制定不同的安全授权，以上这些验证和安全授权方法在实现上也比较简单。

（7）代码分离技术

在早期的 ASP 中，Web 页面是由脚本代码和 HTML 混合编写的，而在 ASP.NET 中，Web 页面的界面布局和程序控制逻辑（脚本代码）可以分别设计和存储，这种代码分离技术是结构化的，可以提高 Web 页面的设计效率及代码的可阅读性、可维护性和可调试性。

（8）易于配置和管理

ASP.NET 使用基于文本的、分层次的配置系统，所有的配置信息存放在 Web.Config 的文本文件内，配置内容采用标准的可扩展标记语言（XML）书写，所有 Web 应用程序都会继承 Web.Config 文件中的默认配置，从而便于服务器环境和 Web 应用程序的配置和管理。

3．搭建 ASP.NET 开发环境

使用 ASP.NET 开发"中国无锡质量网"，首先需要建立和配置其开发环境。ASP.NET 可以在 Windows 2008 Server、Windows 2008 Server R2 及 Windows 7 等多个平台上运行。如果读者对下面提到的所需操作系统和软件有所了解，推荐使用下面配置的操作系统和应用软件环境。

- 操作系统：Windows 7 或者更高的版本。
- 浏览器：Internet Explorer 8.0 及以上版本。
- Internet 信息服务：IIS 7.5 以上。
- 数据库：Microsoft SQL Server 2008 R2 版。
- 开发环境：Microsoft Visual Studio 2012 Ultimate 中文版。

2.2.4 任务实施

1．Microsoft Visual Studio 2012 Ultimate 的安装

使用 Visual Studio 2012 平台开发"中国无锡质量网"，必须先安装 Visual Studio 2012 开发环境。下面将介绍 Visual Studio 2012 的安装过程，具体操作步骤如下。

① 将 Visual Studio 2012 安装光盘放入光盘驱动器，或者用虚拟光驱加载 Visual Studio 2012 镜像安装文件。打开光盘文件或者镜像文件，双击 vs_ultimate.exe 文件，将会弹出安装对话框，如图 2-23 所示，在此对话框中可以修改产品安装路径，读者可以根据安装路径选择框上方的提示选择合适的安装位置，并勾选【我同意许可条款和条件】。

② 单击【下一步】按钮进入如图 2-24 所示对话框，读者可以根据需要选择要安装的可选功能。

【提示】：对于 Visual Studio 2012 功能比较熟悉的读者可以自定义选择安装可选功能，对于广大的初学者来说，选取默认值安装是比较合适的选择。

③ 单击【安装】按钮，安装程序将进入一个漫长的安装过程，在这个过程中安装程序会提醒重新启动计算机，计算机重新启动后自动进入 Visual Studio 2012 的安装过程界面，直至安装结束，如图 2-25 所示。

2．Visual Studio 2012 的启动

安装成功后，打开【开始】菜单创建 Visual Studio 2012 的所有程序组，单击【Visual

Studio 2012】，进入启动窗口，第一次运行程序会自动配置运行环境，需要稍等片刻，运行环境配置结束后程序将进入默认环境设置，如图 2-26 所示。

图 2-23　Visual Studio 2012 的安装 1

图 2-24　Visual Studio 2012 的安装 2

图 2-25　Visual Studio.NET 2012 的安装 3

图 2-26　Visual Studio 2012 的启动

读者可根据自己的使用习惯选择合适的开发环境，本书选择【Visual C#开发设置】，设置完毕后单击【启动 Visual Studio】启动程序，进入 Visual Studio 2012 开发环境的起始窗口。

3．Visual Studio 2012 的开发环境

Visual Studio 2012 的常用功能窗口由菜单栏、标准工具栏、停靠或自动隐藏在左侧、右侧、底部以及编辑器空间的各种工具窗口组成。在任何特定时间，可用的工具窗口、菜单以及工具栏取决于当前所处理的项目或文件类型。

（1）主窗口

启动 Visual Studio 2012 时，首先会看到启动画面，它显示了当前所安装的产品组件。启动成功后，就会看到 Visual Studio 2012 的集成开发环境（IDE），默认情况下窗口布局如图 2-27 所示。

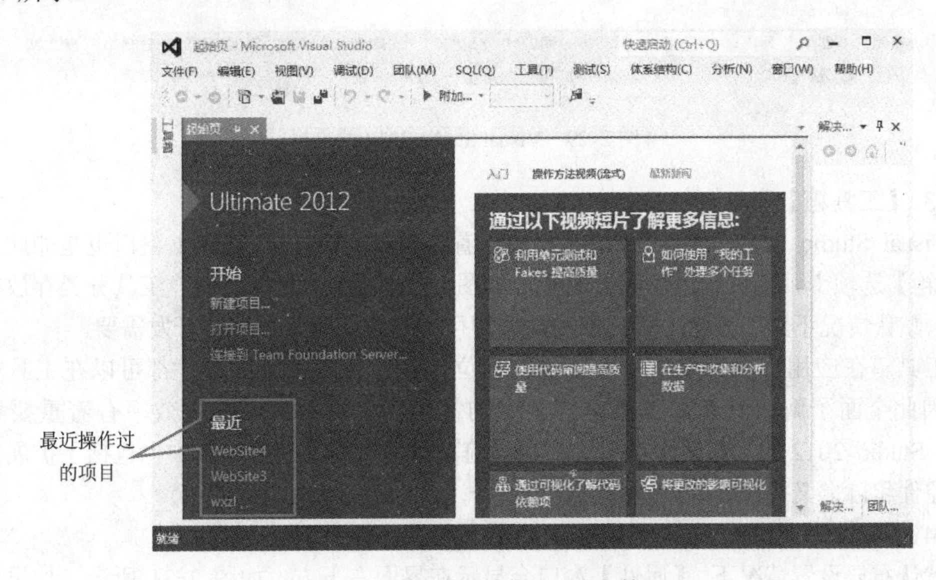

图 2-27 默认设置的集成开发环境

窗口首先会显示起始页，起始页左侧显示了最近操作过的项目名称及新建项目的快捷方式；起始页中间有【入门】、【操作方法视频】和【最新新闻】三个选项卡，读者可以根据这三个选项卡提供的信息充分了解 Visual Studio 2012 的一些使用方法；起始页右侧是【解决方案资源管理器】的窗口。如果建立或者打开了项目，IDE 中的菜单就会增加，如图 2-28 所示。

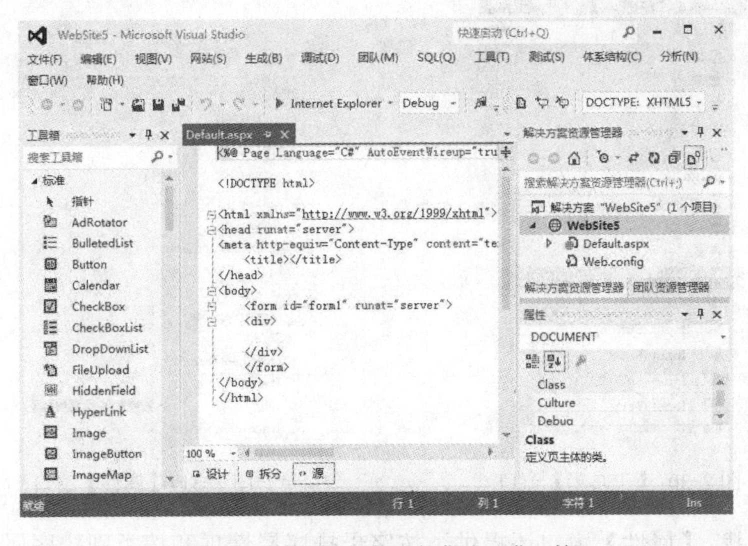

图 2-28 有项目加载时的集成开发环境

（2）菜单栏

Visual Studio 2012 的菜单栏位于集成开发工具的最上方，如图 2-29 所示，菜单的数量会根据当前活动项目的不同而动态变化，每项一级菜单下又有若干个子菜单。由于这些子菜单用法简单、直观，并且与之前版本的 Visual Studio 的菜单栏又非常类似，因此这里不再详列每个子菜单栏的功能。

图 2-29　Visual Studio 2012 菜单栏

（3）【工具箱】窗口

Visual Studio 2012 的各子窗口都可以设置为自动隐藏，【工具箱】窗口也是如此，单击【工具箱】选项卡，工具箱窗口就会展开，如图 2-30 所示，可以看到，工具分类存放在类标签中。默认情况下，工具箱中所列出的控件即可满足大部分应用程序开发需要。

工具箱在应用程序开发中具有独特的地位，在开发中常用的控件都可以在工具箱中找到，因此全面了解工具箱并熟练掌握其中的常用控件，对提高编程效率有着重要意义。Visual Studio 2012 的工具箱中摆放了很多当前项目可使用的控件，其中也包括了扩展安装包中的控件和自定义控件。

（4）【属性】窗口

默认布局设置情况下，【属性】窗口会显示在界面右下方，如图 2-31 所示。如果要调用【属性】窗口，可以单击【视图】菜单中的【属性】命令，也可以直接按〈F4〉键，还可以右击所编辑的对象，在弹出的快捷菜单中选择【属性】命令。【属性】窗口提供了可视化管理控件属性的功能，使开发者能够快速地修改、设置 Web 页面中各种控件的属性值，并且还提供了事件管理功能，方便为控件中的事件添加相关事件处理方法。

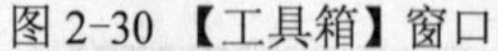

图 2-30 【工具箱】窗口

图 2-31 【属性】窗口

为方便查找，【属性】窗口还提供了按字母排序属性项和按类别排序属性项的分类功能，在控件的属性项非常多时，就能方便、快速地定位到需要设置的属性项。

（5）【解决方案资源管理器】窗口

默认情况下，【解决方案资源管理器】窗口显示在界面右上方，该窗口可对项目中的代码、样式、资源和引用等文件进行可视化地组织和管理。当项目打开后，项目文件就会以树状显示，如图 2-32 所示。

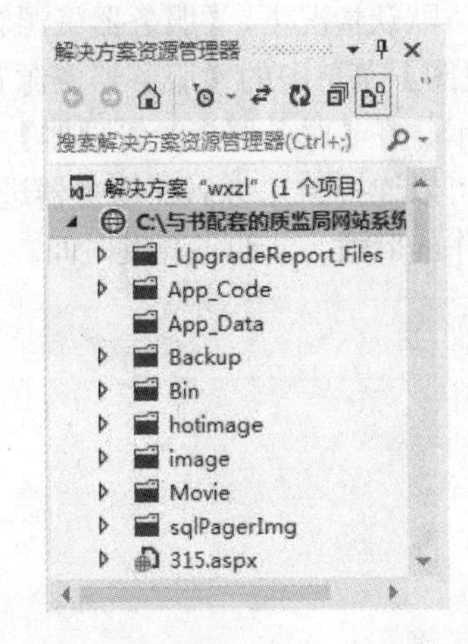

图 2-32 【解决方案资源管理器】窗口

【解决方案资源管理器】窗口主要用于显示解决方案、解决方案的项目以及这些项目中的项，也可以对项目文件进行添加、打开、复制、删除等一系列操作，只需右击各项，在弹出的快捷菜单中选择相应的操作即可。在窗口的上方也提供了相应的操作按钮，将鼠标移动至每个按钮处，都会显示相应的提示。

需要注意的是，如果使用【文件资源管理器】复制一个外部文件并粘贴到项目文件夹中，在默认情况下，该文件并不会包含在这个项目的【解决方案资源管理器】窗口中，这样此文件就不能被正常编译，也不能以相对目录的形式访问。如果希望将一个外部文件包含在项目当中，可以右击项目文件，在弹出的下拉列表中选择【添加】→【现有项】即可。另一种方法就是复制该外部文件将其粘贴到【解决方案资源管理器】的项目文件夹下，则 Visual Studio 2012 会自动将这个外部文件包含在项目中。如图 2-33 所示。

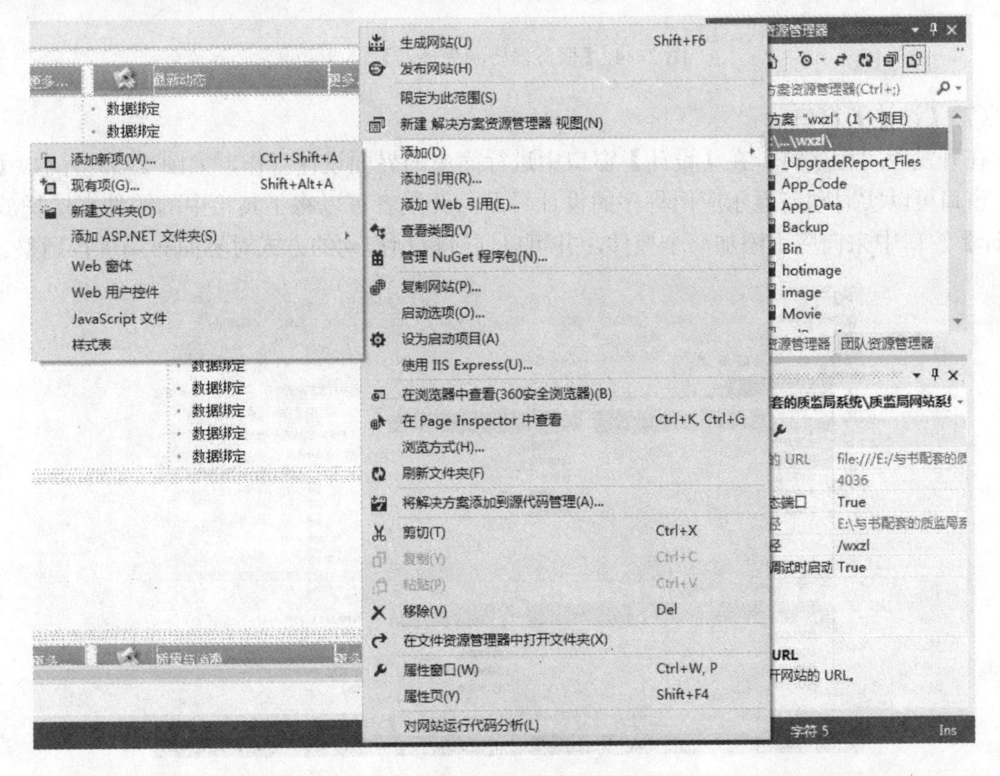

图 2-33 添加新项

（6）【服务器资源管理器】窗口

默认情况下，【服务器资源管理器】窗口并不在界面中显示，要调用此窗口，可以单击【视图】菜单中的【服务器资源管理器】命令，也可以按〈Ctrl+Alt+S〉组合键，如图 2-34 所示。在【服务器资源管理器】窗口中，可以连接相应的服务器进行一些常规的管理操作，还可以连接 SQL Server 服务器进行数据库操作，此窗口的应用避免了同时打开多个窗口进行操作的麻烦，节约了开发时间。

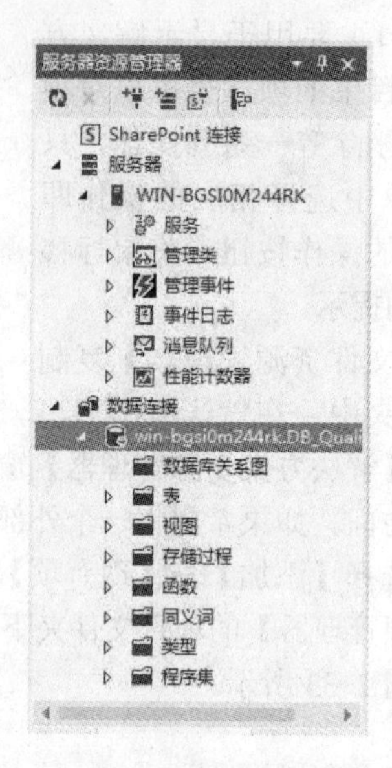

图 2-34 【服务器资源管理器】窗口

（7）【设计】窗口

在开发应用程序时，在【设计】窗口中进行简单的界面设计工作，如图 2-35 所示。【设计】窗口可以实时动态显示应用程序的设计界面，开发者可以将工具箱中的控件直接托放到【设计】窗口中来向应用添加一个控件，并可以通过鼠标拖动的方式对界面布局进行调整。

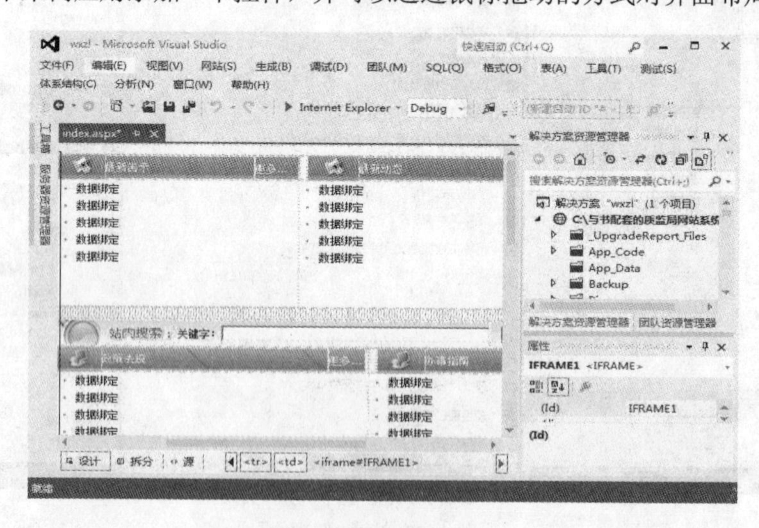

图 2-35 【设计】窗口

此外，如果想查看【设计】窗口中所对应的 HTML 元素的代码，可以打开【代码编辑器】窗口，如图 2-36 所示，在其中可以直接通过编写代码的方式对界面元素的样式、属性等进行调整。

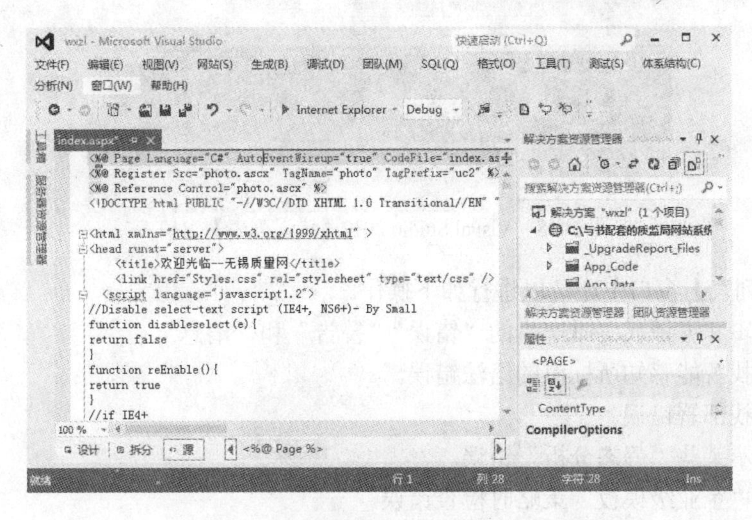

图 2-36 【HTML 代码】编辑窗口

（8）【代码编辑器】窗口

【代码编辑器】窗口是 Visual Studio 2012 中非常重要的工具之一，使用它可以完成应用程序后台功能代码的编写工作。它拥有强大的代码感知能力，并且提供了断点调试、代码错误提醒等辅助功能。在以后的应用开发学习中，大部分的代码编写工作都将在【代码编辑器】中完成，如图 2-37 所示。

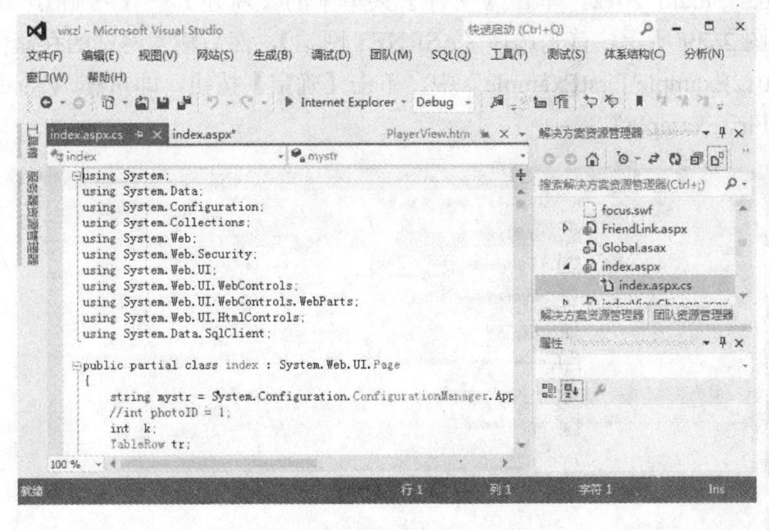

图 2-37 Visual Studio 2012 窗口

（9）【错误列表】窗口

【错误列表】窗口是 Visual Studio 2012 重要的程序调试工具，通过它可以直观地查看到程序的执行情况，还可以侦测到程序的出错原因和健康程度等。要调用【错误列表】窗口，可以单击菜单【视图】中的【错误列表】命令，也可以按〈Ctrl+E〉组合键来实现，如图 2-38 所示。

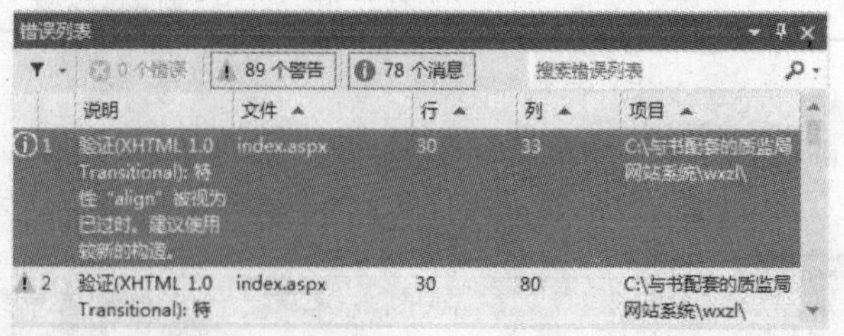

图 2-38　Visual Studio 2012【错误列表】窗口

在【错误列表】窗口中还可以进行如下操作。

- 显示编辑和编译代码时产生的“错误”“警告”和“消息”。
- 可以查找智能感知所标出的语法错误。
- 可以查找部署错误。
- 可以显示某些“静态分析”错误。
- 在应用“企业级模板”策略时检查错误。

只要双击任意错误信息项，就可以打开出现问题的文件，并将光标自动定位到出现错误的位置。

4．Visual Studio 2012 项目开发

在熟悉了 Visual Studio 2012 的工作界面及主要工具面板后，下面通过一个简单的实例来学习使用 Visual Studio 2012 开发 ASP.NET 项目的步骤。

① 创建 ASP.NET Web 应用程序。

启动 Visual Studio 2012，单击【文件】菜单中的【新建】→【网站】，弹出【新建网站】窗口，如图 2-39 所示，首先选择【ASP.NET 网站】，然后输入网站的存储位置，本例存储在“E:\VS2012Example\FirstExample”中，单击【确定】按钮，即可在 Visual Studio 2012 中新建网站“FirstExample”。

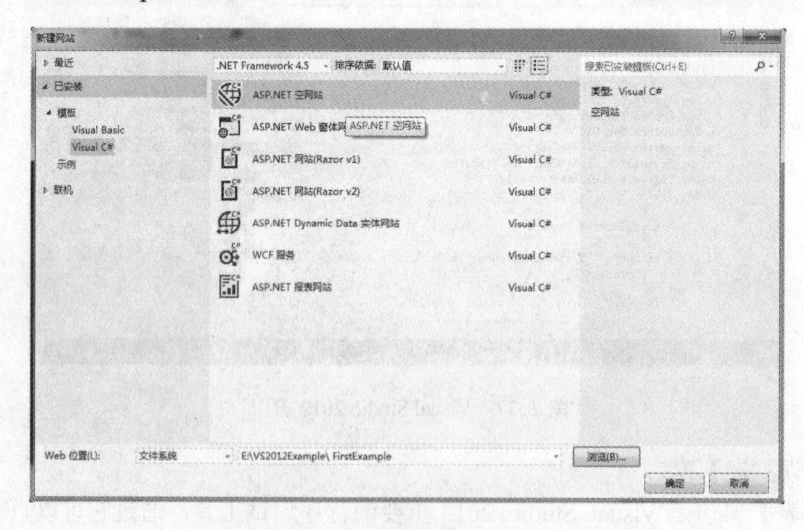

图 2-39　创建 ASP.NET 网站

打开网站“FirstExample”的【解决方案资源管理器】窗口，此时，网站“FirstExample”只默认包含配置文件“web.config”，接下来要为其添加“Default.aspx”页面。

在【解决方案资源管理器】窗口中右击项目文件“FirstExample”，在弹出的下拉列表中单击【添加】→【添加新项】，弹出【添加新项】窗口，如图 2-40 所示，选择【Visual C#】→【web 窗体】，在【名称】文本框中输入“Default.aspx”，单击【添加】按钮，即可为网站添加浏览页面。

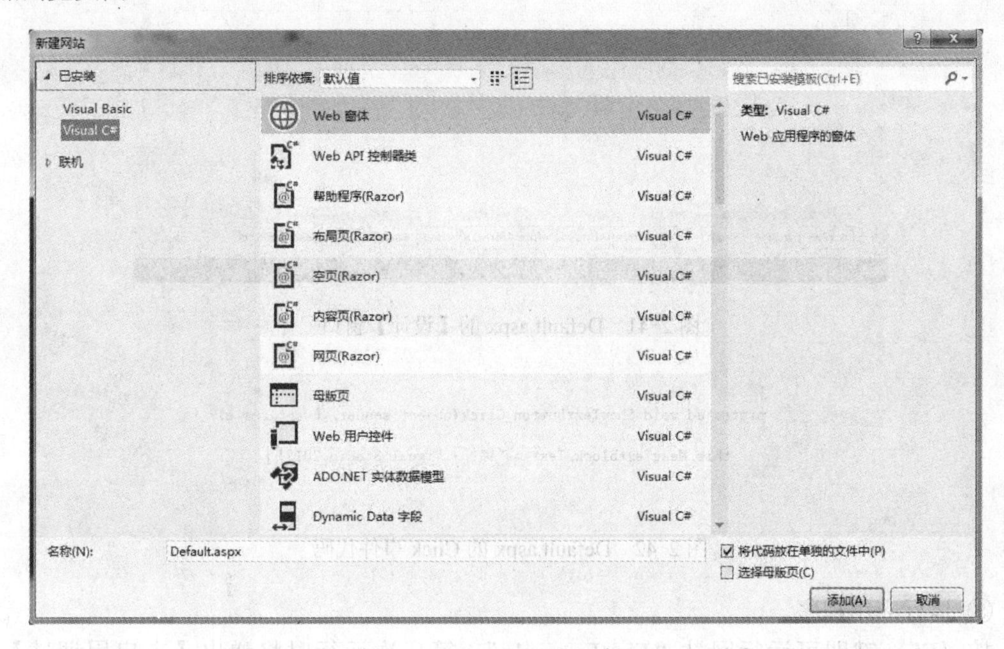

图 2-40　添加 Default.aspx

浏览页面添加完成后，按〈F5〉键，即可在 IE 浏览器中浏览该页面“Default.aspx”。

② 设计 Web 页面。

一个 Web 页面设计器包含【设计】、【拆分】和【源】三个窗口。用户可以直接利用设计器设计 Web 页面的布局、添加服务器端控件和客户端控件等，也可以从【工具箱】窗口中选择各种控件添加到“Default.aspx”页面。

例如，要在“Default.aspx”页面上添加一个 TextBox 控件和一个 Button 控件，首先从【工具箱】中拖动一个 TextBox 控件到设计器，在【属性】窗口中设置其 ID 为“MesgTextBlock”，字体大小属性为 Larger，然后从【工具箱】中再拖动一个 Button 控件到设计器，在【属性】窗口中设置其 ID 为“ShowTextButton”，字体大小为“Larger”，text 属性设置为“显示文本”，如图 2-41 所示。最后单击【属性】窗口右上角的“闪电”图标，切换到【事件】窗口，双击“Click”事件后面的文本框，为“ShowTextButton_Click”事件添加处理方法，如图 2-42 所示。

在利用设计器设计 Web 页面的同时，【源】窗口也会增加和【设计】窗口相对应的 HTML 代码。如图 2-43 所示，上例中“Default.aspx”页面的【源】窗口中也添加了一个 TextBox 控件和一个 Button 控件的 HTML 源代码。因此，开发人员不但可以通过【设计】窗口来设计 Web 页面，也可以通过直接修改【源】窗口中的 HTML 代码来设计 Web 页面。

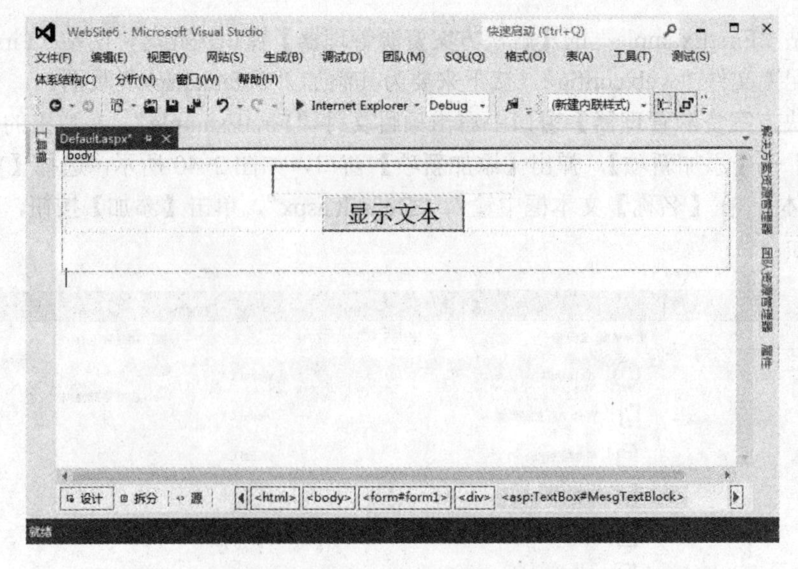

图 2-41　Default.aspx 的【设计】窗口

```
}
protected void ShowTextButton_Click(object sender, EventArgs e)
{
    this.MesgTextBlock.Text = "你好，Visual Studio 2012!";
}
```

图 2-42　Default.aspx 的 Click 事件代码

③ 运行应用程序。

按〈F5〉键即可运行网站"FirstExample"，第一次运行时将弹出【未启用调试】窗口，在该窗口中选择"Web.Config"文件，单击【确定】按钮即可添加该文件，并启用调试功能。

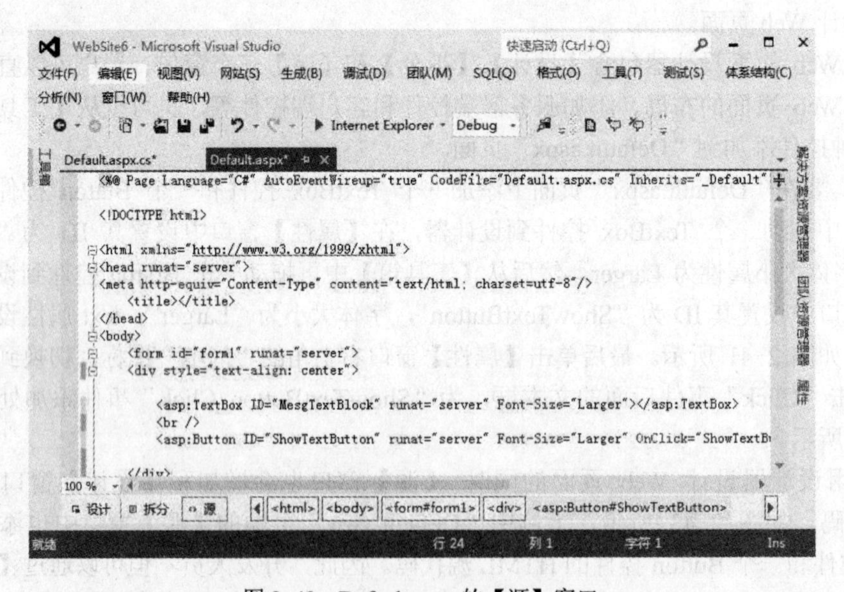

图 2-43　Default.aspx 的【源】窗口

网站运行后，Visual Studio 2012 为其创建了一个虚拟站点，在应用界面上单击 Web 页面上【显示文本】按钮，可以看到在按钮上方的文本框会显示“你好，Visual Studio 2012！”这段文字，如图 2-44 所示。

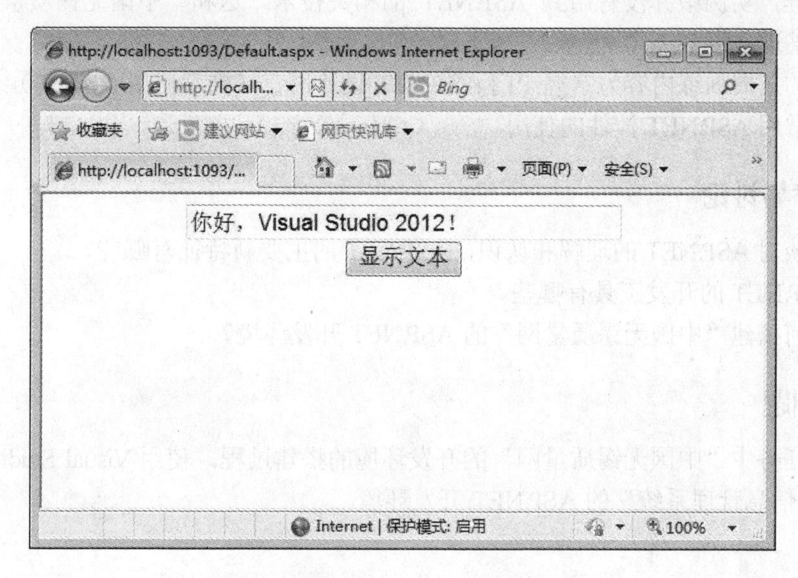

图 2-44　运行后的 Default.aspx

2.2.5　任务考核

本任务主要讲解了 Visual Studio 2012 的安装和使用，本任务考核标准如表 2-3 所示。

表 2-3　本任务考核标准

评 分 项 目	评 分 标 准	等　级	比例
Visual Studio 2012 的安装和使用	能够正确安装 Visual Studio 2012，会熟练使用其功能窗口，能够完成其开发环境配置，能够在其环境下新建一个简单的 ASP.NET 项目	优秀（85～100 分）	80%
	能够正确安装 Visual Studio 2012，熟悉其功能窗口，基本能够对其开发环境配置，能够在其环境下新建一个简单的 ASP.NET 项目	良好（70～84 分）	
	在指导老师或同学帮助下能够正确安装 Visual Studio 2012，能够按照实例步骤新建一个简单的 ASP.NET 项目	及格（60～69 分）	
任务完成时间	在规定时间内完成任务者得满分，每推延 1 小时扣 5 分	0～100 分	20%

2.2.6　任务小结

服务器端开发是“中国无锡质量网”开发的核心部分，本任务采用 ASP.NET 框架来实现。因此，搭建 ASP.NET 开发环境是“中国无锡质量网”能够顺利完成开发的基础。

本任务首先对 ASP.NET 的基本概念有一个大致的了解，然后介绍实现 ASP.NET Web 系统所需要的开发环境，最后重点学习 Visual Studio 2012 的安装步骤、其各功能窗口及其开发环境配置，并以一个简单的实例来讲解 Visual Studio 2012 环境下 ASP.NET Web 应用的开发过程。

2.2.7 拓展与提高

通过本任务的学习仅仅对 Visual Studio 2012 有一个初步的了解，熟悉 ASP.NET Web 应用的开发过程，实例中并没有用到 ASP.NET 的相关技术，这和“中国无锡质量网”的开发要求还相差甚远。

本任务的拓展训练内容为掌握一门 ASP.NET 设计语言（推荐使用 C#语言），熟悉 Visual Studio 2012 常用 ASP.NET 控件的使用。

2.2.8 思考与讨论

（1）谈谈对 ASP.NET 的理解和认识，ASP.NET 的主要新特征有哪些？

（2）ASP.NET 的开发工具有哪些？

（3）如何搭建“中国无锡质量网”的 ASP.NET 开发环境？

2.2.9 实训题

模仿本任务中“中国无锡质量网”的开发环境的搭建过程，使用 Visual Studio 2012 搭建“图书馆门户信息管理系统”的 ASP.NET 开发环境。

任务 2.3 安装 AJAX 工具包

2.3.1 任务引入

在支持 AJAX 的 Web 应用程序中，Web 浏览器能够在操作的外部与 Web 服务器通信。因此用户可以与服务器端的功能和数据交互，而无须更新整个页面，这样就会减少 Internet 的数据流量，从而提高了 Web 应用程序的访问速度。ASP.NET AJAX 提供了许多服务器控件和客户端技术，使得采用 ASP.NET 技术开发的 Web 应用程序能够很容易地实现 AJAX 功能。

为了让系统具有更友好的人机交互和更美观的浏览界面，在开发“中国无锡质量网”时，引入了 AJAX 技术。使用 AJAX 技术的前提是，必须在 Visual Studio 2012 中安装 AJAX 工具包。

2.3.2 任务目标

本任务主要目标是学习并掌握 Visual Studio 2012 下 AJAX 工具包的安装。

2.3.3 相关知识

AJAX（Asynchronous JavaScript And XML，异步 JavaScript 和 XML）于 2005 年由 Jesse James Garrett 首先提出，由于它改进了传统的 Web 应用，给浏览者一种更连续的体验，因此被广泛应用到 B/S 结构的应用中。AJAX 的最大优势在于异步交互，这种异步请求的方式非常类似于传统的桌面应用，即浏览者在浏览页面时，可同时向服务器发送请求，甚至可以不用等待前一次请求得到完全响应，便再次发送请求。通过 AJAX 技术，可以使 Web 网页具有更友好的人机交互和更美观的浏览界面。使用 AJAX 异步模式，浏览器通过 JavaScript 代码向服务器发送请求，JavaScript 代码负责解析服务器的响应数据，并把样式表加到数据上，然后在现有的网页中显示出来。浏览器无须重新加载整个页面，就可以显示新的数据从而减轻服务器和带宽的负担，提供更好的服务响应。

AJAX 技术给互联网带来一场革命——Web 2.0 时代，而且它也正是这一场革命的核心技术。现在，已很难找到一个没有使用 AJAX 技术的 Web 应用。AJAX 技术甚至催生了一种新的网络游戏平台——网页游戏，游戏玩家无须下载任何客户端，直接打开网页就可以开始游戏。

2.3.4 任务实施

微软 ASP 社区发布了能整合在 Visual Studio 2012 中的 AJAX Extender 和 AJAX Control Toolkit。前者提供了 AJAX 技术的核心功能，也就是异步提交；而后者是控件集，内含 32 个 AJAX 控件。

AJAX Extender 已经集成在 Visual Studio 2012 的工具箱中，如图 2-45 所示，不需要另外安装。

图 2-45 集成在工具箱中的 AJAX 扩展

AJAX Control Toolkit 控件则需要手动安装，其方法如下。

① 在安装之前首先需要下载 AjaxControlToolkit.dll 文件，其下载链接地址是：http://www.codefans.net/dll/a/ajaxcontroltoolkit.dll.shtml。

② 打开新建网站，具体如图 2-46 所示。

③ 在【工具箱】窗口中单击鼠标右键，在弹出的下拉列表中单击【添加选项卡】选项，在弹出的文本框中输入“AJAX Control Toolkit”，如图 2-47 所示。

④ 右击【AJAX Control Toolkit】选项卡，在弹出的下拉列表中单击【选择项】选项，弹出【选择工具箱项】窗口，如图 2-48 所示。

⑤ 单击【浏览】按钮，在弹出的【打开】窗口中选择“AjaxControlToolkit.dll”文件，单击【打开】按钮，即可为 Visual Studio 2012 工具箱中增加 AJAX Control Toolkit 控件。

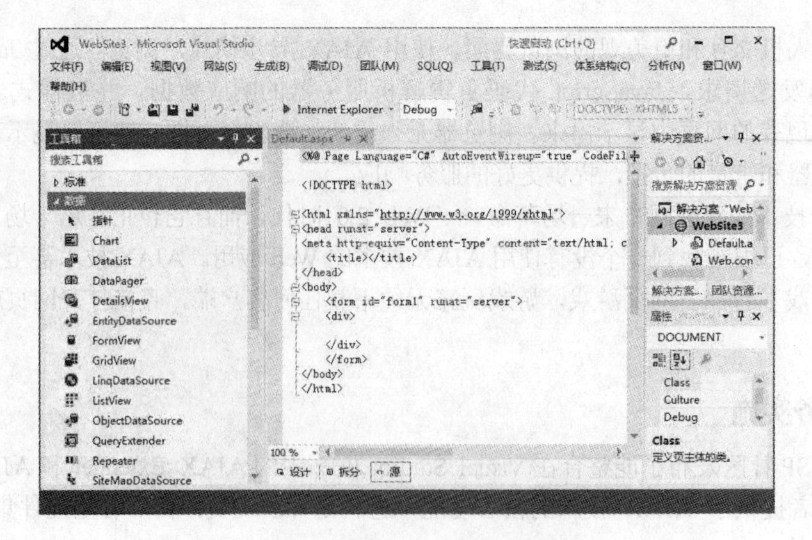

图 2-46 AJAX Control Toolkit 安装 1

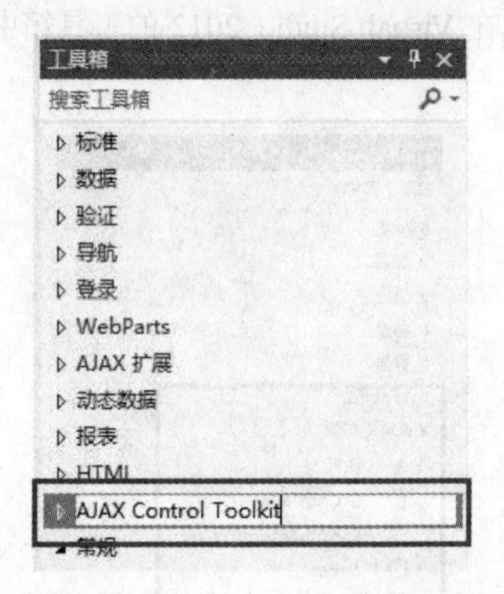

图 2-47 AJAX Control Toolkit 安装 2

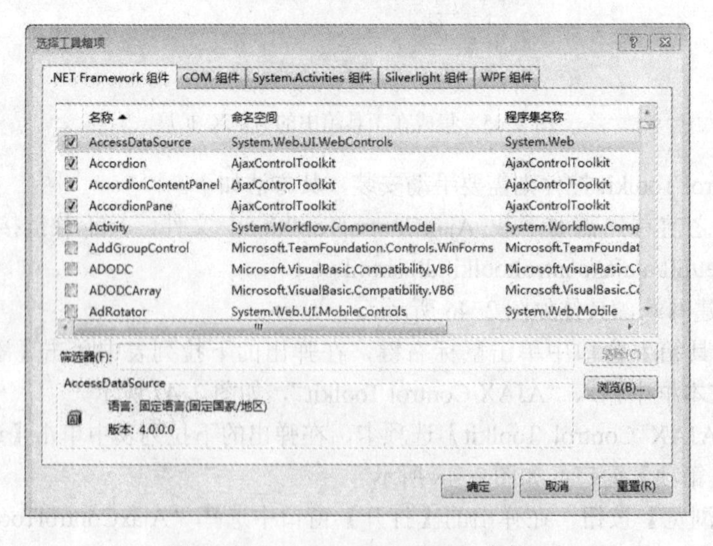

图 2-48 AJAX Control Toolkit 安装 3

⑥ Ajax Control Toolkit 安装完成，首次打开新建网站 aspx 页面时，工具箱中就会显示有 Ajax Control Toolkit 控件。如图 2-49 所示。

图 2-49　AJAX Control Toolkit 控件集

2.3.5　任务考核

本任务考核标准如表 2-4 所示。

表 2-4　本任务考核标准

评 分 项 目	评 分 标 准	等　级	比例
AJAX Control Toolkit 工具包的安装	能够正确下载 AJAX Control Toolkit 工具包，正确安装 AJAX Extender 和 AJAX Control Toolkit 工具控件	优秀（85～100 分）	80%
	能够正确下载 AJAX Control Toolkit 工具包，基本正确安装 AJAX Extender 和 AJAX Control Toolkit 工具控件	良好（70～84 分）	
	能够正确下载 AJAX Control Toolkit 工具包，在指导老师或同学帮助下可以正确安装 AJAX Extender 和 AJAX Control Toolkit 工具控件	及格（60~69 分）	
任务完成时间	在规定时间内完成任务者得满分，每推延半小时扣 5 分	0～100 分	20%

2.3.6　任务小结

使用 AJAX 技术可以让“中国无锡质量网”的使用者得到连续的体验，减轻服务器和网络带宽的压力，让网站访问者享受更好的人机交互和更美观的操作界面。

在 ASP.NET 中实现 AJAX 技术需要安装 ASP.NET AJAX 工具包，本任务重点了解了 AJAX Extender 在 Visual Studio 2012 的工具箱中的集成情况和 AJAX 工具包中 AJAX Control Toolkit 工具控件的安装步骤。

2.3.7　拓展与提高

通过本任务的学习，读者已掌握在 Visual Studio 2012 环境下如何安装 AJAX 工具包，但还不能达到开发“中国无锡质量网”所要求的 AJAX 技术水平。本任务的拓展练习内容是：

参考有关的资料熟悉 ASP.NET AJAX 控件的用法，并能通过一些实例掌握 ASP.NET 中实现 AJAX 技术的方法。

2.3.8 思考与讨论

（1）谈谈对 AJAX 的理解和认识。

（2）Visual Studio 2012 中的 AJAX Extender 和 AJAX Control Toolkit 有何区别？他们的作用分别是什么？

2.3.9 实训题

模仿本任务，完成 AJAX Control Toolkit 工具包的下载及在 Visual Studio 2012 中完成 AJAX Control Toolkit 工具包的安装。

任务 2.4 SQL Server 2008 R2 的安装与使用

2.4.1 任务引入

在“中国无锡质量网”中需要存储和组织大量的数据，如图片新闻、视频新闻、通知公告等。为了方便对这些数据进行操作，需要借助于数据库来完成这些功能，因此数据库在“中国无锡质量网”中占有非常重要的地位。

SQL Server 2008 R2 是微软公司发布的一个功能强大且可靠的数据管理软件，它功能丰富，不但能保护数据安全，并且可改善嵌入式应用程序、轻型网站和应用程序以及本地数据存储区的性能。

2.4.2 任务目标

本节主要任务目标是掌握 SQL Server 2008 R2 的安装和使用方法。

2.4.3 相关知识

1. SQL Server 2008 R2 的版本

微软 SQL Server 2008 R2 产品家族设计了四个常用的版本，根据应用程序的需要，安装要求会有所不同。不同版本的 SQL Server 能够满足不同单位和个人独特的性能、运行及价格要求。安装哪些 SQL Server 组件取决于具体需要。

（1）标准版（Standard Edition）

SQL Server 2008 R2 Standard 提供了一个全面的数据管理和商务智能平台，使部门和小型组织能够顺利运行其应用程序，可帮助以最少的 IT 资源获得高效的数据库管理。

（2）企业版（Enterprise Edition）

SQL Server 2008 R2 Enterprise 提供了一个综合的数据平台，这一平台提供了内置安全性、可用性、可伸缩性并结合了稳定的商务智能功能，可针对关键任务工作负荷实现最高的服务级别。

（3）数据中心版（Datacenter Edition）

SQL Server 2008 R2 Datacenter 建立在 SQL Server 2008 R2 Enterprise 基础之上，它提供了高性能的数据平台，这种平台可提供最高级别的可扩展性，以承载大量的应用程序工作负荷，支持虚拟化和合并，并管理组织的数据库基础结构，可帮助组织以经济高效的方式扩展其关键任务环境。

（4）Web 版（Web Edition）

对于为从小规模至大规模 Web 资产提供可扩展性和可管理性功能的 Web 宿主和网站来说，SQL Server Web 是一项总拥有成本较低的选择。

2．安装的软、硬件要求

（1）对硬件环境的要求

表 2-5 列出了在 64 位的平台上安装 SQL Server 2008 R2 常用版本所要满足的配置条件。

表 2-5 SQL Server 2008 R2 常用版本的配置情况

版本（64 位）	标 准 版	企 业 版	数据中心版	Web 版
CPU 类型	最低：AMD Opteron、AMD Athlon 64、支持 Intel EM64T 的 Intel Xeon 和支持 EM64T 的 Intel Pentium IV	最低：AMD Opteron、AMD Athlon 64、支持 Intel EM64T 的 Intel Xeon 和支持 EM64T 的 Intel Pentium IV	最低：AMD Opteron、AMD Athlon 64、支持 Intel EM64T 的 Intel Xeon 和支持 EM64T 的 Intel Pentium IV	最低：AMD Opteron、AMD Athlon 64、支持 Intel EM64T 的 Intel Xeon 和支持 EM64T 的 Intel Pentium IV
CPU 速度	最低：1.4GHz 建议：2.0GHz 或更高	最低：1.4GHz 建议：2.0GHz 或更高	最低：1.4GHz 建议：2.0GHz 或更高	最低：1.4GHz 建议：2.0GHz 或更高
内存大小	最小：1GB 推荐：4GB 或更多 最高：64GB	最小：1GB 推荐：4GB 或更多 最大：操作系统最大内存	最小：1GB 推荐：4GB 或更多 最大：操作系统最大内存	最小：1GB 推荐：4GB 或更多 最大：对于数据库引擎为 64GB，对于 Reporting Services 为 4GB

（2）对操作系统的要求

表 2-6 列出了常用版本的 SQL Server 2008 R2 可以运行的操作系统。

表 2-6 SQL Server 2008 R2 各版本可以运行的操作系统

操 作 系 统	标 准 版	企 业 版	数据中心版	Web 版
Windows XP SP2	是	否	否	否
Windows Server 2003 SP2 Datacenter	是	是	是	是
Windows Server 2003 SP2 Enterprise	是	是	是	是
Windows Server 2003 SP2 Standard	是	是	是	是
Windows Server 2008 SP2 Datacenter	是	是	是	是
Windows Server 2008 SP2 Enterprise	是	是	是	是
Windows Server 2008 SP2 Standard	是	是	是	是
Windows 7 Ultimate	是	否	否	否
Windows 7 Home Premium	是	否	否	否
Windows 7 Home Basic	是	否	否	否
Windows 7 Enterprise	是	否	否	否
Windows 7 Professional	是	否	否	否

2.4.4 任务实施

1．SQL Server 2008 R2 的安装

下面以在 Windows 7 旗舰版操作系统中安装 SQL Server 2008 R2 标准版为例介绍安装 SQL Server 2008 R2 的详细步骤。

① 将 SQL Server 2008 R2 安装光盘放入光盘驱动器中，或者用虚拟光驱加载 SQL Server 2008 R2 镜像安装文件，打开光盘文件或者镜像文件，双击 Setup 应用程序打开安装包，弹出【SQL Server 安装中心】对话框，如图 2-50 所示。

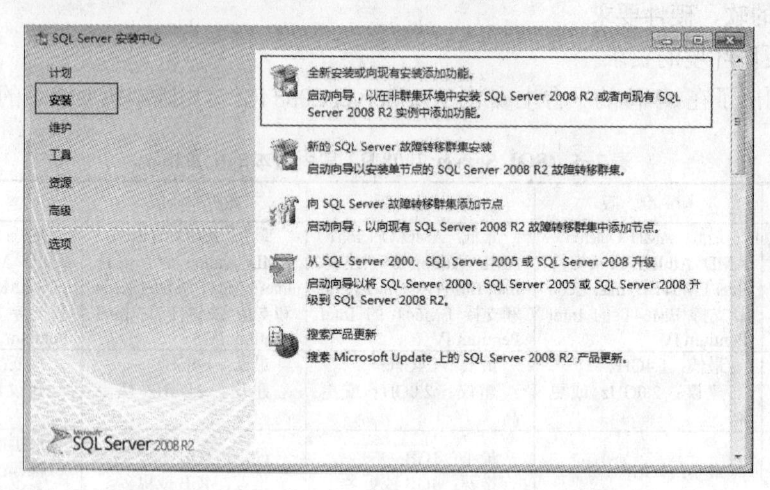

图 2-50 SQL Server 2008 R2 的安装 1

② 在对话框的左侧目录中选择【安装】选项卡，再在右侧目录中选择【全新安装或向现有安装添加功能】选项卡，然后进入安装程序，如图 2-51 所示。

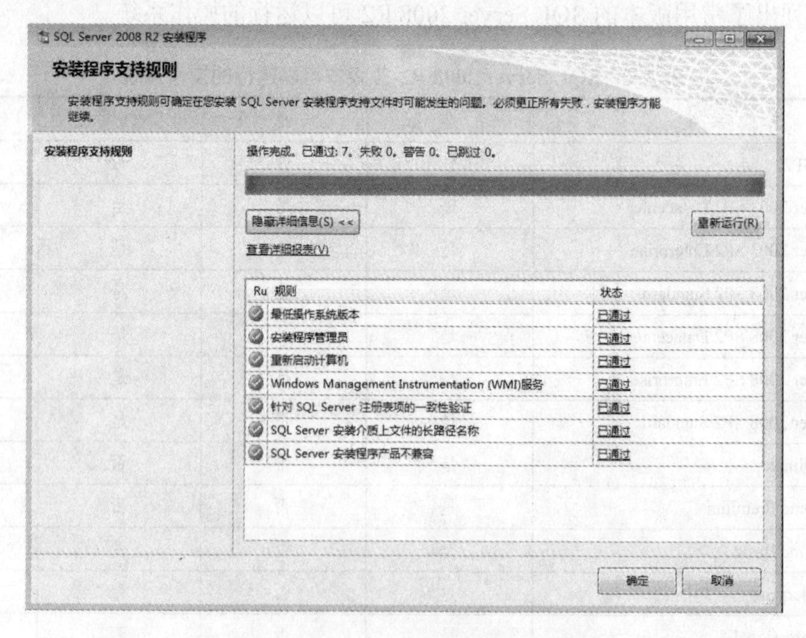

图 2-51 SQL Server 2008 R2 的安装 2

③ 在这个准备过程中，首先安装程序要扫描本机的一些信息，以确定在安装过程中不会出现异常。如果在扫描中发现了问题，则必须在修复这些问题之后才可能重新运行安装程序进行安装。扫描全部通过后即可单击【确定】按钮进行下一阶段的安装，进入【产品密钥】界面，如图 2-52 所示。

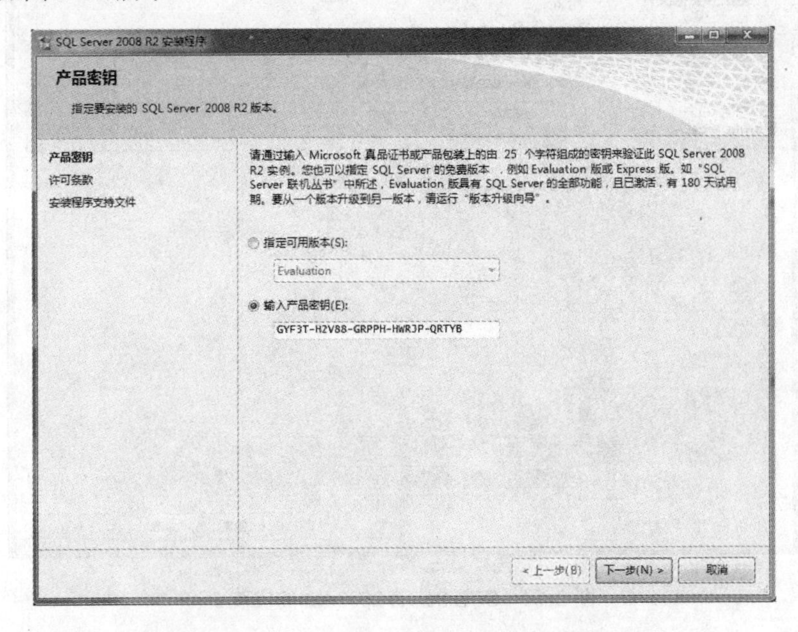

图 2-52　SQL Server 2008 R2 的安装 3

④ 选择【输入产品密钥】选项，并输入 SQL Server 2008 R2 安装光盘的产品密钥，单击【下一步】按钮进入【许可条款】界面，如图 2-53 所示。

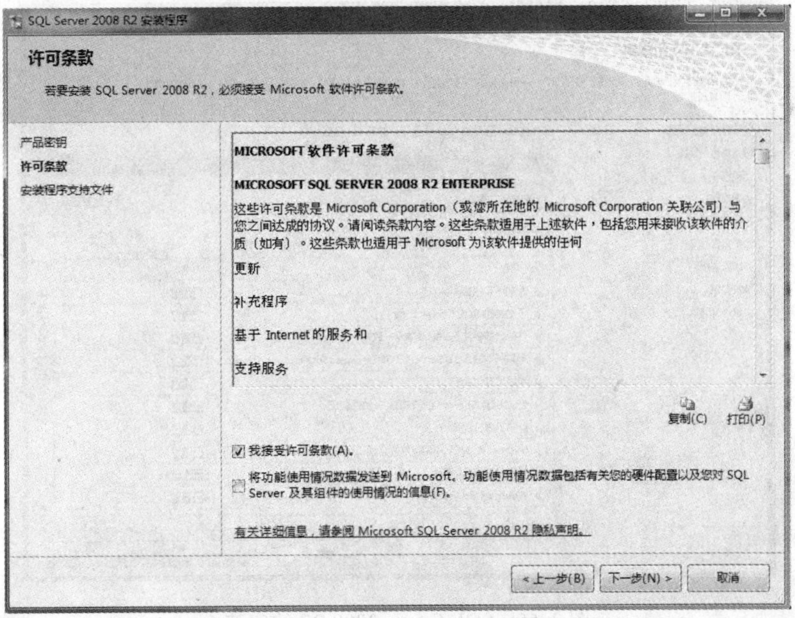

图 2-53　SQL Server 2008 R2 的安装 4

⑤ 勾选【我接受许可条款】选项，单击【下一步】按钮进入【安装程序支持文件】界面，如图 2-54 所示。（若要安装或更新 SQL Server 2008 R2，这些文件是必需的。）

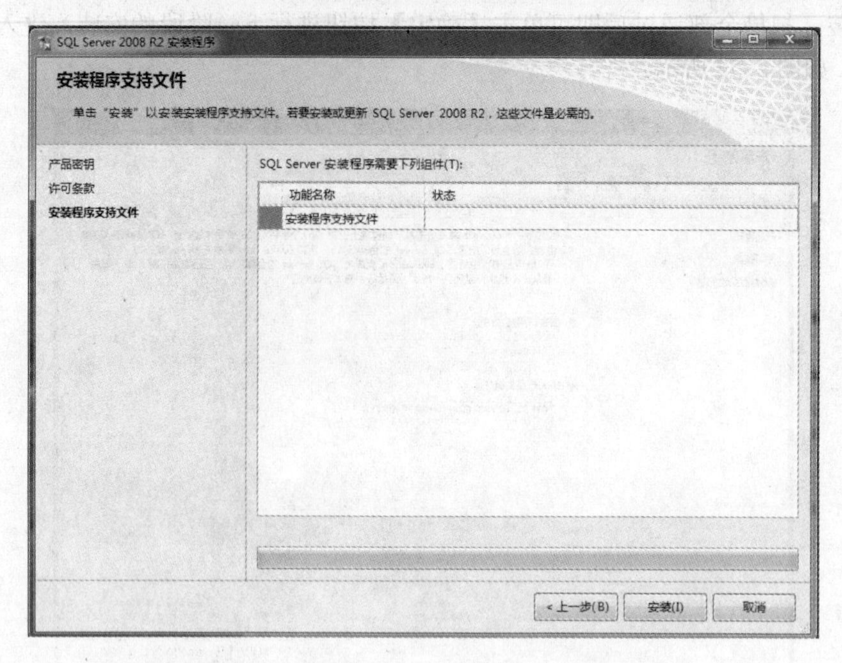

图 2-54　SQL Server 2008 R2 的安装 5

⑥ 选择【安装程序支持文件】，单击【安装】按钮进入【安装程序支持规则】界面，这里会再次扫描本机，确定安装 SQL Server 2008 R2 程序文件时可能发生的问题，如果有未通过的失败项，则必须更正所有失败项，安装程序才能继续，如图 2-55 所示。

图 2-55　SQL Server 2008 R2 的安装 6

⑦ 确认全部通过后，单击【下一步】按钮进入【设置角色】界面，如图 2-56 所示。

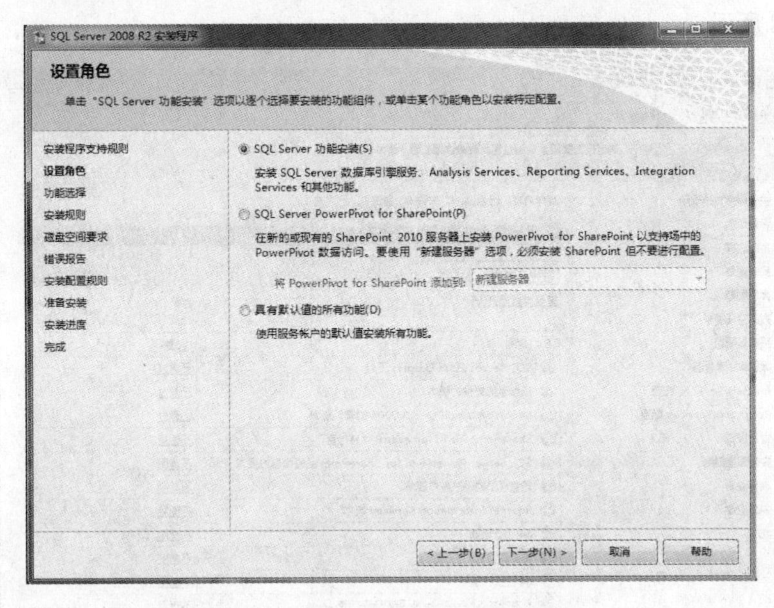

图 2-56　SQL Server 2008 R2 的安装 7

⑧ 选择【SQL Server 功能安装】选项，单击【下一步】按钮进入【功能选择】界面，如图 2-57 所示，此处单击【全选】按钮，则在左边的目录中增加了五个功能：实例配置、服务器配置、数据库引擎配置、Analysis Services 配置和 Reporting Services 配置，如图 2-57 所示。

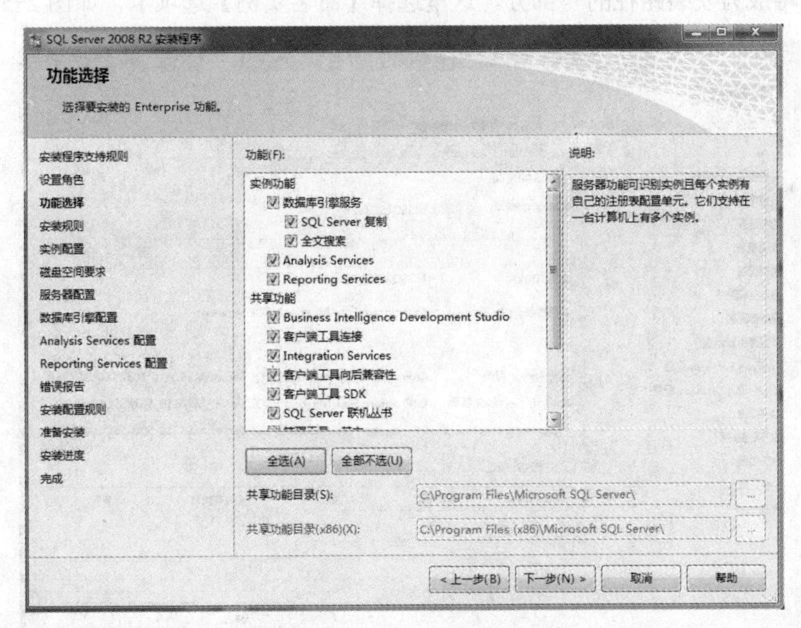

图 2-57　SQL Server 2008 R2 的安装 8

⑨ 单击【下一步】按钮进入【安装规则】界面，这里又一次扫描本机，检查安装程序

正在运行的规则以确定是否要阻止安装过程，有关详细信息可单击【显示详细信息】按钮查看，如图 2-58 所示。

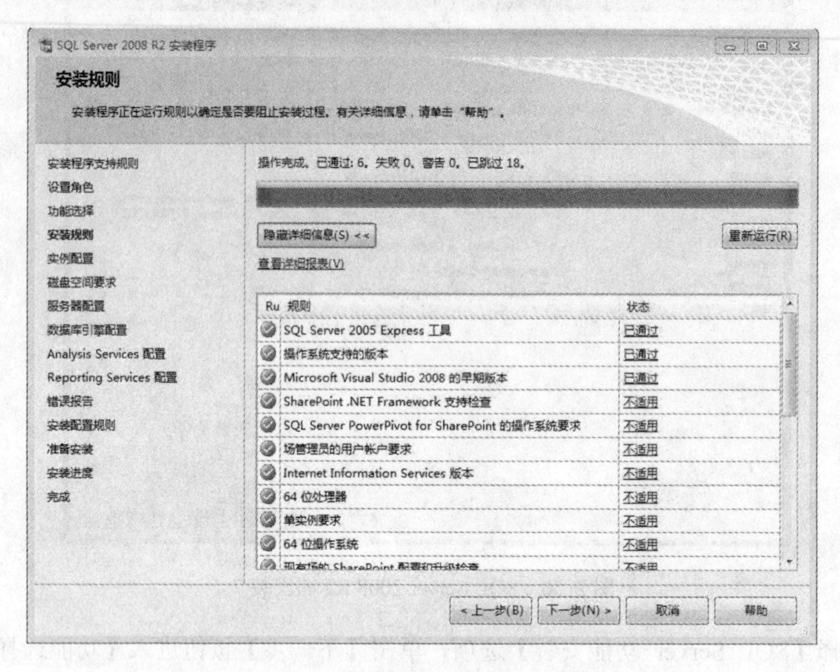

图 2-58　SQL Server 2008 R2 的安装 9

⑩ 单击【下一步】按钮进入【实例配置】界面，指定 SQL Server 实例的名称和实例 ID，实例 ID 将成为安装路径的一部分。这里选择【命名实例】选项卡，如图 2-59 所示。

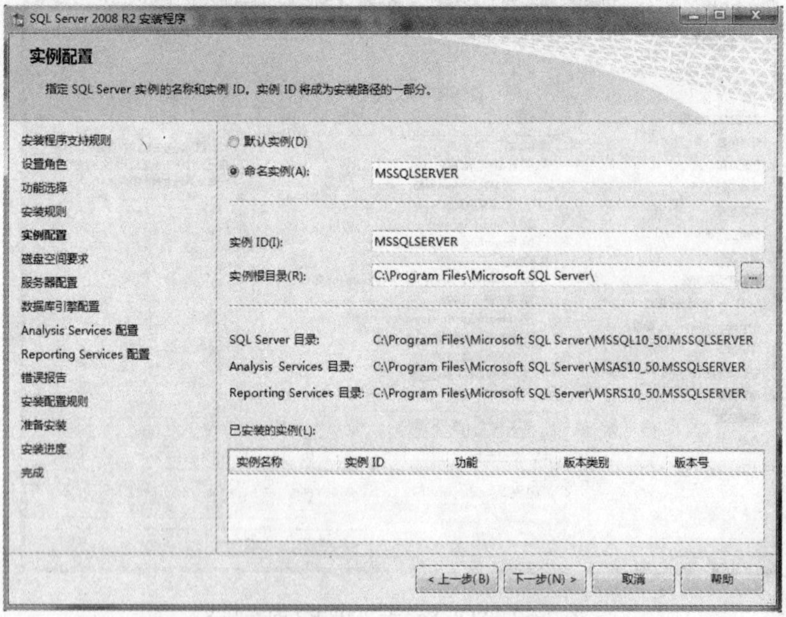

SQL Server 2008 R2 安装程序
实例配置
指定 SQL Server 实例的名称和实例 ID。实例 ID 将成为安装路径的一部分。
默认实例(D)
命名实例(A): MSSQLSERVER
实例 ID(I): MSSQLSERVER
实例根目录(R): C:\Program Files\Microsoft SQL Server\
SQL Server 目录: C:\Program Files\Microsoft SQL Server\MSSQL10_50.MSSQLSERVER
Analysis Services 目录: C:\Program Files\Microsoft SQL Server\MSAS10_50.MSSQLSERVER
Reporting Services 目录: C:\Program Files\Microsoft SQL Server\MSRS10_50.MSSQLSERVER
已安装的实例(L):
实例名称　实例 ID　功能　版本类别　版本号
< 上一步(B)　下一步(N) >　取消　帮助

图 2-59　SQL Server 2008 R2 的安装 10

⑪ 单击【下一步】按钮进入【磁盘空间要求】界面，此处可以看到安装 SQL Server 的全部功能需要 6109MB 的磁盘空间，同时可以查看所选择的 SQL Server 功能所需的磁盘摘要，如图 2-60 所示。

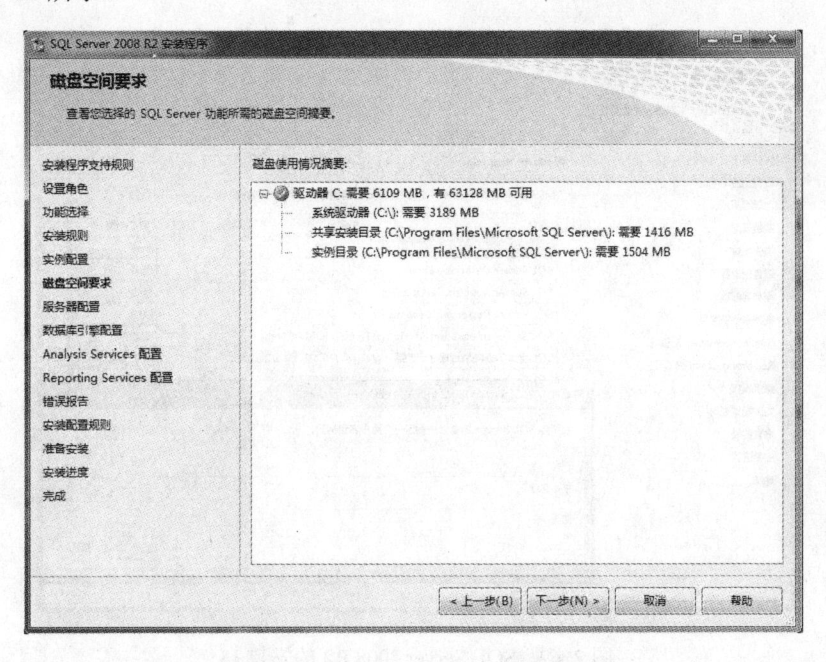

图 2-60　SQL Server 2008 R2 的安装 11

⑫ 单击【下一步】按钮进入【服务器配置】界面，在这里可以指定服务账户和排序规则配置。首先要配置服务器的服务账户，也就是让操作系统用哪个账户启动相应的服务。考虑到便于开发，我们选择【对所有 SQL Server 服务使用相同的账户】，如图 2-61 所示。

SQL Server 2008 R2 安装程序
服务器配置
指定服务账户和排序规则配置。
安装程序支持规则
设置角色
功能选择
安装规则
实例配置
磁盘空间要求
服务器配置
数据库引擎配置
Analysis Services 配置
Reporting Services 配置
错误报告
安装配置规则
准备安装
安装进度
完成
服务账户　排序规则
Microsoft 建议您对每个 SQL Server 服务使用一个单独的账户(M)。

服务	账户名	密码	启动类型
SQL Server 代理			手动
SQL Server Database Engine			自动
SQL Server Analysis Services			自动
SQL Server Reporting Services			自动
SQL Server Integration Servic...	NT AUTHORITY\Net...		自动
SQL 全文筛选器后台程序启动器	NT AUTHORITY\LOC...		手动
SQL Server Browser	NT AUTHORITY\LOC...		已禁用

对所有 SQL Server 服务使用相同的账户(U)
< 上一步(B)　下一步(N) >　取消　帮助

图 2-61　SQL Server 2008 R2 的安装 12

⑬ 单击【对所有 SQL Server 服务使用相同的账户】按钮，进入【对所有 SQL Server 服务使用相同的账户】界面，如图 2-62 所示，可以为所有 SQL Server 服务账户指定一个用户名和密码，设置结束单击【确定】按钮，如图 2-63 所示。

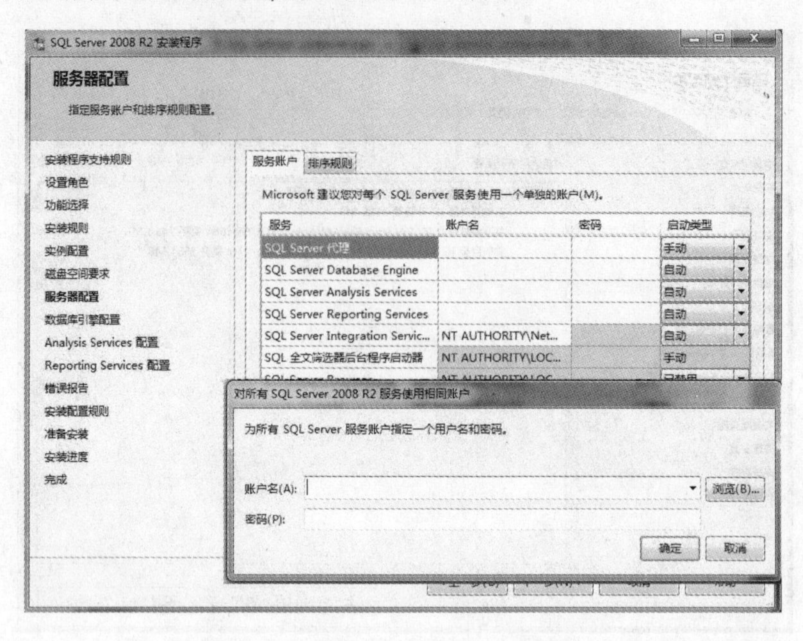

图 2-62　SQL Server 2008 R2 的安装 13

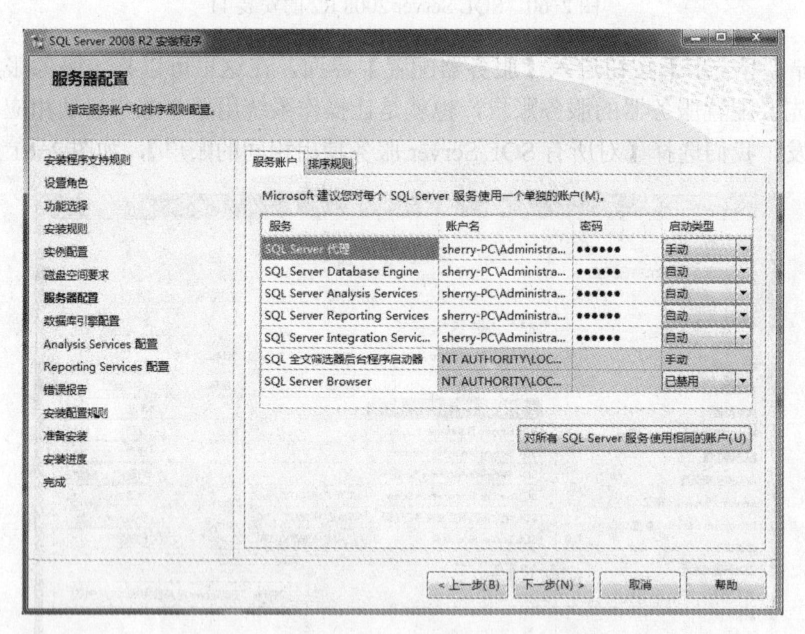

图 2-63　SQL Server 2008 R2 的安装 14

⑭ 单击【下一步】按钮进入【数据库引擎配置】界面，如图 2-64 所示，数据库引擎的设置主要有【账户设置】、【数据目录】和【IFILESTREAM】三项内容。由于一般情况下，SQL Server 2008 R2 都作为网络数据库服务器存在，为了便于管理，在【账户设置】时选择

混合模式进行身份验证，并设置自己的用户密码，然后添加一个本地账户以方便管理。【数据目录】和【FILESTREAM】这两项参数可使用默认值不作修改。但为了数据安全考虑，在设置数据目录时，可将安装软件都装在系统盘中，将 SQL Server 数据库文件放在其他盘中，这样，在附加数据时就不会混淆用户数据库和系统数据库。

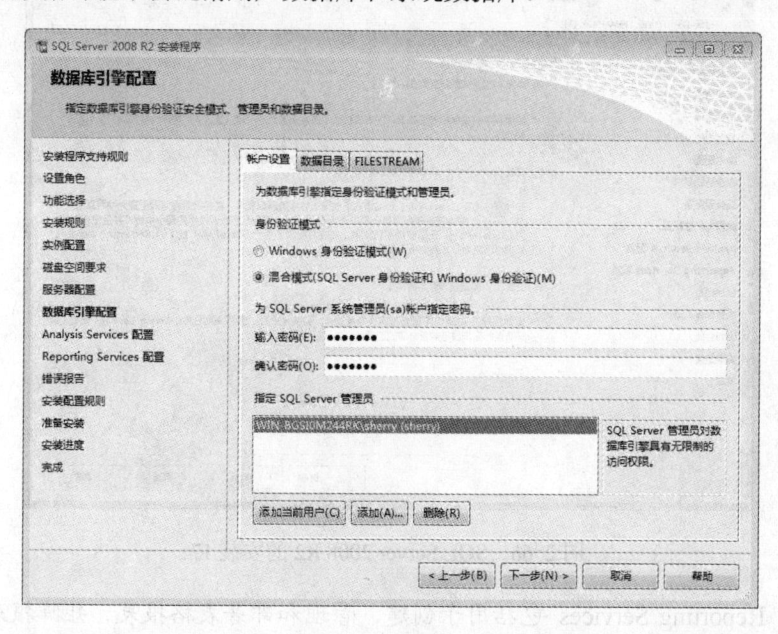

图 2-64 SQL Server 2008 R2 的安装 15

⑮ 单击【添加当前用户】按钮，【指定 SQL Server 管理员】下的文本框将显示当前用户名，单击【下一步】按钮，进入【Analysis Services 配置】页面，单击【添加当前用户】按钮，在【账户设置】下的文本框中将显示当前用户名，如图 2-65 所示。

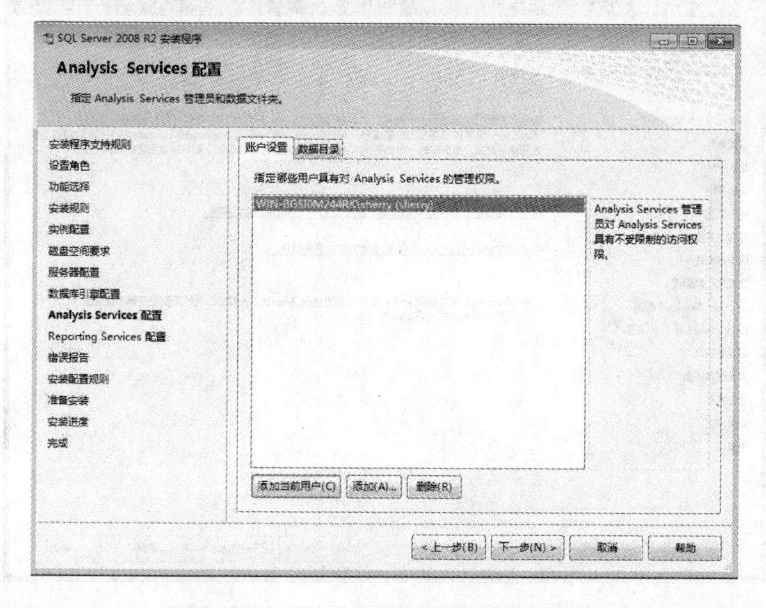

图 2-65 SQL Server 2008 R2 的安装 16

⑯ 单击【下一步】按钮进入【Reporting Services】界面，默认选择【安装本机模式默认配置】选项卡，如图 2-66 所示。

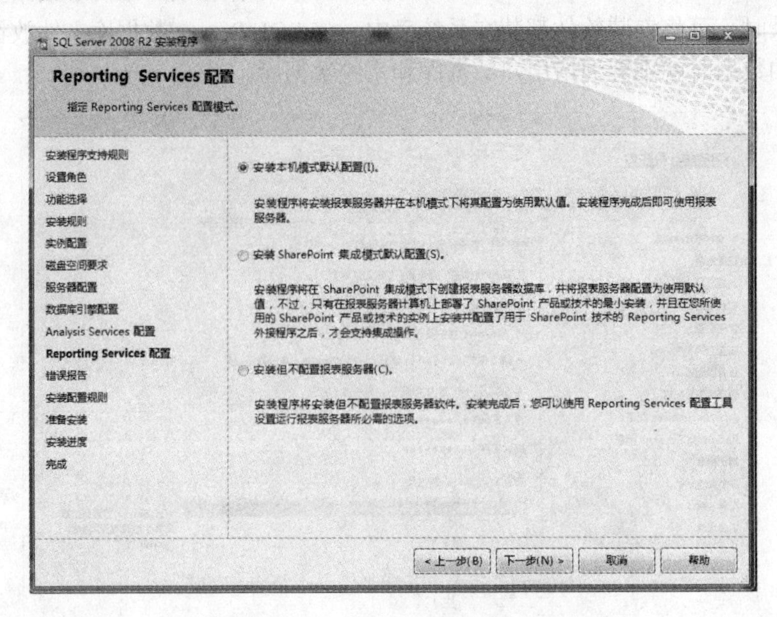

图 2-66　SQL Server 2008 R2 的安装 17

【提示】: Reporting Services 包括用于创建、管理和部署表格报表、矩阵报表、图形报表以及自由格式报表的服务器和客户端组件，同时它也是一个可用于开发报表应用程序的可扩展平台。

⑰ 单击【下一步】按钮进入【错误报告】界面，如图 2-67 所示。

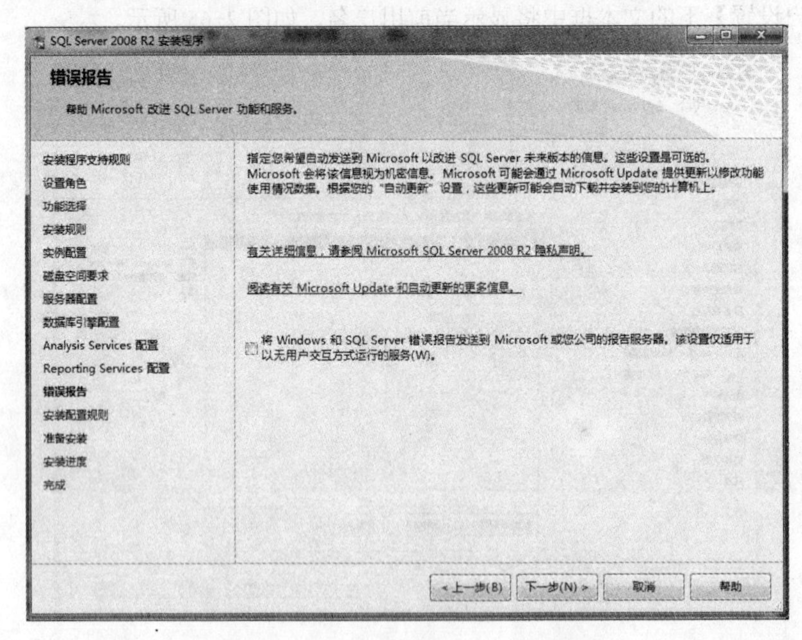

图 2-67　SQL Server 2008 R2 的安装 18

⑱ 单击【下一步】按钮进入【安装配置规则】界面，如图 2-68 所示。

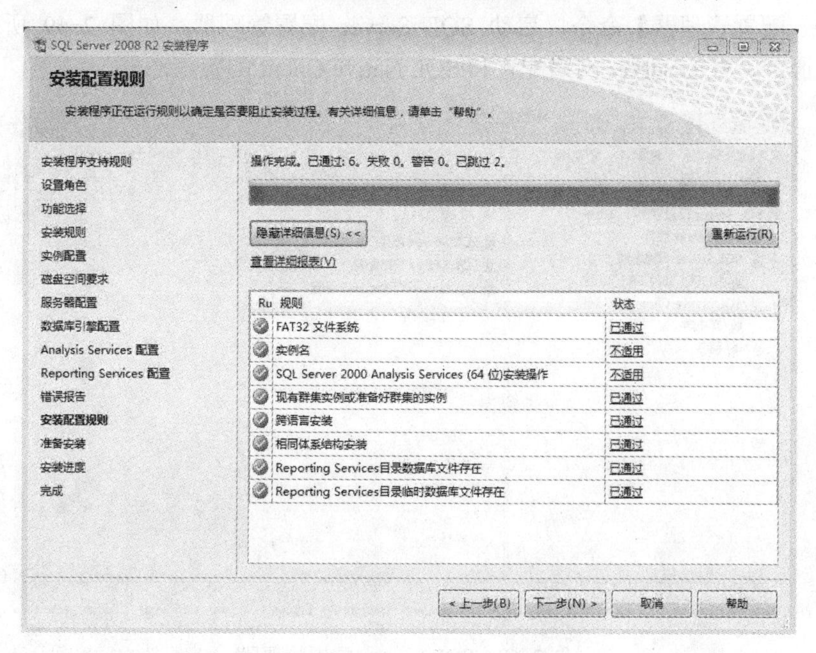

图 2-68　SQL Server 2008 R2 的安装 19

⑲ 单击【下一步】按钮进入【准备安装】界面，安装过程时间稍长，耐心等待安装完成后单击【关闭】按钮，结束 SQL Server 2008 R2 的安装。

2．SQL Server 2008 R2 的配置

SQL Server 2008 R2 安装完成后，可通过 SQL Server 2008 R2 所提供的丰富的配置工具来定制用户所需的服务组件配置，包括图形化工具和命令提示符实用工具，这些工具不仅可以在初始安装后进行配置，在使用过程中也可以改变配置。表 2-7 列举出为管理 SQL Server 实例提供的主要工具支持。

表 2-7　SQL Server 实例提供的主要工具支持

工具或实用工具	说　明
SQL Server Management Studio	用于编辑和执行查询，并用于启动标准向导任务
SQL Server Profiler	提供了用于监视 SQL Server 数据库引擎实例或 Analysis Services 实例的图形用户界面
数据库引擎优化顾问	可协助创建索引、索引视图和分区的最佳组合
命令提示实用工具	通过命令提示符管理 SQL Server 对象
SQL Server 配置管理器	管理服务器和客户端网络配置设置
导入和导出数据	Integration Services 提供了一套用于移动、复制及转换数据的图形化工具和可编程对象
SQL Server 安装程序	安装、升级或更改 SQL Server 实例中的组件

下面将具体介绍 SQL Server 配置管理器。SQL Server 配置管理器用于管理与 SQL Server 相关联的服务、配置 SQL Server 使用的网络协议以及从 SQL Server 客户端计算机管理网络连接配置。

SQL Server 配置管理器是一种可以通过【开始】菜单访问的 Microsoft 管理控制台管理

单元。选择【开始】→【所有程序】→【Microsoft SQL Server 2008 R2】→【配置工具】→【SQL Server 配置管理器】命令，启动 SQL Server 配置管理器，如图 2-69 所示，它包含 SQL Server 服务、SQL Server 网络配置和 SQL Native Client 配置三部分。

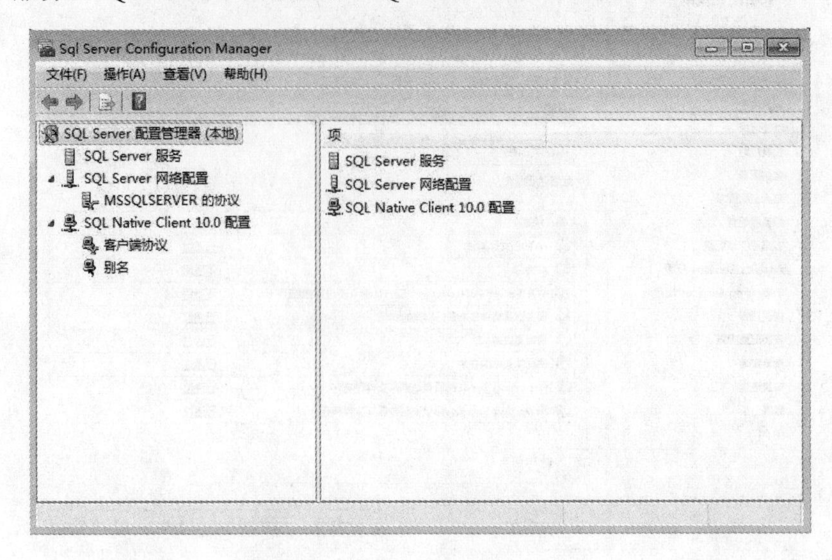

图 2-69　SQL Server 配置管理器

（1）SQL Server 服务

通过 SQL Server 服务可以查看各项服务的状态、起停模式，例如，要查看 SQL Server Analysis Services（MSSQLSERVER）的服务状态，可以双击该服务，打开如图 2-70 所示的界面即可。SQL Server 服务也可以对服务的属性进行修改，例如双击某项服务，在属性中即可修改登录身份、启动模式等。（这些功能也可以在 SQL Server 外围应用配置器中实现。）

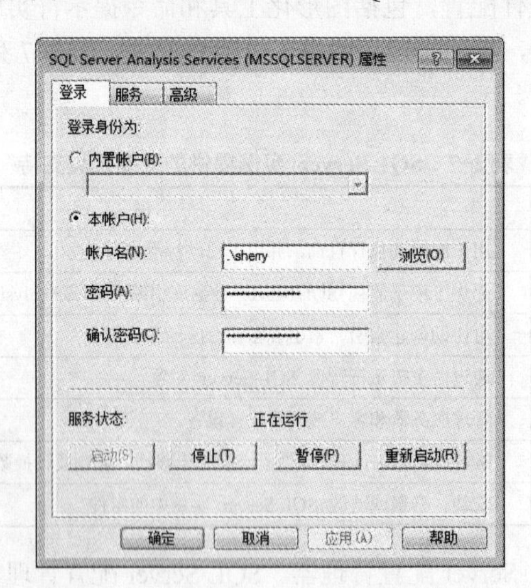

图 2-70 【SQL Server Analysis Services（MSSQLSERVER）属性】窗口

（2）SQL Server 网络配置

服务器网络配置包括启动协议、修改协议使用的端口或管道、配置加密、配置 SQL

Server Browser 服务、在网络上显示或隐藏 Microsoft 数据库引擎以及注册服务器主体名称，一般情况下，无须更改服务器网络配置。

如图 2-71 所示，单击【SQL Server 网络配置】展开节点，双击【MSSQLSERVER 的协议】，如图 2-71 所示，在右侧列表中双击【TCP/IP】，弹出【TCP/IP 属性】窗口，如图 2-72 所示，在【协议】与【IP 地址】选项卡中可以修改协议属性，达到 SQL Server 侦听特定的网络协议、端口或管道的目的。

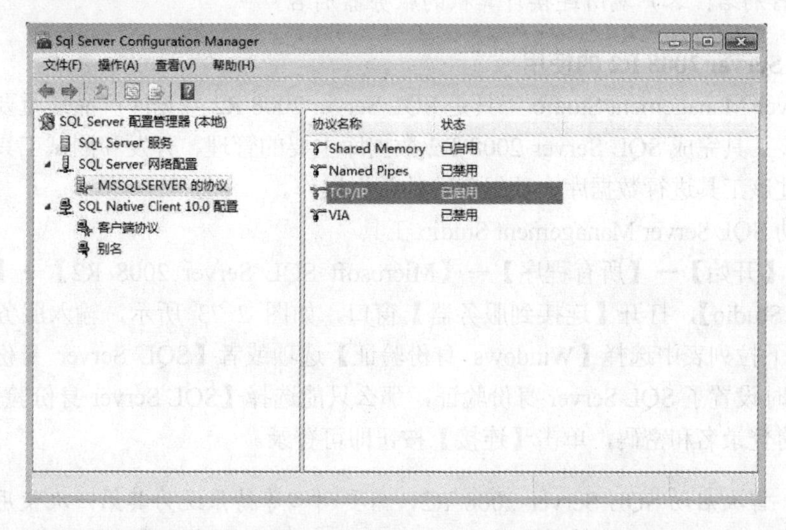

图 2-71 【SQL Server Configuration Manager】窗口

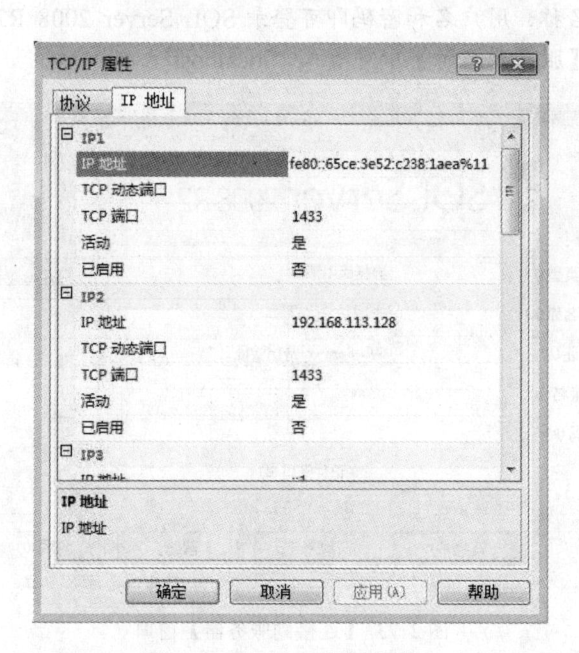

图 2-72 【TCP/IP 属性】窗口

（3）SQL Native Client 配置

SQL Native Client 配置会在计算机客户端程序上运行，这些设置只影响那些运行在服务器上的客户端程序。

【提示】：使用 SQL Server 配置管理器可以创建或删除别名、更改使用协议的顺序或查看服务器别名的以下属性。

- 协议：用于配置条目的网络协议。
- 连接参数：用于网络协议配置的连接地址关联的参数。
- 服务器别名：客户端所连接计算机的服务器别名。

3．SQL Server 2008 R2 的使用

SQL Server Management Studio 工具是 SQL Server 2008 R2 数据库产品最重要的组件，用户可以通过该工具完成 SQL Server 2008 R2 数据库主要的管理、开发和测试工具。本节主要介绍如何通过该工具进行数据库、数据表等的常用操作。

（1）启动 SQL Server Management Studio 工具

① 单击【开始】→【所有程序】→【Microsoft SQL Server 2008 R2】→【SQL Server Management Studio】，打开【连接到服务器】窗口，如图 2-73 所示，输入服务器名称，在【身份验证】下拉列表中选择【Windows 身份验证】选项或者【SQL Server 身份验证】选项（如果在安装时设置了 SQL Server 身份验证，那么只能选择【SQL Server 身份验证】选项），并输入相应的登录名和密码，单击【连接】按钮即可登录。

【提示】：首次启动 SQL Server 2008 R2，需要耐心等待系统为其第一次使用配置环境，配置结束后即弹出【连接到服务器】窗口，如图 2-73 所示，【身份验证】选择 SQL Server 身份验证，输入服务器名称、用户名和密码即可登录 SQL Server 2008 R2。如果计算机系统只有一个数据库，则在【服务器名称】中可输入“localhost”。

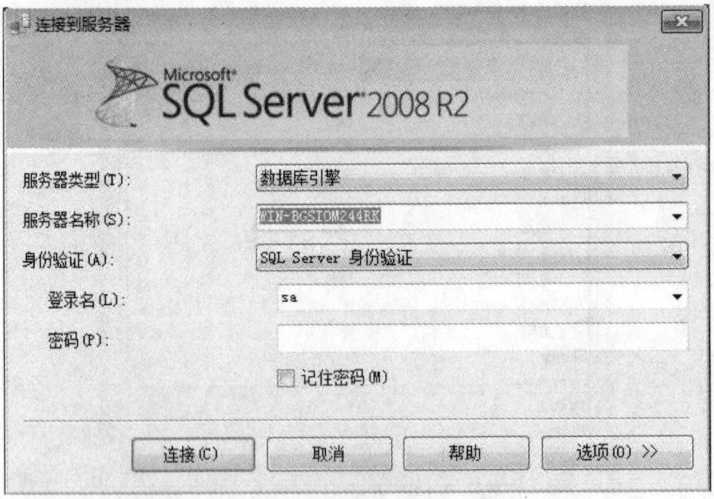

图 2-73 【连接到服务器】窗口

② 单击【连接】按钮，打开【Microsoft SQL Server Management Studio】窗口，如图 2-74 所示。该窗口为一个标准的 Visual Studio 界面，默认情况下，左侧窗口为【对象资源管理器】，以树状结构显示数据库服务器及其中的数据对象。【对象资源管理器】的

功能根据服务器的类型稍有不同，但一般都包括对数据库的开发功能和对所有服务器类型的管理功能。

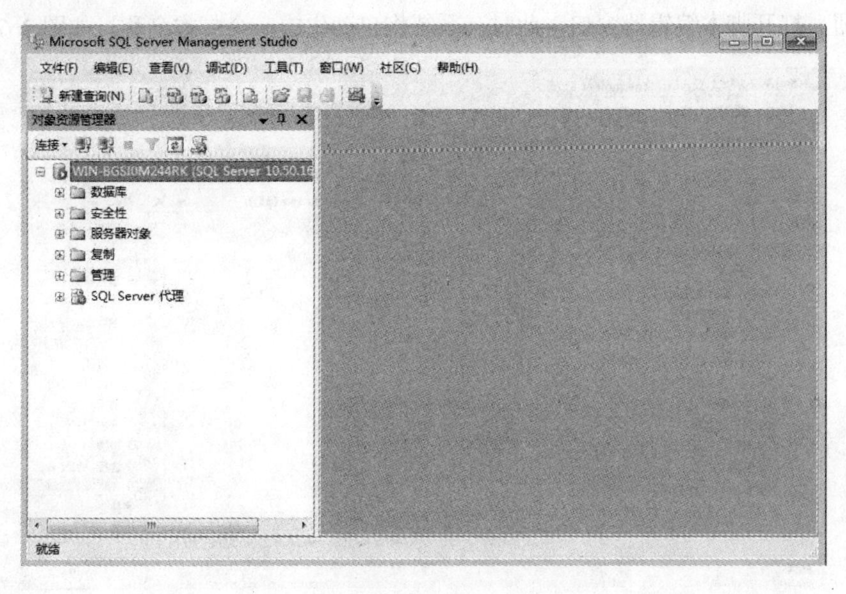

图 2-74 【Microsoft SQL Server Management Studio】窗口

在【对象资源管理器】中单击【数据库】前面的加号，即可看到当前数据库服务器中包含的所有数据库，如图 2-75 所示。

【提示】：在图 2-75 中，单击【系统数据库】后，【对象资源管理器】中除了能看到系统自带数据库 master、model、msdb 和 tempdb 四个数据库外，还能看到“中国无锡质量网”的数据库 DB_Quality。

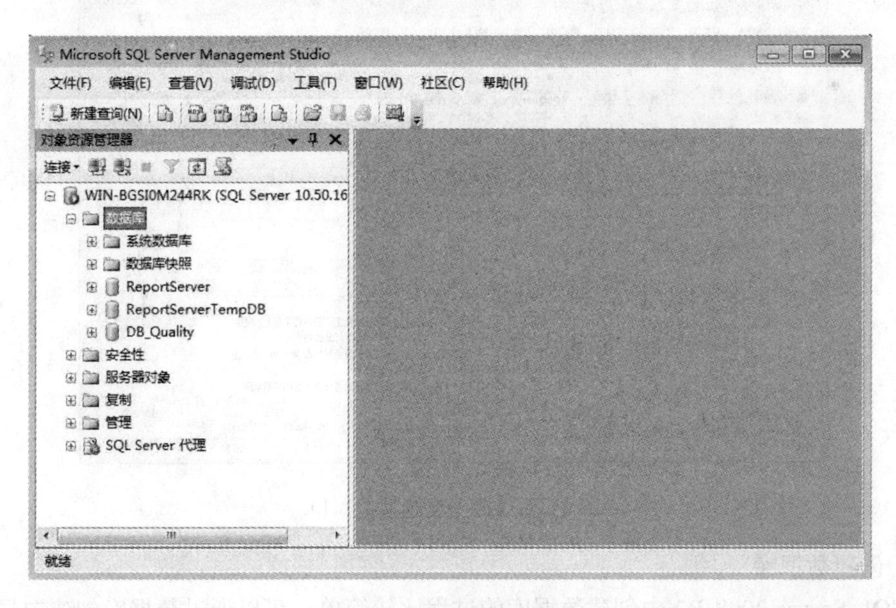

图 2-75 查看数据库信息

③ 在【Microsoft SQL Server Management Studio】窗口中还可以管理和执行 Transaction-SQL 脚本，这实际上集成了 SQL Server 2000 中的查询分析器的功能。单击工具栏中的【新建查询】按钮，打开脚本编辑器窗口，此时，系统将自动生成一个脚本名称，如图 2-76 所示。

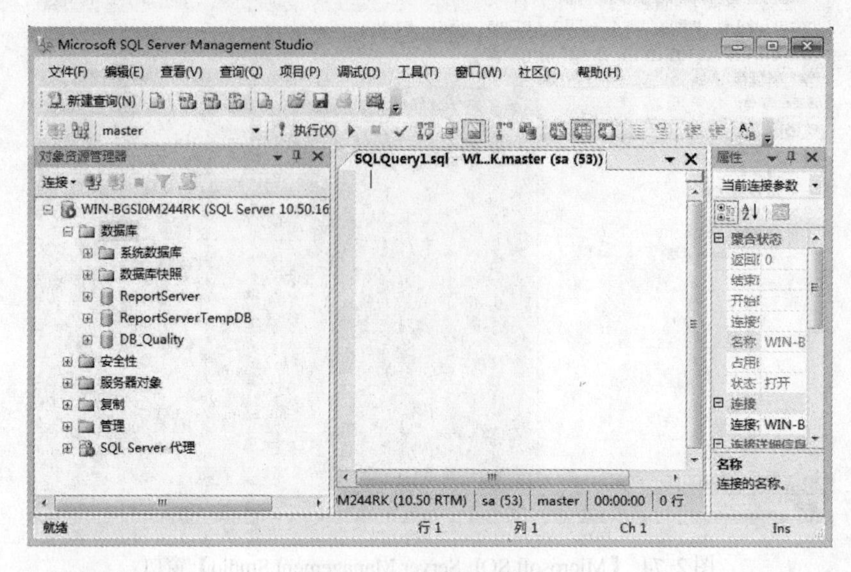

图 2-76 【新建查询】窗口

【提示】：SELECT 语句是最常用的 SQL 语句，“web_news” 是 DB_Quality 数据库的一个表。“SELECT * FROM web_news” 语句执行的操作是从 “web_news” 表中查询数据。在【脚本编辑器】窗口中输入 SQL 语句 “SELECT * FROM web_news”，单击工具栏中的【执行】按钮，在右侧窗口下半部分即可显示出执行结果，如图 2-77 所示。

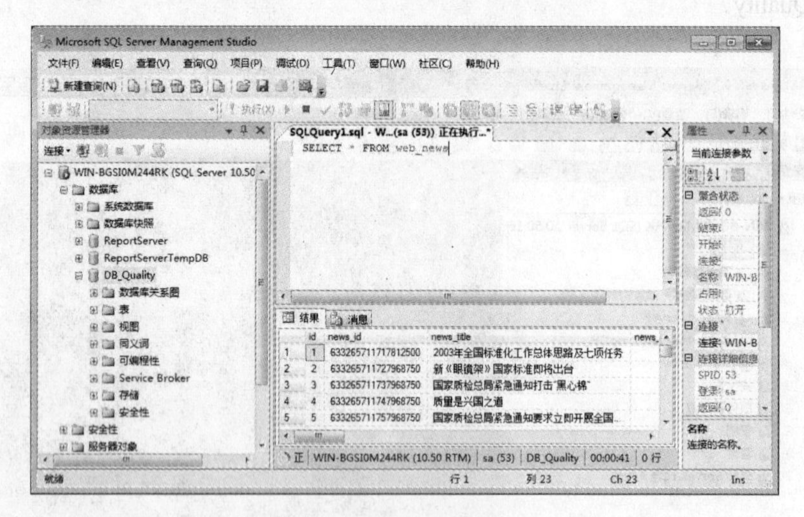

图 2-77 【脚本编辑器】窗口

（2）创建数据库

在 SQL Server 2008 R2 中创建数据库的过程比较简单，可以通过数据库创建向导来实现数据库的创建过程。

打开【Microsoft SQL Server Management Studio】窗口，右击【对象资源管理器】中的【数据库】，在弹出的快捷菜单中选择【新建数据库】命令，弹出【新建数据库】窗口。在【数据库名称】文本框中输入数据库名，在【数据库文件】列表框中设置数据库的初始大小、自动增长量及文件保存路径等信息。这里输入数据库名称为“DB_Quality”设置数据文件的初始大小为 3MB，自动增长量为 1MB，不限制文件增长，数据库文件保存路径为“E:\Data”，如图 2-78 所示。

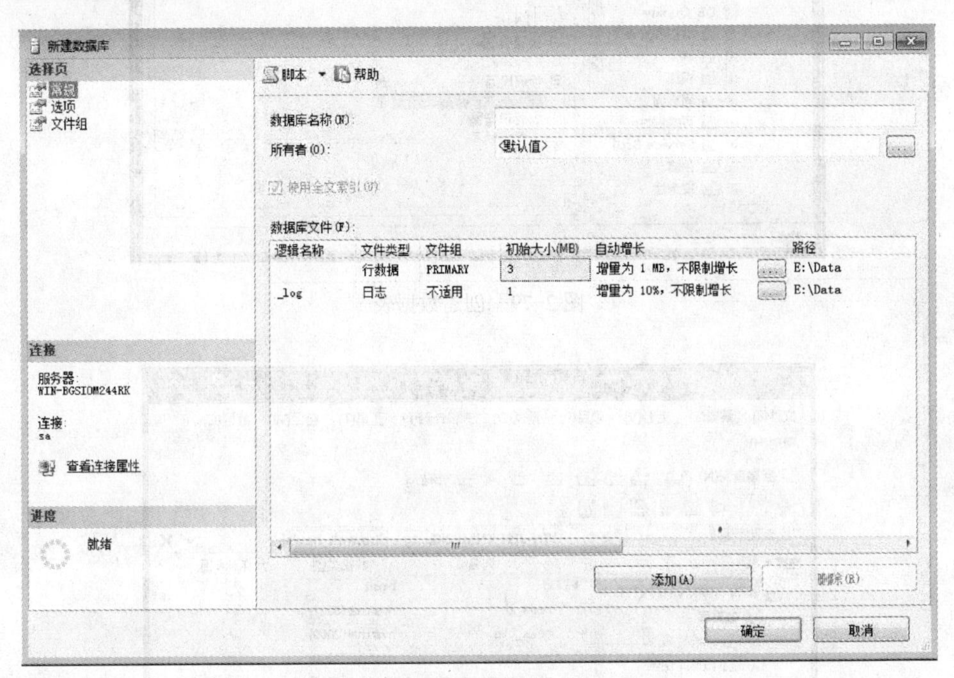

图 2-78　新建“DB_Quality”数据库

设置完成后，单击【确定】按钮，完成数据库的创建。此时在【对象资源管理器】中即可看到新建的数据库。

（3）创建数据表

在完成数据库的创建后，就可以在数据库中创建数据表，下面介绍使用 SQL Server Management Studio 在 SQL Server 2008 R2 中创建数据表的方法。

① 在 SQL Server Management Studio 的【对象资源管理器】中找到新建的“DB_Quality”数据库，单击前面的加号展开【DB_Quality】节点，右击【表】节点，在弹出的快捷菜单中选择【新建表】命令，打开数据表创建窗口，在【列名】中输入数据列名称，例如输入“id”，在【数据类型】中选择该数据列的数据类型，在此输入“int”，可以设置该字段为标识种子，在【列属性】中选择【标识规范】为“是”，如图 2-79 所示。

② 单击工具栏中的图标，可以设置该列为主键，继续添加其他数据列，并勾选其他数据列的【允许 Null 值】复选框，如图 2-80 所示。

③ 单击按钮，弹出【输入表名】窗口，在此输入数据表名称“web_news”，单击【确定】按钮即可完成数据表的创建。

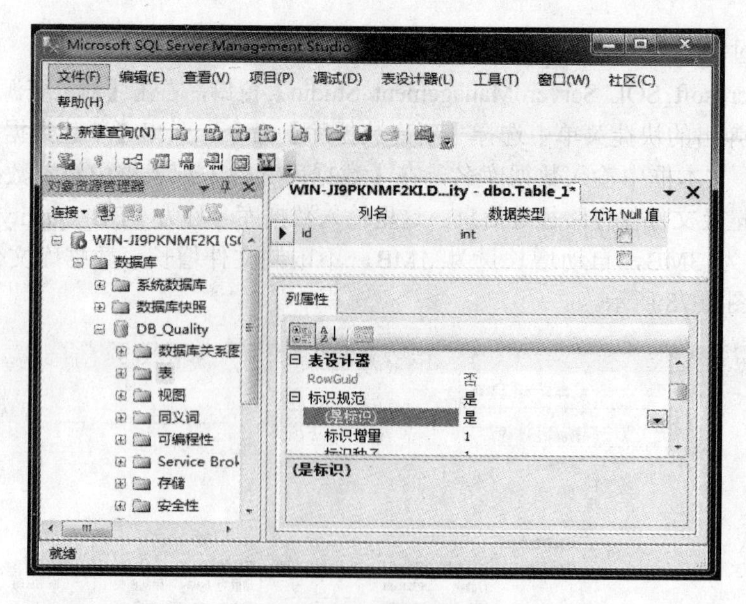

图 2-79　创建数据表

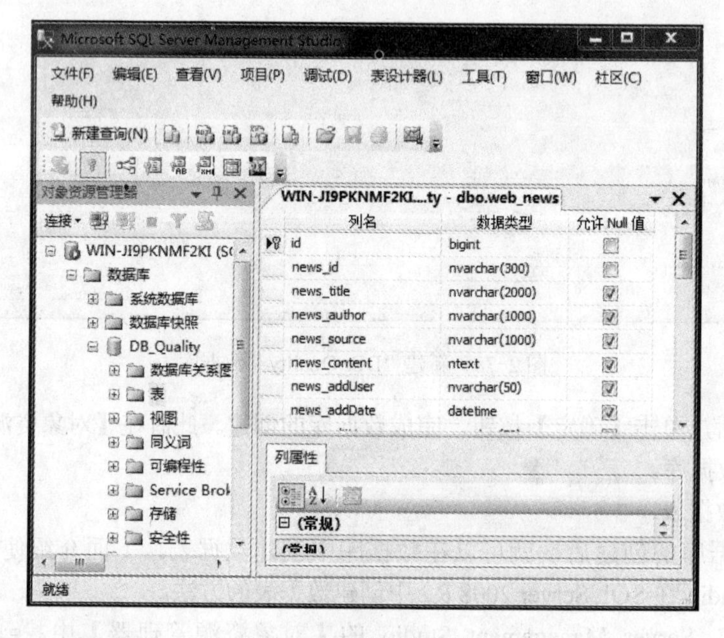

图 2-80　添加数据列

（4）管理索引和键

完成数据表的创建后，接下来应设置数据表的索引和键。

① 在数据表编辑窗口中单击图标，打开【索引/键】窗口，如图 2-81 所示。

② 单击【(常规)】节点下【列】选项的按钮，打开【索引列】窗口，在此可设置索引的列和排列顺序。此时默认的索引列为“id”，排列顺序为“升序”。在此窗口中还可以添加其他的索引列，例如设置“name”为第二个索引列，排列顺序也设置为“升序”，如图 2-82 所示。

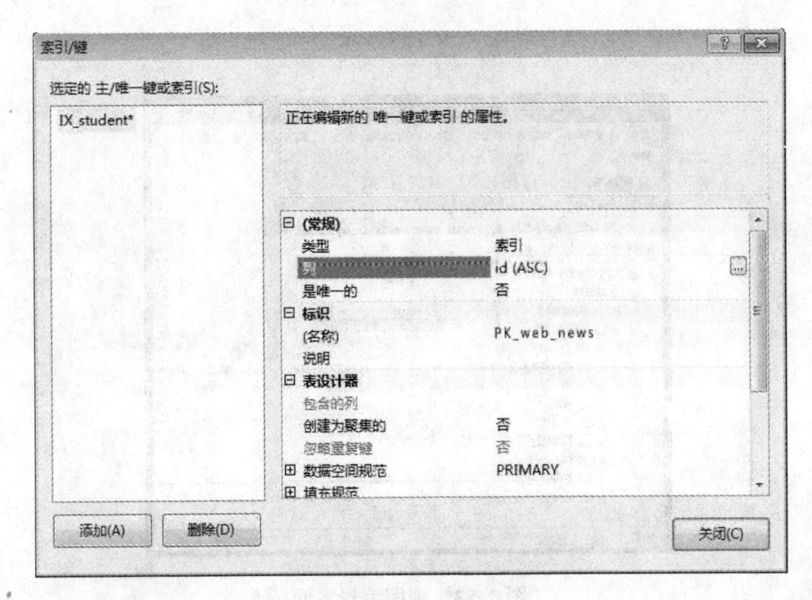

图 2-81 【索引/键】窗口

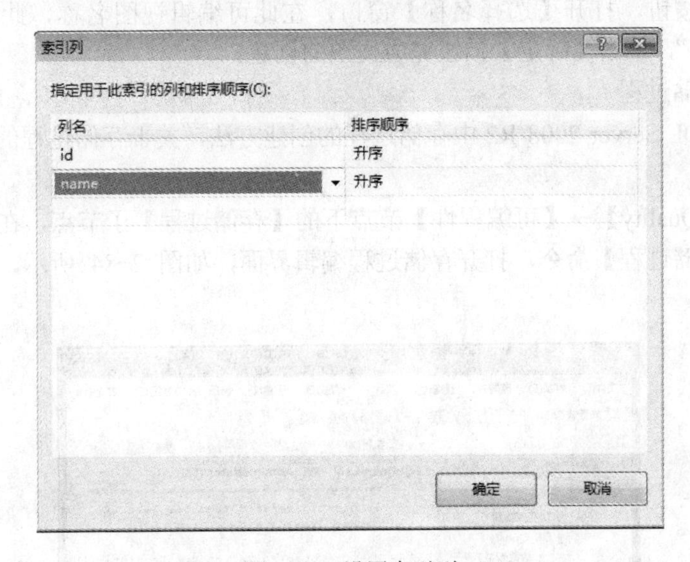

图 2-82 设置索引列

③ 单击【确定】按钮，完成索引的设置，此时列中将会显示“id”和“name”字段，数据表的“name”字段也被设置为主键值。

（5）创建视图

完成索引列设置后，就可以创建视图了。

① 右击【DB_Quality】节点的子节点【视图】，在弹出的快捷菜单中选择【新建视图】命令，打开【添加表】窗口。选择要创建视图所需要的数据表，单击【添加】按钮，再单击【关闭】按钮，打开视图编辑界面，如图 2-83 所示。

如果建立的视图要检索该数据表的所有列，可在数据表中选中【所有列】复选框，如果选择部分列，选中要选择列前面的复选框即可，此处选择“id”“news_id”和“news_title”

数据列。

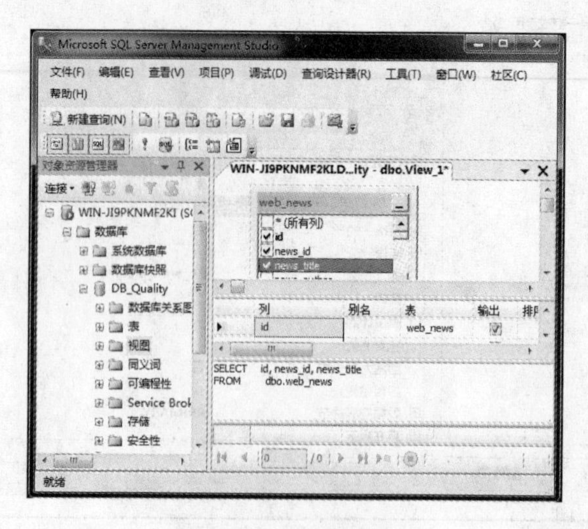

图 2-83 视图编辑界面

② 单击![save]按钮，打开【选择名称】窗口，在此可编辑视图名称，此处将视图保存为“View_web_news”，单击【确定】按钮完成视图的创建。

（6）创建存储过程

下面介绍 SQL Server 2008 R2 中存储过程的创建方法，关于存储过程的具体编程方法可以参考相关资料。

右击【DB_Quality】→【可编程性】节点下的【存储过程】子节点，在弹出的快捷菜单中选择【新建存储过程】命令，打开存储过程编辑界面，如图 2-84 所示，在此界面中可编辑存储过程。

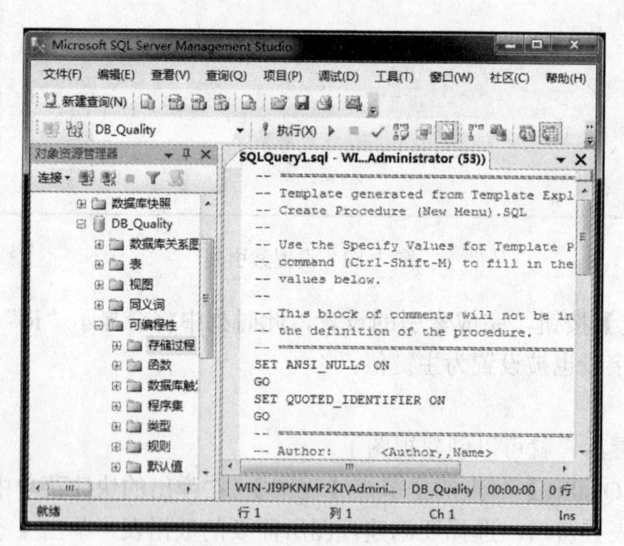

图 2-84 存储过程编辑界面

（7）安全性管理

数据安全性的管理为数据库用户管理，在介绍数据库用户前首先介绍 SQL Server 2008

R2 中各用户角色所具有的功能，如表 2-8 所示。

表 2-8　用户角色具有的功能

角 色 名 称	角 色 功 能
db_accessadmin	为固定数据库角色的成员，可以为 Windows 登录账户、Windows 组和 SQL Server 登录账户添加或删除访问权限
db_backupoperator	为固定数据库角色的成员，可以备份该数据库
db_datareader	为固定数据库角色的成员，可以读取所有用户表中的数据
db_datawriter	为固定数据库角色的成员，可以在所有用户表中添加、删除或更改数据
db_ddladmin	为固定数据库角色的成员，可以在数据库中运行任何数据定义语言（DDL）命令
db_denydatareader	为固定数据库角色的成员，不能读取数据库内用户表的任何数据
db_denydatawriter	为固定数据库角色的成员，不能添加、修改或删除数据库内用户表中的任何数据
db_owner	为固定数据库角色的成员，可以删除数据库
db_securityadmin	为固定数据库角色的成员，可以修改角色成员身份和管理权限
public	所有用户都包含在 public 角色中，public 成员身份是永久存在的，无法更改

下面介绍创建数据库用户的步骤。

① 右击【DB_Quality】节点的【安全性】子节点，在弹出的快捷菜单中选择【新建】→【用户】命令，打开【数据库用户-新建】窗口，如图 2-85 所示。

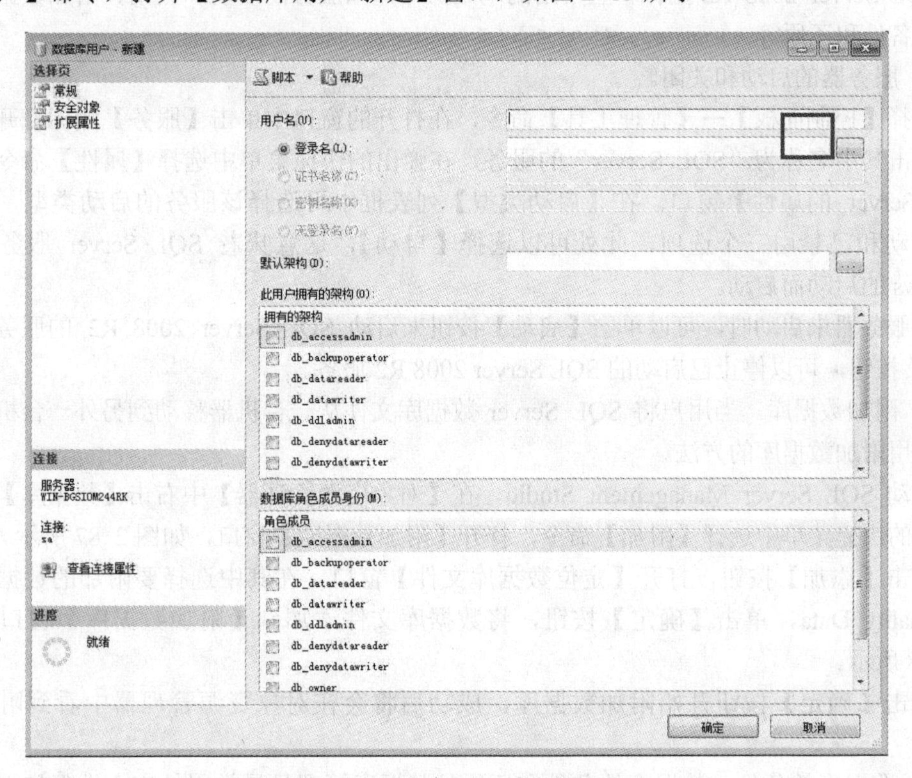

图 2-85　【数据库用户-新建】窗口

② 在【用户名】文本框中输入“selstudent”，选择【数据库角色成员身份】为“db_owner”。单击【登录名】文本框后的按钮，打开【选择登录名】窗口，如图 2-86 所示，单击【浏

览】按钮，打开【查找对象】窗口，在其中选择一个匹配的对象。

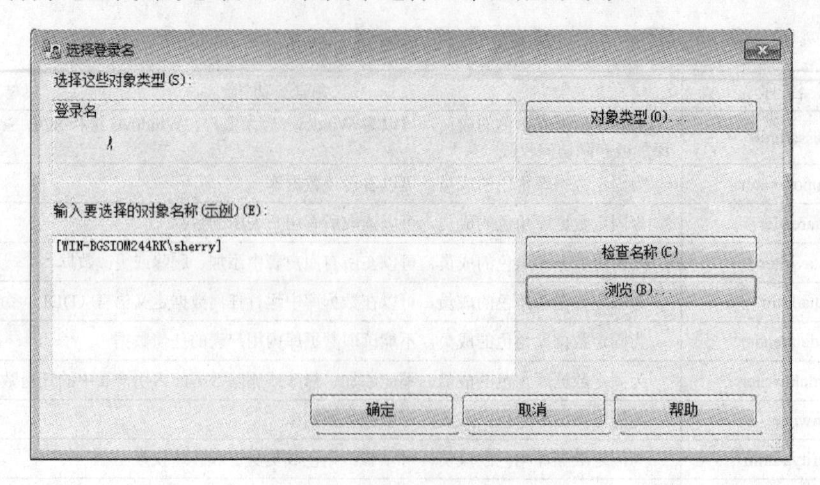

图 2-86 【选择登录名】窗口

③ 单击【确定】按钮，完成登录名添加，再单击【确定】按钮完成用户的添加。

（8）SQL Server 2008 R2 的其他应用

SQL Server 2008 R2 还有一些常用的基础操作，如服务的启动和关闭、附加数据库、数据库的备份和还原等。

① 服务器的启动和关闭。

选择【控制面板】→【管理工具】命令，在打开的窗口中单击【服务】图标打开服务窗口，右击其中名称为“SQL Server”的服务，在弹出的快捷菜单中选择【属性】命令，打开【SQL Server 的属性】窗口。在【启动类型】列表框中可选择该服务的启动类型，包括自动、手动和已禁用三个选项，此处可以选择【自动】，这意味着 SQL Server 服务就会随 Windows 的启动而启动。

当服务器未启动时，可以单击【启动】按钮来启动 SQL Server 2008 R2 的服务；单击【停止】按钮，可以停止已启动的 SQL Server 2008 R2 服务。

② 附加数据库。当用户将 SQL Server 数据库文件从一台机器移动到另外一台机器时，可以使用附加数据库的方法。

启动 SQL Server Management Studio，在【对象资源管理器】中右击【数据库】节点，在弹出的快捷菜单中选择【附加】命令，打开【附加数据库】窗口，如图 2-87 所示。

单击【添加】按钮，打开【定位数据库文件】窗口，在其中选择要附加的数据库文件 DB_Quality_Data，单击【确定】按钮，将数据库文件添加到【附加数据库】窗口中，如图 2-88 所示。

单击【确定】按钮开始附加数据库，成功后将会在对象资源管理器中看到附加的数据库。

③ 数据库的备份。数据库的备份和还原是数据库管理员最常用的安全性保护工作，下面介绍数据库备份和还原的方法。

右击要备份的数据库（如 DB_Quality），在弹出的快捷菜单中选择【任务】→【备份】命令，打开【备份数据库】窗口，如图 2-89 所示。

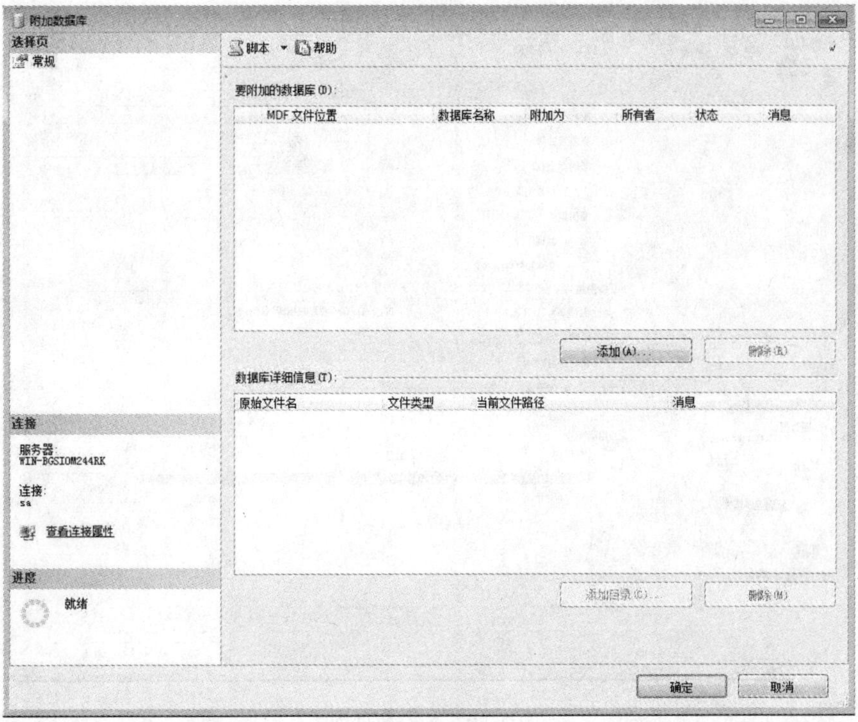

附加数据库

选择页

常规

脚本 帮助

要附加的数据库(D):

MDF 文件位置	数据库名称	附加为	所有者	状态	消息

添加(A)... 删除(R)

数据库详细信息(T):

原始文件名	文件类型	当前文件路径	消息

连接

服务器:
WIN-BGSIOM244RK

连接:
sa

查看连接属性

进度

就绪

添加目录(C)... 删除(M)

确定 取消

图 2-87 【附加数据库】窗口 1

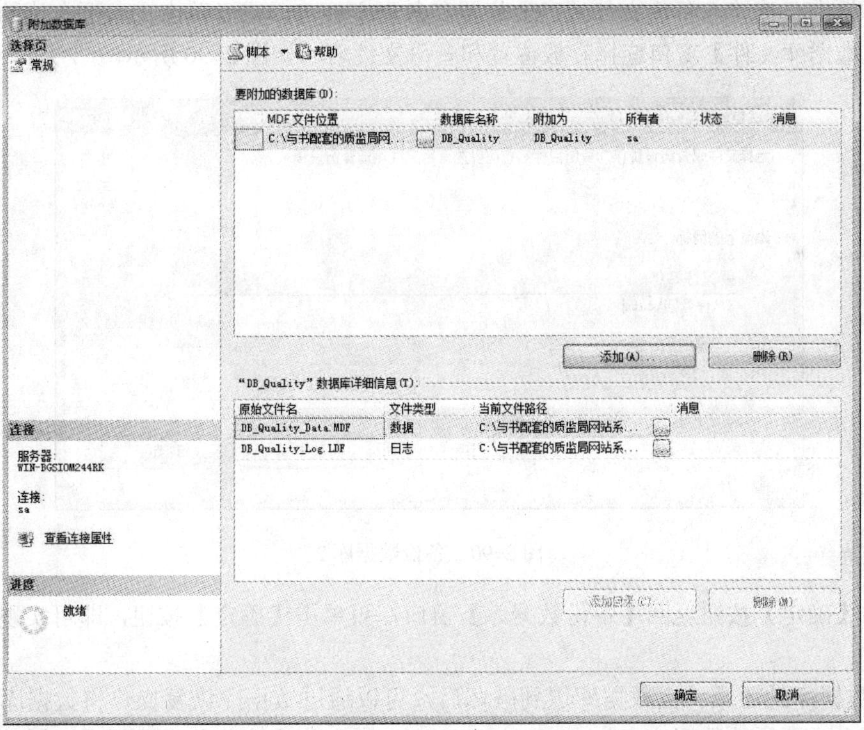

附加数据库

选择页

常规

脚本 帮助

要附加的数据库(D):

MDF 文件位置	数据库名称	附加为	所有者	状态	消息
C:\与书配套的质监局网...	DB_Quality	DB_Quality	sa		

添加(A)... 删除(R)

"DB_Quality" 数据库详细信息(T):

原始文件名	文件类型	当前文件路径	消息
DB_Quality_Data.MDF	数据	C:\与书配套的质监局网站系...	
DB_Quality_Log.LDF	日志	C:\与书配套的质监局网站系...	

连接

服务器:
WIN-BGSIOM244RK

连接:
sa

查看连接属性

进度

就绪

添加目录(C)... 删除(M)

确定 取消

图 2-88 【附加数据库】窗口 2

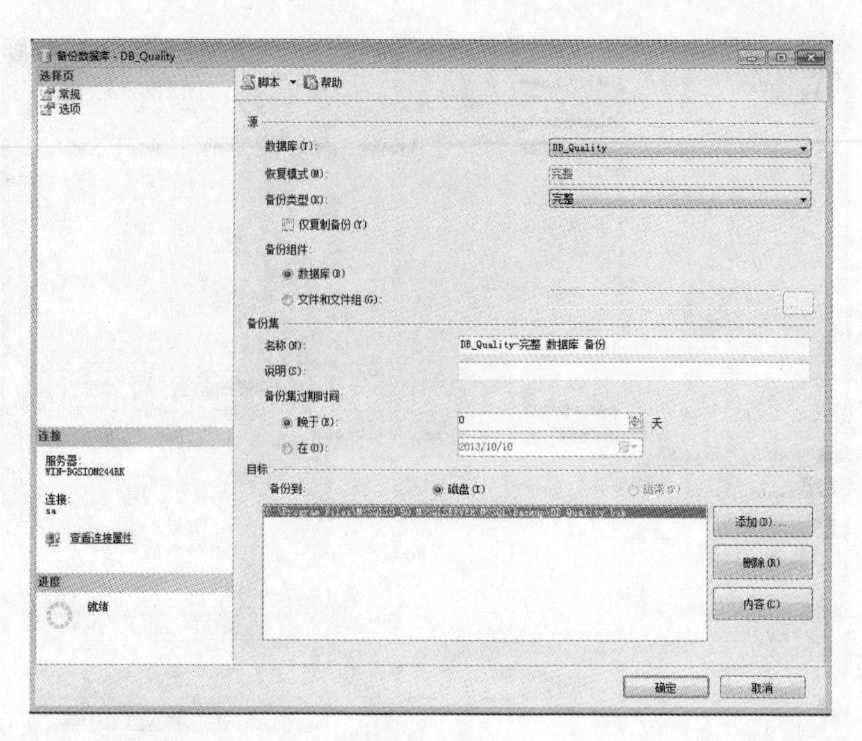

图 2-89　备份数据库 1

单击【备份到】列表框右侧的【添加】按钮，打开【选择备份目标】窗口，在【文件名】文本框中直接输入备份文件的存放位置和备份文件名，或者单击文本框右边的按钮，通过【定位数据库文件】窗口选择存放位置和备份文件名，如图 2-90 所示。

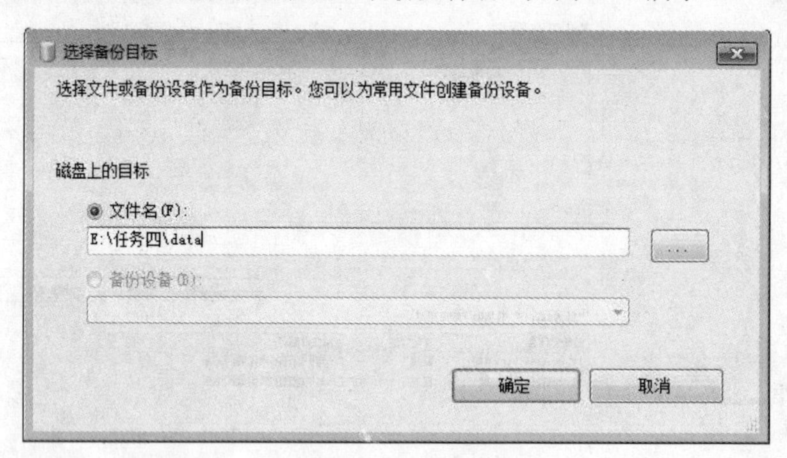

图 2-90　备份数据库 2

单击【确定】按钮返回【备份数据库】窗口，再单击【确定】按钮，即可实现数据库的备份操作。

④ 数据库的还原。当数据库遭到破坏后，可以通过数据库恢复操作将数据库还原，方法是：右击要还原的数据库（如 DB_Quality），在弹出的快捷菜单中选择【还原数据库】命令，打开【还原数据库】窗口，如图 2-91 所示。

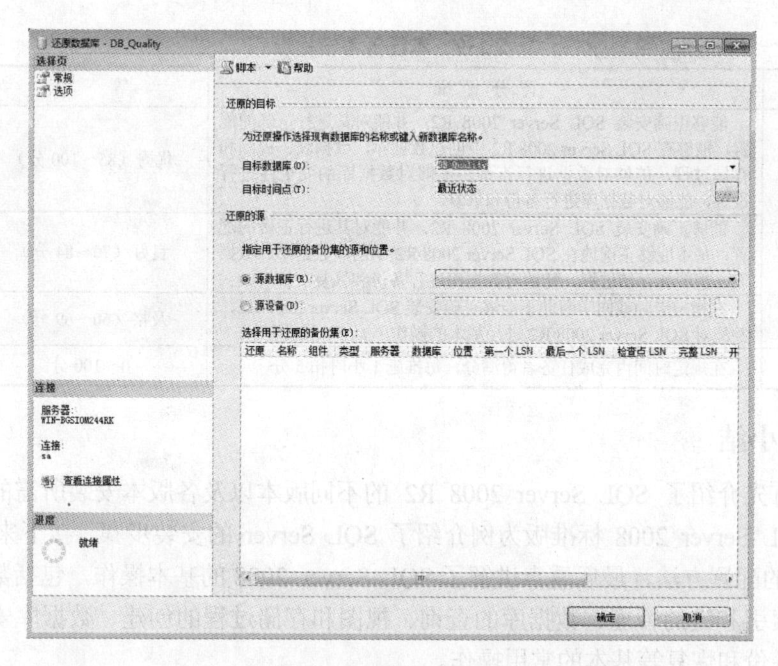

图 2-91　还原数据库 1

在【目标数据库】下拉列表框中可以选择一个已存在的数据库，如果在已存在的数据库中找不到目标数据库名，则可以选中【源设备】，选择目标数据库所在的文件夹，如图 2-92 所示。选择【添加】按钮选中目标数据库所在的文件夹。

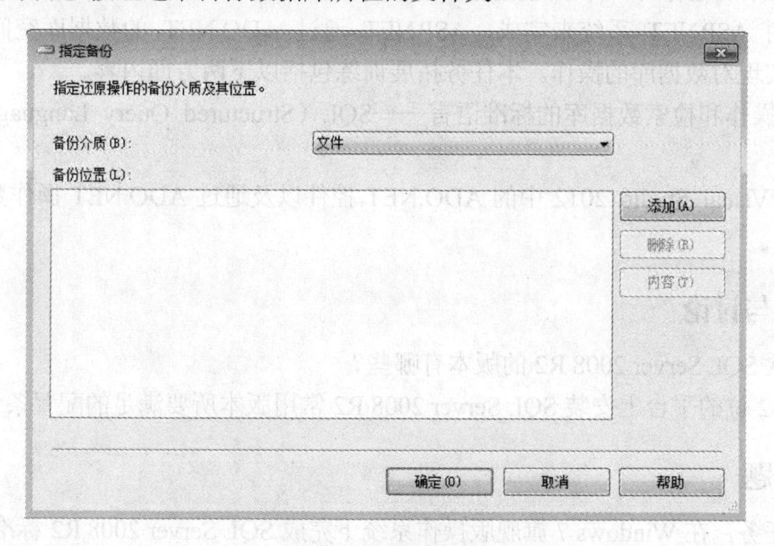

图 2-92　还原数据库 2

单击【确定】按钮完成数据库的还原操作，此时在对象资源管理器中就可以找到还原成功的数据库 DB_Quality。

2.4.5　任务考核

本任务考核标准如表 2-9 所示。

表 2-9 本任务考核标准

评分项目	评分标准	等级	比例
SQL Server 2008 R2 的安装和使用	能够正确安装 SQL Server 2008 R2，并能对其进行正确的配置，能够在 SQL Server 2008 R2 中创建数据库、数据表、视图和存储过程，能够对数据进行查询，能够对数据库的安全性进行设置，能够对数据库进行备份和恢复	优秀（85～100 分）	80%
	能够正确安装 SQL Server 2008 R2，并能对其进行正确的配置，基本能够正确地在 SQL Server 2008 R2 中创建数据库、数据表、视图和存储过程，能够对数据库进行备份和恢复	良好（70～84 分）	
	在指导老师或同学帮助下能够正确安装 SQL Server 2008 R2，并能对 SQL Server 2008 R2 进行基本的操作	及格（60～69 分）	
任务完成时间	在规定时间内完成任务者得满分，每推延 1 小时扣 5 分	0～100 分	20%

2.4.6 任务小结

本任务首先介绍了 SQL Server 2008 R2 的不同版本以及各版本安装所需的软、硬件要求，并以 SQL Server 2008 标准版为例介绍了 SQL Server 的安装步骤，接下来介绍了 SQL Server 2008 的配置方法，最后重点讲解了 SQL Server 2008 的基本操作，包括数据库和数据表的创建、索引和键的管理、数据库的查询、视图和存储过程的创建、数据库安全性管理以及数据库的备份和恢复等基本的常用操作。

2.4.7 拓展与提高

在“中国无锡质量网”的开发过程中，我们选用 SQL Server 2008 R2 作为网站的数据库管理系统。在系统运行时，并不是直接在 SQL Server 2008 R2 中对数据进行操作，而是通过编程的方式由 ASP.NET 系统来完成，ASP.NET 通过 ADO.NET 的数据库空间传入适当的 SQL 语句来实现对数据库的操作。本任务拓展训练包括以下两方面内容。

① 熟悉操作和检索数据库的标准语言——SQL（Structured Query Language，结构化查询语言）。

② 熟悉 Visual Studio 2012 中的 ADO.NET 控件以及通过 ADO.NET 操作数据库的方法和步骤。

2.4.8 思考与讨论

（1）微软 SQL Server 2008 R2 的版本有哪些？

（2）在 32 位的平台上安装 SQL Server 2008 R2 常用版本所要满足的配置条件有哪些？

2.4.9 实训题

模仿本任务，在 Windows 7 旗舰版操作系统下完成 SQL Server 2008 R2 标准版的安装。

学习情境 3 “中国无锡质量网”功能实现

进入互联网信息时代，不管是政府部门，国家机构还是普通公司或企业，门户网站都是它们不可缺少的信息交流门户和平台，所以能否设计一个简单、易用、方便管理、扩展性强的信息发布系统至关重要。从本学习情境开始，将进入“中国无锡质量网”的开发阶段，主要实现新闻种类管理、新闻管理、用户管理、文件或附件管理以及用户角色管理等功能。

任务 3.1 创建网站项目

3.1.1 任务引入

ASP.NET 开发，特别是对 ASP.NET 控件模型进行开发，了解并掌握 ASP.NET 网页代码模型及页面生命周期是非常必要的，这有助于我们更加灵活地控制页面，以我们需要的方式编程开发。因此在开发“中国无锡质量网”之前，首先应该掌握 ASP.NET 的网页代码模型及生命周期，这将在今后的开发过程中起到非常重要的作用。

3.1.2 任务目标

本任务主要完成两个目标：一是知识目标，掌握 ASP.NET 的网页代码模型及生命周期等相关概念；二是能力目标，掌握使用 Visual Studio 2012 生成网站项目的方法。

3.1.3 相关知识

1．ASP.NET 网站与 ASP.NET Web Application 的区别

在 ASP.NET 中，可以创建 ASP.NET 网站和 ASP.NET Web Application，两者存在着一定的区别。

（1）创建 ASP.NET 网站

① 启动 Visual Studio 2012，单击【文件】菜单中的【新建】→【网站】命令，弹出【新建网站】窗口，如图 3-1 所示。

② 选择【ASP.NET 空网站】，注意在【Web 位置】下拉列表框中一般选择【文件系统】，并在地址栏中更改存储位置及网站项目名称。语言为开发.NET 网站中使用的语言，如果选择 Visual C#，则默认的开发语言为 C#，否则为 Visual Basic。

③ 单击【确定】按钮，即可创建 ASP.NET 网站。

创建了 ASP.NET 网站后，右击刚刚新建的网站项目，单击【添加】→【添加新项】选项，在弹出的窗口中选择添加【Web 窗体】，并输入窗体的名称，然后单击【添加】即可。

【提示】: Web 窗体就是我们平时经常见到的网页。

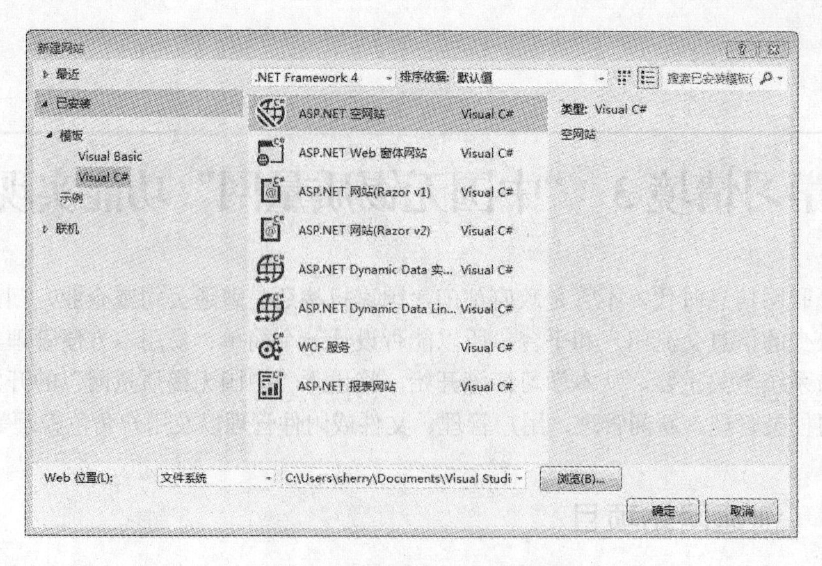

图 3-1　创建 ASP.NET 网站

ASP.NET 网页一般由以下 3 个部分组成。

- 可视元素：包括 HTML、标记、服务器空间。
- 页面逻辑元素：包括事件处理程序和代码。
- designer.cs 页文件：用来初始化页面的控件，一般只有 ASP.NET Web Application 才有这种文件。

（2）创建 ASP.NET Web Application（简称 ASP.NET 应用程序）

ASP.NET 网站的优点之一，就是在编译后，编译器将整个网站编译成一个 DLL（动态链接库），在更新时，只需要更新编译后的 DLL（动态链接库）文件即可。但是 ASP.NET 网站的缺点就是编译速度慢，并且对类的检查不彻底。

相比之下，ASP.NET 应用程序不仅加快了编译速度，只生成一个程序集，而且可以拆分成多个项目进行管理。创建 ASP.NET Web Application 方法如下。

① 单击【文件】菜单中的【新建】→【项目】命令，如图 3-2 所示。

图 3-2　创建 ASP.NET 应用程序

② 在弹出的【新建项目】窗口中选择【ASP.NET Web 窗体应用程序】，注意在【解决方案】下拉列表框中一般选择【创建解决方案】，输入应用程序【名称】、【位置】及【解决方案名称】。

③ 单击【确定】按钮，即可创建 ASP.NET 应用程序。

（3）ASP.NET 网站和 ASP.NET 应用程序的区别

在 ASP.NET 中，可以创建 ASP.NET 网站和 ASP.NET 应用程序，但是 ASP.NET 网站和 ASP.NET 应用程序开发过程和编译过程是有区别的。

1）ASP.NET 应用程序主要有以下特点。

- 可以将 ASP.NET 应用程序拆分成多个项目以方便开发、管理和维护。
- 可以从项目和源代码管理中排除一个文件或项目。
- 支持 VSTS 的 Team Build，方便每日构建。
- 可以对编译前后的名称、程序集等进行自定义。
- 对 App_GlobalResources 的 Resource 强类支持。

2）ASP.NET 网站编程模型具有以下特点。

- 动态编译该页面，而不用编译整个站点。
- 若一部分页面出现错误不会影响到其他的页面或功能。
- 不需要项目文件，可以把一个目录当作一个 Web 应用来处理。

总体来说，ASP.NET 网站适用于较小的网站开发，因为其动态编译的特点，无须整站编译，而 ASP.NET 应用程序适用于大型的网站开发、维护等。

2．ASP.NET 的网页代码模型

ASP.NET 页面中包含两种代码模型，一种是单文件页模型，另一种是代码隐藏页模型。这两个模型的功能完全一样，都支持控件的拖拽以及智能的代码生成。

（1）单文件页模型

单文件页模型中的所有代码，包括控件代码、事物处理代码以及 HTML 代码，全都包含在“.aspx”文件中。编程代码在 script 标签中，并使用 runat=“server”属性标记。创建一个单文件页模型的方法如下。

① 单击【文件】菜单中的【新建】→【文件】命令，如图 3-3 所示。

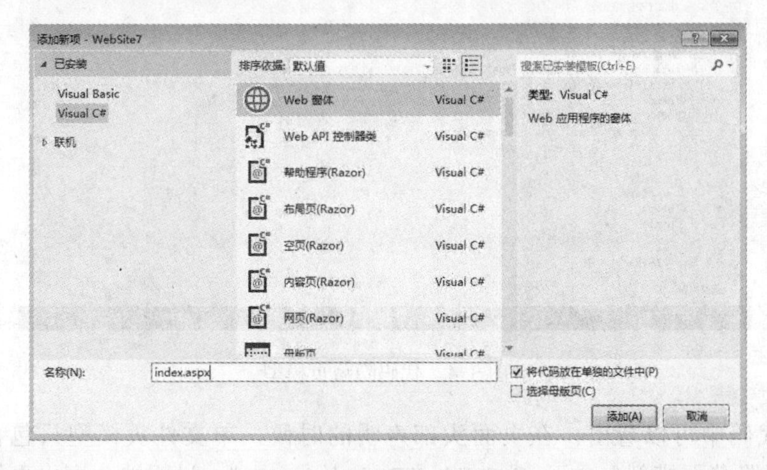

图 3-3　创建单文件页模型

【提示】：创建一个单文件页模型的第 2 种方法是右键选择当前项目，在弹出的快捷菜单中选择【添加】→【添加新项】选项命令，如图 3-3 所示。

② 在弹出的对话框中选择【Web 窗体】，在【名称】栏中输入新建窗体的名称。

③ 单击【确定】，即可创建一个.aspx 页面。

【提示】：在创建单文件页面时，去掉【将代码放在单独的文件中】复选框的选择即可创建单文件页模型的 ASP.NET 文件。创建后文件会自动创建相应的 HTML 代码以便页面的初始化。

编译并运行创建新页面，即可看到一个空白的页面。ASP.NET 单文件页模型在创建和生成时，开发人员编写的类将编译成程序集，并将该程序集加载到应用程序域，进行实例化后输出到浏览器。可以说，.aspx 页面的代码也会生成一个包含内部逻辑的类。在浏览该页面时，.aspx 页面的类实例化并输出到浏览器，反馈给浏览者。

（2）代码隐藏页模型

代码隐藏页模型与单文件页模型不同的是，事物处理代码都存放在.cs 文件中。当 ASP.NET 网页运行时，首先处理.cs 文件中的代码，然后生成 ASP.NET 类，最后处理.aspx 页面中的代码，这种过程被称为代码分离。

代码分离的好处是：在.aspx 页面中，开发人员可以将页面直接作为样式来设计，即网页美工人员也可以设计.aspx 页面。而.cs 文件中的事物处理代码由程序员完成。同时，将 ASP.NET 中的页面样式代码和逻辑处理代码分离能够让维护变得简单，同时代码看上去也简单明了。代码隐藏页模型的.aspx 页面代码基本上和单文件页模型的代码相同，不同的是在 script 标记中的单文件页模型的代码默认被放在了同名的.cs 文件中。代码隐藏页模型如图 3-4 所示。

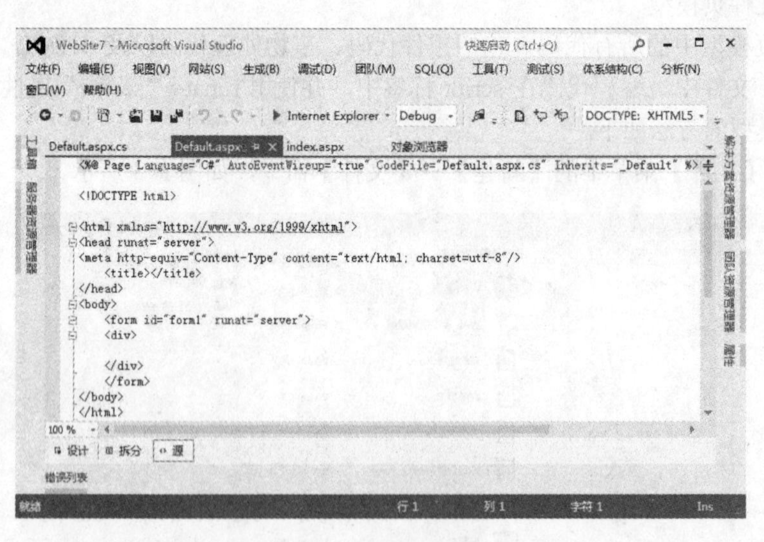

图 3-4 代码隐藏页模型

从上述代码中可以看出，在页面头部声明的时候，单文件页模型只包含 Language="C#"，而代码隐藏页模型包含了 CodeFile="Default.aspx.cs"，说明被分离出去处理事物的代码被定义在 Default.aspx.cs 中。

在 ASP.NET 的代码隐藏页模型中，以.aspx 和.cs 为后缀的文件形成了整个 Web 窗体。在编译的过程中都被编译成由项目生成的动态链接库（.DLL），同时.aspx 页面同样也会编译。与.cs 页面编译过程不同的是，第一次浏览.aspx 页面时，ASP.NET 自动生成该页的.NET 类文件，并将其编译成另一个 DLL 文件。

当再一次浏览该页面时，生成的 DLL 文件就会在服务器上运行，并响应用户在该页面上的请求。代码隐藏页模型页面的执行过程如图 3-5 所示。

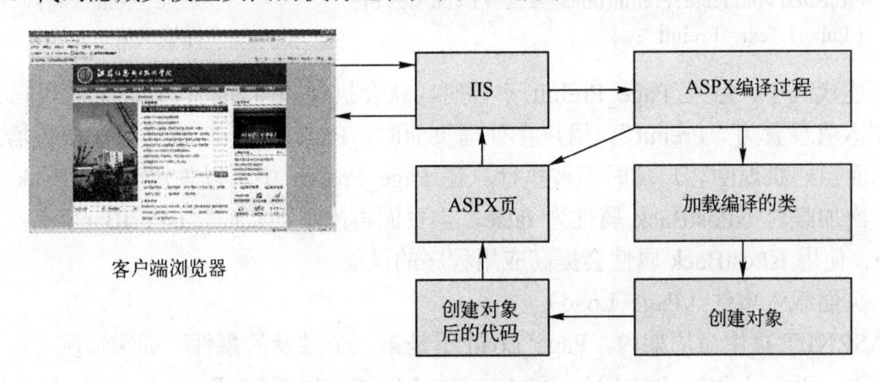

图 3-5　代码隐藏页模型页面的执行过程

3．ASP.NET 页面生命周期及事件

ASP.NET 页面生命周期是 ASP.NET 中非常重要的概念，了解 ASP.NET 页面的生命周期，就能够在合适的生命周期内编写代码，执行事务。同样，熟练掌握 ASP.NET 页面的生命周期，可以开发高效的自定义控件。ASP.NET 生命周期通常情况下需要经历如下几个阶段。

① 页面请求：发生在 ASP.NET 页面生命周期开始之前。当用户请求一个页面，ASP.NET 将确定是否需要分析或者编译该页面，或者是否可以在不运行页的情况下直接请求缓存响应客户端。

② 开始：发生了请求后，页面就进入了开始阶段。在该阶段，页面将确定请求是发回请求还是新的客户端请求，并设置 IsPostBack 属性。

③ 初始化：开始阶段结束后进入初始化阶段。初始化期间，页面可以使用服务器控件，并为每个服务器控件进行初始化。

④ 加载：页面加载控件。

⑤ 验证：调用所有的验证程序控件的 Vailidate 方法，来设置每个验证程序控件和页面属性。

⑥ 回发事件：如果是回发请求，则调用所有事件处理程序。

⑦ 呈现：在呈现期间，视图状态被保存并呈现到页。

⑧ 卸载：完全呈现并将页面发送到客户端并准备丢弃时，将调用卸载。

可以看出，页面经历了许多阶段才最终形成我们所看到的页面。每个阶段完成不同的事。在页面周期的每个阶段，页面触发可运行用户代码进行事件处理。对于控件触发的事件，通过声明的方式执行代码，并将事件处理程序绑定到控件触发事件。不仅如此，该事件还支持自动事件连接，最常用的有 Page_Load 和 Page_Init 等事件，以下将介绍 ASP.NET 生命周期中的事件。

（1）页面加载事件（Page_PreInit）

每当页面请求被发送到服务器时，执行 Page_PreInit 事件代码块。启动 Page_PreInit 事件，页面就会重新加载，当需要对页面中的控件进行初始化时，也需要使用此事件，示例代码如下所示：

```
Protected void Page_Preinit(object sender,EvenArgs e)          //Page_Preinit 事件
{ Label1.Text="Preinit "; }                                     //标签赋值
```

在上述代码中，触发 Page_PreInit 事件时，就会执行该事件的代码。上述代码将 Lable1 的初始文本值设置为“Preinit”。用户在处理页面时，Page_PreInit 事件只在服务器加载时执行一次，而当网页返回客户端时不被执行。在 Page_PreInit 中可以使用 IsPostBack 属性，当网页第一次加载时 IsPostBack 属性为 false，当页面再次被加载时，IsPostBack 属性将会被设置为 true。使用 IsPostBack 属性会提高应用程序的性能。

（2）页面载入事件（Page_Load）

在 ASP.NET 页生命周期内，Page_Load 不是第一个触发的事件。通常情况下，ASP.NET 事件顺序为：Page_Init()→Load ViewState→Load Postback data→Page_Load()→Handle control events→Page_PreRender()→Page_Render()→Unload event→Dispose method called。

Page_Load 事件是在网页加载时一定会被执行的事件。在 Page_Load 事件中，一般都需要使用 IsPostBack 来判断用户是否对页面进行操作，因为 IsPostBack 指示该页面是否正为响应客户端回发而加载，或者它是否正被首次加载和访问，示例代码如下所示：

```
Protected void Page_Load(object sender,EventArgs e)          //Page_Load 事件
{if(!IsPostBack)
{Lable1.Text="Load"; }                                        //第一次执行代码块
Else{Lable1.Text="IsPostBack"; }}                             //如果用户提交表单等
```

上述代码使用了 Page_Load 事件，在页面被创建时，系统会自动在代码隐藏页模型的页面中增加此方法。当用户执行操作后，页面响应客户端回发，则 IsPostBack 为 true，此时执行 else 中的操作。

（3）页面卸载事件（Page_Unload）

在页面被执行完毕后，可以通过 Page_Unload 事件来执行页面卸载时的清除工作。当页面被卸载、页面被关闭、数据库连接被关闭、对象被关闭和完成日志记录或者其他的程序请求等情况都会触发 Page_Unload 事件。

（4）页面指令

页面指令用来通知编译器在编译页面时做出的特殊处理。当编译器处理 ASP.NET 应用程序时，可以通过这些特殊指令要求编译器做特殊处理，如缓存、使用命名空间等。当需要执行页面指令时，通常的做法是将页面指令包括在文件的头部，示例代码如下所示：

```
<%@ Page Language="C#" AutoEventWireup="true" CodeFile="index.aspx.cs" Inherits="index" %>
<!DOCTYPE html PUBLIC "-//W3C//DTD XHTML 1.0
Transitional//EN" "http://www.w3.org/TR/xhtml1/DTD/xhtml1-transitional.dtd">
```

上述代码中使用了@Page 页面指令来定义 ASP.NET 页面分析器和编译器使用的特定页的属性。当代码隐藏页模型的页面被创建时，系统会自动增加@Page 页面指令。

ASP.NET 页面支持多个页面指令，常用的页面指令如下。

@Page：定义 ASP.NET 页分析器和编译器使用的页特定（.aspx 文件）属性。可以编写为：

```
<%@ Page attribute="value" [attribute="value"…]%>
```

@Control：定义 ASP.NET 页分析器和编译器使用的用户控件（.ascx 文件）特定的属性。该指令只能为用户控件配置。可以编写为：

```
<%@ Control attribute="value" [attribute="value"…]%>
```

@Import：将命名空间显示导入到页中，使所导入的命名空间的所有类和接口可用该页。导入的命名空间可以是.NET Framework 类库或用户定义的命名空间的一部分。可以编写为：

```
<%@ Import namespace="value" %>
```

@Implements：提示当前页或用户控件实现指定的.NET Framework 接口。可以编写为：

```
<%@ Implements interface="ValidInterfaceName" %>
```

@Reference：以声明的方式指示，应该根据在其中声明此指令的页对另一个用户控件或页源文件进行动态编译和链接。可以编写为：

```
<%@ Reference page | control="pathtofile" %>
```

@Output Cache：声明 ASP.NET 页或页中包含的用户控件的输出缓存策略。可以编写为：

```
<%@ Output Cache Duration="#ofseconds" Location="Any | Client | Downstream | Server|None" Shared="True | False" VaryByControl="controlname" VaryByCustom= "browser | customstring" VaryByHeader="headers" VaryByParam="parametername" %>
```

@Assembly：在编译过程中将程序集链接到当前页，使程序集的所有类和接口都可用在该页上。可以编写为：

```
<%@ Assembly Name="assemblyname" %>或<%@ Assembly Src="pathname" %>
```

@Register：将别名与命名空间以及类名关联起来，以便在自定义服务器控件语法中使用简明的表示法。可以编写为：

```
<%@ Register tagprefix=" tagprefix" Namespace= "namepace" Assembly="assembly" %>或<%@ Register tagprefix=" tagprefix" Tagname= "tagname" Src="pathname" %>
```

3.1.4 任务实施

VS 2012 安装完成后，就可以开始编写第一个项目了。在 VS 2012 中，除了可以使用创建 Web 应用程序的方式来构建自己的 Web 项目之外，还可以通过创建 Web 网站的方式来构建 Web 项目。本任务主要介绍在 VS 2012 中创建 Web 网站项目的过程。

在 VS 2012 中，很少从一个空白文件开始键入 C#代码，编写项目的方式一般是先告诉

VS 2012 要创建什么类型的项目，然后 VS 2012 会自动生成文件和 C#代码，给出该类型项目的基本框架。接着，用户就可以在其中添加自己的代码了。例如，如果要编写“中国无锡质量网”网站程序，那就需要利用 VS 2012 就创建网站项目。创建新项目时，既可以单击起始页面上【最近】栏目下面的工程项目，也可以单击【文件】菜单，选择【新建】→【网站】，弹出【新建网站】窗口，如图 3-6 所示。

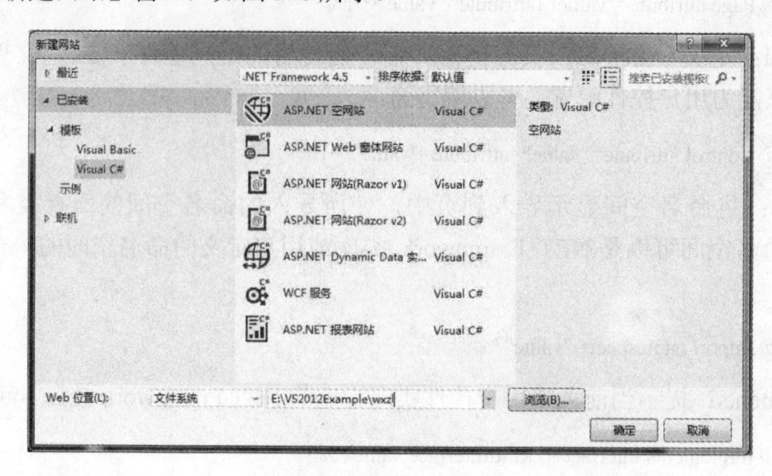

图 3-6 【新建网站】窗口

此窗口要求读者选择 VS 2012 为用户生成某种初始框架文件和代码、编译选项，以及编译代码所使用的编译器：C#、VB.NET 编译器。从这里可以看出，Microsoft 为.NET 提供了多种语言集成。本任务选择新建【ASP.NET 空网站】项目。

单击【确定】按钮，即可创建名称是“wxzl”的网站。可以通过右击项目名称“wxzl”，在弹出的下拉列表框中选择【添加】→【添加新项】命令来为网站增加 Web 窗体，如图 3-7 所示。

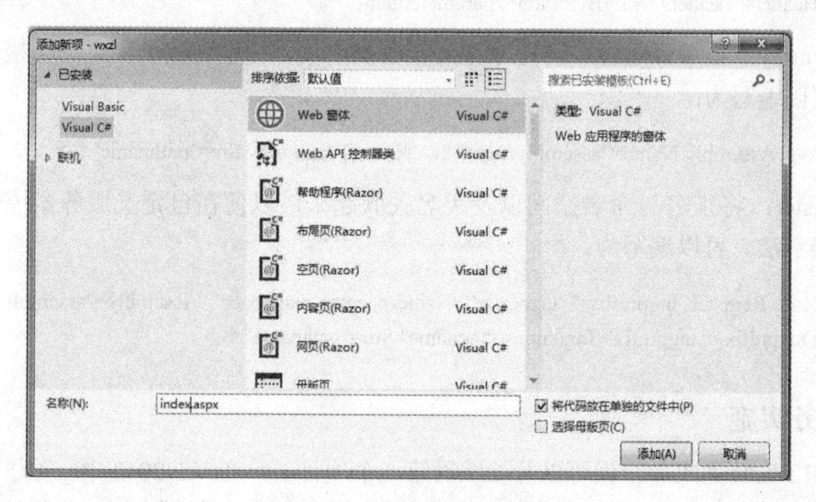

图 3-7 【添加新项】窗口

选中【Web 窗体】，在【名称】栏目中为 Web 窗体设置一名称，然后单击【添加】按钮即可为本项目增加 Web 页面。

【提示】:【添加新项】窗口不仅可以为 Web 项目添加 Web 页面，还可以为 Web 项目添加样式表、Web 用户控件、HTML 页、JavaScript 文件、Web 配置文件、网站地图等。

最后，单击【菜单栏】中的【生成】→【生成解决方案】命令，即可生成项目解决方案。生成成功后，“中国无锡质量网”项目即建立成功。

3.1.5 任务考核

本任务主要考核网站项目的建立情况，任务考核标准如表 3-1 所示。

表 3-1 本任务考核标准

评 分 项 目	评 分 标 准	分 值	比例
任务完成情况	是否正确建立网站项目	0～30 分	50%
	是否正确生成解决方案	0～20 分	
任务过程	根据任务实施过程的态度、团队合作精神和创新能力等方面进行考核	酌情打分	20%
任务完成时间	在规定时间内完成任务者得满分，每推延半小时扣 5 分	0～30 分	30%

3.1.6 任务小结

本任务介绍了 ASP.NET 页面生命周期以及 ASP.NET 页面的几种模型。ASP.NET 页面生命周期是 ASP.NET 中非常重要的概念，熟练掌握 ASP.NET 生命周期能对 ASP.NET 开发和自定义控件开发起到促进作用。

本任务同时介绍了 ASP.NET 网站与 ASP.NET Web Application 的区别、ASP.NET 网页代码模型、ASP.NET 页面生命周期、ASP.NET 生命周期中的事件、使用 VS 2012 生成网站项目过程。

本任务还讲解了 ASP.NET 运行中的一些基本机制，在了解了这些基本运行机制后，就能够在.NET 框架下进行 ASP.NET 开发了。虽然这些都是基本概念，但是在今后的开发过程中，会起到非常重要的作用。

3.1.7 拓展与提高

完成本任务后，请在相关网站下载东软.NET 代码生成器，自行熟悉使用东软.NET 代码生成器生成的项目及相关代码，并使用 VS 2012 生成基于企业级架构的网站项目，为后续开发做好准备。

3.1.8 思考与讨论

（1）ASP.NET 网站与 ASP.NET Web Application 的区别有哪些？

（2）ASP.NET 应用程序主要有哪些特点？

（3）ASP.NET 页面中包含哪几种代码模型，它们的功能分别是什么？

（4）ASP.NET 页面运行时，将经历一个生命周期，在该生命周期内，页面将执行哪一系列的步骤？

3.1.9 实训题

模仿本任务，建立“图书馆门户信息管理系统” 网站项目及正确生成解决方案。

任务 3.2 系统静态网页设计

3.2.1 任务引入

每一个网站都需要进行页面的布局，用户看到的每一个页面都需要编写相应的 XHTML 语言（或者是 HTML 语言）进行布局，然后在布局好的页面的基础上进行相应功能程序的编写，页面布局的好坏直接影响用户对使用该系统或者网站的整体感受。如果页面的布局不注意用户体验，那么该系统或网站即使功能再完善、再强大，也很难获得用户的认可。所以页面布局是整个系统或网站不可或缺的重要步骤。

页面布局涉及的知识有 XHTML 语言、CSS 样式表，我们通常使用这两种技术相结合进行页面布局。

3.2.2 任务目标

本任务主要围绕“中国无锡质量网”的主页布局设计过程，完成两个目标：一是知识目标，掌握 XHTML 语言、CSS 样式表；二是能力目标，掌握进行页面布局的方法。

3.2.3 相关知识

1. XHTML 语言

（1）XHTML 语言简介

XHTML 是 The Extensible HyperText Markup Language（可扩展超文本标识语言）的缩写。HTML 是一种基本的 Web 网页设计语言，XHTML 是一个基于 XML 的置标语言，看起来与 HTML 有些相像，但有一些小的却重要的区别，XHTML 就是一个扮演着类似 HTML 角色的 XML。所以，本质上说，XHTML 是一个过渡技术，结合了部分 XML 的强大功能及大多数 HTML 的简单特性。

（2）XHTML 与 HTML 的区别

① XHTML 中所有的标记都必须要有一个相应的结束标记。在 HTML 中可以打开许多标签，例如，可以只写标记<li>，而不一定写对应的</li>来关闭它，但在 XHTML 中这是不合法的。XHTML 要求有严谨的结构，所有标签必须关闭。如果是单独不成对的标签，在标签最后加一个“/”来关闭它。例如：

```
<img height="80" alt="网页设计师" src="../images/logo_w3cn_200x80.gif" width="200" />
```

② XHTML 中所有标签的元素和属性的名字都必须使用小写。与 HTML 不一样，XHTML 对大小写是敏感的，例如，<title>和<TITLE>是不同的标签。XHTML 要求所有的标签和属性的名字都必须使用小写。例如，<BODY>必须写成<body>。大小写夹杂也是不被认可的，通常 Dreamweaver 自动生成的属性名字 onMouseOver 也必须修改成 onmouseover。

③ XHTML 中所有的 XML 标记都必须合理嵌套。同样因为 XHTML 要求有严谨的结

构，因此所有的嵌套都必须按顺序编写，如代码<p><b> </p></b>必须修改为<p><b></b></p>。也就是说，一层一层的嵌套必须是严格对称的。

④ XHTML 中所有的属性必须用引号（""）括起来。在 HTML 中，可以不必给属性值加引号；但是在 XHTML 中，它们必须被加引号。例如，<height=80>必须修改为<height="80">。

特殊情况下，需要在属性值里使用双引号，可以用"，单引号可以使用'，例如：

```
<alt="say&apos;hello&apos;">
```

⑤ XHTML 中要求把所有"<"和"&"等特殊符号用编码表示。如下所示：

- 任何小于号（<），不是标签的一部分，都必须被编码为<。
- 任何大于号（>），不是标签的一部分，都必须被编码为>。
- 任何与号（&），不是实体的一部分，都必须被编码为&。

【注意】：以上字符之间无空格。

⑥ XHTML 中要求给所有属性赋一个值。XHTML 规定所有属性都必须有一个值，没有值的就重复本身。例如，<input type="checkbox" name="shirt" value="medium" checked>必须修改为<input type="checkbox" name="shirt" value="medium" checked="checked">。

⑦ XHTML 中不能在注释内容中使用"--"符号。"--"只能发生在 XHTML 注释的开头和结束。也就是说，在内容中它们不再有注释效果。例如下面的代码是无效的：

```
<!--这里是注释-----------这里是注释-->
```

用等号或者空格替换内部的虚线才是正确的，代码如下：

```
<!--这里是注释==============这里是注释-->
```

以上这些规范有的看上去比较奇怪，但这一切都是为了使代码有一个统一、唯一的标准，便于以后数据的再利用。

⑧ XHTML 中引用图片必须有说明文字。每个图片标签都必须有 alt 说明文字。例如：

```
<img src="images/tile_crosshairs.png" alt="这里是文字说明" />
```

如果没有说明文字，可以设置成<img src="images/tile_crosshairs.png" alt="" />，但是不能写成<img src="images/tile_crosshairs.png" />，因为这样的话，页面会出现如下的错误提示：

```
<img src="images/tile_crosshairs.png"   />
```

"验证（XHTML 1.0Transitional）：元素" img "缺少必需的属性 alt"。

2．CSS 样式表

（1）CSS（层叠样式表）简介

CSS（Cascading Style Sheet，可译为层叠样式表或级联样式表）是一组格式设置规则，用于控制 Web 页面的外观。通过使用 CSS 样式设置页面的格式，可将页面的内容与表现形式分离。页面内容存放在 HTML 文档中，而用于定义表现形式的 CSS 规则则存放在另一个文件中或 HTML 文档的某一部分，通常为文件头部分。将内容与表现形式分离，不仅可使维护站点的外观更加容易，而且还可以使 HTML 文档代码更加简练，缩短浏览器的页面加载时间。

（2）使用 CSS 布局的优点

采用 CSS 布局相对于传统的 TABLE 网页布局具有以下 3 个显著优势。

① CSS 将页面表现形式和内容相分离。CSS 将设计部分剥离出来放在一个独立的样式文件中，HTML 文件中只存放文本信息，这样的页面对搜索引擎更加友好。

② 使用 CSS 会提高页面浏览速度。对于同一个页面视觉效果，采用 CSS 布局的页面容量要比 TABLE 编码的页面文件容量小得多，前者一般只有后者的 1/2 大小，浏览器就不用去编译大量冗长的标签。

③ 使用 CSS 的页面易于维护和改版。只要简单修改几个 CSS 文件就可以重新设计整个网站的页面。

（3）CSS 文件的引用

将样式表引用到网页可以用 3 种方式，即内部样式、内联样式、外部样式。而最接近目标的样式定义优先权越高。高优先权样式将继承低优先权样式的未重叠定义但覆盖重叠的定义。

① 内部样式。

可以在 HTML 文档的<html>和<body>标记之间插入一个<STYLE>和</STYLE>块对象。例如：

```
<style   type=” text/css” >
.body{ margin: 0px;font-family: Verdana, Helvetica, sans-serif;font-size: 10pt;font-weight: normal;}
</style>
```

② 内联样式。

内联定义，即在对象的标记内使用对象的 style 属性定义适用其的样式表属性。例如：

```
<td style="width: 15px; background-image: url('image/leftSide.jpg');" rowspan="3"></td>
```

以上代码直接定义了一个表格中一个单元格 td 的样式。样式用了一个背景图片并定义了 td 的宽度度是 15px。

③ 外部样式。

外部样式是使用单独的 CSS 文件来定义样式。例如：

```
<head runat="server"><link href="StyleSheet.css" rel="stylesheet" /></head>
<body>…</body>
```

在这个页面中，首先使用<link>对象引用样式表文件，<td>对象定义了 class 属性为 title，则<td>对象的样式将符合样式表文件 style.css 中的 title 类中所定义的样式。

（4）样式规则

样式规则是指网页中元素的样式定义，包括元素的显示方式以及元素在页中的位置等。下面的代码是仅有元素名称的样式规则：

```
body {}
```

在样式规则的大括号内单击鼠标右键，在弹出的快捷菜单中选择【生成样式】命令，弹出【样式生成器】窗口，如图 3-8 所示，然后设置对应的样式即可。

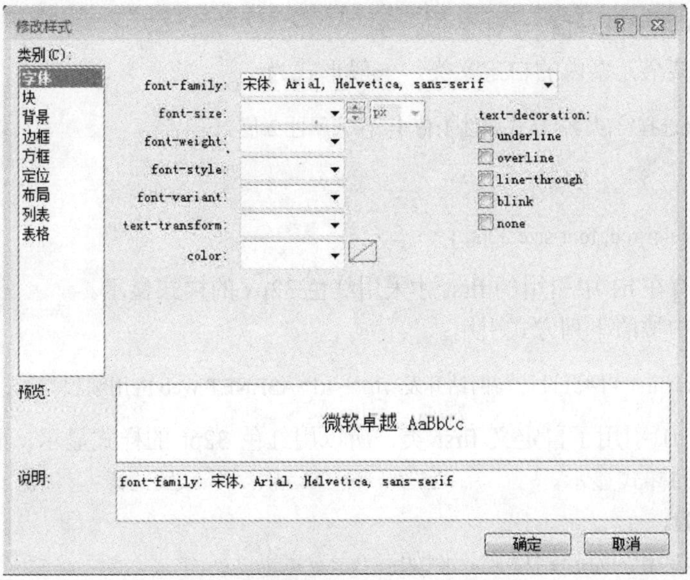

图 3-8 【修改样式】窗口

下面的代码就是在样式规则内添加的样式：

```
body {font-family: 宋体, Arial, Helvetica, sans-serif;}
```

样式规则的一般格式为：

```
样式定义选择符 {样式属性 1:值 1; 样式属性 2:值 2; …}
```

样式定义选择符指定样式定义的对象，它的可选项有 HTML 或 XHTML 标记、用户自定义的类、用户自定义的 ID、虚类、具有层次关系的样式规则以及并列的样式选择符等。

① HTML 或 XHTML 元素。

HTML 或 XHTML 元素是最典型的选择符类型，设计者可以定义各种 HTML 或 XHTML 元素的样式，定义时直接使用选择符名称和大括号，然后在大括号内定义样式即可。例如：

```
div {color:red}
```

该样式规则的含义是，div 块内的所有字体都以红色显示。

② 自定义类（class）。

自定义类以“.”为起始标志，用于定义 HTML 或 XHTML 元素中没有提供的标记样式，常用形式如下：

```
.类名{样式属性 1:值 1; 样式属性 2:值 2;…}
```

例如，在 CSS 文件中定义类：

```
.div_CenterAlign { text-align:center; color:red;}
```

在 XHTML 文档中可以按下列方式引用：

```
<div class=" div_CenterAlign ">…</div>
```

其含义是居中，并以红色字体显示。

还可以指定某个元素内的自定义类，一般形式为：

```
样式定义选择符.类名{样式属性 1:值 1; 样式属性 2:值 2;…}
```

例如：

```
h1.first{ color:red; font-size:32pt; }
```

其含义是只有在 h1 中引用的 first 才采用红色 32px 的样式显示。

在 XHTML 中按照下列方式引用：

```
<h1 class="first">网页设计与网站开发</h1><h1>ASP.NET Web 应用编程</h1>
```

由于第一个 h1 引用了自定义 first 类，所以用红色 32pt 的样式显示，而第二个 h1 没有指定，则以默认的样式显示。

③ 自定义 ID。

自定义 ID 以“#”为起始标志，例如：

```
#customId1 {color:red}
```

引用时，使用 id 属性声明即可（注意 id 为小写字母），例如：

```
<p id="customId1">本段落文字为红色</p>
```

可以看出，自定义 ID 的定义方式与自定义类的定义方式非常相似，但是这两者在使用上是有区别的。在同一个 XHTML 网页中，多个标记可以使用同一个自定义类，而 id 则只能为某一个标记使用。

利用 CSS 定义样式时还要注意，如果在一个元素的样式定义中，既有 HTML 或 XHTML 标记，又有自定义类和自定义 ID，则自定义 ID 的优先级最高，其次是自定义类，HTML 或 XHTML 标记的优先级最低。

例如，在 CSS 文件中有如下的样式定义：

```
p { color: Blue}
.aa { color:Red }
#bb { color:Yellow }
```

在链接此样式表文件的 XHTML 中加入如下代码：

```
<p class="aa"  id="bb">文字</p>
```

由于 ID 优先级最高，所以在浏览器中呈现的“文字”两个字既不是 aa 定义的红色，也不是 p 规则所定义的蓝色，而是黄色。

④ 虚类。

虚类是专用于超链接标记的选择符，使用虚类可以为访问过的、未访问过的、激活的以及鼠标指针悬停于其上的 4 种状态的超链接定义不同的显示样式。

- A:link——未被访问过的超链接。
- A:visited——已被访问过的超链接。
- A:active——当超链接处于选中状态。

● A:hover——当鼠标指针移动到超链接上。

如果在CSS文件中定义如下样式：

```
A:link{color:blue; font-size:32px;}
A:hover{color:red; font-size:150%; text-decoration:none;}
```

在XHTML的<body>内添加超链接：

```
<a href="http://www.baidu.com">进入百度搜索</a>
```

在浏览器中查看该XHTML文件，可以看到“进入百度搜索”的超链接文字为蓝色32像素字体；当鼠标移到超链接上，字体会变为红色48像素大小，而且不带下画线。

⑤ 包含选择符。

包含选择符用于定义具有层次关系的样式规则，它由多个样式选择符组成，一般格式为：

```
选择符1  选择符2  … { 属性:值; …}
```

各选择符之间用空格分隔。例如：

```
p  b {color:red}
```

这种定义方式只对p所包含的b起作用，对单独的p或b均无效。

假如在Stylesheet1.css文件中定义了如下样式规则：

```
p  b {color:red}
```

XHTML中的内容如下：

```
<head> <link  type="text/css"  href="Style.css"  rel="Stylesheet" /></head>
<body> <p>这里演示的是<b>内容1</b>!</p><b>内容2</b>!</p></body>
```

切换到XHTML的设计视图，可以看到粗体字“内容1”为红色字体，而“内容2”则是默认的黑色字体。

⑥ 并列选择符。

如果有多个不同的样式规则定义的样式相同，则可以使用并列选择符简化定义，例如：

```
div1, div2, div3 {color:red}
```

该规则的含义是，所有div1、div2、div3字体都以红色显示。在这种表示法中，各个样式规则之间用英文逗号“,”分隔。

3．利用div和CSS布局

利用div和CSS设计一个网页时，在考虑页面整体表现效果前，应该先考虑内容的语义和结构，然后再针对语义和结构添加CSS。

事实上，所有表现的地方都需要用CSS来实现。以前都习惯用table来定位和布局，现在要改用DIV来定位和布局。这是思维方式的变化，一开始会有些不习惯。CSS布局与传统表格（table）布局最大的区别在于：原来的定位都是采用表格，通过表格的间距或者用无色透明的GIF图片来控制文布局版块的间距；而现在则采用层（div）来定位，通过层的margin、padding、border等属性来控制版块的间距。

（1）定义网页结构

网页设计的第一步是考虑网页的结构，也就是先考虑应该将网页分为哪几块，并分别给这几块分配有意义的名称；而不是先考虑怎么实现，如怎么使用图片、字体、颜色以及块内的布局等。确定结构后，再用某种形式表现出来就容易了。反之，会让整个页面很乱，给修改带来很大困难。

为什么要强调先定义良好的结构呢？原因有两点，一是修改样式方便，二是因为设计的网页并不一定仅仅在显示器上显示，如果用户要求将其改为在显示器上显示，也能在 PDA、移动电话和屏幕阅读机上正常显示，具有良好结构的 HTML 页面，就可以通过 CSS 的不同定义快速实现。否则，再为新要求重新设计一遍，效率则会大大降低。

假定某个网站的主页分为以下几块：

- 标题区（header），显示网站标志、网站名称等。
- 导航区（navigation），指示不同网页的层次关系，便于用户快速转到某个网页。
- 主功能区（content）。
- 页脚（footer），显示网站版权和有关法律声明等。

此时可以采用 div 元素定义这些结构，例如：

```
<div id="header"></div>
<div id="navigation"></div>
<div id="content"></div>
<div id="footer"></div>
```

这不是布局，是结构。这是一个对内容块的语义说明。当读者理解了结构，就可以加对应的 ID 在 div 上。div 容器中可以包含任何内容块，也可以嵌套另一个 div。内容块可以包含任意的 HTML 元素，如标题、段落、图片、表格、列表等。

（2）定义每块的样式

根据上面讲述的，已了解如何结构化 HTML，现在可以进行布局和样式定义了。每一个内容块都可以放在页面上任何地方，再指定这个块的颜色、字体、边框、背景以及对齐属性等等。使用 CSS 选择器是件美妙的事，id 的名称是控制某一内容块的手段，通过给该内容块套上 div 并加上唯一的 id，就可以用 CSS 选择器来精确定义每一个页面元素的外观表现，包括标题、列表、图片、链接或者段落等。例如为#header 写一个 CSS 规则，就可以完全不同于#content 里的图片规则。

定义了网页的结构，接下来就可以定义样式了。div 块的位置以及宽度和高度可以在【设计】模式下确定，而其他样式则可以在 CSS 文件中指定，如颜色、字体、边框、背景、图片、链接以及对齐方式等，一般利用样式生成器进行这些设置。

对于上面的结构，可以在 style1.css 中定义下面的样式规则：

```
body{text-align:center;font-family:宋体；}
#head{ color:#009999;}
#navigation{}
#content{}
#footer{}
```

整个页面都相同的样式可以定义在<body>内，不同的样式则分别定义在各自的块内。除此之外，还可以定义针对某一块的样式。例如希望 navigation 内的超链接样式和 content 块内的超链接样式不一样，则可以用下面的形式分别定义：

```
#navigation    a:link{color:#339966;}
#content   a:link{color:#ff0033;}
```

（3）页面布局

结构和样式确定后，就可以考虑如何布局了。利用 CSS 中的 float 属性可以进行多列布局，在样式生成器的【布局】选项卡中可以设置任何元素的 float 属性（流控制），此属性确定了其他内容如何环绕被控制的元素，可选项有【边上不允许文本】、【靠右】或【靠左】，浮动效果可以参考在样式生成器中选择设置时其左边的小示意图。例如，有 3 个 div 块，其 id 属性分别为 div1、div2、div3，则可以将 3 个 div 块的 float 属性均设置为 left，就可以将 div2 放在 div1 的右边，div3 放在 div2 的右边。

当元素块的内容溢出时，即元素所包含的内容超过元素所定义的高度和宽度所能容纳的内容时，可以通过 overflow 属性控制是显示滚动条还是自动扩展被控元素的大小使其自动适应内容，或者干脆不显示溢出元素。

3.2.4 任务实施

本节将以“中国无锡质量网”前台显示界面为例介绍系统静态网页布局过程。

1. 结构分析

首先需要对页面结构进行分析，根据效果图 3-9，分析页面分为几大块，该怎么布局更合理。

图 3-9 “中国无锡质量网”首页

据图 3-9 所示，可看出整个页面分为头部区域、导航区域、主体部分和底部，其中主体部分又分为左右两列，整个页面居中显示。其结构图如图 3-10 所示。

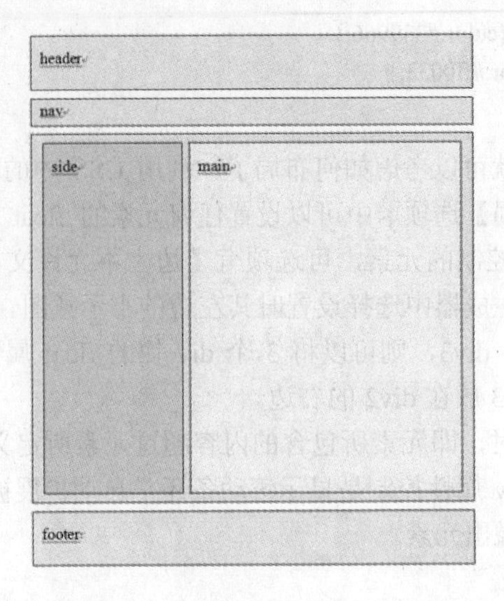

图 3-10 “中国无锡质量网”结构图

2．搭建框架

编写网站静态页面代码时，可以在 Dreamweaver（下面简称 DW）中完成静态页面和 CSS 的编写，然后复制并粘贴到 Visual Studio 2012 中。

① 打开 DW，在 DW 里创建一个 HTML 文件，保存为 index.html 并把“无标题文档”改为“中国无锡质量网”，其代码如下：

```
<html xmlns="http://www.w3.org/1999/xhtml">
<head><meta http-equiv="Content-Type" content="text/html; charset=utf-8" />
<title>中国无锡质量网</title></head>
<body></body></html>
```

② 定义网页结构，插入各块标签。此处以插入 header 的标签为例，单击 DW 菜单中的【插入】→【布局对象】→【div 标签】命令，弹出【插入 Div 标签】窗口，如图 3-11 所示。

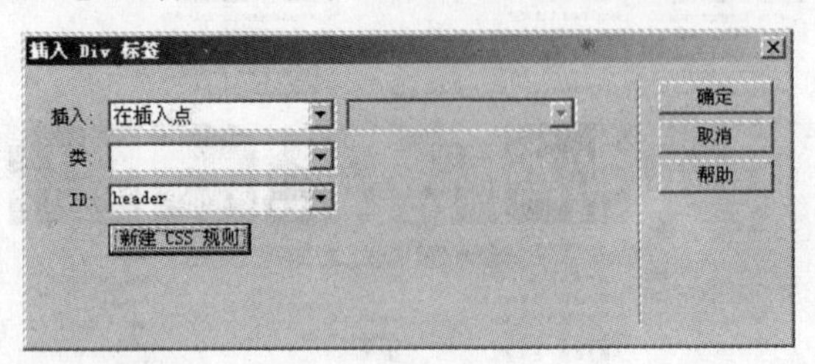

图 3-11　插入 Div 标签

单击【确定】按钮，header 标签插入成功，其他块的插入方法类同。“中国无锡质量网”首页网页结构代码如下：

```
<div id="header">此处显示 id "header" 的内容</div>
<div id="nav">此处显示 id "nav" 的内容</div>
```

```
<div id="maincontent">
<div id="side">此处显示 id "side" 的内容</div>
  <div id="main">此处显示 id "main" 的内容</div>
</div>
<div id="footer">此处显示 id "footer" 的内容</div>
```

分析图 3-9 得知，整个网页是居中显示的，按照这样的布局需要把以上的 header、nav、maincontent、footer 都设置宽度并居中。这样做起来很麻烦，所以再在这些标签外增加一个父标签，设置该父标签宽度并居中后，所有的标签都将居中显示。增加后的代码如下：

```
<div id="container">
<div id="header">此处显示 id "header" 的内容</div>
<div id="nav">此处显示 id "nav" 的内容</div>
<div id="maincontent">
<div id="side">此处显示 id "side" 的内容</div>
  <div id="main">此处显示 id "main" 的内容</div>
</div>
<div id="footer">此处显示 id "footer" 的内容</div>
</div>
```

③ 设置 CSS 样式表，定义全局样式。div 框架代码完成后，下一步需要设置 CSS 样式表。“中国无锡质量网”整体宽度是 996px，（注意：设置 container 也是这个宽度并居中）其中 main 部的宽度为 765px，side 宽度为 205px。把这三个基本的宽度确定好后，下面就可以写 CSS 代码了。由于本实例是按照实际当中应用来做的，所以 CSS 样式表就最好写在单独文件中，不要再写在文件内部了，这样可以利用代码的重用性，减少很多工作量。下面就新建一个 CSS 样式表文件，在 DW 文件菜单选择【新建】，然后在打开的窗口页面类型中选择【CSS】，如图 3-12 所示。

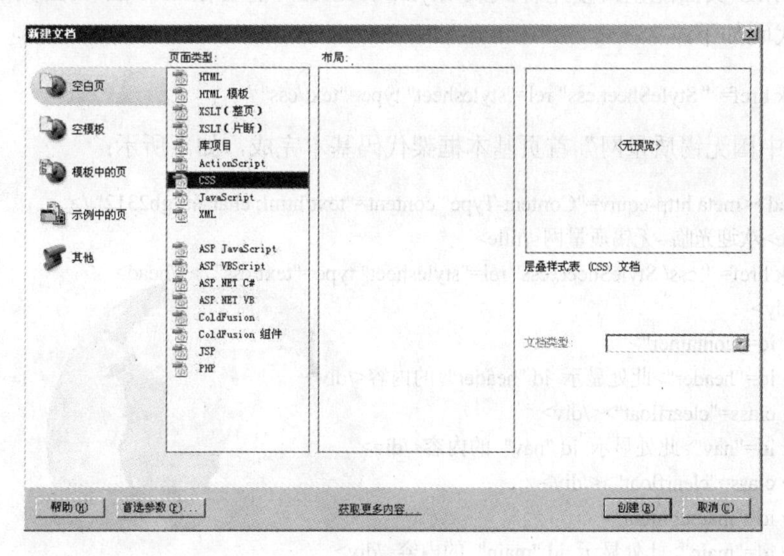

图 3-12　新建 CSS 文件

单击【创建】完成 CSS 的创建，保存 CSS 文件并命名为 StyleSheet.css。接下来需要设置全局样式，全局样式主要代码如下：

```
* { padding: 0px; margin: 0px;}
body {margin: 0px;font-family: Verdana, Helvetica, sans-serif;font-size: 10pt; font-weight: normal;
letter-spacing: normal;}
A:link {text-decoration: none; color: #000000;}
A:visited {text-decoration: none; color: #000000;}
A:active {text-decoration: none;color: #000000;}
A:hover {text-decoration: underline;color: #EF8618;}
#container {position: relative;margin: 0px auto 0px auto; width: 966px;}
#header {margin:0 auto;}
#nav { margin:0 auto;}
#maincontent {margin:0 auto;}
#side {margin-top: 10px;position: relative;float: left;width: 205px;height: auto;}
#main {margin-top: 10px;position: relative;float: left;width: 761px;height: auto;}
#footer { background-image: url(image/bottom.jpg);}
```

完成后预览一下全局样式。发现在 IE8 中，#footer 显示在#nav 的下边了。这又是怎么回事呢？这就是之前讲的，如果一个容器内的元素都浮动的话，那么它的高度将不会去适应内部元素的高度。解决办法是在#maincontent 增加 overflow:auto; zoom:1;，这样就可以让它自动适应内部元素的高度了。

为了保险起见，建议在 header、nav、maincontent、footer 之间增加一句代码并设置 CSS 样式如下，它的作用是清除浮动：

```
<div class="clearfloat"></div>
.clearfloat {clear:both;height:0;font-size: 1px;line-height: 0px;}
```

为了 HTML 页面能正常使用样式表 StyleSheet.css，需要在 HTML 页面头部中先申明一下样式表，代码如下：

```
<link href=“StyleSheet.css" rel="stylesheet" type="text/css" />
```

至此，“中国无锡质量网”首页基本框架代码基本完成，如下所示：

```
<head><meta http-equiv="Content-Type" content="text/html; charset=gb2312" />
<title>欢迎光临--无锡质量网</title>
<link href=“css/ StyleSheet..css" rel="stylesheet" type="text/css" /></head>
<body>
<div id="container">
<div id="header">此处显示 id "header" 的内容</div>
<div class="clearfloat"></div>
<div id="nav">此处显示 id "nav" 的内容</div>
<div class="clearfloat"></div>
<div id="maincontent">
<div id="main">此处显示 id "main" 的内容</div>
<div id="side">此处显示 id "side" 的内容</div></div>
<div class="clearfloat"></div>
<div id="footer">此处显示 id "footer" 的内容</div></div>
```

```
</body></html>
```

3．页面布局

有了上边的基础，下面的任务就是要利用 div 和 CSS 制作完成一个完整的网页了。先从头部开始，就像盖房子一样，整体结构已经出来了，下面就需要填砖分割空间了。此处主要分析头部、导航栏和主题部分的布局。先分析下头部，头部分为两部分，一个是 logo 居中显示，一个是导航栏居中显示，那么布局时插入两个 div，并且都居中显示。

① 头部和导航栏。

先在 header 里插入一个 div，然后插入相应的内容。在 logo 里插入事先切割好的 logo 图片，插入后代码如下：

```
<div id="logo"><img src="images/logo.gif" width="996" height="130" /></div>
```

接下来定义 CSS，据效果图 3-9 所示，头部的高度是 71px，logo 距顶部 18px，且居中显示。下面在 CSS 里把这些参数全都定义上，代码如下：

```
#logo { float:left; margin-top:18px;height:71px;}
```

至此，头部的样式就完成了。

制作导航前先分析一下，“中国无锡质量网”导航分为一级导航，所以需要在 nav 下再插入 nav_main 元素。

```
<div id="nav">
<div class="nav_main"><ul>
<li><a href="#"><span>网站首页</span></a></li>
<li><a href="#" id="nav_current"><span>机构设置</span></a></li>
<li><a href="#"><span>职能介绍</span></a></li>
<li><a href="#"><span>质监动态</span></a></li>
<li><a href="#"><span>工作新闻</span></a></li>
<li><a href="#"><span>政策法规</span></a></li>
<li><a href="#"><span>政务公开</span></a></li>
<li><a href="#"><span>曝光台</span></a></li>
<li><a href="#"><span>WTO 专栏</span></a></li>
<li><a href="#"><span>商品条码</span></a></li>
<li><a href="#"><span>产品防伪</span></a></li>
<li><a href="#"><span>网站地图</span></a></li>
</ul></div>
</div>
```

先设置 nav 的高度及背景图片样式，代码如下：

```
#nav { height:66px; background:url(../images/nav_bg.gif) 0 0 repeat-x; margin-bottom:8px;}
```

完成后设置菜单样式，代码如下：

```
.nav_main { height:36px; overflow:hidden;}
.nav_main ul li { float:left; font-size:14px; font-weight:bold; margin:5px 5px 0 5px;}
.nav_main ul li a { float:left; display:block; height:26px; line-height:26px; color:#fff; padding-left:20px;}
.nav_main ul li a span { display:block; padding-right:20px;}
```

```
.nav_main ul li a:hover { background:url(../images/nav_bg.gif) 0 -163px no-repeat;}
.nav_main ul li a:hover span { background:url(../images/nav_bg.gif) right -163px no-repeat;}
.nav_main ul li a#nav_current
{height:31px; line-height:31px; background:url(../images/nav_bg.gif) 0 -132px no-repeat; color:#646464;}
.nav_main ul li a#nav_current span { height:31px; background:url(../images/nav_bg.gif) right -132px no-repeat;}
```

预览头部和导航和效果图是否一样。

② 主体部分。

主体部分涉及 side 和 main 两部分，内容较多。但都不难，没有增加新的知识点。主体部分先从 main 部分说起，因为主体部分都包含在 main 层中，下面就先编写 main 层的一个通用的代码，如下所示：

```
<div id=main>
    <div id="mainA"></div>
    <div id="mainB"></div>
    < div id="mainC"></div>
    < div id="mainD"></div>
< div id="mainE"></div>
    < div id="mainF"></div>
</div>
```

在这里，很容易发现 main 层又有 6 个子层组成。下面就是定义主体部分的各个部分了。从上面的通用代码可以看出主体部分可以分六大部分，第一部分是“最新告示”、“最新动态”、“图片新闻”，第二部分是“站内搜素”，第三部分是“政策法规”、“办事指南”，第四部分是“热点专栏”，第五部分是“质量常识”、“质量与消费”、“民意调查”，第六部分是“技术交流”、“企业查询”和“视频新闻”。

这里主要讲解如何来布局主体部分的第一部分的“最新告示”的布局和样式。首先分析“最新告示”的布局方式，代码如下：

```
<div id="r1c1">
    <div id="r1c1_bar">最新公告</div>
    <div id="r1c1_con">…</div>
</div>
```

可以看到“最新告示”主要有三块标签控制，一块是“r1c1”控制最新公告整个栏目的布局，一块是“r1c1_bar”用来实现标题栏布局，还有一块是“r1c1_con”，用来实现“最新告示”的数据显示布局。

“最新告示”样式代码如下：

```
#r1c1 {position: relative;float: left;width: 268px;height: auto;}
#r1c1_bar { width: 100%;height: 28px;background: url(image/bannerBack.jpg) repeat-x;}
```

“最新动态”、“图片新闻”的布局和样式的实现方法类似，此处不再赘述。

主体部分的第一部分完成，主体部分还剩下五块内容。这五块也是应用左右浮动的方式实现此处不再赘述。

③ 细节调整。

最后的步骤是要做一些细节调整，比如该对齐的地方是否对齐，图片的 alt 属性是否都加上了，在各种浏览器下是否显示一样等。至此整个前台页面制作完成了，下面的任务就是该用程序来读取数据库里的内容来完成整个站点的制作。

3.2.5 任务考核

本任务中要求完成“中国无锡质量网”的页面布局与设计，根据页面设计的合理性和美观性进行考核，同时要考虑页面布局的可维护性，任务考核标准如表 3-2 所示。

表 3-2 本任务考核标准

评 分 项 目	评 分 标 准	分 值	比例
页面布局与设计效果	页面设计布局合理、美观、易于维护	优秀（85～100 分）	60%
	页面设计基本合理、较易于维护	良好（70～84 分）	
	页面需要进一步改进，不易于维护	及格（60～69 分）	
任务过程	根据任务实施过程的态度、团队合作精神和创新能力等方面进行考核	酌情打分	30%
任务完成时间	在规定时间内完成任务者得满分，每推延半小时扣 5 分	0～100 分	10%

3.2.6 任务小结

本任务主要介绍了页面布局的基本设计思想以及利用 CSS 进行样式控制的基本方法和技巧。这部分内容是进行网页设计的基础，希望能够很好地理解和掌握。

3.2.7 拓展与提高

（1）自制 XHTML 标记速查手册。

（2）自制 CSS 样式速查手册。

3.2.8 思考与讨论

（1）谈谈对 XHTML 语言的理解。

（2）谈谈对 CSS 样式表的理解，使用 CSS 布局的优点有哪些?

（3）将样式表引用到网页可以有哪几种方式?

（4）如何利用 div 和 CSS 来实现网页的布局?

3.2.9 实训题

模仿“中国无锡质量网”静态网页的设计过程，基于 div 和 CSS 完成“图书馆门户信息管理系统”静态网页的设计。

任务 3.3 服务器端验证控件

3.3.1 任务引入

服务器端验证控件是 ASP.NET 控件中新产生的一种验证控件，它可以在客户端直接验证用户输入信息，但控件必须包含“runat=server”属性。当用户输入错误时，验证控件还可以显示出错信息。控件在正常情况下是不可见的，只有当用户输入数据错误时，它们才是可见的。“中国无锡质量网”的后台用户登录界面就采用了服务器端验证控件，还有一些有关JavaScript脚本语言的简单介绍和简单的JavaScript实例演示。

3.3.2 任务目标

本任务主要完成两个目标：一是知识目标，了解Javascript脚本语言，掌握客户端验证控件的用法；二是能力目标，掌握进行客户端验证的关键技术。

3.3.3 相关知识

1. 数据验证控件

数据验证控件用来检验用户输入的数据是否合法，如果合法，则页面可正常提交数据，否则将定义好的错误提示信息显示出来。Visual Studio 2012 提供的验证控件如图 3-13 所示。

图 3-13 数据验证控件

根据图 3-13 所示，下面将详细介绍 Visual Studio 2012 提供的 6 种数据验证控件：

① RequiredFieldValidator 控件。

RequiredFieldValidator 控件即必需项验证控件，常用于文本输入框的非空验证。默认情况下验证用户的空输入，即若指定输入控件的值为空，则验证失败，给出用户提示，直到用户正确输入之后才可将页面回发。表 3-3 列出了 RequiredFieldValidator 控件的主要属性。

表 3-3 RequiredFieldValidator 控件主要属性

属　性	描　述
ControlToValidate	要验证的控件的 id
Display	验证控件的显示行为。合法的值有：None、Static、Dynamic
ErrorMessage	当验证失败时，在 ValidationSummary 控件中显示的文本

下面将通过实例介绍 RequiredFieldValidator 控件的使用方法。例如，验证文本框是否输入数据，界面如图 3-14 所示。

据图 3-14 所示，创建 ASP.NET 应用程序 ValidatorControls 的页面 RequiredFieldValidator.aspx。在页面上添加一个非空验证控件，ID 为 RequiredFieldValidator1，添加一个文本框，ID 为 TextBox1。验证文本框 TextBox1 中是否输入了数据，如果没有输入数据，则用户单击【提交】按钮，文本框后面会出现一个红色的*，表示此处的文本框为必填项；否则验证通过。主要控件设置如下：

```
<asp:RequiredFieldValidator ID="RequiredFieldValidator1" runat="server" ErrorMessage="TextBox 为必填项目" ControlToValidate="TextBox1" Text="*"></asp:RequiredFieldValidator>
```

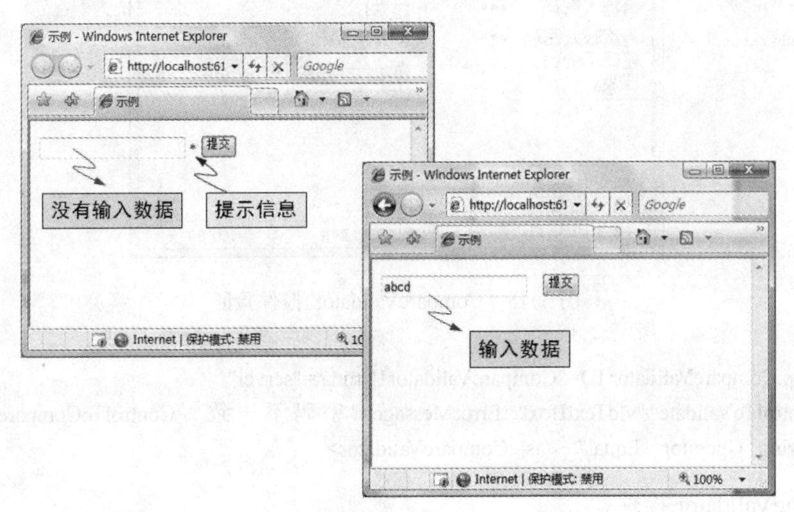

图 3-14　RequiredFieldValidator 控件验证

【提示】: *设置验证控件的属性时特别要注意的是验证控件的 ControlToValidate 属性应该设为被验证的控件的 ID，此属性不能为空，否则会导致应用程序出错。*

② CompareValidator 控件。

比较验证控件对照特定的数据类型来验证用户输入的信息。因为当用户输入信息时，难免会输入错误信息，如当需要填写用户生日时，用户很可能输入了其他的字符串。Compare Validator 控件用于比较用户输入到输入控件的值与输入到其他输入控件的值或常数值。使用 CompareValidator 控件使字段成为必选字段。表 3-4 列出了 CompareValidator 控件的主要属性。

表 3-4　CompareValidator 控件的主要属性

属　性	描　述
ControlToCompare	要与所验证的输入控件进行比较的输入控件
ControlToValidate	要验证的输入控件的 ID
Display	验证控件中错误信息的显示行为。合法值是：None、Static、Dynamic

下面通过实例来介绍 CompareValidator 控件的使用方法。例如，验证输入的数据值是否

小于 100，界面如图 3-15 所示。

据图 3-15 所示，创建 ASP.NET 应用程序 ValidatorControls 的页面 CompareControl.aspx。在页面 CompareControl.aspx 添加一个比较验证控件，其名称为 CompareValidator1；两个文本框，其 ID 分别是 psdTextBox、vldTextBox。验证两次密码输入值是否相等，如果不一致，那么单击【提交】，会显示提示信息：密码不一致。主要控件设置代码如下：

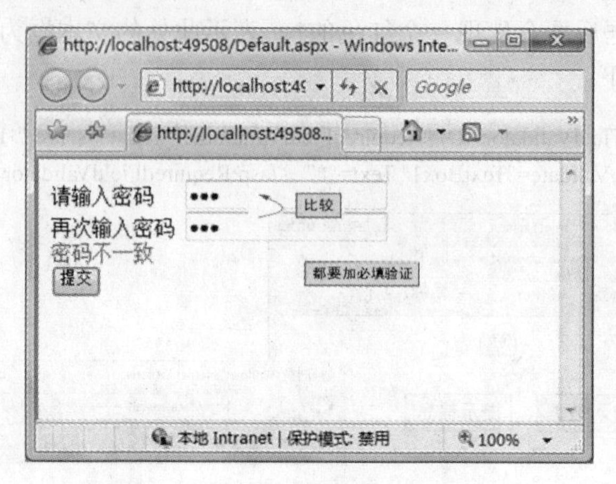

图 3-15　CompareValidator 控件验证

```
<asp:CompareValidator ID="CompareValidator1" runat="server"
ControlToValidate="vldTextBox" ErrorMessage="密码不一致" ControlToCompare="psdTextBox"
Type="String" Operator="Equal"></asp:CompareValidator>
```

③ RangeValidator 控件。

RangeValidator 控件用于验证用户输入值是否在指定的范围内，验证范围取值由 MaximumValue 和 MinimumValue 两个属性指定。可以对不同类型的值进行比较，如数字、日期以及字符。

【提示】：如果输入控件为空，验证不会失败。请使用 RequiredFieldValidator 控件，使字段成为必选字段。表 3-5 列出了 RangeValidator 控件的主要属性。

表 3-5　RangeValidator 控件的主要属性

属　性	描　述
ControlToValidate	要验证的控件的 id
MaximumValue	规定输入控件的最大值
MinimumValue	规定输入控件的最小值
Type	规定要检测的值的数据类型。类型有：Currency、Date、Double、Integer、String

下面通过实例介绍 RangeValidator 控件的使用方法。该实例使用 ASP.NET 应用程序 ValidatorControls 的页面 RangeValidator.aspx。例如，验证输入的数据值是否在 0～100 之间。界面如图 3-16 所示。

据图 3-16 所示，创建 ASP.NET 应用程序 ValidatorControls 的页面 RangeValidator.aspx。

在页面 RangeValidator.aspx 添加一个范围验证控件，其 ID 为 RangeValidator1，添加一个文本框，其 ID 为 TextBox1。验证文本框输入的值是否在 0～100 之间，如果不一致，单击【提交】按钮，会显示提示信息：必须是在 0～100 之间。主要控件设置代码如下：

```
<asp:RangeValidator ID="RangeValidator1" runat="server" ControlToValidate="TextBox1"
ErrorMessage="取值必须在 0～100 之间" MaximumValue="100" MinimumValue="0" Type=
"Integer">
</asp:RangeValidator>
```

【提示】：验证控件 MaximumValue 属性值必须大于 MinimumValue 属性值，否则会引发应用程序错误。

④ RegularExpressionValidator 控件。

RegularExpressionValidator 控件用于验证输入值是否匹配正则表达式指定的模式。如果输入控件为空，验证将失败。表 3-6 列出了 RegularExpressionValidator 控件的主要属性。

表 3-6 RegularExpressionValidator 控件的主要属性

属　性	描　述
ControlToValidate	要验证的控件的 id
ValidationExpression	规定验证输入控件的正则表达式。在客户端和服务器上表达式的语法是不同的
IsValid	获取或设置一个值，该值指示要验证的输入控件是否通过验证
ErrorMessage	获取或设置验证失败的错误信息
Text	获取或设置验证失败时在 RegularExpressionValidator 控件中显示的文本

下面通过实例介绍 RegularExpressionValidator 控件的使用方法。该实例使用 ASP.NET 应用程序 ValidatorControls 的页面 RegularExpressionValidator.aspx。例如，验证是否为合法邮件地址、电话号码或移动电话，界面如图 3-17 所示。

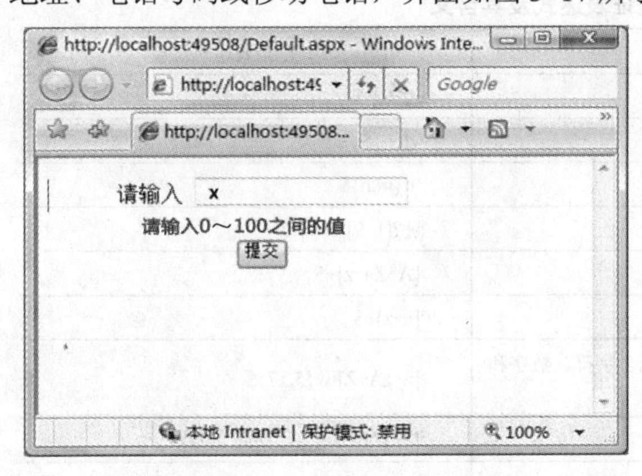

图 3-16 RangeValidator 控件验证

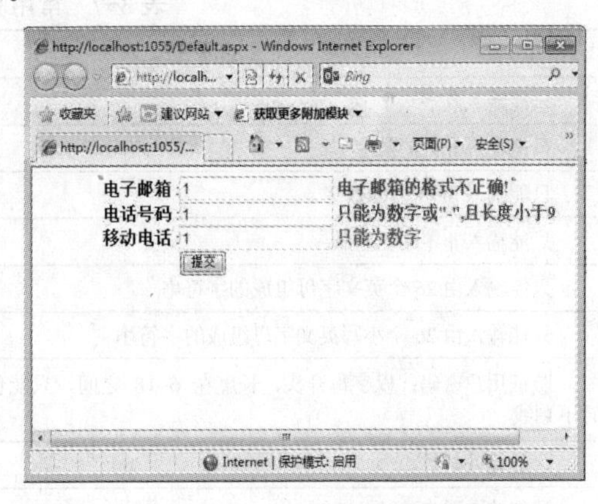

图 3-17 RegularExpressionValidator 控件验证

据图 3-17 所示，创建 ASP.NET 应用程序 RegularExpressionValidator 的页面 RegularExpressionValidator.aspx。在页面 RegularExpressionValidator.aspx 添加三个正则表达式验证控件，其 ID 为 REV1、REV2、REV3，验证输入的电子邮箱地址、电话号码及移动电话格式是否正确，添加三个文本框，其 ID 分别为：Email、Telephone、MobliePhone。如果输入值

不正确，那么单击【提交】按钮，会显示错误提示信息，否则验证通过。其中，验证的规则如下：电子邮箱地址必须是“username@netname.netname”形式；固定电话号码必须是数字或“-”，而且长度少于 9 位；移动电话必须是数字，同时它的长度必须固定为 13 位。主要控件设置代码如下：

```
<asp:RegularExpressionValidator ID="REV1" runat="server" ControlToValidate="Email" ErrorMessage
="电子邮箱的格式不正确!" ValidationExpression="\w+([-+.']\w+)*@\w+([-.]\w+)*\.\w+([-.]\w+)*">
</asp:RegularExpressionValidator>
<asp:RegularExpressionValidator ID="REV2" runat="server" ControlToValidate="Telephone" Error
Message="只能为数字或&quot; -&quot;,且长度小于 9" ValidationExpression="\d{9,10}(-\d*){0,1}">
</asp:RegularExpressionValidator>
<asp:RegularExpressionValidator ID="REV3" runat="server" ControlToValidate="MobliePhone"
ErrorMessage="只能为数字" ValidationExpression="13\d{9}">
</asp:RegularExpressionValidator>
```

正则表达式非常重要，如果不能写出很好的正则表达式，那么正则表达式验证控件的优势就不能发挥得淋漓尽致。幸好 Visual Studio 2012 提供正则表达式编辑器，系统已经配备了常用的正则表达式，用户只需要单击 Regular ExpressionValidator 控件的 ValidationExpression 属性则会弹出【正则表达式编辑器】窗口，如图 3-18 所示。

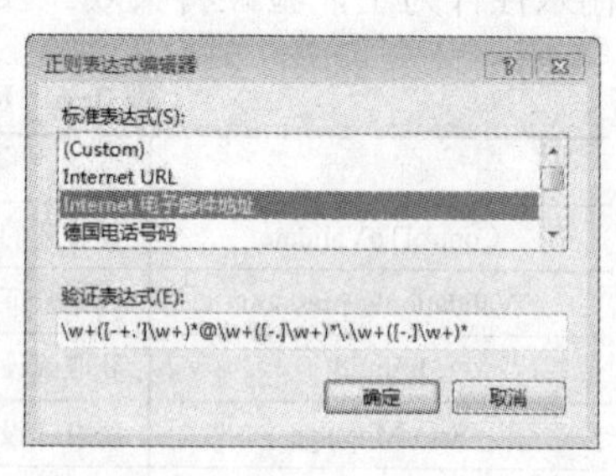

图 3-18　正则表达式编辑器

据图 3-18 所示，用户只需要单击相应的标准表达式，验证表达式会自动显示。如果需自定义正则表达式，单击【标准表达式】下面的【Custom】选项，然后在【验证表达式】输入框中输入相对应的正则表达式。一些常用验证表达式及其含义如表 3-7 所示。

表 3-7　常用验证表达式及其含义

正则表达式含义	正则表达式
只能输入数字	^[0-9]*$
只能输入 n 位的数字	^\d{n}$
只能输入 m~n 位的数字	^\d{m,n}$
只能输入非零的正整数	^\+?[1-9][0-9]*$
只能输入由 26 个英文字母组成的字符串	^[A-Za-z]+$
只能输入由 26 个小写英文字母组成的字符串	^[a-z]+$
验证用户密码：以字母开头，长度在 6~18 之间，只能包含字符、数字和下划线	^[a-zA-Z]\w{5,17}$
只能输入整数	^[+-]?\d+$　(可带正负号)
只能输入浮点数	^(-?\d+)(\.\d+)?$
只能输入长度为 N 的字符	^.{N}$
验证是否含有^%&',;=?$\"等字符	[^%&',;=?$\x22]+

⑤ CustomValidator 控件。

CustomValidator 控件可对输入控件执行用户定义的验证。表 3-8 列出了 CustomValidator

控件的主要属性。

表 3-8 CustomValidator 控件的主要属性

属　性	描　述
ControlToValidate	要验证的输入控件的 ID
Display	验证控件中错误信息的显示行为。合法的值有 None、Static、Dynamic
ErrorMessage	验证失败时 ValidationSummary 控件中显示的错误信息的文本。注意：如果设置了 ErrorMessage 属性但没有设置 Text 属性，则验证控件中也将显示 ErrorMessage 属性的值
IsValid	布尔值，该值指示关联的输入控件是否通过验证
OnServerValidate	规定被执行的服务器端验证脚本函数的名称

下面通过实例介绍 CustomValidator 控件的使用方法，该实例使用 ASP.NET 应用程序 ValidatorControls 的页面 CustomValidator.aspx，例如，验证输入的值是否是奇数。界面如图 3-19 所示。

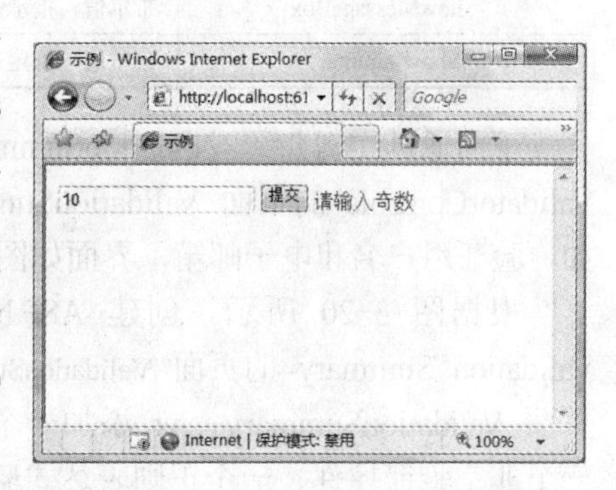

图 3-19 CustomValidator 控件验证

根据图 3-19 所示，创建 ASP.NET 应用程序 CustomValidator 的页面 CustomValidator. aspx。在页面 CustomValidator.aspx 添加一个范围验证控件，其 ID 为 CustomValidator1，验证输入的值是否是奇数，如果不是，单击【提交】按钮，显示“请输入奇数”，其主要代码如下：

```
protected void CustomValidator1_ServerValidate (object source, ServerValidateEventArgs args)
{int i = int.Parse(args.Value);              // args.Value 获取来自要验证的输入控件的字符串值
if (i % 2 == 1) args.IsValid = true;         // if（验证条件为真）则将 args.IsValid 设置为 true;
else args.IsValid = false; }                 // else 将 args.IsValid 设置为 false
```

【提示】：当 CustomValidator 验证 ControlToValidate 属性的值时，ServerValidate 事件发生。主要控件属性设置如下：

```
<asp:CustomValidator ID="CustomValidator1" runat="server" ControlToValidate="TextBox1" Error
Message="请输入奇数" onservervalidate="CustomValidator1_ServerValidate"></asp:CustomValidator>
```

【提示】：自定义验证控件与其他控件的最大区别是该控件可以添加客户端验证函数和服务器端验证函数。客户端验证函数总是在 ClientValidationFunction 属性中指定的，而服务器端验端验证函数是通过 OnServerValidate 属性来设定的，并指定为 ServerValidate 事件处理程序。而验证函数的形式是一样的，均为“bool ValidateFunction(object source,object args)”，其中 object 参数是 validator 元素，args 参数是一个包含属性（Value 和 IsValid）的对象。但是当被验证的控件的值为空时，自定义控件不触发验证功能。

⑥ ValidationSummary 控件。

如果网页比较大，而且需要验证的控件特别多，那么用户在观察错误信息时可能会出现混乱，甚至困难。因此，Visual Studio 2012 提供了验证组控件，验证组控件（Validation Summary）能够对同一页面的多个控件进行验证。同时，ValidationSummary 控件通过

ErrorMessage 属性为页面上的每个验证控件显示错误信息。在该控件中显示的错误消息是由每个验证控件的 ErrorMessage 属性规定的。如果未设置验证控件的 ErrorMessage 属性，就不会为该验证控件显示错误消息。表 3-9 列出了 ValidationSummary 控件的主要属性。

表 3-9　ValidationSummary 控件的主要属性

属　性	描　述
DisplayMode	如何显示摘要。合法值有：BulletList、List、SingleParagraph
EnableClientScript	布尔值，规定是否启用客户端验证
HeaderText	ValidationSummary 控件中的标题文本
ShowMessageBox	布尔值，指示是否在消息框中显示验证摘要
ShowSummary	布尔值，规定是否显示验证摘要

下面通过实例介绍 ValidationSummary 控件的使用方法，该实例使用 ASP.NET 应用程序 ValidatorControls 的页面 ValidationSummary.aspx。例如，验证用户名和电子邮箱，界面如图 3-20 所示。

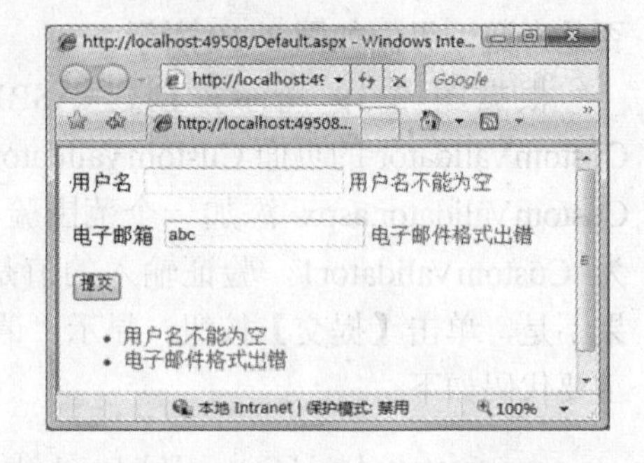

图 3-20　ValidationSummary 控件验证

根据图 3-20 所示，创建 ASP.NET 应用程序 Validation Summary 的页面 ValidationSummary.aspx。在页面 ValidationSummary.aspx 添加一个验证组控件、一个非空验证控件、一个正则表达式验证控件，其名称为 ErrorSummary、RFieldValidator1、RExpression Validator1，验证用户名是否为空，同时验证电子邮箱的格式是否正确，添加两个文本框，其 ID 分别是 TextBox1、TextBox2。如果用户名没有输入，电子邮件格式出错，那么单击【提交】按钮，提示信息：“用户名不能为空”或“电子邮件格式出错”；否则验证成功。主要控件设置如下：

```
<asp:ValidationSummary ID="ErrorSummary" Runat="server" ShowSummary="False" Font-Bold=
"True" ShowMessageBox="True" ForeColor="Black"></asp:ValidationSummary>
<asp:RegularExpressionValidator ID="RExpressionValidator1" runat="server" ControlToValidate=
"Email" ErrorMessage="电子邮箱的格式不正确!" ValidationExpression="\w+([-+.']\w+)*@\w+([-.]\w+)*\.
\w+( [-.] \w+)*"></asp:RegularExpressionValidator>
<asp:RequiredFieldValidator ID="RFieldValidator1" runat="server" ControlToValidate="TextBox1"
ErrorMessage="用户名不能为空"></asp:RequiredFieldValidator>
```

2．JavaScript 脚本语言

（1）JavaScript 脚本语言简介

JavaScript 是一种基于对象和事件驱动并具有安全性能的脚本语言，它可以使网页变得生动。使用它的目的是与 HTML 超文本标识语言、Java 脚本语言一起实现在一个网页中链接多个对象，与网络客户交互作用，从而开发出客户端的应用程序。它是通过嵌入或调入在标准的 HTML 语言中实现的。

（2）JavaScript 的优点

① 简单性。JavaScript 是一种脚本编写语言，像其他脚本语言一样，它采用小程序段的方式实现编程。JavaScript 同样是一种解释性语言，它提供了一个简易的开发过程。它的基本结

构形式与 C、C++、VB、Delphi 等编程语言十分类似。但它不像这些语言需要先编译，而是在程序运行过程中被逐行地解释。它与 HTML 标识结合在一起，从而方便用户的使用操作。

② 动态性。JavaScript 是动态的，它可以直接对用户或客户输入信息做出响应，无须经过 Web 服务程序。它对用户的反映响应是采用以事件驱动的方式进行的。所谓事件驱动，就是指在主页中执行了某种操作所产生的动作，如按下鼠标、移动窗口、选择菜单等都可以视为事件。当事件发生后，可能会引起相应的事件响应。

③ 跨平台性。JavaScript 依赖于浏览器本身，与操作环境无关，只要有能运行浏览器的计算机并支持 JavaScript 的浏览器就可以正确执行。

（3）JavaScript 的使用

① 在 ASP.NET 网页中添加码 JavaScript 脚本代码一般包含在 head 内的<script>和</script>之间，例如：

```
<head   runat="server"><title>JavaScript 示例</title>
<script language ="javascript"   type="text/javascript"> <!--Alert("hello")// </script>
</head>
```

在这段代码中，用“language="javascript"”表示在低版本的浏览器中使用 JavaScript，用“type="text/javascript"”表示在高版本的浏览器中使用 JavaScript，type 属性是符合 XHTML 规定的声明方式。

【提示】：为了防止在不支持 JavaScript 的浏览器中出现解析错误，可以用“<!—”和“//-->”将 JavaScript 代码作为注释，这样，不支持 JavaScript 的浏览器中将不再执行“<!—”和“//-->”之间的代码。如果用户使用的浏览器均支持 JavaScript，也可不将 JavaScript 代码包含在“<!—”和“//-->”之间。在后面的例子中，均不再添加这对注释。

② JavaScript 代码的注释方式和 C#语言的注释方式相似，可以用“//”进行单行注释，也可以用“/*……*/”进行多行注释。

③ 关于分号的问题。JavaScript 标准化的用法是在每条 JavaScript 语句的末尾加上分号，但是对于大部分浏览器来说，分号是可有可无的，也就是说，不管语句后面是否加上分号，浏览器都可以正确地解析和执行这些脚本代码。

④ 在 VS 2012 中添加 JavaScript 文件。可以将 JavaScript 代码单独保存在扩展名为.js 的文件中，然后在 ASP.NET 页面中添加对 JavaScript 文件的引用。例如：

```
<head runat="server"><title>JavaScript 示例</title>
<script language="javascript" type="text/javascript" src="filename.js"> </script>
</head>
```

3.3.4 任务实施

1．数据验证控件

在“中国无锡质量网”中，系统管理员通过登录页面进入系统时，为了减少客户端与服务器之间的交互次数，使用验证控件是再好不过的选择。“中国无锡质量网”系统管理员登录页面如图 3-21 所示。

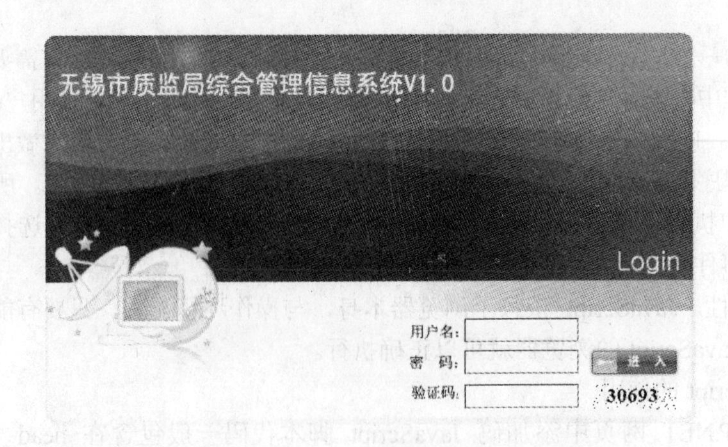

图 3-21　系统管理员登录页面

在这里要定义了 3 个 TextBox 控件，其 ID 分别是 TextBoxUserName、TextBoxPwd、TxtCheckCode。分别用于用户名的输入、用户密码的输入、验证码的输入。

在 TextBoxUserName、TextBoxPwd 两个文本框后分别放两个验证控件 RequiredFieldValidator1、RequiredFieldValidator2，用于验证用户的输入是否符合系统的要求。接下来配置这两个验证控件的属性，让它们可以验证用户的用户名和密码是否符合要求。具体方法为：查看 RequiredFieldValidator1 的属性，把 ControlToValidate 属性的值绑定到 TextBoxUserName 文本框上，然后在 ErrorMessage 属性框中输入“用户名不能为空！”。用同样的方法设置 RequiredFieldValidator2 验证控件，把它绑定到 TextBoxPwd 控件上。

这样当用户运行页面，不输入任何内容时，页面就会出现如图 3-22 所示的提示信息。

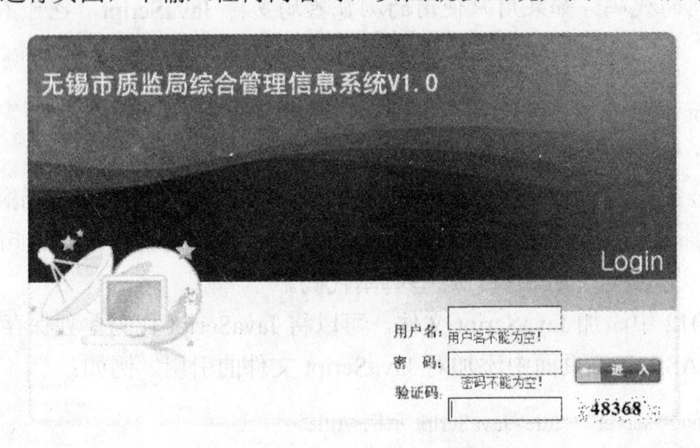

图 3-22　用户不输入信息时的提示信息

验证控件的主要代码如下：

```
…
<asp:TextBox ID="TextBoxUserName" runat="server" BorderStyle="Groove" Width="105px"> </asp:
TextBox>
    <asp:RequiredFieldValidator ID="RequiredFieldValidator1"
    runat="server" ControlToValidate="TextBoxUserName" ErrorMessage="用户名不能为空！"></asp:
RequiredFieldValidator>
```

```
…
<asp:TextBox ID="TextBoxPwd" runat="server" BorderStyle="Groove"
Width="105px" TextMode="Password"></asp:TextBox>
<asp:RequiredFieldValidator ID="RequiredFieldValidator2" runat="server" ControlToValidate= "TextBoxPwd" ErrorMessage="密码不能为空！"></asp:RequiredFieldValidator>
```

2．JavaScript 脚本语言实现

本系统中涉及的脚本语言比较简单，在此不再赘述，读者可以自行到脚本语言的官方网站上学习了解。

3.3.5 任务考核

本任务主要考核验证控件和使用 JavaScript 代码实现特定效果的能力，读者要根据本任务中的相关内容完成登录页面的设计及后台管理页面的导航折叠效果、本任务主要考核网站项目的建立情况，任务考核标准如表 3-10 所示。

表 3-10 本任务考核标准

评 分 项 目	评 分 标 准	分 值	比例
任务完成情况	登录页面中验证控件的使用是否正确	0～30 分	50%
	后台管理页面的导航折叠效果是否正确、美观	0～20 分	
任务过程	根据任务实施过程的态度、团队合作精神和创新能力等方面进行考核	酌情打分	20%
任务完成时间	在规定时间内完成任务者得满分，每推延半小时扣 5 分	0～30 分	30%

3.3.6 任务小结

Web 服务器验证控件主要用于检查用户输入信息是否有效。验证控件为所有常用类型的标准验证（如数据范围检查、数据间的比较等）提供了一种易于使用的机制，另外还讲解了自定义编写验证功能的方法。

另外，JavaScript 代码也可以实现客户端的验证，也可以实现更加丰富的与页面交互的功能。

3.3.7 拓展与提高

自行学习正则验证控件（RegularExpressionValidator）所使用的正则表达式。

3.3.8 思考与讨论

（1）Visual Studio 2012 提供的数据验证控件有哪些？

（2）在 Visual Studio 2012 中，如何使用其提供的正则表达式编辑器？

（3）谈谈对 JavaScript 脚本语言的理解，JavaScript 的优点有哪些？

（4）如何在 ASP.NET 网页中添加 JavaScript 脚本？

3.3.9 实训题

模仿“中国无锡质量网”系统管理员登录页面的功能实现过程，完成“图书馆门户信息管理系统”的管理员登录页面。并用 JavaScript 脚本语言实现“图书馆门户信息管理系统”的管理员登录后页面中功能栏的【打印】等功能。

任务 3.4 系统动态页面设计

3.4.1 任务引入

在“中国无锡质量网”的开发过程中，为了保持网站风格的统一与样式的美观，更重要的是减少程序员相同代码的重复编写，可以选择母版页。使用母版页，程序员在完成页面布局样式统一的页面时，可以使用同一个母版页。在每个内容页中只需要把不一样的样式布局出来即可，从而减少了很多代码的编写。而使用皮肤与主题文件，可以使网站中使用同一布局的不同页面达到样式统一、美观的效果。

此外，使用 ASP.NET 常用内置对象，可以实现简单网站访问量的统计、不同页面直接的参数传递和读取以及在浏览器中保存用户的账户、密码等信息都可以较容易地实现。

3.4.2 任务目标

本任务主要完成两个目标：一是知识目标，掌握母板页相关知识、掌握主题和皮肤的使用及掌握 ASP.NET 内置对象；二是能力目标，掌握动态页面设计技术。

3.4.3 相关知识

1．母版页技术

（1）母版页

我们在访问网站的时候，经常会看到不同的页面上有着很多相似的内容，如新闻内容页面、企业的 logo、网站导航菜单等，并且这些页面布局也基本一致。对于页面上相同的内容是如何处理的呢？是在每一页都设计好相同的内容还是通过其他技术实现的呢？在 Visual Studio 2012 中，通过对母版页的使用，将会使这些问题迎刃而解。

① 母版页定义。所谓母版页其实是一种模板，它可以快速地建立相同页面布局而内部不同的网页。

② 创建母版页。使用 Visual Studio 2012 能够轻松地创建母版页文件，打开 Visual Studio 2012，创建一个 WebSite，命名为 3-4。在【解决方案资源管理器】中右击网站名称【3-4】，选择【添加】→【添加新项】命令，弹出【添加新项】窗口，如图 3-23 所示。

在打开的窗口中选择【母版页】项目，并且设置文件名为 MasterPage.master。（需要注意的是：该窗口中有一个复选框项【将代码放在单独的文件中】。默认情况下，该复选框处于选中状态，表示 Visual Studio 2012 将会为 MasterPage.master 文件应用代码隐藏模型，即在创建 MasterPage.master 文件的基础上，自动创建一个与该文件相关的 MasterPage.master.cs 文件。如果不选中该项，那么只会创建一个 MasterPage.master 文件而已。建议读者选取该项。）单击【添加】按钮即可向项目中添加一个母版页，母版页的后缀名为.master，这时候可以看到该文件有如下内容：

```
<%@ Master Language="C#" AutoEventWireup="true" CodeFile="MasterPage.master.cs" Inherits=
"MasterPage" %>
    <head runat="server"></head>
    <body><form id="form1" runat="server">
    <asp:ContentPlaceHolder    id="ContentPlaceHolder1"    runat="server"></asp:ContentPlaceHolder>
</form>
    </body>
    </html>
```

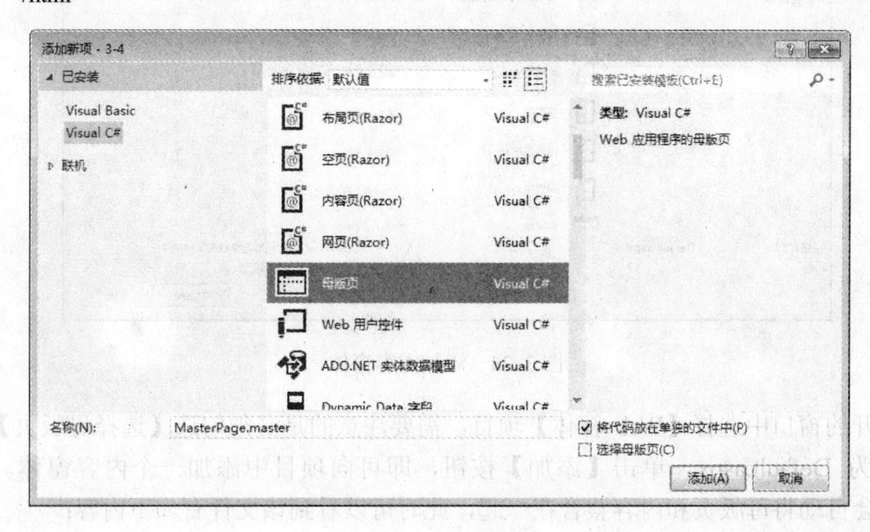

图 3-23　添加母板页

看起来同 Web 窗体在结构上基本相同，不同的是，母版页的声明方法不是使用 Page 的方法声明，而是使用 Master 关键字进行声明。同时可以看到在<body></body>之间包含了一个 asp 的控件 ContentPlaceHolder，这个叫内容占位符。它的作用就是当用<table>或者<div>进行布局后，用这个控件去“霸占”一个地方，而这个地方的主人，不是 ContentPlace Holder，而是后面将提到的“内容窗体”（Content）。

③ 母版页优势。编写母版页的方法非常简单，只需要像编写普通 Web 页面一样即可。使用母版页具有以下优点：

- 母版页可以集中地处理页面的通用功能，包括布局和控件定义。
- 使用母版页可以定义通用性的功能，包括页面中某些模块的定义，这些模块通常由用户控件和自定义控件实现。
- 母版页允许控制占位符控件的呈现方式。
- 母版页能够将页面布局集中到一个或若干个页面中，这样无须在其他页面中过多地关心页面布局。

（2）内容窗体

① 内容窗体定义。内容窗体是指包含非公共部分内容的页面。或者说使用母版页的页面被称作内容窗体（也称内容页）。内容窗体不是专门负责设计的页面，无须过多地考虑页面布局，只需要关注一般页面的布局、事件以及窗体结构即可。当用户请求内容窗体时，内容窗体将与母版页合并，并且将母版页的布局和内容窗体的布局组合在一起呈现到浏览器。

② 内容窗体创建。创建内容窗体的方法基本同 Web 窗体一样，方法如下：用 Visual Studio 2012 打开已创建的 WebSite【3-4】，在【解决方案资源管理器】中右击网站名称，选择【添加】→【添加新项】命令，弹出【添加新项】窗口，如图 3-24 所示。

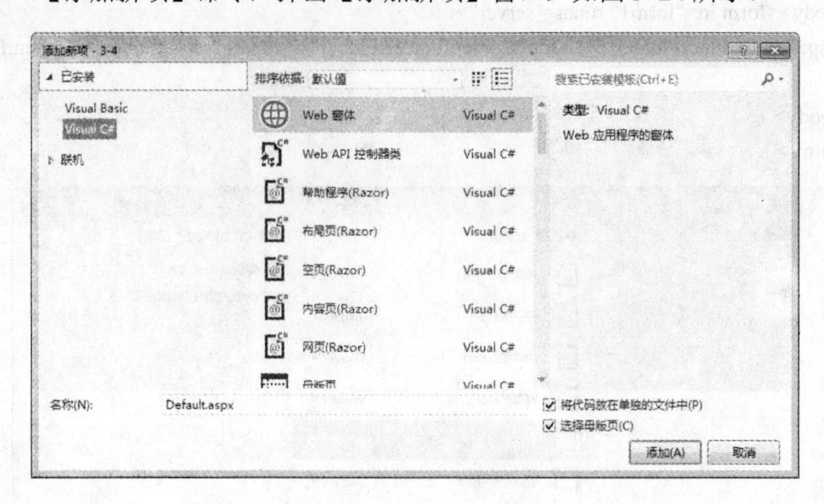

图 3-24　添加内容窗体

在打开的窗口中选择【Web 窗体】项目，需要注意的是必须勾选【选择母版页】选项，名称命名为 Default.aspx，单击【添加】按钮，即可向项目中添加一个内容窗体。添加之后，系统会自动将母版页和内容整合在一起，此时可以看到该文件有如下内容：

```
<%@ Page Title="" Language="C#" MasterPageFile="~/MasterPage.master" AutoEventWireup="true"
CodeFile="Default.aspx.cs" Inherits="_Default" %>
<asp:Content ID="Content1" ContentPlaceHolderID="head" Runat="Server"></asp:Content>
```

【提示】：创建的时候会有一个选择模板的界面，由于在本节只创建了一个模板，所以直接选择 MasterPage.master。如果创建了多个模板页的话，就需要在这里进行选择你当前页面所需要加载的模板页。

很明显，内容窗体和以往创建的 aspx 的页面很不一样，没有 HTML 的相关声明，而且在页面的头部声明中，比普通的 aspx 页面多了 MasterPageFile="~/MasterPage.master"。在之前创建的 MasterPage.master 中，系统默认定义了一个 ContentPlaceHolder，ID 是 ContentPlaceHolder1。在 Default.aspx 页面下的 Content 控件里，有一个属性就是 ContentPlaceHolderID，该字段表明该 Content 控件中的内容代替 ID 指向的 ContentPlaceHolder 占位控件，这就是真的“霸主”了。这样一来，页面布局就使用 MasterPage.master 中的，而内容就使用 Default.aspx 中 Content 控件下的，因此在 Default.aspx 中找不到 Html 页面的基本格式标记，如<head>、<body>。

现在来看下 Default.aspx 的设计界面，看起来和刚才创建的 MasterPage.master 很像，但是我们发现在 Default.aspx 中，除了 Content 内部以外，其他地方都是不能编辑的。

在使用母版页之后，内容窗体不能够修改母版页中的内容，也无法向母版页中新增 HTML 标签。在编写母版页时，必须使用容器让相应的位置能够在内容页中被填充。按照其方法编写母版页，内容窗体不能对其中的文字进行修改，也无法在母版页中插入文字。在编写母版页时，如果需要在某一区域允许内容窗体新增内容，就必须使用 ContentPlace Holder 控件作占位，在母版页中的代码如下：

```
<asp:ContentPlaceHolder ID="ContentPlaceHolder1" runat="server">   </asp:ContentPlaceHolder>
```

在母版页中无须编辑此控件，当内容窗体使用了相应的母版页后，则能够通过编辑此控件并向此占位控件中添加内容或控件。单击 ContentPlaceHolder 控件和 Content 任务，可在占位控件中增加控件或自定义内容。

编辑完成后，整个内容窗体就编写完毕了。内容窗体无须也无法进行页面布局，否则会出现异常。在内容窗体中，只需要按照母版页中的布局进行控件的拖放即可。

（3）母版页的运行方法

在使用母版页时，母版页和内容页通常是一起协调运作的，如图 3-25 所示。

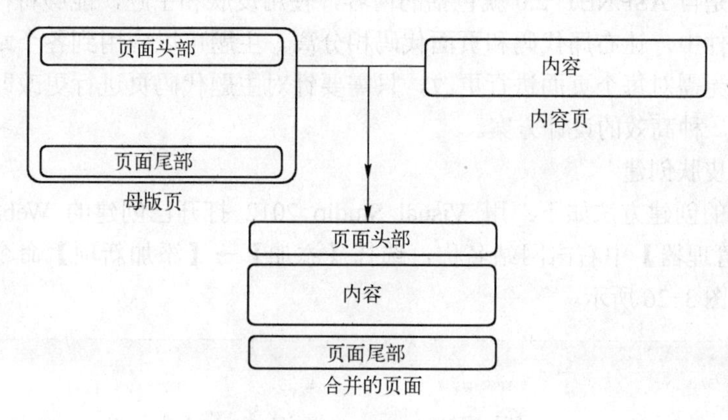

图 3-25　母版页和内容窗体

运行母版页后，内容窗体中 ContentPlaceHolder 控件会被映射到母版页的 Content PlaceHolder 控件，并向母版页中的 ContentPlaceHolder 控件填充自定义控件。然后，母版页和内容窗体将会整合形成结果页面呈现给用户的浏览器。母版页运行的步骤如下：

① 用户通过键入内容页的 URL 来请求某页。

② 页面指令被处理。获取该页后，读取 @Page 指令。如果该指令引用一个母版页，则也读取该母版页。如果这是第一次请求这两个页，则两个页都要进行编译。

③ 包含更新内容的母版页合并到内容页的控件树中。

④ 各个 Content 控件的内容合并到母版页中相应的 ContentPlaceHolder 控件中。

⑤ 浏览器中呈现最终的合并页。

从浏览者的角度来说，母版页和内容窗体的运行并没有什么本质的区别，因为在运行的过程中，其 URL 是唯一的。而从开发人员的角度来说，实现的方法不同，母版页和内容窗体分别是单独而离散的页面，分别进行各自的工作，在运行后合并生成相应的结果页面呈现给用户。

2．主题与皮肤

（1）主题与皮肤定义

主题是由皮肤、级联样式表、图像和其他资源组成的，用于进行页面属性设置的集合。它提供了一种简单的方法设置控件的样式属性，其后缀名为.skin。

主题分为页面主题和全局主题。可以为每个页面设置主题，此类主题被称为“页面主题”。也可以为应用程序的每个页面都使用主题，在每个页面使用默认主题，此类主题被称为“全局主题”。

页面主题是一个主题文件夹，其中包括控件的主题、层叠样式表、图形文件和其他资源文件。这个文件夹是作为网站中的“\App_Themes”文件夹和子文件夹创建的。每个主题都是“\App_Themes”文件夹的一个子文件夹。

使用全局主题，可以让应用程序中的所有页面都能够使用该主题，当维护同一个服务器上的多个网站时，可以使用全局主题定义应用程序的整体外观。当需要使用全局主题时，则可以通过修改 Web.config 配置文件中的<pages>配置节进行主题的全局设定。

皮肤即外观文件，它包含所有控件的属性设置。控件外观设置类似于控件标记本身，但只包含要作为主题的一部分来设置的属性。

主题和皮肤是自 ASP.NET 2.0 就包括的内容，使用皮肤和主题，能够将样式和布局信息分解到单独的文件中，让布局代码和页面代码相分离。主题可以应用到各个站点，当需要更改页面主题时，无需对每个页面进行更改，只需要针对主题代码页进行更改即可。因此，主题和皮肤提供了一种高效的设计方案。

（2）主题和皮肤创建

主题和皮肤的创建方法如下：用 Visual Studio 2012 打开已创建的 WebSite【3-4】，在【解决方案资源管理器】中右击网站名称，选择【添加】→【添加新项】命令，弹出【添加新项】窗口，如图 3-26 所示。

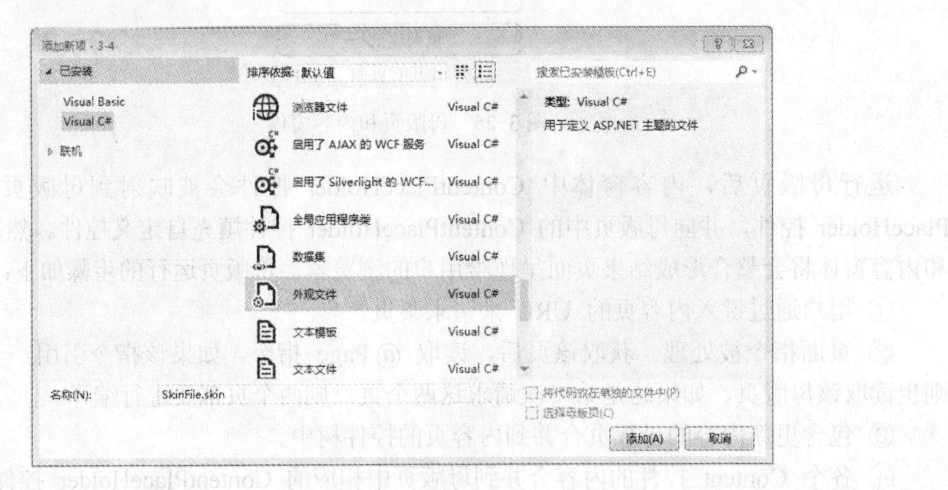

图 3-26　创建外观文件

选中【外观文件】项目，名称命名为 SkinFile.skin，单击【添加】按钮，Visual Studio 2012 会弹出提示窗口，如图 3-27 所示，询问是否将文件存放到特殊目录“App_Themes”中。在应用程序中，主题文件必须存储在根目录的 App_Themes 文件夹下，主题由此文件夹下的命名子目录组成，该子目录包含一个或多个具有 .skin 扩展名的外观文件的集合。主题还可以包含一个 CSS 文件和/或图像等静态文件的子目录。

单击【是】按钮，这样就为此 WebSite 添加一个名为“SkinFile”的主题，如图 3-28 所示。主题文件通常都保存在 Web 应用程序的特殊目录下，以便这些文件能够在页面中进行全局访问。

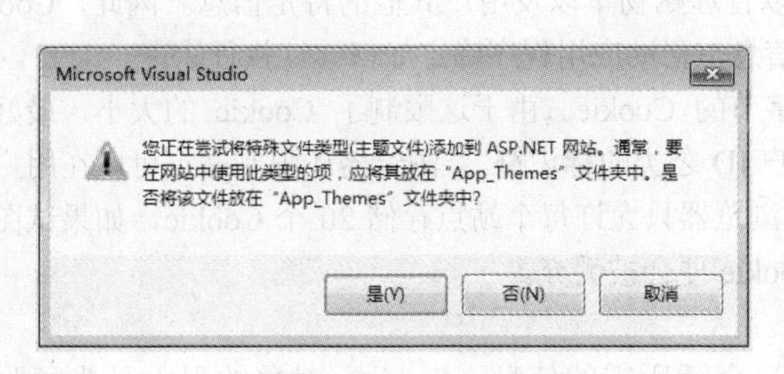

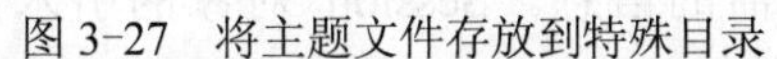

图 3-27　将主题文件存放到特殊目录

图 3-28　创建主题文件

可以看到在 App_Themes 文件夹下有一个所创建的主题文件夹 SkinFile，在 SkinFile 文件夹下有一个 SkinFile.skin 文件，这就是刚添加的主题文件。双击 SkinFile.skin 文件，可为其添加皮肤设置代码。

3. ASP.NET 常用对象

（1）Application 对象

Application 对象可以在多个请求、连接之间共享共用信息，也可以在各个请求连接之间充当信息传递的通道。使用 Application 对象来保存希望共享传递的变量，可以定义类似于所有用户共用的全局对象。由于在整个应用程序生存周期中，Application 对象都是有效的，所以在不同的页面中都可以对它进行存取，就像使用全局变量一样方便。Application 对象让所有的成员共享其包含的所有信息，并且可以在网站运行期间持久保存数据。所有的用户都可以对某个特定的 Application 对象进行修改，常见的应用为聊天室和网站计数器等。

由于 Application 对象是同一虚拟目录下的所有.aspx 文件所共有的，所以对其进行操作时，需要先进行锁定，操作完成后再解锁。例如：

```
Application.Lock();
Application["counter"]=(int)Application["counter"]+1;
Application.UnLock();
```

（2）Cookie 对象

Cookie 是一小段文本信息，提供了一种存储用户特定信息的方法，伴随着用户请求和页面在 Web 服务器和浏览器之间传递。每次用户访问站点时，Web 应用程序都可以读取 Cookie 信息。当用户请求站点中的页面时，应用程序发送给该用户的不仅仅是一个页面，还有一个包含日期和时间的 Cookie。用户的浏览器在获得页面的同时也获得了该 Cookie，该 Cookie 会存储在用户硬盘上的某个文件夹中。如果该用户再次请求站点中的页面，当该用户输入 URL 时，浏览器便会在本地硬盘上查找与该 URL 关联的 Cookie。如果该 Cookie 存在，浏览器便将该 Cookie 与页请求一起发送到服务器站点上，然后应用程序便可以确定该用户上次访问站点的日期和时间。又如，当用户访问站点时，可以使用 Cookie 存储用户首选项或其他信息。当该用户再次访问该网站时，应用程序便可以检索以前存储的信息，做出对应的操作。如当用户登录某些网站的邮箱后，如果在 Cookie 中记录了用户名这个信息，那么在 Cookie 信息失效以前，该用户在同一台计算机再次登录时就不需要输入用户名。

Cookie 是一种保持 Web 应用程序连续性（即执行状态管理）的方法。例如，在购物站点上跟踪每位购物者，这样站点就可以管理购物车以及用户其他的特定信息。因此，Cookie 可以作为一种名片，提供相关的标识信息，帮助应用程序确定如何继续执行。

大多数浏览器支持最大的 4096 字节的 Cookie。由于这限制了 Cookie 的大小，最好用 Cookie 来存储少量数据，或者存储用户 ID 之类的标识符。 浏览器还限制站点可以在用户计算机上存储的 Cookie 的数量，大多数浏览器只允许每个站点存储 20 个 Cookie，如果试图存储更多的 Cookie，则存放的最早的 Cookie 便会被丢弃。

（3）Session 对象

Session 对象用于存储特定的用户会话所需的信息。Session 对象的引入是为了弥补 HTTP 协议的不足，HTTP 协议是一种无状态的协议。Session 中文是"会话"的意思，在 ASP.NET 中代表了服务器与客户端之间的"会话"。它的作用时间从用户浏览某个特定的 Web 页开始，到该用户离开 Web 站点结束，或在程序中利用代码终止某个 Session 结束。引用 Session 可以让一个用户访问多个页面之间的切换，也会保留该用户的信息。

系统为每个访问者设立一个独立的 Session 对象，用以存储 Session 变量，并且各个访问者的 Session 对象互不干扰。

Session 与 Cookie 是紧密相关的。Session 的使用要求用户浏览器必须支持 Cookie，如果浏览器不支持使用 Cookie，或者设置为禁用 Cookie，那么 Session 会失效。

在用户层面，不同的用户用不同的 Session 信息来记录。当用户启用 Session 时，ASP.NET 自动产生一个 SessionID。在新会话开始时，服务器将 SessionID 当作 Cookie 存储在用户的浏览器中。

（4）Request 对象和 Response 对象

Response 对象是 HttpResponse 类的一个实例。该类主要封装来自 ASP.NET 操作的 HTTP 响应信息，它向浏览器写入处理信息或者发送指令等，并对响应的结果进行管理。

Request 对象功能是从客户端获取数据，常用的三种获得数据的方法是 Request.Form、Request.QueryString、Request。第三种是前两种的一个缩写，可以取代前两种情况。而前两种主要对应 Form 提交时的两种不同的提交方法，分别是 Post 方法和 Get 方法。

Request 对象的属性和方法比较多，常用的几个为 UserAgent（传回客户端浏览器的版本信息）、UserHostAddress（传回远方客户端机器的主机 IP 地址）、UserHostName（传回远方客户端机器的 DNS 名称）、PhysicalApplicationPath（传回目前请求网页在 Server 端的真实路径）。Response 对象可以通过 Write()方法直接在页面上输出数据；Response.End()用于结束输出。Response 对象可以实现页面重定向功能，如"Response.Redirect("～/Direct.aspx");"；Response 对象还可以传递参数，例如，Response.Redirect("～/index.aspx？id=00&type=11")——重定向 URL 中，使用"？"分隔页面的链接地址和参数，参数之间用"&"分隔。

3.4.4 任务实施

本节将以"中国无锡质量网"为例介绍母版页技术、主题和皮肤及 ASP.NET 内置对象的设计与使用。

1．母版页技术

在"中国无锡质量网"中，NewsListPage.master 此文件是母版页，用于定义 zcfgNews

List.aspx 页面和 NewsList.aspx 页面的公共布局。其实现方法如下：

（1）新建母版页

在解决方案资源管理器中右击项目名称“wxzl”，选择【添加】→【添加新项】命令，弹出【添加新项】窗口。在打开的窗口中选择【母版页】项目，修改母版页名称为 NewsListPage.master，勾选“将代码放在单独的文件中”，单击【添加】按钮，即为“中国无锡质量网”添加了一母板页，NewsListPage.master 的【源】视图中的主要代码如下：

```
<%@ Master Language="C#" AutoEventWireup="true"
CodeFile="NewsListPage.master.cs" Inherits="NewsListPage" %>
…
<body><form id="form1" runat="server">
<asp:ContentPlaceHolder id="ContentPlaceHolder1" runat="server"></asp:ContentPlaceHolder>
</form></body>
```

可以发现它和普通的.aspx 文件差别不大，但第一行不是<%@ Page Language="C#" %>，而是<%@ Master Language="C#" %>，同时系统也自动添加了一个 ContentPlaceHolder 控件，这个控件是为了给内容页预留空间用的。

创建母板页的目的是想把 zcfgNewsList.aspx 页面和 NewsList.asp 页面中相同的内容放在母板页中。例如，网页的头部和底部及背景。

（2）添加内容窗体

在解决方案资源管理器中右击项目名“wxzl”，在弹出的窗口中选择【添加】→【添加新项】命令。在打开的窗口中选择【Web 窗体】，修改名称为 NewsList.aspx，勾选【选择母板页】，单击【添加】按钮，此时会弹出选择母板页窗口，如图 3-29 所示。

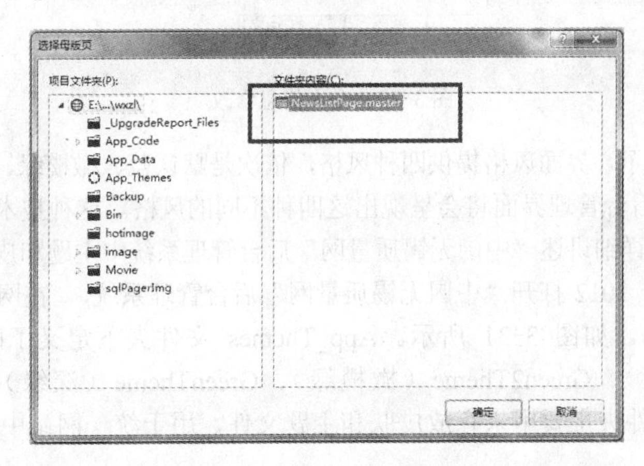

图 3-29 【选择母板页】窗口

此时，在【选择母板页】窗口中就一个母板页 NewsListPage.master，选中母版页 NewsListPage.master，然后单击【确定】按钮，即可为“wxzl”添加一个内容窗体 NewsList.aspx。切换到 NewsList.aspx 的【设计】视图，可以看到母版页的内容被自动解析到当前页面上，同时可以发现页面中与母版页对应的位置有一个 ID 为 Content1 的控件。该控件的 ContentPlaceHolderID 属性被自动设置为 ContentPlaceHolder1，此属性指定与母版页合并时 Content 控件被合并到 ContentPlaceHolder 控件中。

接下来将为内容窗体 NewsList.aspx 编写代码，内容窗体的主要结构代码如下：

```
<%@ Page Title="欢迎光临--无锡质量网" Language="C#" MasterPageFile="~/NewsListPage.master"
AutoEventWireup="true" CodeFile="NewsList.aspx.cs" Inherits="NewsList" %>
<asp:Content ID="Content1" ContentPlaceHolderID="ContentPlaceHolder1" Runat="Server">
<table style="width: 966px;" cellpadding="0" cellspacing="0">…</table>
</asp:Content>
```

从上述代码中，可以发现在 Content 占位符中定义了一张 table 表，在 table 表中定义了内容窗体 NewsList.aspx 的数据绑定显示。如上所示，按照同样的方法可以创建内容窗体 zcfgNewsList.aspx，此处不再赘述。

2．使用皮肤与主题

在“中国无锡质量网”后台管理系统中，依次打开【个人信息】→【修改资料】窗口，如图 3-30 所示。

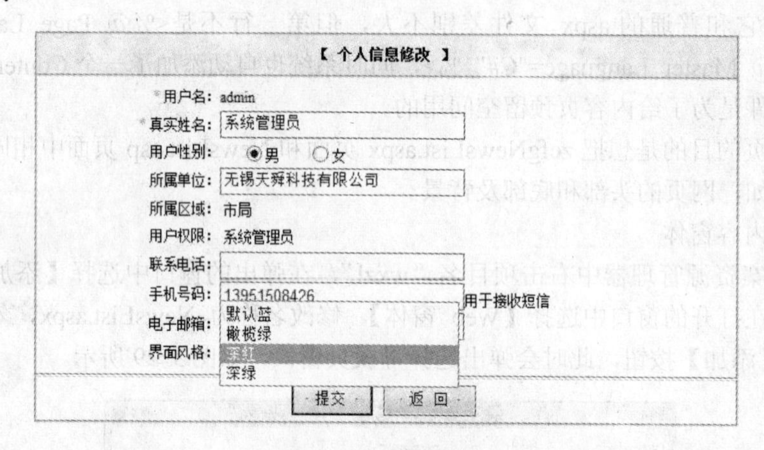

图 3-30　个人信息修改

根据图 3-30 所示，界面风格提供四种风格，依次是默认蓝、橄榄绿、深红及深绿。通过修改【界面风格】，后台管理界面将会呈现出这四种不同的风格。这种技术就是通过主题和皮肤来实现的。下面将详细讲述“中国无锡质量网”后台管理系统中主题和皮肤的实现方法。

用 Visual Studio 2012 打开“中国无锡质量网”后台管理系统， 在网站的根目录下有一个文件 App_Themes，如图 3-31 所示。App_Themes 文件夹下定义了四类主题，分别是 BlueTheme（默认蓝）、Green2Theme（橄榄绿）、GreenTheme（深绿）、PurpleThem（深红）。每一种主题文件夹主要用来存放皮肤和主题文件，用于统一网站中一些控件的样式和外观。

比如说 BlueTheme，其中 Default.css 是样式表文件，Control.skin 是皮肤文件。由于系统多处用到 GridView 控件和 DataGrid 控件，为保证该控件的风格统一，并提高编程效率，该皮肤文件主要用于定义 GridView 控件和 DataGrid 控件的外观，其代码如下：

```
<asp:GridView runat="server" SkinId="GridViewSkin" BackColor="Transparent" BorderColor=
"#4F7FC9" BorderWidth="1px" cellpadding="5" CssClass="table_bordercolor" cellspacing="0"><HeaderStyle
CssClass="table_titlebgcolor" Font-Bold="True" /> </asp:GridView>
<asp:datagrid runat="server" SkinId="datagridSkin" BackColor="Transparent" BorderColor="#4F7FC9"
```

```
BorderWidth="1px" cellpadding="5" CssClass="table_bordercolor" cellspacing="0"><HeaderStyle CssClass=
"table_titlebgcolor" /> </asp:datagrid>
```

使用该皮肤有两种方法：一是页面主题，需要将页面的 StyleSheetTheme 属性设置为相应的主题名称 BlueTheme，如图 3-32 所示；二是全局主题，在 web.config 中配置节，主要代码如下：

```
<system.web><pages theme="BlueTheme" styleSheetTheme="BlueTheme"/></system.web>
```

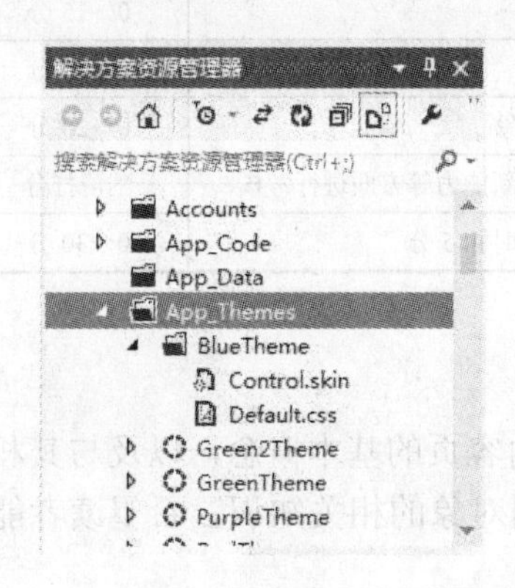

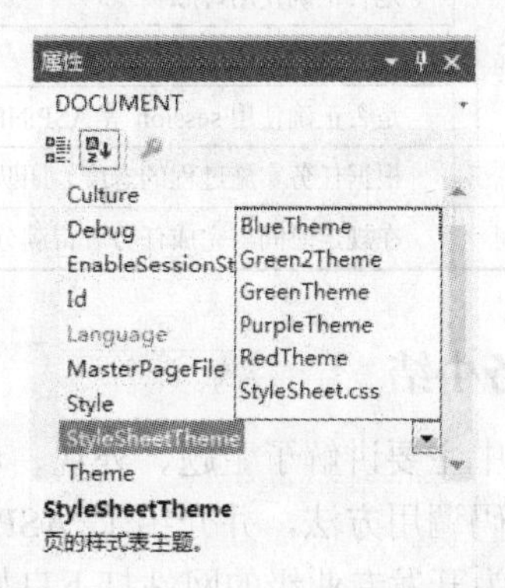

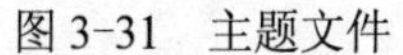

图 3-31　主题文件　　　　图 3-32　StyleSheetTheme 属性设置

在“中国无锡质量网”后台管理系统中采用第二种方法全局主题来声明主题和皮肤。采用全局主题，可以立即为应用程序中的所有页定义应用的主题，更加方便快捷。其他三类主题定义及创建方法和 BlueTheme 主题一样，此处不再赘述。

这样页面中添加的 GridView 控件和 DataGrid 控件都将符合皮肤文件中定义的样式，例如应用了“深红”主题的 GridView 控件，如图 3-30 所示。

3．ASP.NET 常用对象的使用

在“中国无锡质量网”中，很多地方都使用到了 ASP.NET 常用对象，其中用得最多的是 Session 对象。下面将以用户后台登录这一实例进行讲述。

用户登录页面中【登录】按钮的 Click 事件代码如下：

```
if (验证输入的用户名和密码是否与数据库相匹配)
{Session["UserName"] = TextBoxUserName.Text.Trim();
Session["Style"] = Convert.ToInt32(getInfo.GetEntiryAccounts_Users(myReader).SkinStyle);
Session["Permission_StyleID"] = Convert.ToInt32(getInfo.GetEntiryAccounts_Users(myReader).
Permission_StyleID);
Session["trueName"] = getInfo.GetEntiryAccounts_Users(myReader).TrueName;
…}
```

从上面代码可以看到，用户在登录的过程中生成了很多 Session 对象。如 Session ["UserName "]、Session["Style "]和 Session["Permission_StyleID "]。这三个 Session 对象存放了用户的 Session ["UserName "]、Session["Style "]和 Session["Permission_StyleID "]。这样用户在登录“中国无锡质量网”后台管理中进行的操作都将以 Session ["UserName "]为一个生命周期。

3.4.5 任务考核

本任务是要求使用母版页技术和主题与皮肤进一步完善所设计的页面，并要求掌握ASP.NET 常用内部对象的用法，为后续的编程做好准备。表 3-11 为本任务考核标准。

表 3-11　本任务考核标准

评 分 项 目	评 分 标 准	分　值	比例
任务完成情况	是否正确使用母版页	0～15 分	50%
	是否正确使用皮肤和主题	0～15 分	
	是否正确使用 session 等 ASP.NET 常用内部对象	0～20 分	
任务过程	根据任务实施过程的态度、团队合作精神和创新能力等方面进行考核	酌情打分	20%
任务完成时间	在规定时间内完成任务者得满分，每推延半小时扣 5 分	0～30 分	30%

3.4.6 任务小结

本任务中主要讲解了主题、外观、母版页和内容页的基本概念，以及与其相关的页面设计和后台代码调用方法，并介绍了 ASP.NET 常用对象的相关知识，希望读者能灵活地掌握这些技术，为开发专业级的网站打下良好的基础。

3.4.7 拓展与提高

在“中国无锡质量网”的开发过程中，我们选用 SQL Server 2008 R2 作为网站的数据库管理系统。在系统运行时，并不是直接在 SQL Server 2008 R2 中对数据进行操作，而是通过编程的方式由 ASP.NET 系统来完成。ASP.NET 通过 ADO.NET 的数据库空间传入适当的 SQL 语句来实现对数据库的操作。

本任务拓展训练包括以下两个部分：

① 使用 Application 对象实现统计网站在线人数功能。

② 自行学习实现网页间的数据传递的方法，该如何实现？

3.4.8 思考与讨论

（1）什么是叫做母版页？

（2）在 Visual Studio 2012 中，如何使用使用母版页，使用母版页有哪些优势？

（3）什么叫作内容窗体？如何创建内容窗体？

（4）母版页运行的具体步骤有哪些？

（5）主题分为页面主题和全局主题，谈谈在 Visual Studio 2012 中分别如何应用上述两种主题？

（6）ASP.NET 的常用对象有哪些？这些常用对象的功能分别是什么？

3.4.9 实训题

模仿“中国无锡质量网”的母版页、主题和皮肤的功能实现过程，完成“图书馆门户信息管理系统”的母版页及其后台管理系统中的主题和皮肤，并用 Session 对象完成“图书馆门户信息管理系统”用户后台登录这一功能。

任务 3.5　用户管理模块

3.5.1　任务引入

"中国无锡质量网"用户管理模块主要包含两部分：一是用户登录模块，二是新增用户模块。实现用户登录功能，要对用户名、密码和验证码进行判断，同时还要考虑到系统安全性问题等。实现新增用户功能，要通过下拉列表控件将供用户选择的信息显示处理，如界面风格、所属单位等。

本任务主要涉及.NET Framework 中的 ADO.NET 技术，ADO.NET 是访问数据库的重要部分，ADO.NET 为.NET Framework 提供高效的数据访问机制。本节主要围绕"中国无锡质量网"用户管理模块实现过程介绍 ADO.NET 的基础知识。

3.5.2　任务目标

本任务主要完成两个目标：一是知识目标，掌握 ADO.NET 技术相关知识，使用 SqlConnection 对象连接数据库，使用异常处理技术保证数据库连接的正确性，使用 SqlDataSource 数据源控件访问 SQL 关系数据库中的数据及掌握系统安全性设计相关知识；二是能力目标，掌握使用 ADO.NET 技术配合相应控件实现新增用户功能的技术，并考虑系统安全性问题。

3.5.3　相关知识

1. ADO.NET 基本原理

ADO.NET 是英文 ActiveX Data Objects for the .NET Framework 的缩写，其中的所有类位于 System.Data.dll 中，并且与 System.XML.dll 中的 XML 类相互集成。ADO.NET 的两个核心组件是.NET Framework 数据提供程序和 DataSet。.NET Framework 数据提供的程序是一组包括 Connection、Command、DataReader 和 DataAdapter 对象的组件，负责与后台物理数据库的连接；而 DataSet 是断开连接结构的核心组件，用于实现独立于任何数据源的数据访问。

ADO.NET 的结构不是很复杂，主要对象组件有以下几种。

- Connection 对象：用于建立与数据源的连接，通常称之为"连接对象"。
- Command 对象：用于对数据源执行命令操作，通常称之为"数据命令对象"。
- DataReader 对象：用于从数据源读取只进、只读的数据流，通常称之为"数据读取器"。
- DataAdapter 对象：在数据源与 DataSet 对象之间传递数据，通常称之为"数据适配器"。

数据适配器包括 4 个命令，分别用来选择、新建、修改与删除数据源中的记录。调用 Fill 方法将记录填入数据集内，调用 Update 方法更新数据源中相应的数据表。

- DataSet 对象：DataSet 是ADO.NET的中心概念。可以把 DataSet 当成内存中的数据库，DataSet 是不依赖于数据库的独立数据集合。所谓独立，就是说，即使断开数据链路，或者关闭数据库，DataSet 依然是可用的。

- DataView 对象：用于创建 DataTable 中所存储数据的不同视图，对 DataSet 中的数据进行排序、过滤和查询等操作。

ADO.NET 的结构如图 3-33 所示。

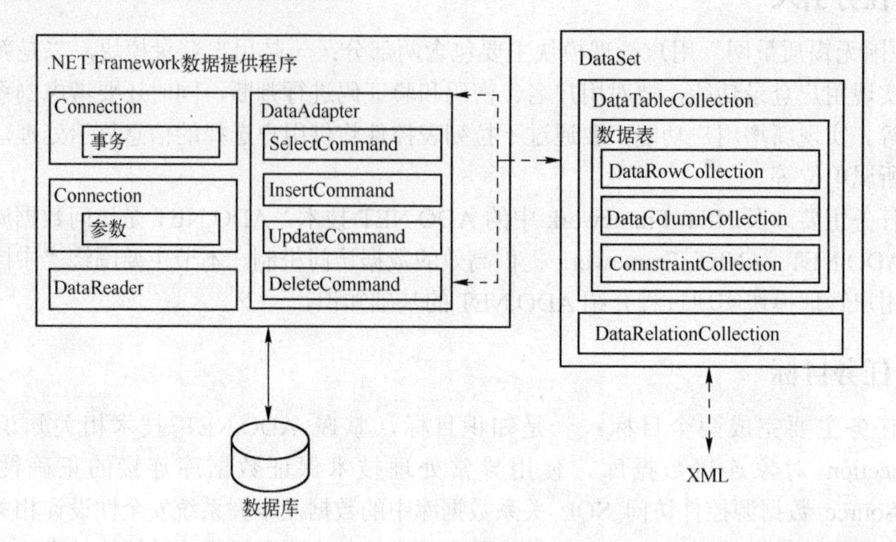

图 3-33　ADO.NET 对象的结构

在 ADO.NET 中，从数据库中提取数据首先由 Connection 对象负责连接数据库，由 Command 对象下达 SQL 命令，DataAdapter 使用 Command 对象在数据源中执行 SQL 命令，负责在数据库与 DataSet 之间传递数据，内存中的 DataSet 对象用来保存所查询到的数据记录。另外，Fill 命令用来填充数据集 DataSet，Update 命令用来更新数据源，其过程如图 3-34 所示。

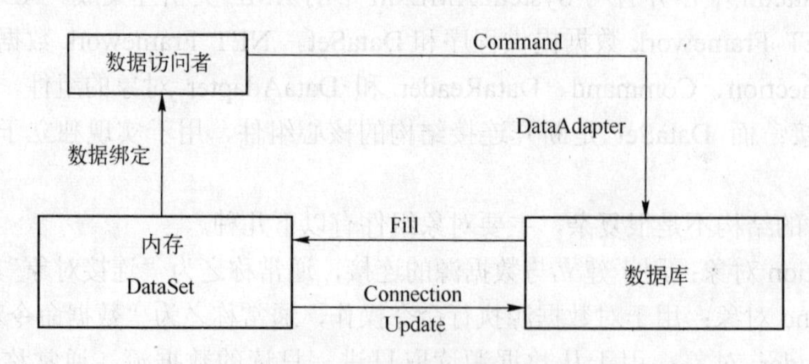

图 3-34　从数据库中提取数据的过程

使用数据共享的应用程序可以使用 ADO.NET 来连接到数据源，并检索、操作和更新数据。.NET Framework 包含了 4 种.NET Framework 数据提供程序来访问特定类型的数据源。SQL Server .NET Framework 数据提供程序、OLE DB Framework 数据提供程序、Oracle .NET Framework 数据提供程序和 ODBC .NET Framework 数据提供程序。这 4 种数据提供程序的类分别位于特定的命名空间中，用于访问不同类型的数据源。

“中国无锡质量网”使用的是 SQL Server 2008 R2 数据库，因此使用的是 SQL Server

Framework 数据提供程序。它用于访问 Microsoft SQL Server 7.0 版本以上的数据库和 MSDE（Microsoft SQL Server Desktop Engine）数据库。SQL Server .NET Framework 数据提供程序的类位于 System.Data.SqlClient 命名空间中，这些类以 Sql 作为前缀。

2．SqlConnection 对象

ADO.NET 中的内置对象主要有 Connection 对象、DataReader 对象、Command 对象、DataSet 对象、DataAdapter 对象、DataView 对象。本节主要介绍 Connection 对象，Connection 对象是应用程序和数据源之间的唯一会话。要将后台数据库中的数据呈现在用户界面中，必须先连接到数据源，这个操作必须经过 Connection 对象来完成。操作步骤如下：建立 Connection 对象，打开连接，将数据操作命令通过连接传送到数据源执行并取得其返回的数据，数据处理完成后关闭连接。

SqlConnection 类为 Connection 类的一个实例，SqlConnection 类表示应用程序和 SQL Server 数据库的唯一会话。

（1）SqlConnection 对象简介

SqlConnection 类用于连接 SQL Server 数据源，使用 SqlConnection 类时应引入命名空间 System.Data.SqlClient。SqlConnection 类提供了两种构造函数建立 SqlConnection 对象。

① 无参构造函数 SqlConnection()。

利用 SqlConnection 类的无参构造函数创建一个未初始化的 SqlConnection 对象，再用一个连接字符串初始化该对象。程序如下：

```
SqlConnection conn=new SqlConnection();
conn.ConnectionString="Server=" (local);database=Northwind;uid=sa;psw=;";
```

② 有参的构造函数 SqlConnection(String ConnectionString)。

利用 SqlConnection 的有参构造函数创建一个 SqlConnection 对象，并为该构造函数的参数指定一个连接字符串。程序如下：

```
SqlConnection conn=new SqlConnection("Data Source=.;Initial Catalog=onLineExam1;User ID=sa;
password=sa")
```

（2）连接字符串

建立 SqlConnection 对象的关键点就是设置正确的连接字符串，连接字符串主要包括连接一个数据源所需的各项信息，主要键值如表 3-12 所示。表 3-12 对连接字符串中的每个键值都起什么作用、如何设置等问题做详细说明。

表 3-12 连接字符串键值

键 值 名 称	可替代的键值名称	功 能 说 明
Provider		指定 OLE DB 提供程序，如果连接的数据库为 SQL Server 数据库，可以省略不写
Server	● Datasoure ● Address ● Addr ● Network Address	指定要连接的数据库服务器名称或网络地址，如果连接本机上的 SQL Server，可设置为（local）、localhost、"."和 127.0.0.1 中的一种
Database	Initial Catalog	指定要连接的数据库名称
Integrated Security	Trusted_Connection	● 如果将此键设置为 true，表示使用当前的 Windows 账户证书进行验证，也就是使用信任的连接，一般设置为 SSPI，也可以设置为 yes;

（续）

键值名称	可替代的键值名称	功能说明
Integrated Security	Trusted_Connection	● 如果将此键设置为 false，必须在连接字符串中指定用户表示（User ID）与密码（Password）。该键值的默认值为 false，也就是说如果没有设置 Integrated Security 的属性值，则采用 SQL Server 登录账户来连接 SQL Server 数据库
User ID		指定 SQL Server 登录账户的名称
Password	Pwd	指定 SQL Server 登录账户的密码
Connection Timeout		Sqlconnection 等待服务器响应的时间（单位：s），如果时间已到但服务器还未响应，将会停止尝试并抛出一个异常，默认值为 15s。0 表示无限制，应尽量避免如此设置
Packet Size		设置与 SQL Server 实例通信的网络数据包的大小（单位：B），默认值为 8192B。该键值的属性值范围为 512B~32767B，如果超出此范围则会产生异常

（3）SqlConnection 对象的属性

利用 SqlConnection 对象的各个属性不仅可以获取连接的相关信息，也可以对连接进行所需的设置。SqlConnection 对象的主要属性如表 3-13 所示。

表 3-13　SqlConnection 对象的属性

属性名称	属性说明
ConnectionString	获取或设置连接的连接字符串，其中包含源数据库名称和建立连接所需的其他参数
DataSource	获取连接的数据库所在的计算机名称，或 Microsoft Access 文件的名称
Database	● 如果连接当前处于关闭状态，该属性返回当初建立 SqlConnection 对象时在连接字符串中指定的数据库名称； ● 如果连接当前处于打开状态，该属性返回连接当前所使用的数据库名称
Connection Timeout	获取在尝试建立连接时的等待时间，默认值为 15s
PacketSize	获取与 SQL Server 实例通信的网络数据包的大写（单位：B）
Workstation ID	连接 SQL Server 的工作站名称

（4）SqlConnection 对象的方法

SqlConnection 对象的方法如表 3-14 所示。

表 3-14　SqlConnection 对象的方法

方法名称	方法说明
Open	Open 方法使用连接字符串中的数据来连接数据源并建立开放连接。连接的打开是指根据连接字符串的设置与数据源建立顺畅的通信关系，以便为后来的数据操作做好准备。使用方法 Open 打开连接的方式称为显示打开方式，在某些情况下连接不需要使用 Open 打开，而会随着其他对象的打开而自动打开，这种打开方式称为隐式打开方式，例如调用数据适配器的 Fill 方法或 Update 方法就能隐式打开连接
Close	Close 方法用于关闭连接。当调用数据适配器（DataAdapter）对象的 Fill 方法或 Update 方法时，会先检查连接是否已打开，如果尚未打开，则先自行打开连接，执行其操作，然后再次关闭连接。对于 Fill 方法，如果连接已经打开，则直接使用连接而不会关闭连接
ChangeDatabase	使用 ChangeDatabase 方法可以更改一个已打开的连接所使用的数据库。在使用 ChangeDatabase 方法时可能会产生 3 种异常：ArgumentException（指定的数据库名称无效）、InvalidOperationException（连接尚未打开）和 SqlException（无法更改连接所使用的数据库）
CreatCommand	CreatCommand 方法用于建立并返回与 SqlConnection 相关联的 SqlCommand 对象

（5）连接池

应用程序经常会使用一个以上的连接，当初始化一个连接时，可能需要在网络上往返多次以便进行验证并连接数据库。如果网络非常繁忙或者速度很慢，则多次连接数据库会降低程序的执行效率。如果有多个客户端应用程序访问数据库，则需要分别建立自己的连接对象，由于建立新连接需要花费一定的时间，这会影响程序的执行效率。当连接数量超过一定限额时，会影响新连接的建立。为解决这些连接问题，ADO.NET 中的每个.NET 数据提供程序都提供了连接池（Connection Pooling）功能。

① 连接池的工作原理。

当多个客户端应用程序同时使用多个连接来访问特定的数据源时，ADO.NET 会建立一个连接池，将多个连接对象加入连接池中。每当打开一个连接时，系统会先检查是否有一个已存在的连接池的连接字符串与所要打开的连接完全相同，如果存在，便会直接使用该连接池中已有的连接，而不会建立一个新的连接；如果不存在，则会建立一个新的连接且加入到连接池。实际使用时，一个数据库连接不可能同时被多个对象使用，可以将连接池想象成一个保存当前未被使用的连接的容器。

调用 SqlConnection 对象的 Open 方法会从连接池占用一个当前未被使用的连接给所要求的连接对象使用。当连接对象使用完毕并调用 SqlConnection 对象的 Close 方法或 Dispose 方法时，该连接又会被送回连接池中，并再次能够被其他的 SqlConnection 对象所使用。

如果使用的连接数量已经达到连接池的最大连接数量、连接池中没有任何连接可以使用，则请求会被排入队列中等待分配连接。ADO.NET 会在连接被释放回连接池后将其重新分配，以便让队列中等待的请求使用。

② 使用连接池的优点。

使用连接池可以改善应用程序的可扩展性。连接池能够让应用程序重复使用连接池中现有的连接，而不需要反复地建立新的连接，这样可以使数量有限的连接服务器数量超出限额很多的客户端。使用连接池还可以提高应用程序的效率。使用连接池现有的连接，而不需要建立新连接，可以节省建立新连接所要花费的时间，占用更少的网络资源，提高程序的运行速度。

③ 连接池的使用。

ADO.NET 默认启用连接池。如果希望某一个连接不需被保留在连接池中，可以在连接字符串中将键值 Pooling 设置为 false，如“SqlConnection conn=new SqlConnection ("Server =(local); " & "Database=OnlineExam;Integrated Security=SSPI"; Pooling = false)”。

可以通过设置键值 Min Pool Size 和 Max Pool Size 来控制连接池中保持的最少连接数量和最多连接数量。连接池中保持的最少连接数量默认为 0，也就是键值 Min Pool Size 的默认属性值为 0，如果需要同时使用多个连接来访问特定的数据源，可以将此键值设置成大于 0 的数值。

连接池中保持的最大连接数量默认为 100，也就是键值 Max Pool Size 的默认值为 100。为了提高数据库服务器的性能，可以重新设置该值，适当减少连接池中保持连接的最大数量。如果某一个会使用连接池的连接对象要求一个连接，而此时连接池中的连接数量已经达到键值 Max Pool Size 所设置的上限，则会等待键值 Connection TimeOut 所设定的时间，如果时间过了之后仍然没有连接可以使用，则会抛出一个 InvalidOperationException 异常。

3．异常处理技术

（1）处理异常的原因

使用 ADO.NET 访问和操作数据库时，可能会产生各种异常。例如，当打开数据库连接时，如果指定的数据库服务器不存在、指定的数据库不存在、指定的登录用户名不对或者指定的登录密码不对，都会导致产生异常。为了保证基于 ADO.NET 的数据库应用程序，能够良好地运行，很有必要引入异常处理机制。

（2）处理异常的方法

在 ADO.NET 中，除了可以使用异常类 Exception 之外，它还为 SQL Server 提供了专用的异常类 SqlException。可在 try…catch…finally 语句中进行异常处理，遵循先处理特殊异常示 SqlException，再处理一般异常 Exception 的原则。打开数据库连接的异常处理例代码如下：

```
public void btnOpenConnection_Click(object sender,EvenArgs e)
{ String connString="Data   Source=PC-SHERRY;Initial Catalog=QQ;User   ID=sa;Pwd=123;"
                                                            //数据库连接字符串
SqlConnection conn=new SqlConnection(connString);           //数据库连接对象
Try {Connection.Open();}                                    //打开数据库连接
Catch(SqlException   sqlEx) {MessageBox.show(sqlEx.Message)}
Catch(Exception   Ex){MessageBox.show(lEx.Message)}
Finally{Conn.close();}                                      //关闭数据库连接
```

在以上代码中，捕获了 connection.Open()语句肯能产生的异常，并设立了两级异常处理机制。第一级收集的数据库可能产生的异常，第二级收集的是一般性异常。

【提示】：无论是否产生异常，都需要关闭数据库连接，以便释放连接所占用的系统资源。

4．SqlDataSource 控件

SqlDataSource 数据源控件用于访问 SQL 关系数据库中的数据。SqlDataSource 控件可以与其他数据绑定控件一起使用，开发人员用极少代码甚至不用代码，就可以在 ASP.NET 网页上显示和操作数据。SqlDataSource 控件的主要属性如表 3-15 所示。

表 3-15　SqlDataSource 控件的主要属性

属 性 名 称	属 性 说 明
DeleteCommand	获取或设置 SqlDataSource 控件从基础数据库删除数据所用的 SQL 字符串
DeleteCommandType	获取或设置一个值，指示 DeleteCommand 属性所使用的参数的参数集合
DeleteParameters	获取包含 DeleteCommand 属性所使用的参数的参数集合
InsertCommand	获取或设置 SqlDataSource 控件将数据插入基础数据库所用的 SQL 字符串
InsertCommandType	获取或设置一个值指示 InsertCommand 属性中的文本是 SQL 语句还是存储过程的名称
SelectCommand	获取或设置 SqlDataSource 控件从基础数据库检索数据所用的 SQL 字符串
SelectCommandType	获取或设置一个值指示 SelectCommand 属性中的文本是 SQL 语句还是存储过程的名称
SelectParameters	从与 SqlDataSource 控件相关联的 SqlDataSourceView 对象获取包含 SelectCommand 属性所使用的参数的参数集合
UpdateCommandType	获取或设置一个值指示 UpdateCommand 属性中的文本是 SQL 语句还是存储过程的名称
UpdateParameters	获取包含 UpdateCommand 属性所使用的参数集合

5．DropDownList 控件

DropDownList 服务器控件（下拉列表框控件）为用户提供一些选项，其特性类似于 Windows 窗体中的 ComboBox 控件。DropDownList 服务器控件常用属性如表 3-16 所示。DropDownList 控件可以通过 Items 属性设置静态选项，也可以与数据源控件（如 SqlData

Source）相绑定显示动态选项。DropDownList 控件的常用事件是 SelectedIndexChanged 事件。

表 3-16 DropDownList 控件的主要属性

属 性 名 称	功 能 说 明
SelectedItem	设置或获取下拉菜单的选中项，它常用的两个属性是 Text 和 Value。Value 用于设置或获取项的值；Text 用于设置或获取显示的文本
SelectedValue	获取选择项的值
DataTextField	获取或设置提供列表项文本内容的数据源的字段
DataValueField	获取或设置提供列表项内容的数据源的字段
AutoPostBack	选中一个列表项时，DropDownList 控件状态是否回发到服务器。默认情况下是 false
AppendDataBoundItems	将数据绑定项追加到静态声明的列表上

6．网站系统安全设计技术

为了保障系统的安全，主要从以下几个方面进行考虑。

（1）验证码验证技术

为了提高网站的安全性，防止暴力破解以及绕过正常登录去冒充合法用户，往往采用验证码技术实现。验证码就是将一串随机产生的数字或符号生成一幅图片，图片中加入一些干扰像素，由用户肉眼识别其中的验证码信息，输入表单提交网站验证，验证成功后才能使用某项功能。验证码是为了防止有人利用机器人自动批量进行注册、登录等。因为验证码是一个混合了数字或符号的图片，人眼看起来都有一定的难度，机器识别起来就更困难了。

验证码技术的实现方法是：在登录页面中调用验证码页面随机产生验证码，保存在 Session 对象中，并以图形方式显示在登录页面上；验证时将用户输入的验证码与 Session 对象中的验证码进行比较，若一致，则验证码验证通过，否则要求用户重新输入验证码。

（2）身份验证技术

通过验证码验证的用户还需要进行身份验证，以防止绕过正常登录页面冒充合法用户。身份验证用于验证用户的合法性，保证用户的有效性，利于用户管理。身份验证通过后，还要提取用户的合法权限，防止用户的越权操作。主要处理思路是：将用户提供的用户名、密码与数据库中的数据表 Accounts_Users 中的用户名、密码比较，若一致，则为合法用户；否则为非法用户。

（3）密码加密技术

用户密码是用户非常重要的信息，用户的身份与权限主要靠用户密码来保护。为了保障用户密码的安全，一般使用不可解密的加密方式对用户密码进行加密，如使用 MD5 加密方法。在 ASP.NET 中提供了 MD5 加密的类 FormsAuthentication，使用其 HashPasswordForStoringInConfigFile 方法可以返回经过哈希运算的密码，以确保用户密码安全。例如：

```
string EncryptionPswd = System.Web.Security.FormsAuthentication.HashPasswordForStoringIn Config
File(ConvertString, "md5")
```

3.5.4 任务实施

本节将以“中国无锡质量网”为例介绍用户登录模块和增加用户模块的实现方法。用户登录模块主要实现对用户名、密码和验证码的判断，同时还要解决系统安全性等问题。增加用户模块功能的实现，要通过下拉列表控件将供用户选择的信息显示处理，如所属区域、用户权限等。

1. 用户登录模块功能实现

（1）数据库连接，验证用户名和密码

用户登录是应用程序的主入口，用户只有通过该入口才能进入系统。登录过程是数据库连接、用户名和密码验证的过程。用户登录由 login.aspx 页面实现，如图 3-35 所示，它的代码隐藏文件是 login.aspx.cs。

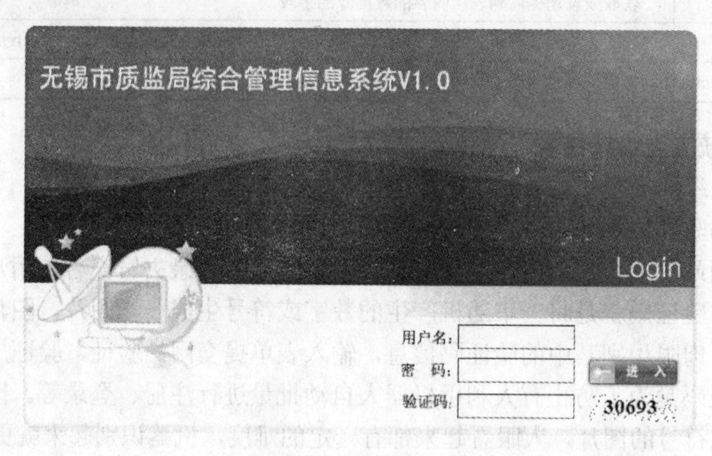

图3-35　用户登录窗口

在该界面内，定义输入用户名的文本框 ID 为 TextBoxUserName，输入密码的文本框 ID 为 TextBoxPwd，【进入】按钮的 ID 为 ImageButton1，假设“验证码”输入正确，那么单击【进入】按钮可以登录系统，登录界面 login.aspx 的主要 HTML 代码如下：

```
…
<asp:TextBox ID="TextBoxUserName" runat="server" BorderStyle="Groove"
<asp:RequiredFieldValidator ID="RFieldValidator1" runat="server" ControlToValidate="TextBoxUser
Name" ErrorMessage="用户名不能为空！"> </asp:RequiredFieldValidator>
…
<asp:TextBox ID="TextBoxPwd" runat="server"  Width="105px" TextMode="Password"> </asp:Text
Box>
<asp:RequiredFieldValidator ID="RFieldValidator2" runat="server" ControlToValidate="TextBoxPwd"
ErrorMessage="密码不能为空！"></asp:RequiredFieldValidator>
…
<asp:ImageButton ID="ImageButton1" runat="server" ImageUrl="~/images/loginButton.jpg"
        OnClick="ImageButton1_Click" TabIndex="0" /></td>
…
```

关于用户登录界面有一点需要说明：用户登录界面使用两个非空验证控件，他们的名称分别是 RFieldValidator1 和 RFieldValidator2，其作用分别是对用户名和密码进行非空验证。

用户单击【进入】按钮，触发 ImageButton1_Click()事件，事件主要代码如下：

```
protected void ImageButton1_Click(object sender, ImageClickEventArgs e)
```

```
{//调用类 gloabl_OperateDB.cs 中的函数 FindExistValue()判断用户名输入是否正确
 if   (gloabl_OperateDB.FindExistValue("Accounts_Users",   "UserName",   this.TextBoxUserName.
Text.Trim())= = true)
{ //调用类 gloabl_OperateDB.cs 中的方法 FindExistValue2()判断用户名和密码的输入是否正确
if(gloabl_OperateDB.FindExistValue2("Accounts_Users", "UserName",
this.TextBoxUserName.Text.Trim(), "Password",en.GetMd5Str(this.TextBoxPwd.Text.Trim()))= = true)
 { Session["UserName"] = TextBoxUserName.Text.Trim();
//把合法的用户名存储到 Session 全局变量中}
 else{MessageBox.Show(Page, "密码不正确，请重新输入！");}}
//如果输入的密码不正确，弹出提示框，提示：密码不正确，请重新输入！
 else{ MessageBox.Show(Page, "用户名不存在，请重新输入！");} }
//如果输入的用户名不正确，弹出提示框，提示：用户名不存在，请重新输入！
```

当 ImageButton1_Click()事件被触发时，程序运行调用类 gloabl_OperateDB 中的函数 FindExistValue()判断用户名输入是否正确，其主要代码如下：

```
public static Boolean FindExistValue(string TableName,string FieldName,string compareFieldName)
{Boolean op_state=false ;        //定义逻辑变量 op_state，初始值为 false
 int getCount = 0;              //定义整型变量 getCount，初始值为 0，表示没有用户登录
string connString = gloab.getConnString();     //利用 glob 类的函数 getConnString()连接上数据库
SqlConnection Conn = new SqlConnection(connString);    //创建数据库的连接对象 conn
string sql = "select count(" + FieldName + ") as getCount from " + TableName + " where " + FieldName
+ "='" + compareFieldName + "'";                 //访问数据库的 sql 语句
SqlCommand myCMD = new SqlCommand(sql, Conn);    //创建 myCMD 对象，准备对数据库进行操作
Conn.Open();                                     //打开数据库的连接
SqlDataReader myReader = myCMD.ExecuteReader();  //创建 myReader 对象，读数据库的记录
if (myReader.Read()){getCount = Convert.ToInt32(myReader["getCount"].ToString());}
Conn.Close(); Conn.Dispose();                    //关闭数据库的连接
if (getCount = = 0){op_state = false;}
else if (getCount > 0){op_state = true;}
 return op_state;}
```

在用户名判断过程中，程序调用类 glob 的函数 getConnString()连接数据库，主要代码如下：

```
public class gloab
{   public static string connString;                    //定义数据库连接字符串变量 connString
public static string getConnString()
{  string  connString  =  System.Configuration.ConfigurationManager.AppSettings["conn"];return  conn
String;}}
```

【提示】：在创建数据库连接字符串时，可把连接字符串存放在配置文件 Web.config 中的 AppSettings 配置节中，连接数据库的主要代码如下：

```
<add key="conn" value="server=.;uid=sa;pwd=827713;database=DB_Quality"/>
```

用户名判断正确，程序继续运行，调用类 gloabl_OperateDB 中的函数 FindExistValue2()判断与用户名对应的密码是否正确，判断的过程类似用户名的判断，在此不再赘述。

由此可见，要访问或操作后台数据库中的数据，必须先连接到数据库，这个操作必须通过 Connection 对象来完成，其操作步骤如下。

① 创建 Connection 对象；

② 打开数据库连接；

③ 访问或操作后台数据库中的数据；

④ 数据处理完后，关闭数据库连接。

（2）验证码技术的实现

“中国无锡质量网”后台登录系统中运用了验证码技术。用户登录后台管理系统除了要输入用户名和密码，还要输入一种随机生成的验证码文本。输入验证码的文本框 ID 为 txtcheckCode，程序运行时，调用 ReadTempImg.aspx 页面中的 Page_Load()方法生成并在页面上显示验证码图片。其主要代码如下：

```
protected void Page_Load(object sender, EventArgs e){
string validateCode = CreateValidateCode();                    // 生成验证码
Bitmap bitmap = new Bitmap(imgWidth, imgHeight);               // 生成 BITMAP 图像
DisturbBitmap(bitmap);                                         // 图像背景
DrawValidateCode(bitmap, validateCode);                        // 绘制验证码图像
bitmap.Save(Response.OutputStream, ImageFormat.Gif); }         // 保存验证码图像，等待输出
```

在少数情况下，程序生成的验证码图片难以辨认，则需要重新提供新的验证码图片，此时在登录页面中可以双击这个图片来更新验证码图片。显示验证码图片的 HTML 代码片断如下：

```
<img alt=""    title='看不清楚，双击图片换一张。'   src="ReadTempImg.aspx"  onclick= "this.src
=this.src+'?'" />
```

可以看到 onlclick 事件处理中更新了图片来源，用户双击图片后，浏览器重新调用 ReadTempImg.aspx 页面，于是服务器端的验证码文本用了新的，而图片内容也随之更新。

由于每次尝试登录或更换验证码图片时，正确的验证码都是随机地发生改变，毫无规律，这样就很大地增强了登录页面的安全性。但这样做会让用户登录时需要辨认和输入验证码，这会降低应用程序的可用性。因此是否使用验证码技术是需要多方面权衡的。

（3）密码加密技术实现

在 ADO.NET 中自带有 MD5 加密的类，在名称空间 System.Web.Security 中包含了类 FormsAuthentication，其中有一个方法 HashPasswordForStoringInConfigFile。该方法可以将用户提供的字符变成乱码，然后保存，甚至可以存储在 cookies 中。HashPasswordForStoringInConfigFile 方法的使用较简单，它支持 MD5 加密算法。“中国无锡质量网”中存放 MD5 加密方法的类是 Encodings.cs，主要代码如下：

```
public string GetMd5Str(string ConvertString)
{return System.Web.Security.FormsAuthentication.HashPasswordForStoringInConfigFile(ConvertString,
"md5"); }
//初始化数据库里的字段，并返回值
```

类已经设计好，接下来该如何在用户登录界面 login.aspx 中实现加密技术呢？方法如下：

Encodings en = new Encodings(); //创建 Encodings 的对象 en

if(gloabl_OperateDB.FindExistValue2("Accounts_Users", "UserName", this.TextBoxUserName.Text.Trim(), "Password",en.GetMd5Str(this.TextBoxPwd.Text.Trim()))= = true)

GetMd5Str(this.TextBoxPwd.Text.Trim())对输入的密码进行 MD5 加密

2．新增用户模块功能的实现

在“中国无锡质量网”后台管理系统的“用户管理”模块中，单击【添加新用户】按钮即可进入【增加用户】窗口，如图 3-36 所示。下面主要通过介绍“增加用户”模块来介绍 SqlDataSource 控件、Dropdownlist 控件的使用方法。

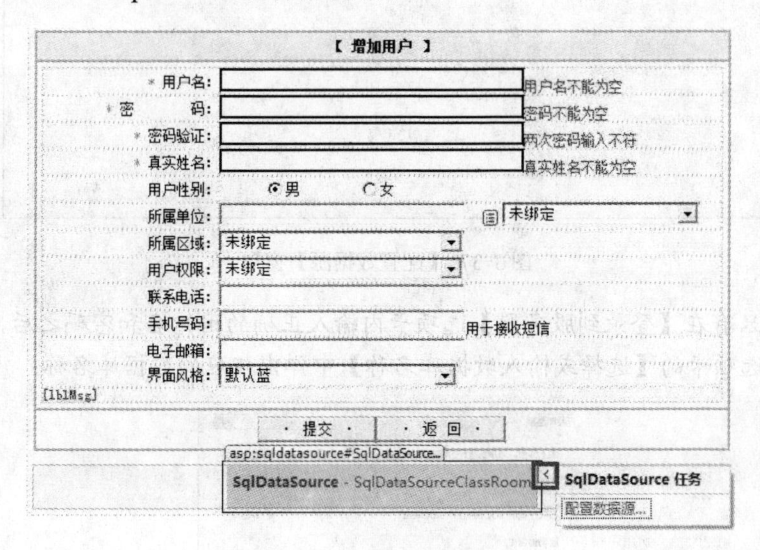

图 3-36 【增加用户】窗口

从图 3-36 中可以看出，在【增加用户】窗口添加了两个 dropdownlist 控件，一个是“所属区域”，其 dropdownlist 控件的 ID 是 dropArea；一个是“用户权限”，其 dropdownlist 控件的 ID 是 dropRole。还增加了两个 SqlDataSource 控件，其 ID 分别是 SqlData SourceArea、SqlDataSourceRole。 SqlDataSource 控件是为了 dropdownlist 控件数据的动态绑定而设置的。

SqlDataSource 控件和 dropdownlist 控件的添加方法如下：

1）从“工具箱”中拖动一个 SqlDataSource 数据源控件到 Add.aspx 页面，设置其 ID 为 SqlDataSourceRole，然后对控件进行如下设置：

① 单击 SqlDataSourceRole 控件右上角的黑色小三角，选择【配置数据源】选项，进入【配置数据源】窗口，如图 3-37 所示。

② 单击【新建连接...】选项卡，弹出【添加连接】窗口，如图 3-38 所示。在【服务器名】下拉列表框中输入“中国无锡质量网”所用数据库的服务器名称“WINBGSIOM 244RK”。在【登录到服务器】选项卡内选中【使用 SQL Server 身份验证】单选按钮，并且输入数据库安装时的用户名和密码，此处用户名是 sa，密码是 826819。在【连接到数据库】选项卡内选中【选择或输入数据库名称】，同时在其下拉列表框中选中程序所用的数据库“DB_Quality”。

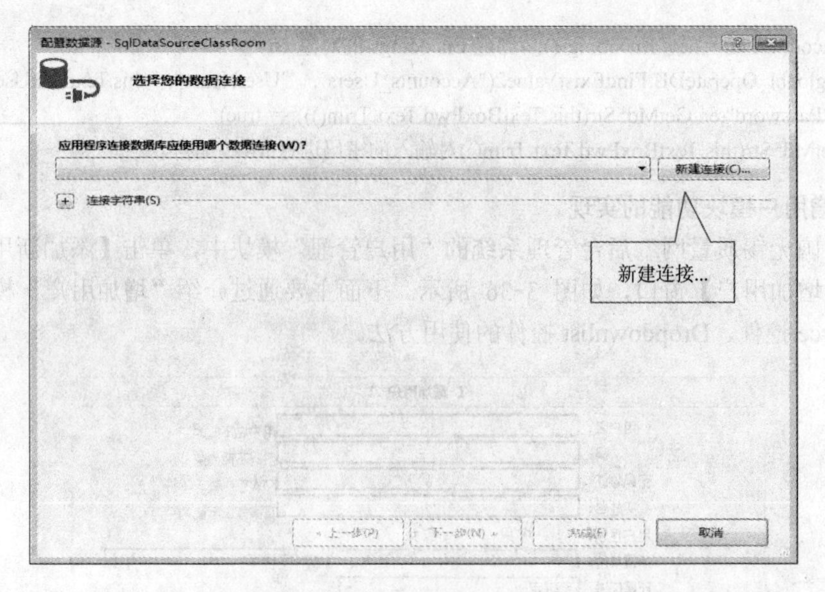

图 3-37 【配置数据源】窗口

【提示】: 只有在【登录到服务器】选项卡内输入正确的用户名和密码之后，才会在【连接到数据库】选项卡的【选择或输入数据库名称】中弹出相应的数据库名称。

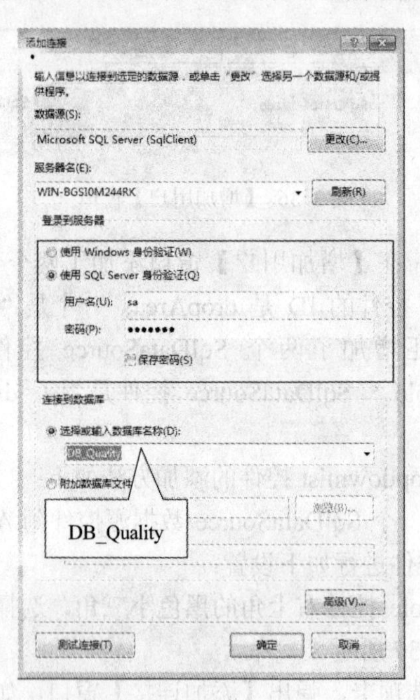

图 3-38 【添加连接】窗口

③ 单击【确定】按钮，回到【配置数据源】窗口，在【应用程序连接数据库应使用哪个数据连接】下拉列表框中选择刚刚创建的连接。

④ 单击【下一步】按钮，进入【配置数据源】下一窗口，如图 3-39 所示。选中【是否将连接保存到应用程序配置文件中】复选框。

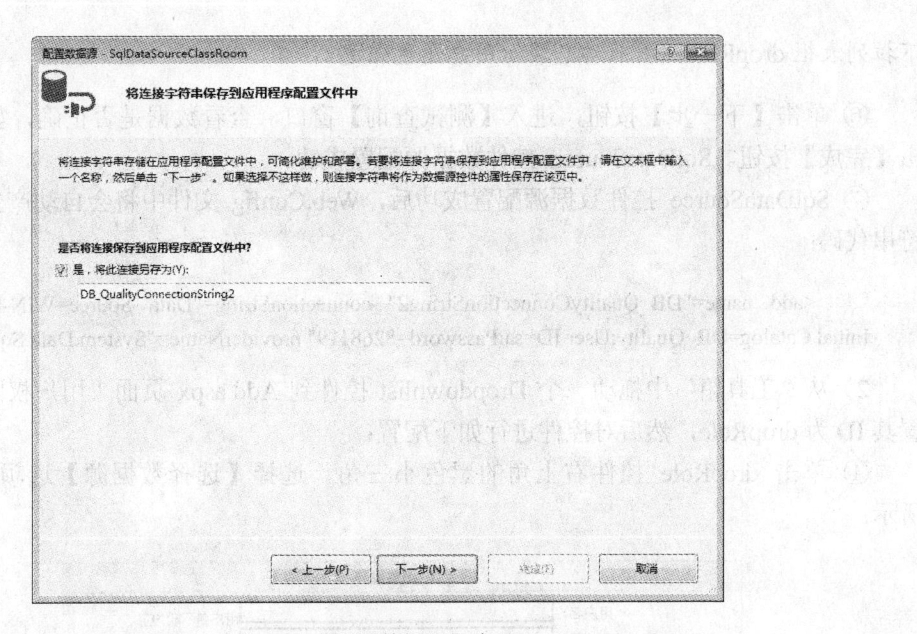

图 3-39 【配置数据源】窗口 1

【提示】：将连接字符串存储在应用程序配置文件 Web.Config 中，可简化维护和部署，如果选择不这样做，则连接字符串将作为数据源控件的属性保存在该页中。

⑤ 单击【下一步】按钮，再进入【配置数据源】下一窗口，如图 3-40 所示。选中单选按钮【指定来自表或视图的列】，在【名称】下拉列表框中选择数据表“Accounts_Permissions”，同时在【列】列表框中选中字段“Permission_StyleID、Permission_Style”。

图 3-40 【配置数据源】窗口 2

【提示】：之所以选择 Accounts_Permissions 表是因为此 SqlDataSourceRole 控件用来绑定

下拉列表框 dropRole，用来动态显示用户角色信息。

⑥ 单击【下一步】按钮，进入【测试查询】窗口，查看数据是否正确，如果正确，单击【完成】按钮。SqlDataSource 控件数据源配置成功。

⑦ SqlDataSource 控件数据源配置成功后，Web.Config 文件中将会自动产生如下连接字符串代码：

```
<add name="DB_QualityConnectionString2" connectionString="Data Source=WIN-BGSI0M244RK;
Initial Catalog=DB_Quality;User ID=sa;Password=8268119" providerName="System.Data.SqlClient" />
```

2）从"工具箱"中拖动一个 Dropdownlist 控件到 Add.aspx 页面"用户权限"右旁，设置其 ID 为 dropRole，然后对控件进行如下配置：

① 单击 dropRole 控件右上角的黑色小三角，选择【选择数据源】选项，如图 3-41 所示：

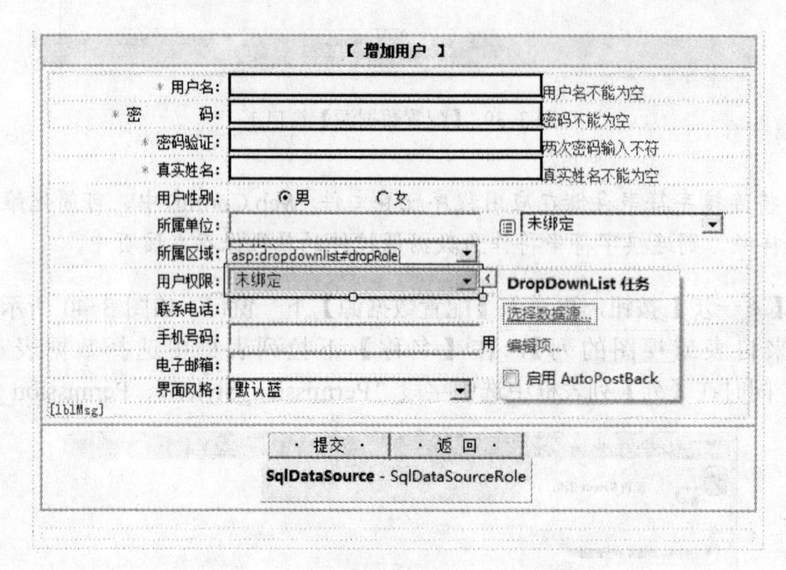

图 3-41 【增加用户】窗口

② 进入【数据源配置向导】窗口，在"选择数据源"下拉列表框中选中之前创建的数据源"SqlDataSourceRole"。在【选择要在 DropDownList 中显示的数据字段】下拉列表框中选中"Permission_Style"字段，即显示角色名称。在【为 DropDownList 的值选择数据字段】下拉列表框中选择"Permission_StyleID"。如图 3-42 所示。

单击【确定】按钮，dropRole 控件即"用户权限"完成了动态数据绑定功能。同样，ID 是 dropArea 的"所属区域"的 DropDownList 控件和 ID 是 SqlDataSourceArea 的 SqlData Source 控件的添加方式同上，在此不再赘述。

【增加用户】窗口中"所属区域"与"用户权限"完成了数据绑定功能，其界面如图 3-43 所示。

当单击【提交】按钮，页面运行时调用函数 btnAdd_Click()，其主要代码如下：

```
protected void btnAdd_Click(object sender, EventArgs e)
```

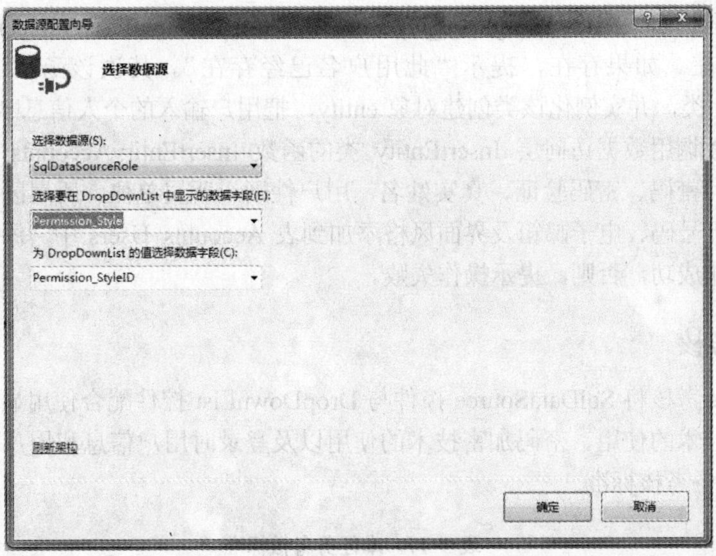

图 3-42 【数据源配置向导】窗口

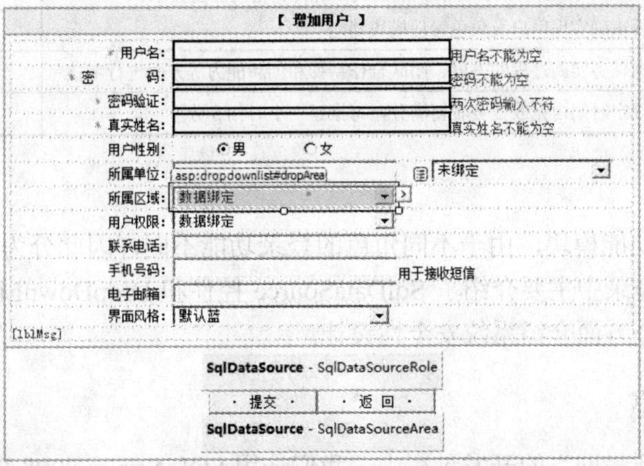

图 3-43 数据绑定

```
{ if (gloabl_OperateDB.FindExistValue("Accounts_Users", "UserName", txtUserName.Text.Trim())==
true)
    { MessageBox.Show (Page ,"已存在此用户名！");return;}
    Accounts_Users entity = new Accounts_Users();
    entity.UserName = txtUserName.Text.Trim();
    …//此处省略了 Accounts_Users 表中其他字段的赋值
    _InsertEntity InsertEntity = new _InsertEntity();
    if   (InsertEntity.InsertEntiryAccounts_Users(entity.UserName,   entity.Password,   entity.TrueName,
entity.Sex, entity.Phone, entity.Email, entity.SMS, entity.Department, entity.Activity, entity.UserType,
entity.SkinStyle,  entity.Permission_StyleID,entity.DepartmentAreaID,entity.adduser,entity.adddate))
    {MessageBox.Show(Page, "操作成功！");}
    else{MessageBox.Show(Page, "操作失败！");}}
```

首先该函数调用数据访问层 gloabl_OperateDB 类的函数 FindExistValue()，判断新增加的用户名是否存在。如果存在，提示“此用户名已经存在”。其次该函数调用数据访问层 Accounts_Users 类，并实例化该类创建对象 entity，把用户输入的个人信息赋值给 entity 的字段。最后该函数调用数据访问层_InsertEntity 类的函数 InsertEntiryAccounts_Users()，将用户输入的用户名、密码、密码验证、真实姓名、用户性别、所属单位、所属区域、用户权限、联系电话、手机号码、电子邮箱及界面风格添加到表 Accounts_Users 中。添加数据成功后，系统会提示操作成功，否则，提示操作失败。

3.5.5 任务考核

本任务主要考核将 SqlDataSource 控件与 DropDownList 控件配合使用显示供用户选择的信息、验证码技术的使用、密码加密技术的使用以及登录时用户信息和用户身份的验证等，表 3-17 为本任务考核标准。

表 3-17 本任务考核标准

评 分 项 目	评 分 标 准	分　值	比例
任务完成情况	是否正确实现用户登录模块功能（登录按钮功能、验证码加载功能、用户信息和用户身份的验证后正确的页面跳转、密码加密技术）	0～40 分	50%
	是否正确实现用户及角色管理模块功能	0～10 分	
任务过程	根据任务实施过程的态度、团队合作精神和创新能力等方面进行考核	酌情打分	20%
任务完成时间	在规定时间内完成任务者得满分，每推延一小时扣 5 分	0～30 分	30%

3.5.6 任务小结

本任务是登录功能模块，由于不同角色的登录功能不同，因此分为考生登录和后台登录两个部分。在考生登录中主要介绍了 SqlDataSource 控件和 DropDownList 控件的使用；在后台登录中主要从四个方面介绍系统安全性设计。

3.5.7 拓展与提高

在“中国无锡质量网”的开发过程中，我们选用 SQL Server 2008 R2 作为网站的数据库管理系统。在系统运行时，并不是直接在 SQL Server 2008 R2 中对数据进行操作，而是通过编程的方式由 ASP.NET 系统来完成。ASP.NET 通过 ADO.NET 的数据库空间传入适当的 SQL 语句来实现对数据库的操作。

本任务拓展训练包括以下两个部分：

① 使用 XmlDataSource 控件实现 DropDownList 三级动态联动效果。

② 自学验证码构件 Validate.aspx 的相关代码。

3.5.8 思考与讨论

（1）ADO.NET 的主要对象组件有哪几种？

（2）使用 ADO.NET 从数据库中提取数据的过程是什么？

（3）ADO.NET 中的内置对象有哪些？

（4）母版页运行的具体步骤有哪些？

（5）主题分为页面主题和全局主题，谈谈在 Visual Studio 2012 中分别如何应用上述两种主题？

（6）ASP.NET 的常用对象有哪些？这些常用对象的功能分别是什么？

3.5.9 实训题

模仿“中国无锡质量网”的用户登录功能实现过程，完成“图书馆门户信息管理系统”的用户登录功能页面。特别需要注意的是在“图书馆门户信息管理系统”的用户登录功能页面体现验证控件的使用、ADO.NET 内置对象访问数据库以及使用密码加密技术。

模仿“中国无锡质量网”后台管理系统中，用户及角色管理模块的实现过程，完成“图书馆门户信息管理系统”中的相应功能页面。

任务 3.6 用户角色管理模块

3.6.1 任务引入

在本任务实施过程中，主要用到“数据绑定”（Data Binding）技术。数据绑定技术就是把已经打开的数据集中某个或某些字段绑定到组件的某些属性上面的一种技术。数据绑定是使页面上控件的属性与数据库中的数据产生对应关系，使得控件的属性值与数据库的变动同步。本节将利用数据显示控件 GridView 配合使用数据源控件 SqlDataSource 显示用户角色信息，同时通过 SqlCommand 对象实现对用户角色信息的删除及增加功能，利用 SqlParameters 对象及 stringbuilder 对象防止 SQL 注入，加强系统的安全性。

3.6.2 任务目标

基于“中国无锡质量网”用户角色管理模块的实现过程，本任务主要完成两个目标：一是知识目标，掌握 SQL 语句的运用，掌握 GridView 控件的使用，掌握 SqlCommand 对象的使用；二是能力目标，掌握使用 GridView 控件实现信息的增加、删除、修改、查询功能。

3.6.3 相关知识

1．SQL 语句的用法

SQL（Structure Query Language，结构化查询语言）是操作数据库的标准语言。ADO.NET 访问数据库时，要使用 SQL 语句。经常使用的 SQL 语句主要有 Select 语句、Insert 语句、Update 语句和 Delete 语句。

（1）Select 语句

SQL 语句的主要功能之一是实现数据查询，使用 Select 语句从数据表中查询符合特定条件的记录。

① Select 语句的基本语法格式如下：

```
Select [ALL|Distinct] [Top(n)] [表名].字段名列表
From <表名或查询名>
[Where <条件表达式>]
```

```
[Order By <排序字段名> ASC|DESC]
[Group By <分组字段名>] [Having <筛选条件表达式>]
```

其中，中括号（[]）内的内容是可选的，尖括号（<>）内的内容是必须出现的。

Select 子句用于指定要查询的字段数据，只有指定的字段才能在查询中出现。如果希望检索到表中的所有字段信息，可以使用星号（*）来代替要查询的所有字段的名称，而查询结果字段顺序与表定义的字段顺序相同。

From 子句用于指定要查询的数据来自哪个或哪些表（或视图）。

Where 子句是给出 select 子句和 from 子句的约束条件。只有与这些选择条件匹配的记录才能出现在查询结果中。在 where 子句后可以跟条件，还可以使用 IN、BETWEEN、LIKE 表示字段的取值范围。

Order By 子句中的 ASC 表示升序，DESC 表示降序。默认为 ASC（升序排序）。

Group By 子句是按一定规则进行分组查询。

Having 子句对 Group By 子句设置条件的方式与 WHERE 子句和 Select 子句交互的方法类似。WHERE 子句搜索条件在进行分组操作之前应用，而 Having 搜索条件在进行分组操作之后应用。

参数说明如下：

- ALL 表示在结果集中可以显示重复行，ALL 为默认值。
- DISTINCT 在结果集中只能显示唯一性，存在 DISTINCT 关键字时，空值被认为相等。
- Top(n) 表示只从结果集中输出前（n）行。
- ASC 表示升序。
- DESC 表示降序。

例如，选取数据表中的全部数据：

```
Select * From UserInfo
```

选取数据表中指定字段的数据：

```
Select UserName,UserPassword From UserInfo
```

选取前若干条记录，并按查询结果降序排序：

```
Select Top 10 UserName From UserInfo Order By CreateTime DESC
```

根据特定条件选取数据表中的数据：

```
Select * From UserInfo Where UserID=1
```

按关键字查询记录：

```
Select * From UserInof Where UserName like '王%'
```

用户管理模块中按用户名和真实姓名查询功能将用到此语句。

② 根据表与表之间连接后所获得的结果记录集的不同，连接可分为三种类型：内连接、左连接、右连接。具体如表 3-18 所示：

表 3-18　连接类型

连接类型	子　句	连接属性	连接实例	结　果
内连接	INNER JOIN	只包含来自两个表中的关联字段相等的记录	FROM 学生 INNER JOIN 成绩 ON 学生.学号=成绩.学号	只包含“学生”表和“成绩”表同时具有相同学号的记录
左连接	LEFT JOIN	包含第一个（左边）表的所有记录和第二个表（右边）关联字段相等的记录	FROM 学生 LEFT JOIN 成绩 ON 学生.学号=成绩.学号	包含所有学生记录和参加考试的学生的成绩
右连接	RIGHT JOIN	包含第二个（右边）表的所有记录和第一个表（左边）关联字段相等的记录	FROM 学生 RIGHT JOIN 班级 ON 学生.班级编号=班级.班级编号	包含所有班级记录和已分班的学生记录

连接查询的基本语法格式如下：

```
SELECT [表名或别名.]字段名列表
FROM 表名 1 AS 别名 1
INNER|LEFT|RIGHT JOIN 表名 2 AS 别名 2 ON 表名 1.子段=表名 2.子段
```

其中，“|”表示必须选择 INNER、LEFT、RIGHT 其中的一个。

（2）Insert 语句

ADO.NET 访问数据库时，经常需要向数据库中插入数据。例如，向用户表（UserInfo）中新增用户信息，就可以使用 Insert 语句来实现。

Insert 语句的基本语法格式如下：

```
Insert Into 数据表名称(字段 1,字段 2,…) Values (字段值 1,字段值 2,…)
```

其中，子段列表和值列表可以包含多个，并在子段间或值间以逗号分割。

【提示】：① Insert Into：指定插入记录的表名称。一条 Insert Into 语句一次只能向一个表插入数据。② Values：指定各子段值。这些值可以是固定值，也可以是表达式或函数运算的结果。

例如，将用户名为 zhangsan 的用户添加到用户表中的语句如下：

```
Insert Into UserInfo ( UserName, UserPassword, UserRealName, UserSex, UserIdentity)
 Values ("zhangsan ", "0 ", "张三", "男", 1)
```

（3）Update 语句

由于数据不断变化，需要使用 Update 语句实现数据更新。

Update 语句的基本语法格式如下：

```
Update 数据表名 Set 字段 1=字段值 1[, 字段 2=字段值 2, ]
[Where 更新条件]
```

Update 语句中各子句意义如下。

① Update 子句：指定更新的表名。Update 语句每次只能更新一个表中的数据。

② Set 子句：指定要更新的子段及该子段的更新值。其中，新值可以是固定值，也可以是表达式，但是要确保和该字段的数据类型要一致。

③ Where 子句：指定更新条件。对于满足更新条件的所有记录，Set 子句中的字段将按给定的值更新。

例如，将用户 zhangsan 的性别改为“女”的语句如下：

```
Update UserInfo Set UserSex='女' Where UserName='zhangsan'
```

（4）Delete 语句

对于数据表中冗余数据，需要使用 Delete 语句来删除。Delete 语句的语法格式如下：

```
Delete From  数据表名称 [Where  删除条件]
```

Delete 语句中各子句的意义如下。

① Delete From：指定删除记录的表名。Delete 字句每次只能删除一个表中的记录。

② Where：指定删除条件。对于符合条件的记录，Delete 子句将其从表中删除。假如没有 Where 删除条件子句，则 Delete 将删除所有记录。

例如，将用户 zhangsan 从用户表中删除的语句是：

```
Delete From UserInfo Where UserName='zhangsan'
```

2．GridView 控件

（1）GridView 控件简介

GridView 控件是.NET Framework 2.0 版中新增的，它弥补了在 .NET Framework 1.1 中 DataGrid 控件的很多不足之处，如需要编写大量编码、使用不便和开发效率受限等。使用 GridView 控件时，只需拖拽控件，设置属性就可以实现强大的数据处理功能，几乎不需要编写任何代码，从而使开发效率大幅提高。但 GridView 控件只是一个数据显示视图，自身不提供数据，通常需通过数据源控件与数据库绑定，从而获取数据之后在表格中显示。

GridView 控件主要用作以表格的形式显示数据，它不仅可以利用数据源控件自动绑定数据显示，还可以直接使用数据源控件的数据操作命令对表中数据进行选择、排序、编辑等操作。GridView 控件的常用属性如表 3-19 所示。

表 3-19　GridView 控件的常用属性

属 性 名 称	属 性 说 明
AllowPaging	是否在 GirdView 控件中打开分页功能
AllowSorting	字段头是否可用于对关联的数据源进行排序
AutoGenerateColumns	是否自动产生数据列，自动绑定数据源中存在的列，默认值为 false
DataKeyNames	主键值的字段名称，是 String[]数据类型
DataSourceID	数据源控件的 ID
AutoGenerateDeleteButton	决定是否在 GirdView 控件中自动添加带有【删除】按钮的 CommandField 列字段，默认值为 false
AutoGenerateSelectButton	决定是否在 GirdView 控件中自动添加带有【选择】按钮的 CommandField 列字段，默认值为 false
Columns	自定义 GridView 控件中所要显示的列字段

GridView 控件的常用事件如表 3-20 所示。

表 3-20　GridView 控件的常用事件

事 件 名 称	事 件 说 明
PageIndexChanged	发生在单击分页导航按钮，GridView 控件处理完分页操作之后
RowCommand	当 GridView 控件中的一个按钮被单击时发生
RowCreated	当创建一个新的数据行时发生
RowDataBound	当一个数据绑定数据时发生
RowDeleted	发生在单击【删除】按钮，GridView 控件从数据源中删除数据之后
RowDeleting	发生在单击【删除】按钮，GridView 控件从数据源中删除数据之前
RowEditing	发生在单击【编辑】按钮，GridView 控件进入编辑模式之前
RowCancelingEdit	发生在单击【取消】按钮，GridView 控件脱离编辑状态之前
RowUpdated	发生在单击【更新】按钮，GridView 控件从数据源中更新数据之后
RowUpdating	发生在单击【更新】按钮，GridView 控件从数据源中更新数据之前
SelectedIndexChanged	发生在单击【选择】按钮，GridView 控件从数据源中选择数据之后

（2）GridView 控件的数据绑定列

在 GridView 控件的 Columns 中可以自定义数据绑定类，可选择的列字段类型共有 7 种。

① 普通数据绑定列 BoundField。BoundField 是默认的数据绑定列类型，通常用于显示文本。格式如下：

```
<asp:BoundField DataField="绑定的数据列名称" HeaderText="显示在表头位置的名称"/>
```

② 复选框数据绑定列 CheckBoxField。显示布尔类型数据，在正常情况下，CheckBoxField 显示在表格中的复选框控件处于只读状态，当 GridView 控件的某一行进入编辑状态后，复选框才恢复为可修改状态。格式如下：

```
<asp:CheckBoxField DataField="绑定的数据列名称" HeaderText="显示在表头的名称" Text="复选框选项文字"/>
```

③ 命令数据绑定列 CommandField。CommandField 为 GridView 控件提供了创建命令按钮列的功能，这些命令按钮能够实现数据选择、编辑、删除和取消等操作。格式如下：

```
<asp:CommandField ButtonType="命令按钮的表现形式" ShowEditButton="True" ShowDelete Button="True" ShowInsertButton="True" ShowCancelButton="True" ShowSelectButton="True"/>
```

ShowEditButton 等 5 个属性均为布尔类型，分别用于确定是否显示相关的命令按钮。

④ 图片数据绑定列 ImageField。ImageField 可以在 GridView 控件所呈现的表格中显示图片列。一般来说，ImageField 绑定的内容是图片的路径。格式如下：

```
<asp:ImageField DataImageUrlField="数据库中被绑定的数据列名称" DataImageUrlFormate String="对数据列中的值进行格式化时应用的格式"/>
```

⑤ 超链接数据绑定列 HyperLinkField。HyperLinkField 允许将所绑定的数据以超链接形式显示。开发人员可自定义绑定超链接的显示文字、超链接地址、打开窗口的方式等。格式

如下：

```
<asp:HyperLinkField DataTextField="绑定的数据列名称，其数据显示为超链接的文字" DataTextFieldFormatString="对显示的文字内容进行统一的格式化" DataNavigateUrlField="绑定的数据列名称，其数据将作为超链接的 URL 地址" DataNavigateUrlFormatString="对 URL 地址数据进行统一的格式化" Target="设置链接窗口打开的方式"/>
```

⑥ 按钮数据绑定列 ButtonField。ButtonField 与 CommandField 类似，二者都可以为 GridView 控件创建命令按钮列。ButtonField 所定义的命令按钮具有很大的灵活性，与数据源控件没有什么直接关系，通常可以自定义实现单击这些命令按钮之后发生的操作。格式如下：

```
<asp:ButtonField CommandName="命令名称" Text="显示在命令按钮上的文字内容" ButtonType="命令按钮的显示类型"/>
```

⑦ 模板数据绑定列 TemplateField。TemplateField 运行以模板形式自定义数据绑定列的内容。格式如下：

```
<asp:TemplateField>
    <AlternatingItemTemplate>需要自定义位于交替行的单元格模板时使用
    </AlgternatingItemTemplate>
    <EditItemTemplate>需要自定义编辑模式下的模板时使用</EditItemTemplate>
    <FooterTemplate>需要自定义位于表尾单元格的模板时使用</FooterTemplate>
    <HeaderTemplate>需要自定义位于表头单元格的模板时使用</HeaderTemplate>
    <InsertItemTemplate>需要自定义新增模式下的模板时使用</InsertItemTemplate>
    <ItemTemplate>需要自定义普通的模板时使用</ItemTemplate>
</asp:TemplateField>
```

3．SqlCommand 对象

Command 对象是 ADO.NET 的主要对象之一，使用 Connection 对象建立了连接后，可以使用 Command 对象对数据源执行 SQL 语句或存储过程，把数据返回到 DataReader 或者 DataSet 中，实现查询、修改和删除等操作。

据所用的.NET 数据提供程序的不同，Command 对象的可分成四种，分别是 SqlCommand、OleDbCommand、OdbcCommand 和 OracleCommand。SQL 数据程序对应的是 SqlCommand 对象，SqlCommand 类为 Command 类的一个实例。使用 SqlConnection 对象连接 SQL Server 数据源后，需要使用 SqlCommand 对象实现数据的操作。

（1）SqlCommand 的构造函数

SqlCommand 类提供了如下 4 种构造函数。

- SqlCommand()：没有参数。
- SqlCommand(String cmdText)：一个参数，代表所要执行的 SQL 语句或存储过程的名称。
- SqlCommand(String cmdText,SqlConnection conn)：两个参数，一个是需要执行的 SQL 语句，另一个是数据库连接对象。
- SqlCommand(String cmdText,SqlConnection conn, SqlTransaction tran)：三个参数，一个是需要执行的 SQL 语句，一个是数据库连接对象，还有一个是 SqlCommand 对象

所要执行的 SqlTransaction（事务对象）。例如：

```
Private static String ConnectionString="Data Source=Sherry;uid=sa;pwd= 26819;database= B_ uality;";
// 其中，ConnectionString 是数据连接字串，用来初始化 Connection 对象，说明如何连接数据库
Private void CommandObject()
{SqlConnection myConnection =new SqlConnection(ConnectionString);// 创建数据库连接对象 myConnection
String cmdText="select count(*) AS UserCount from users";//执行的 SQL 语句赋值给 cmdText
SqlCommand cmd=new SqlCommand(cmdText,myConncetion); }//创建执行对象 cmd，有两个参数
```

（2）SqlCommand 对象的常用属性

SqlCommand 对象的常用属性如表 3-21 所示。

表 3-21　SqlCommand 对象的常用属性

属 性 名 称	属 性 说 明
Connection	获取或设置 Connection 对象
CommandText	获取或设置要执行的 SQL 语句或存储过程
CommandType	获取或设置或命令的类型，有三种共选择的值：Text、TableDirect、StoreProcedure，分别代表 SQL 语句、数据表及存储过程
CommandTimeout	获取或设置在终止执行命令尝试并生成错误之前的等待时间（以秒为单位），值 0 表示无期限地等待执行命令，默认值为 30s
Parameters	用于设置 SQL 语句或存储过程的参数

（3）SqlCommand 对象的常用方法

执行 Command 命令的方式有多种，它们之间最大的区别是数据库返回结果集的格式。Command 命令主要有下面三种执行方式。

① ExecuteNonQuery()。它的返回值类型为 int 型，多用于实现增加、删除、修改数据等功能。返回受影响的行数。

② ExecuteReader()。它的返回类型为 SqlDataReader。此方法用于用户进行的查询操作。使用 SqlDataReader 对象的 Read()方法进行逐行读取。

③ ExecuteScalar()。它的返回值类型多为 int 类型。它返回的多为执行 select 查询。得到的返回结果为一个值的情况，比如使用 count 函数求表中记录个数或者使用 sum 函数求和等。

4. ImageButton 控件

ImageButton 控件也是一类单击控件，它不再显示普通按钮图标，而是显示具体的图像，在功能上和 Button 控件一样。ImageButton 控件的使用方法如下：

```
<asp:ImageButton ID="ImageButton1" runat="server" ImageUrl="图像的链接地址" Command Name ="命令名称" CommandArgument="命令参数" CausesValidation="true |false" onclick="OnClickMethod" />
```

ImageButton 控件可以通过它的 ImageUrl 属性设置控件显示的图片或图像。ImageButton 控件的 CausesValidation 属性表示在单击 ImageButton 控件时是否执行了验证，该属性系统默认设置为“true”。单击 ImageButton 控件时还可以触发 Click 事件或 Command 事件。

ImageButton 控件的常用属性及其说明如表 3-22 所示，常用方法及其说明如表 3-23 所示。

表 3-22　ImageButton 控件常用属性

属　性	说　明
Text	获取或设置在 ImageButton 控件中显示的文本标题
Width	控件的宽度
CommandName	获取或设置命令名，该命令名与传递给 Command 事件的 ImageButton 控件相关联
CommandArgument	获取或设置可选参数，该参数与关联的 CommandName 一起被传递到 Command 事件
CausesValidation	获取或设置一个值，改值指示在单击 ImageButton 控件时是否执行了验证
EnableViewState	控件是否保留在 ViewState 状态

表 3-23　ImageButton 控件常用方法

方　法	说　明
Load	当服务器加载到 Page 对象中时发生的事件
Command	在单击 ImageButton 控件时发生的事件
Click	在单击 Button 控件时发生的事件

5．SqlParameters 的用法

一般来说，在更新 DataTable 或是 DataSet 时，如果不采用 SqlParameter，那么当输入的 SQL 语句出现歧义时，如字符串中含有单引号，程序就会发生错误，并且他人可以轻易地通过拼接 SQL 语句来进行注入攻击。经典的注入语句是' or 1=1--单引号而截断字符串，“or 1=1”的永真式的出现使得表的一些信息被暴露出来，如果 SQL 语句是 select * from 的话，可能整个表的信息都会被读取到，更严重的是，如果恶意都使用 drop 命令，那么可能整个数据库得全线崩溃。

数据命令对象 SqlCommand 的 Parameters 属性主要有以下几个。

- ParameterName：用于指定参数的名称。
- SqlDbType：用于指定参数的数据类型，如整型、字符型等。
- Value：设置输入参数的值。
- Direction：指定参数的方向。
- ParameterDirection.Input：指明为输入参数。

接下来将举例来说明如何最大限度地避免注入问题。SQL 注入的存在最大危害，是 SQL 的执行语句没有和控制语句分开，我们想要 Select 一些东西，但用户可能拼出' or 1=1 甚至再加上 delete/update/drop，后面是属于控制语句了，所以要避免 SQL 的注入，就必须把查询语句与控制语句分开。

SqlParameter 给我们提供了一个很好的类，有了它，可以不现拼接字符串，也可以不再担心单引号带来的惨剧。例如，传统的查询语句的 SQL 可能为：

```
string sql="select * from users where user_id='"+Request.QueryString["uid"]+"'";
```

很显然，在这里拼接了字符串，这就给 SQL 注入留下了可乘之机。

现在，要改写这样的语句，使用 SqlParameter 保证外接参数能被正确地转换，单引号这些危险的字符不会被转义，不会再对数据库造成威胁，代码如下：

```
SqlCommand SqlCmd = new SqlCommand(sql, SqlConn); //声明 SqlCommand 类的一个对象 SqlCmd
```

```
SqlParameter _userid = new SqlParameter("uid", SqlDbType.Int); //声明 SqlParameter 类的一个对象 _userid，并声明为整型
_userid.Value = Request.QueryString["u_id"];//将获取的 u_id 的值赋值给 SqlParameter 类的一个对象 _userid
SqlCmd.Parameters.Add(_userid);
```

因此，使用参数有助于防止可能的 SQL 注入式攻击。创建参数只需声明 SqlParameter 类的一个对象，再为每个 SqlParameter 类的对象填充名称、值、类型、大小、方向等属性，然后调用 Parameters 集合的 Add 方法，把已填充的参数添加到 Command 对象上。

6．StringBuilder 的用法

String 对象是不可改变的。每次使用 System.String 类中的方法之一时，都要在内存中创建一个新的字符串对象，这就需要为该新对象分配新的空间。在需要对字符串执行重复修改的情况下，与创建新的 String 对象相关的系统开销可能会非常昂贵。如果要修改字符串而不创建新的对象，则可以使用 System.Text.StringBuilder 类。例如，当在一个循环中将许多字符串连接在一起时，使用 StringBuilder 类可以提升性能。通过用一个重载的构造函数方法初始化变量，可以创建 StringBuilder 类的新实例，代码如下：

```
StringBuilder MyStringBuilder = new StringBuilder("Hello World!");
```

（1）设置容量和长度

虽然 StringBuilder 对象是动态对象，允许扩充它所封装的字符串中字符的数量，但是用户可以为它可容纳的最大字符数指定一个值。此值称为该对象的容量，不应将它与当前 StringBuilder 对象容纳的字符串长度混淆在一起。例如，可以创建 StringBuilder 类的带有字符串“Hello”（长度为 5）的一个新实例，同时可以指定该对象的最大容量为 25。当修改 StringBuilder 时，在达到容量之前，它不会为其自己重新分配空间；当达到容量时，将自动分配新的空间且容量翻倍。可以使用重载的构造函数之一来指定 StringBuilder 类的容量。代码如下：

```
StringBuilder MyStringBuilder = new StringBuilder("Hello World!", 25);
```

另外，可以使用读/写 Capacity 属性来设置对象的最大长度。以下代码示例使用 Capacity 属性来定义对象的最大长度：

```
MyStringBuilder.Capacity = 25;
```

（2）StringBuilder 类的几个常用方法

① Append 方法。可用来将文本或对象的字符串表示形式添加到由当前 StringBuilder 对象表示的字符串的结尾处。以下示例将一个 StringBuilder 对象初始化为“Hello World”，然后将一些文本追加到该对象的结尾处，并将根据需要自动分配空间：

```
StringBuilder MyStringBuilder = new StringBuilder("Hello World!");
MyStringBuilder.Append(" What a beautiful day.");
Console.WriteLine(MyStringBuilder);
```

此示例将 Hello World! What a beautiful day. 显示到控制台。

② AppendFormat 方法：将文本添加 StringBuilder 的结尾处，而且实现了 IFormattable

接口，因此可接受格式化部分中描述的标准格式字符串。可以使用此方法来自定义变量的格式并将这些值追加到 StringBuilder 的后面。以下示例使用 AppendFormat 方法将一个设置为货币值格式的整数值放置到 StringBuilder 的结尾：

```
int MyInt = 25;
StringBuilder MyStringBuilder = new StringBuilder("Your total is ");
MyStringBuilder.AppendFormat("{0:C} ", MyInt);
Console.WriteLine(MyStringBuilder);
```

此示例将 Your total is $25.00 显示到控制台。

③ Insert 方法：将字符串或对象添加到当前 StringBuilder 中的指定位置。以下示例使用此方法将一个单词插入到 StringBuilder 的第六个位置：

```
StringBuilder MyStringBuilder = new StringBuilder("Hello World!");
MyStringBuilder.Insert(6,"Beautiful ");
Console.WriteLine(MyStringBuilder);
```

此示例将 Hello Beautiful World! 显示到控制台。

④ Remove 方法：从当前 StringBuilder 中移除指定数量的字符，移除过程从指定的从零开始的索引处开始。以下示例使用 Remove 方法缩短 StringBuilder：

```
StringBuilder MyStringBuilder = new StringBuilder("Hello World!");
MyStringBuilder.Remove(5,7);
Console.WriteLine(MyStringBuilder);
```

此示例将 Hello 显示到控制台。

⑤ Replace 方法：可以用另一个指定的字符来替换 StringBuilder 对象内的字符。以下示例使用 Replace 方法来搜索 StringBuilder 对象，查找所有的感叹号字符（!），并用问号字符（?）来替换它们：

```
StringBuilder MyStringBuilder = new StringBuilder("Hello World!");
MyStringBuilder.Replace('!', '?');
Console.WriteLine(MyStringBuilder);
```

此示例将 Hello World? 显示到控制台。

3.6.4 任务实施

本节将以“中国无锡质量网”为例介绍用户角色管理模块的实现方法及相关知识点。

1）使用 SqlDataSource 数据源控件和 GridView 显示控件相配合来实现角色信息显示功能。角色信息显示由页面 Permissions_List.aspx 实现，它的代码隐藏文件为 Permissions_List.aspx.cs 文件。角色信息显示界面设计如图 3-44 所示。

在角色信息显示页面可以实现用户角色信息的显示，具体实现方法如下。

① 从“工具箱”中拖动一个 GridView 控件到 Permissions_List.aspx 页面中，设置其 ID 为 viewPermisionn。其他属性如下：

```
<asp:GridView ID="viewPermisionn"  SkinID="GridViewSkin"
```

角色、权限管理

用户角色关键字：[ ] 搜索 增加

序号	用户角色	角色授权	操作
20	市政府	角色授权	删除
21	市局	角色授权	删除
22	江阴管理员	角色授权	删除
31	宜兴管理员	角色授权	删除
40	锡山区管理员	角色授权	删除
49	惠山区管理员	角色授权	删除
58	滨湖区管理员	角色授权	删除
76	新区管理员	角色授权	删除
1	系统管理员	角色授权	删除

图 3-44　角色信息显示

```
AutoGenerateColumns="False" runat="server" OnRowCommand="viewPermisionn_RowCommand">
<Columns><asp:BoundField DataField="ID" ReadOnly="True">
<HeaderStyle ForeColor="White" CssClass="hidden" />
<ItemStyle CssClass="hidden" /></asp:BoundField>
<asp:BoundField DataField="Permission_StyleID" HeaderText="序号" SortExpression="Permission_StyleID">
<HeaderStyle HorizontalAlign="Center" />
<ItemStyle Width="60px" HorizontalAlign="Center" /></asp:BoundField>
<asp:BoundField DataField="Permission_Style" HeaderText="用户角色" SortExpression= "Permission_Style">
<HeaderStyle HorizontalAlign="Center" />
<ItemStyle Width="160px" HorizontalAlign="Center" /></asp:BoundField>
<asp:HyperLinkField DataNavigateUrlFields="Permission_StyleID" DataNavigateUrlFormatString="Permissions_Tree_All.aspx?ID={0}" HeaderText="角色授权" NavigateUrl="Permissions_Tree.aspx" Text="角色授权" />
</Columns></asp:GridView>
```

② 从“工具箱”中拖动一个 SqlDataSource 控件到 Permissions_List.aspx 页面中，设置其 ID 为 SqlDataSource1。正如上一节所介绍的通过向导给 SqlDataSource1 配置数据源，数据源配置结束系统会自动在 Permissions_List.aspx 页面中设置 SqlDataSource1 控件的 ConnectionString 属性和 SelectCommand 属性，本节将介绍 SqlDataSource 控件配置数据源的另一种方法，即在代码隐藏文件 Permissions_List.aspx.cs 中通过代码来实现数据源的绑定。

③ 在其代码隐藏文件 Permissions_List.aspx.cs 中建立函数 BindView()，代码如下：

```
public void BindView(string strwhere)
{ //调用 gloab 类的函数 getConnString()设置 SqlDataSource1 控件的连接字符串
SqlDataSource1.ConnectionString = gloab.getConnString();
if (strwhere.Trim() != "")  //判断字符串 strwhere 是否为空
{Session["SQL"] = "select * from Accounts_Permissions   where " + strwhere; }
else{Session["SQL"] = "select * from Accounts_Permissions ";}
SqlDataSource1.SelectCommand = Session["SQL"].ToString();// 设置 SelectCommand 属性值是 Session["SQL"]
viewPermisionn.DataSource = SqlDataSource1;   // Session["SQL"] 值赋值给数据显示控件
```

```
GridView
    viewPermisionn.DataBind();}//数据显示控件 GridView 数据绑定
```

需要注意的是，程序执行 BindView()函数在设置 SqlDataSource1 控件连接字符串时调用 gloab 类的函数 getConnString()，其代码在 App_Code 文件夹下的 gloabl_Consts.cs 中。

2）使用 SqlCommand 对象的 ExecuteReader、ExecuteNonQuery 执行相关 SQL 语句、使用 SqlParameters 的参数实现角色增加、删除、搜索功能。

角色增加、删除及搜索功能由页面 Permissions_List.aspx 实现，它的代码隐藏文件为 Permissions_List.aspx.cs 文件。角色增加、删除及搜索功能的界面设计如图 3-45 所示。

角色、权限管理

用户角色关键字： [搜索] [增加]

新增角色

用户角色名称： [保存] [确定]

序号	用户角色	角色授权	操作
20	市政府	角色授权	删除
21	市局	角色授权	删除
22	江阴管理员	角色授权	删除
31	宜兴管理员	角色授权	删除
40	锡山区管理员	角色授权	删除
49	惠山区管理员	角色授权	删除
58	滨湖区管理员	角色授权	删除
76	新区管理员	角色授权	删除
1	系统管理员	角色授权	删除

图 3-45 【新增角色】窗口

角色增加具体实现方法如下。

① 从“工具箱”中拖拽一个 ImageButton 控件到页面 Permissions_List.aspx 中，设置其 ID 为 comm_Add，其他属性如下：

```
<asp:ImageButton ID="comm_Add" runat="server" ImageUrl="~/images/buttonImg/button_add.gif"
    meta:resourcekey="BtnSearchResource1" OnClick="comm_Add_Click" />
```

② 单击【增加】按钮，触发 comm_Add_Click()事件，具体代码如下：

```
protected void comm_Add_Click(object sender, ImageClickEventArgs e)
{ tb_Add.Visible = true }
```

事件 comm_Add_Click()被触发后控件 tb_Add 的状态是可见状态。

在“用户角色名称”文本框中输入新的角色，单击【保存】按钮，触发 comm_save_Click()事件，函数的代码如下：

```
protected void comm_save_Click(object sender, ImageClickEventArgs e)
{ if (gloabl_OperateDB.FindExistValue("Accounts_Permissions", "Permission_Style", TextBox2.Text.
Trim())== true){MessageBox.Show(Page, "已存在此角色名称！");
return;}
```

```
int maxId=    gloabl_OperateDB.FindMAXValue("Accounts_Permissions", "Permission_StyleID");
gloabl_OperateDB.ExcuteSQL("insert  into  Accounts_Permissions(Permission_StyleID, Permission_Style,Permission_PNode,Permission_CNode) values ('" + Convert.ToInt32(maxId + 1) + "','" + TextBox2.Text.Trim() + "','','')");
BindView("");}// 数据显示控件 viewPermisionn 数据绑定
```

程序首先调用类 gloabl_OperateDB 的方法 FindExistValue()判断新增加的角色名称在数据库表 Accounts_Permissions 中是否存在，如果存在，弹出信息框提示“已存在此角色名称”。代码保存在 App_Code 文件夹下的 gloabl_OperateDB.cs 中。

然后程序调用类 gloabl_OperateDB 的方法 FindMAXValue()找出最大的序列号，代码保存在 App_Code 文件夹下的 gloabl_OperateDB.cs 中，函数的代码如下：

```
public static int FindMAXValue(string TableName, string FieldName)
{int getCount = 0;
string connString = gloab.getConnString();
SqlConnection Conn = new SqlConnection(connString);
string sql = "select MAX(" + FieldName + ") as MAXID from " + TableName;
SqlCommand myCMD = new SqlCommand(sql, Conn);
Conn.Open();
SqlDataReader myReader = myCMD.ExecuteReader();
if (myReader.Read())
{getCount = Convert.ToInt32(myReader["MAXID"].ToString());}
Conn.Close(); Conn.Dispose();
return getCount;}
```

紧接着程序调用类 gloabl_OperateDB 的方法 ExcuteSQL()执行数据库表 Accounts_Permissions 的插入新用户角色名称操作，代码保存在 App_Code 文件夹下的 gloabl_OperateDB.cs 中，函数的代码如下：

```
public static Boolean    ExcuteSQL(string strSQL)
{Boolean op_state=false ;
SqlConnection Conn = new SqlConnection(gloab.getConnString()); Conn.Open();
SqlCommand myCMD = new SqlCommand(strSQL.ToString(), Conn);
try{myCMD.ExecuteNonQuery();
Conn.Close(); Conn.Dispose();
op_state = true;}
catch{op_state = false;}
return op_state;}
```

最后调用数据绑定函数 BindView("")，代码保存在 Permissions_List.aspx.cs 文件中。至此，事件 comm_Add_Click()被触发执行完成，如果用户增加的角色数据库没有，那么用户可以顺利为程序添加新的用户角色，反之系统会提示用户角色已经存在。

角色删除具体实现方法如下。

① 从“工具箱”中拖拽一个 ImageButton 控件到 GridView 控件的“操作”列中，设置其 ID 为 imgDel，GridView 控件“操作”列的 HTML 代码设计如下：

```
<asp:TemplateField HeaderText="操作">
<HeaderStyle Width="260px" HorizontalAlign="Center" CssClass="dgTitle" />
<ItemStyle Width="260px" HorizontalAlign="Center" />
<ItemTemplate>
<asp:ImageButton ID="imgDel" runat="server" ToolTip="删除" ImageUrl="../images/buttonImg/
button_del.gif"
CommandArgument='<%# Eval("ID") %>' CommandName="del" OnClientClick="return confirm('是否
删除该行，删除后不可恢复？');/></ItemTemplate></asp:TemplateField>
```

② 单击【删除】按钮，将触发事件 viewPermisionn_RowCommand()，函数的代码如下：

```
protected void viewPermisionn_RowCommand(object sender, GridViewCommandEventArgs e)
{ int id = Convert.ToInt32(e.CommandArgument.ToString());//声明整型变量 id 并赋值为要删除行的 ID
 if (e.CommandName == "del")
//判断 e.CommandName 的值是否等于 del，如果是则执行删除并进行重新数据绑定
{ StringBuilder strSql = new StringBuilder();//声明 StringBuilder 类的对象 strSql
 // 使用 strSql 的 Append 方法将“delete from Accounts_Permissions”字符串、“where ID=@ID”
字符串添加到由当前 StringBuilder 对象表示的字符串的结尾处
strSql.Append("delete from Accounts_Permissions ");
strSql.Append(" where ID=@ID ");
//声明 SqlParameter 类的对象 parameters
SqlParameter[] parameters = {new SqlParameter("@ID", SqlDbType.Int) };
parameters[0].Value = id;
//调用 DbHelperSQL 类的方法 ExecuteSql()执行删除操作
int rows = DBUtility.DbHelperSQL.ExecuteSql(strSql.ToString(), parameters);
BindView("");//数据绑定} }
```

程序执行首先通过声明 StringBuilder 类的对象 strSql 获取 SQL 语句，然后通过声明声明 SqlParameter 类的对象 parameters 获取 ID，接着调用 DbHelperSQL 类的方法 ExecuteSql()执行删除操作，同时传入之前获取到的两个参数。程序调用 DbHelperSQL 类的方法 ExecuteSql()的函数代码如下：

```
// 执行 SQL 语句，返回影响的记录数
public static int ExecuteSql(string SQLString, params SqlParameter[] cmdParms)
{using (SqlConnection connection = new SqlConnection(connectionString))
{using (SqlCommand cmd = new SqlCommand())
{try{PrepareCommand(cmd, connection, null, SQLString, cmdParms);
int rows = cmd.ExecuteNonQuery();
cmd.Parameters.Clear();return rows;}
catch (System.Data.SqlClient.SqlException E)
{throw new Exception(E.Message);}}}}
```

PrepareCommand()函数代码如下：

```
private static void PrepareCommand(SqlCommand cmd, SqlConnection conn, SqlTransaction trans,
string cmdText, SqlParameter[] cmdParms)
{if (conn.State != ConnectionState.Open)
conn.Open();cmd.Connection = conn;cmd.CommandText = cmdText;
```

```
if (trans != null)cmd.Transaction = trans;
cmd.CommandType = CommandType.Text;//cmdType;
if (cmdParms != null){foreach (SqlParameter parm in cmdParms)
{if (parm.SqlValue != null){parm.SqlValue = parm.SqlValue.ToString();}
cmd.Parameters.Add(parm);}}}}
```

角色搜索具体实现方法如下。

① 从“工具箱”中拖拽一个 ImageButton 控件，设置其 ID 为 BtnSearch，【搜索】按钮的 HTML 代码设计如下：

```
<asp:ImageButton ID="BtnSearch" runat="server" ImageUrl="~/images/buttonImg/button_search.GIF"
meta:resourcekey="BtnSearchResource1" OnClick="BtnSearch_Click" />
```

② 单击【搜索】按钮，将触发 BtnSearch_Click()事件，函数的代码如下：

```
protected void BtnSearch_Click(object sender, ImageClickEventArgs e)
{BindView(" Permission_Style like '%'+'" + TextBox1.Text.Trim() + "'+'%' ");}
```

同样，程序执行 BtnSearch_Click()事件时调用 BindView()函数，BindView()函数代码如下：

```
public void BindView(string strwhere)
{SqlDataSource1.ConnectionString = gloab.getConnString();
if (strwhere.Trim() != ""){Session["SQL"] = "select * from Accounts_Permissions   where " + strwhere;}
else{Session["SQL"] = "select * from Accounts_Permissions ";}
SqlDataSource1.SelectCommand = Session["SQL"].ToString();
viewPermisionn.DataSource = SqlDataSource1;viewPermisionn.DataBind();   }
```

3.6.5 任务考核

本工作任务所涉及的数据信息的显示、更新、删除、添加和查询是信息管理系统最常用的功能。任务中使用 SqlDataSource 数据源控件和 GridView 显示控件相配合来实现显示功能，使用 Sqlcommand 对象的 ExecuteNonQuery 执行相关 SQL 语句，表 3-24 为本任务考核标准。

表 3-24 本任务考核标准

评 分 项 目	评 分 标 准	分 值	比例
任务完成情况	是否正确显示用户列表信息	0～10 分	50%
	是否正确实现用户权限分配功能	0～10 分	
	是否正确实现用户增加功能	0～10 分	
	是否正确实现用户删除功能	0～10 分	
	是否正确实现用户搜索功能	0～10 分	
任务过程	根据任务实施过程的态度、团队合作精神和创新能力等方面进行考核	酌情打分	20%
任务完成时间	在规定时间内完成任务者得满分，每推延一小时扣 5 分	0～30 分	30%

3.6.6 任务小结

任务中使用 SqlDataSource 数据源控件和 GridView 显示控件相配合来实现显示功能，使用 SqlCommand 对象的 ExecuteNonQuery 执行相关 SQL 语句。

3.6.7 拓展与提高

数据控件除了 SqlDataSource 用于连接关系型数据库外，还有 AccessDataSource 控件用于检索 Microsoft Access 数据库（.mdb 文件）中的数据，ObjectDataSource 控件依赖中间层业务对象来管理数据或其他类，XMLDataSource 控件可以读取 XML 文件或 XML 字符串。本任务拓展训练主要是利用课余时间学习其他类型的数据源控件的使用。

3.6.8 思考与讨论

（1）谈谈对 SQL 的理解，经常使用的 SQL 语句主要有哪些？

（2）GridView 控件的常用属性及常用事件有哪些？

（3）如何使用 SqlDataSource 数据源控件和 GridView 显示控件相配合来完成页面数据的显示？

3.6.9 实训题

模仿“中国无锡质量网”用户角色管理模块的实现过程，完成“图书馆门户信息管理系统”的角色管理模块。要求能够以列表形式显示“图书馆门户信息管理系统”中的各个用户，并能完成各类用户的权限划分，实现用户的增加、删除及搜索功能。

任务 3.7 动态新闻发布管理模块

3.7.1 任务引入

在 Internet 飞速发展的今天，互联网成为人们快速获取、发布和传递信息的重要渠道，在人们政治、经济、生活等各个方面发挥着重要的作用。Internet 上发布信息主要是通过网站动态新闻发布管理模块来实现的，获取信息也要在 Internet“海洋”中按照一定的检索方式将所需要的信息从网站上下载。因此动态新闻发布管理模块的建设在 Internet 应用上的地位显而易见。本节主要介绍“中国无锡质量网”的动态新闻发布管理模块的开发过程，利用 DropdownList 控件、RadioButton 控件实现新闻种类管理，利用 FCKeditor 控件实现新闻内容管理，利用 FileUpload 控件实现附件或图片上传管理等功能，利用 Left 函数和 ToolTip 属性在有限区域内展示新闻信息。

3.7.2 任务目标

本任务主要完成两个目标：一是知识目标，掌握.NET 的文件管理相关知识，掌握 DataSet 数据集相关知识，掌握 FCKeditor 文字编辑器的使用；二是能力目标，掌握.NET 的文件管理技术，掌握 GridView 及数据绑定相关知识，掌握 FCKeditor 文字编辑器的使用。

3.7.3 相关知识

1．FileUpload 控件

FileUpload 控件显示一个文本框控件和一个浏览按钮，使用户可以选择客户端上的文件并将它上载到 Web 服务器。用户通过在控件的文本框中输入本地计算机上文件的完整路径（如 C:\图库\沙漠.jpg）来指定要上载的文件。用户也可以通过单击"浏览"按钮，然后在"选择文件"对话框中定位文件来选择文件。

用户选择要上载的文件后，FileUpload 控件不会自动将该文件保存到服务器。必须显式提供一个控件或机制，使用户能提交指定的文件。例如，可以提供一个按钮，设置其 ID 是 comm_upload，用户单击它即可上载文件。为保存指定文件所写的代码应调用 comm_upload_Click1 方法，该方法将文件内容保存到服务器上的指定路径。通常，在引发回发到服务器的事件处理方法中调用 comm_upload_Click1 方法。

在文件上传的过程中，文件数据作为页面请求的一部分，上传并缓存到服务器的内存中，然后再写入服务器的物理硬盘中。

（1）文件上传大小限制

默认情况下，上传文件大小限制为 4096 KB (4 MB)。可以通过设置 httpRuntime 元素的 maxRequestLengt 属性来允许上载更大的文件。若要增加整个应用程序所允许的最大文件大小，需要设置 Web.config 文件中的 maxRequestLength 属性。若要增加指定页所允许的最大文件大小，需要设置 Web.config 中 location 元素内的 maxRequestLength 属性。

（2）上传文件夹的写入权限

应用程序可以通过两种方法获得写访问权限。第一种方法是将要保存上载文件的目录的写访问权限显式授予运行应用程序所使用的账户；第二种方法是提高为 ASP.NET 应用程序授予的信任级别。

（3）FileUpload 控件的常用属性

FileUpload 控件的常用属性如表 3-25 所示。

表 3-25　FileUpload 控件的常用属性

属　性	数 据 类 型	说　明
FileBytes	byte[]	获取上传文件的字节数组
FileContent	Stream	获取指定上传文件的 Stream 对象
FileName	String	获取上传文件在客户端的文件名称
HasFile	Bool	获取一个布尔值，用于表示 FileUpload 控件是否已经包含一个文件
PostedFile	HttpPostedFile	获取一个与上传文件相关的 HttpPostedFile 对象，使用该对象可以获取上传文件的相关属性

2．使用 Substring 函数和 ToolTip 属性在有限区域中展示信息

在网站布局中，每个构件都只能占据固定的位置，不允许任何一个构件的内容超出自己的空间而占据另一个构件的空间，以保证页面的稳定、整洁、有序。但是，经常会遇到页面空间非常有限，但需要显示的信息内容却很多的情况。本任务中的公告信息显示就会涉及这样的问题，有些公告的标题可能过长，而用于显示标题的区域有限，因此就需要使用 Substring 函数和 ToolTip 属性实现在有限区域中展示信息的功能。

（1）Substring 函数

Substring 函数的作用是返回一个新字符串，它是此字符串的一个子字符串，其基本语法格式如下：

```
public String substring(int beginIndex, int endIndex)
```

该子字符串从指定的 beginIndex 处开始，一直到索引 endIndex－1 处的字符。因此，该子字符串的长度为 endIndex-beginIndex。为了保证公告标题不超出预定的显示范围，使用 Substring 函数截取固定的长度，其代码如下：

```
"hamburger".substring(4, 8) returns "urge"
"smiles".substring(1, 5) returns "mile"
```

参数：beginIndex 是开始处的索引（包括）；endIndex 是结束处的索引（不包括）。

返回：指定的子字符串。

抛出：IndexOutOfBoundsException。如果 beginIndex 为负，或 endIndex 大于此 String 对象的长度，或 beginIndex 大于 endIndex。

（2）ToolTip 属性

虽然使用 Substring 函数将公告标题进行了截取，保证了页面布局的稳定，但是用户看到的截取后的公告标题可能不能表达完整的信息，因此可以使用 ToolTip 属性来实现信息完整提示功能。

信息完整提示就是将鼠标所指向的行的信息完整地显示出来，也称为行的提示。行的提示功能是使用 ToolTip 属性来实现的，将 ToolTip 属性设置为 Eval("AnnouceTitle") 即可。需要注意的是，在 GridView 控件中，只有模板字段才有 ToolTip 属性。因此，如果需要使用行的提示功能，需要先将相关字段转换为模板字段。

3．FCKeditor 控件

（1）FCKeditor 控件简介

FCKeditor 是一个专门使用在网页上的开源文字编辑器，它具有轻量化、所见即所得的优点，不需要太复杂的安装步骤即可使用。它可与 PHP、JavaScript、ASP、ASP.NET 以及 Java 等不同的编程语言相结合，类似于 Micro soft Word 的 HTML 文本编辑器。它兼容多种浏览器，输出符合 XHTML 1.0 标准，支持 CSS，能够与网站更好地结合，提供右键操作菜单，支持直接从 Word 粘贴，可以自己定制功能工具条，支持皮肤更换和通过插件扩展功能等。

（2）FCKeditor 控件的主要配置项

FCKeditor 控件可以根据需要进行配置，其主要配置项如表 3-26 所示。

表 3-26　FCKeditor 控件的主要配置项

属 性 名 称	属 性 说 明
AutoDetectLanguage=true/false	自动检测语言
BaseHref=" "	相对链接的基地址
ContentLangDirection="ltr/rtl"	默认文字方向
ContetMenu=字符串数组	右键菜单的内容
Debug=true/false	是否开启调试功能，当调用 FCKDebug.Output()时，会在调试窗口中输出内容

（续）

属性名称	属性说明
EditorAreaCss=" "	编辑区的样式表文件
EnableSourceXHTML=true/false	为 true 时，当由可视化界面切换到代码页时，把 HTML 处理成 XHTML
EnableXHTML=true/false	是否允许使用 XHTML 取代 HTML
ToolbarSets=object	编辑器的工具栏，可以自行定义、删减，可参考已存在工具栏

（3）FCKeditor 控件的使用

① 到 FCKeditor 的下载网站http://sourceforge.net/projects/fckeditor/files/，下载相关版本的压缩包，本系统中使用的是 FCKeditor 2.6.10.zip 和 FCKeditor.NET 2.6.9.zip。FCKeditor_2.6.10.zip 是最新的 Javascript 文件和图片等。FCKeditor.NET 2.6.9.zip 是一个 ASP.NET 控件 DLL 文件。

【提示】: FCKeditor 应用在 ASP.NET 上，需要两组文件，一组是 FCKeditor 本身，另一个是用于 ASP.NET 的 FCKeditor 控件（分为 1.1 和 2.0 两个版本，这里使用 2.0 版本）。

② 解压 FCKeditor_2.6.10.zip 压缩包，将解压后的 FCKeditor 文件夹复制到网站项目的根目录下。

③ 对 FCKeditor.NET_2.6.9.zip 压缩包进行解压，并在 FCKeditor.Net_2.6.9\bin 目录里找到 FredCK.FCKeditorV2.dll。其他文件没用，把 FredCK.FCKeditorV2.dll 复制到网站根目录，新建一个 Bin 目录，存放该文件。

【提示】: bin 下的 Release 中存在 FCKeditor 的 DLL（这里 debug 文件夹也有 FredCK.FCKeditorV2.dll，建议使用 Release 中的）。

④ 引用 FredCK.FCKeditorV2.dll。

鼠标右击项目名称，在弹出的列表框中选择【添加引用】，弹出【引用管理器】窗口，如图 3-46 所示。

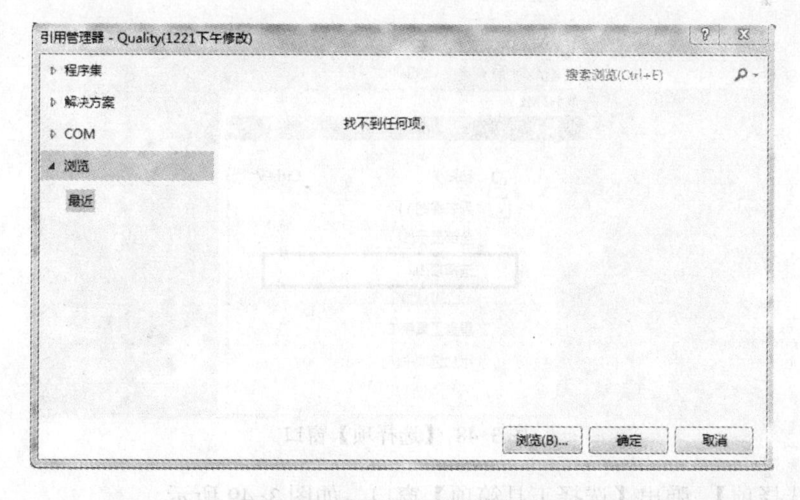

图 3-46 【引用管理器】窗口 1

用鼠标单击【浏览】按钮，弹出【选择要引用的文件】窗口，选择已经解压好的 Release 中的 FredCK.FCKeditorV2.dll，单击【添加】按钮，回到【引用管理器】窗口，如图 3-47 所示。

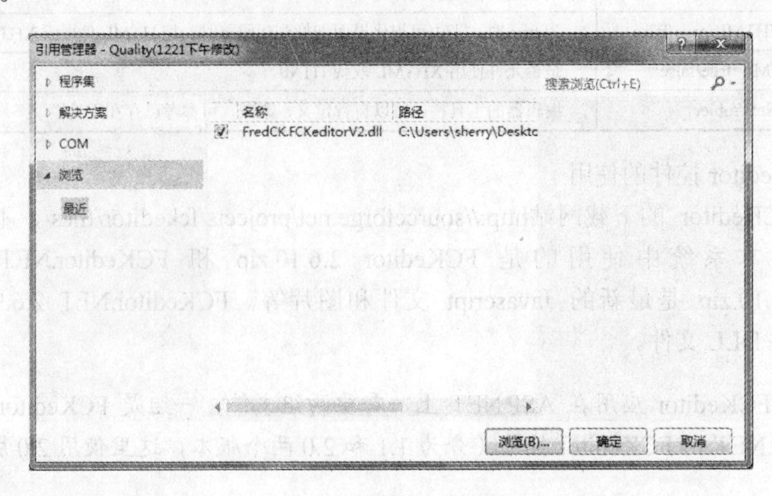

图 3-47 【引用管理器】窗口 2

单击【确定】按钮，此时，工程目录下就多了一个 bin 文件夹，里面包含 FredCK.FCKeditorV2.dll 文件。

⑤ 将 FCKeditor 导入工具箱。

在控件工具箱中任意空白处单击鼠标右键，在弹出的快捷菜单中选择【选择项】命令，如图 3-48 所示。

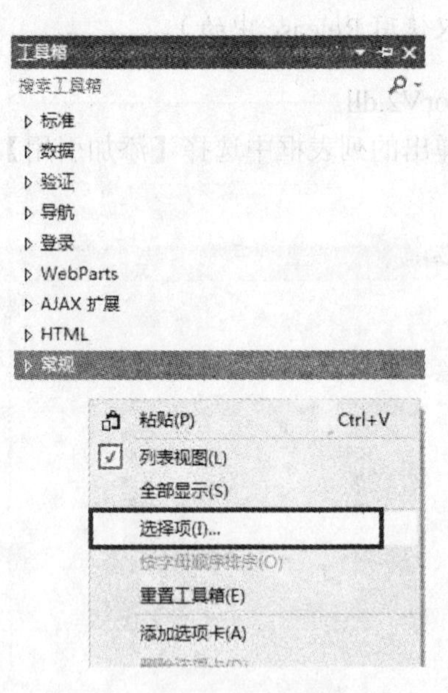

图 3-48 【选择项】窗口

单击【选择项】，弹出【选择工具箱项】窗口，如图 3-49 所示。

图 3-49 【选择工具箱项】窗口

单击【浏览】按钮，选择 FredCK.FCKeditorV2.dll，然后单击【确定】按钮，即向工具箱中添加了一个 FCKeditor 控件。如图 3-50 所示。

⑥ 从工具箱中将 FCKeditor 拖放到页面中，在 Web.Config 文件的<appSettings>中添加如下代码，从而配置 FCKeditor 控件的相关属性。

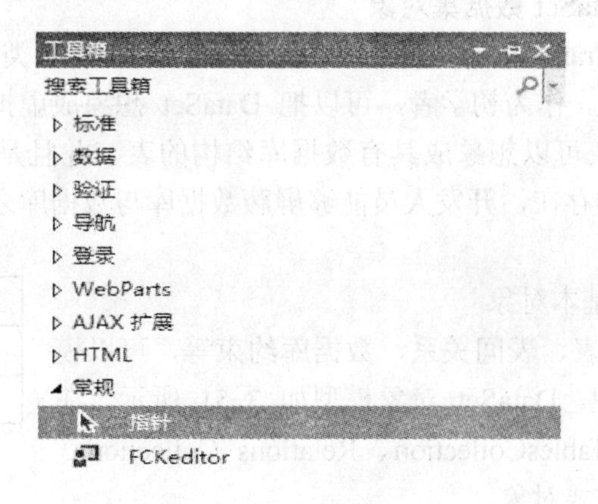

图 3-50 FCKeditor 控件

```
<appSettings>
<add key="FCKeditor:BasePath" value="~/fckeditor/"/><!—fckeditor 编辑器配置 start>
<add key="FCKeditor:UserFilesPath" value="/upfiles/"/><!—fckeditor 编辑器配置 end>
</appSettings>
```

【提示】: BasePath 是 FCKeditor 所在路径，UserFilesPath 是所有上传的文件的所在目录。为什么要设置成/upfiles，而不是~/ upfiles，是因为 FCKeditor 使用这个值来返回上传后的文件的相对路径到客户端。否则客户访问时就会取客户的机器目录而不是 HTTP 形式的目录。建议 upfiles 单独作为 wwwroot 目录下的一个站点比较好，和站点 FCKeditor 平行，而不要把它放 FCKeditor 里，因为 Files 是要让客户有写的权限的，如果放 FCKeditor 下很危险。

⑦ FCKeditor 的详细设置如下。

首先必须修改 fckeditor/fckconfig.js 文件。在 182 行的位置，原代码是：

```
var _FileBrowserLanguage = 'php' ; // asp | aspx | cfm | lasso | perl | php | py
var _QuickUploadLanguage = 'php' ; // asp | aspx | cfm | lasso | php
```

改为：

```
var _FileBrowserLanguage = 'aspx' ; // asp | aspx | cfm | lasso | perl | php | py
var _QuickUploadLanguage = 'aspx' ; // asp | aspx | cfm | lasso | php
```

另外，还可以配置语言包，包括英文、繁体中文等，这里使用简体中文。原代码是：

```
FCKConfig.DefaultLanguage = 'en' ;
```

改为：

```
FCKConfig.DefaultLanguage = 'zh-cn' ;
```

至此，FCKeditor 控件就可以像 ASP.NET 的自带控件一样使用了。

4. ADO.NET 中 DataSet 数据集对象

ADO.NET 是.Net FrameWork SDK 中用以操作数据库的类库的总称。DataSet 是 ADO.NET 中的核心概念。作为初学者，可以把 DataSet 想象成虚拟的表，但是该表不能用简单的表来表示。这个表可以想象成具有数据库结构的表，并且是存放在内存中的。由于 ADO.NET 中 DataSet 的存在，开发人员能够屏蔽数据库与数据库之间的差异，从而获得一致的编程模型。

（1）DataSet 数据集基本对象

DataSet 能够支持多表、表间关系、数据库约束等，可以模拟一个简单的数据库模型。DataSet 对象模型如 3-51 所示。在 DataSet 中，主要包括 TablesCollection、Relations Collection、ExtendedProperties 三个重要对象。

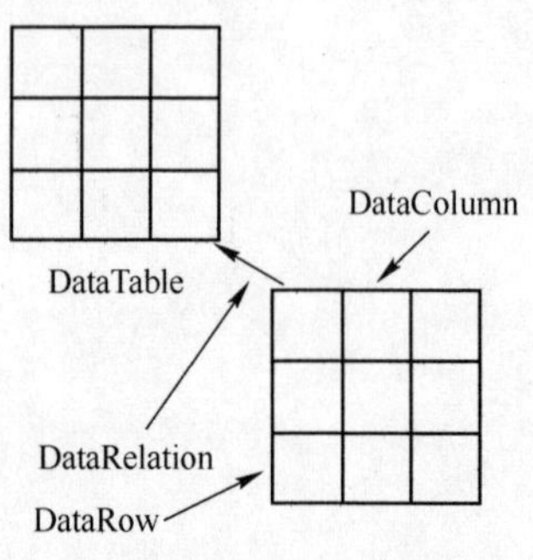

图 3-51　DataSet 对象模型

① TablesCollection 对象。在 DataSet 中，表的概念是用 DataTable 来表示的。DataTable 在 System.Data 中定义，它能够表示存储在内存中的一张表。它包含一个 ColumnsCollection 的对象，代表数据表的各个列的定义。同时，它也包含 Rows Collection 对象，这个对象包含 DataTable 中的所有数据。

② RelationsCollection 对象。在各个 DataTable 对象之间通过使用 RelationsCollection 来表达各个 DataTable 对象之间的关系。RelationsCollection 对象可以模拟数据库中的约束关系。例如，当一个包含外键的表被更新时，如果不满足主键-外键约束，这个更新操作就会

失败，系统会抛出异常。

③ ExtendedProperties 对象。ExtendedProperties 对象能够配置特定的信息，如 DataTable 的密码、更新时间等。

（2）DataTable 数据表对象

DataTable 是 DataSet 中的常用对象，它和数据库中的表的概念十分相似。采用行、列的形式组织数据集。开发人员能够将 DataTable 想象成一个表，并且可以通过编程的方式创建一个 DataTable 表。示例代码如下：

```
DataTable Table=new DataTable(“mytable”);       //创建一个 DataTable 对象
Table.CaseSensititve=false;                     //设置不区分大小写
Table.MinimumCapacity=100;                      //设置 DataTable 初始大小
Table.TableName=“newtable”                      //设置 DataTable 的名称
```

上述代码创建了一个 DataTable 对象，并为 DataTable 对象设置了若干属性，这些属性都是常用的属性，其作用分别如下。

- CaseSensitive 属性设置表中的字符串是否区分大小写，若无特殊情况，一般设置为 false，该属性对于查找、排序、过滤等操作有很大的影响。
- MinimumCapacity 属性设置创建的数据表的最小记录空间。
- TableName 属性指定数据表的名称。

一个表必须有一个列，而 DataTable 必须包含列。当创建了一个 DataTable 后，就必须向 DataTable 中增加列。表中列的集合形成了二维表的数据结构。开发人员可以使用 Columns 集合的 Add 方法向 DataTable 中增加列，Add 方法带有两个参数，分别是表列名称和表列数据类型。示例代码如下：

```
DataTable Table=new DataTable(“mytable”)                 //创建一个 DataTable 对象
Table.CaseSensititve=false;                              //设置不区分大小写
Table.MinimumCapacity=100;                               //设置 DataTable 初始大小
Table.TableName=“newtable”                               //设置 DataTable 的名称
DataColumn    Colum=new DataColumn();                    //创建一个 DataColumn
Colum=Table.Colyumns.Add(“id”,typeof(int));              //增加一个列
Colum=Table.Colyumns.Add(“title”,typeof(string));        //增加一个列
```

上述代码创建了一个 DataTable 和一个 DataColumn 对象，并通过 DataTable 的 Columns. Add 方法增加 DataTable 的列，这两列的列名和数据类型及描述如下。

- 新闻 ID：整型，用于描述新闻的编号。
- 新闻标题 TITLE：字符型，用于描述新闻发布的标题。

【提示】：上述代码中，DataTable 列只能使用.NET 中的数据类型，因为其并不是真实的数据库，所以不能直接使用数据库类型，必须使用 typeof 方法把.NET 中的数据类型转换成数据库类型。

（3）DataRow 数据行对象

创建了表和表中列的集合，并使用约束定义表的结构后，可以使用 DataRow 对象向表中添加新的数据库行。插入一个新行，首先要声明一个 DataRow 类型的变量。使用

NewRow 方法能够返回一个新的 DataRow 对象。DataTable 会根据 DataColumnCollection 定义的表的结构来创建 DataRow 对象。示例代码如下：

```
DataRow Row = Table.NewRow(); //使用 DataTable 的 NewRow 方法创建一个新 DataRow 对象
```

上述代码使用 DataTable 的 NewRow 方法创建一个新 DataRow 对象，当使用该对象添加新行之后，必须使用索引或者列名来操作新行，示例代码如下：

```
Row[0] = 1;                  //使用索引赋值列
Row[1] = "datarow";          //使用索引赋值列
```

上述代码通过索引来为一行中的各列赋值。从数组的语法可以知道，索引都是从第 0 个位置开始。将 DataTable 想象成一个表，从左到右从 0 开始索引，直到数值等于列数减 1 为止。为了提高代码的可读性，也可以通过直接使用列名来添加新行，示例代码如下：

```
Row["bh"] = 1;               //使用列名赋值列
Row["title"] = "datarow";    //使用列名赋值列
```

通过直接使用列名来添加新行与使用索引添加新行的效果相同，使用列名能够让代码更加可读，便于理解，但是也暴露了一些机密内容（如列值）。在数据插入到新行后，使用 Add 方法将该行添加到 DataRowCollection 中，示例代码如下：

```
Table.Rows.Add(Row);         //增加列
```

例如，在页面 DataSet.aspx 添加一个 GridView 控件，显示 DataSet 对象的数据。构建 DataSet 对象的程序代码如下：

```
using System.Data.SqlClient;                              //引用命名空间
using System.Data;                                        //引用命名空间
private static String ConnectionString =
"Data Source=.;Initial Catalog=DB_Quality;User ID=sa;Password=8268119";
                                                          //构建数据库连接字符串
protected void Page_Load(object sender, EventArgs e)
{if (!Page.IsPostBack)
{CreateDataSetObject();   }}                    //第一次打开页面，执行 CreateDataSetObject 方法
private void CreateDataSetObject()
{SqlConnection myConnection = new SqlConnection(ConnectionString);
String cmdText = "Select top 8 *   from web_video";       //定义 SQL 语句
SqlCommand myCommand = new SqlCommand(cmdText, myConnection);    //定义 Command
myConnection.Open();                         //打开数据库连接
DataTable table = new DataTable("video");              //定义 DataTable 数据源，并作为新的数据源
table.Columns.Add("id");table.Columns.Add("video_title");table.Columns.Add("video_description");
table.Columns.Add("video_upload_date");table.Columns.Add("video_upload_user");
SqlDataReader recm = myCommand.ExecuteReader();                          //从数据库读取数据
int index = 0;
while (recm.Read()){DataRow row = table.NewRow();
row["id"] = (++index).ToString();row["video_title"] = recm["video_title"].ToString();
row["video_description"] = recm["video_description"].ToString();
```

```
row["video_upload_date"] = recm["video_upload_date"].ToString();
row["video_upload_user"] = recm["video_upload_user"].ToString();
table.Rows.Add(row); }
recm.Close();                                    //关闭读取器
myGridView.DataSource = table;                   //设定控件的数据源并绑定控件的数据
myGridView.DataBind();}
```

程序运行后，结果如图 3-52 所示。

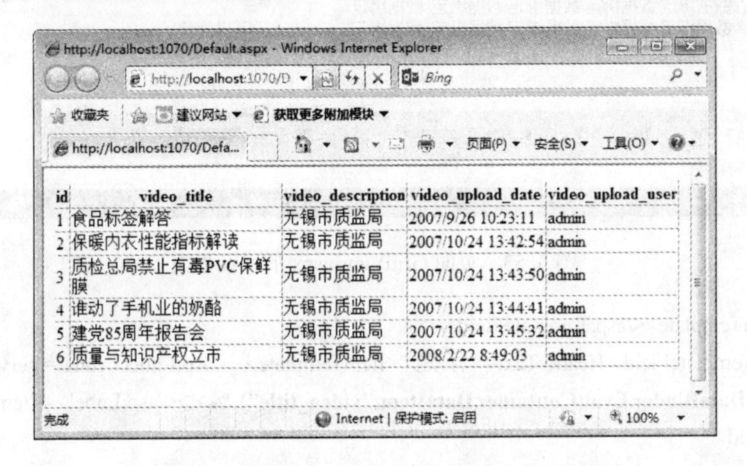

id	video_title	video_description	video_upload_date	video_upload_user
1	食品标签解答	无锡市质监局	2007/9/26 10:23:11	admin
2	保暖内衣性能指标解读	无锡市质监局	2007/10/24 13:42:54	admin
3	质检总局禁止有毒PVC保鲜膜	无锡市质监局	2007/10/24 13:43:50	admin
4	谁动了手机业的奶酪	无锡市质监局	2007/10/24 13:44:41	admin
5	建党85周年报告会	无锡市质监局	2007/10/24 13:45:32	admin
6	质量与知识产权立市	无锡市质监局	2008/2/22 8:49:03	admin

图 3-52　使用 DataTable 作为数据源显示数据

5．合理运用数据绑定

数据库中的数据通过数据源控件选定后，除了可以通过 GridView 等数据显示控件与数据源控件绑定实现数据的显示外，还可以将数据源中的某个字段绑定到其他控件上，如 Text 控件、HyperLink 控件等。

（1）数据绑定

在 ASP.NET 中，数据绑定方法为“<%# Eval("字段名称")”和“<%# Bind("字段名称")”。这两种方法均可以与数据源控件中的字段进行绑定，但两者有一定区别。Eval 用于单向数据绑定，数据是只读显示；Bind 用于双向数据绑定，不但能读取数据，并具有插入、更新和删除功能。对于只使用于行的提示功能的数据绑定，采用 Eval 进行绑定，只需要将相关模板字段的 ToolTip 属性设置为 Eval（字段名称）即可。

（2）通过实例介绍 GridView 控件模板列数据绑定的使用方法

创建 ASP.NET 应用程序使用的页面 GridView.aspx。在页面 GridView.aspx 添加一个 GridView 控件，设置 ID 是 myGridView，主要用来绑定并显示数据库 DB_Quality 的视频表 web_video 中的数据。设计界面如图 3-53 所示。

控件的主要 HTML 代码如下：

```
<asp:GridView ID="myGridView" runat="server" AutoGenerateColumns="False" >
<Columns>
<asp:TemplateField HeaderText="序号">
<ItemTemplate>
<asp:Label runat="server" ID="lblid" Text='<%# DataBinder.Eval(Container.DataItem,"id") %>'> </asp: Label>
```

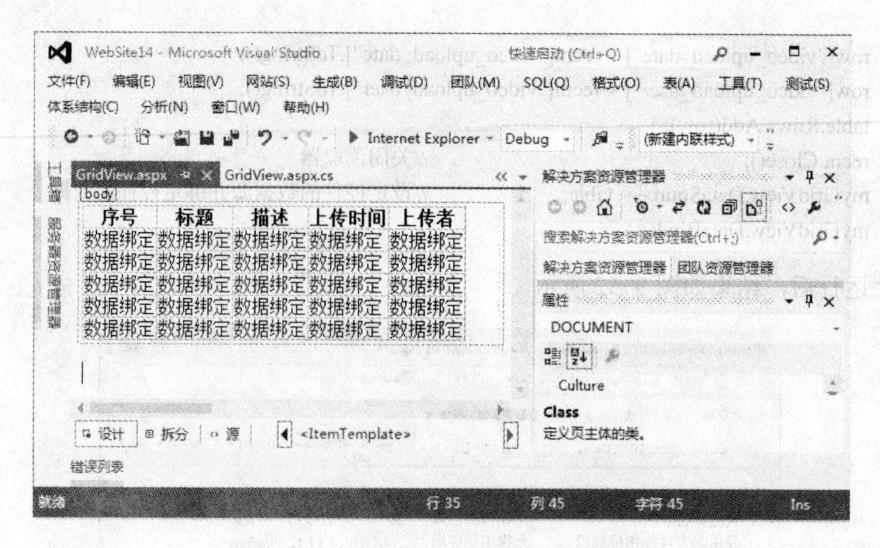

图 3-53　页面 GridView.aspx 的设计界面

```
</ItemTemplate></asp:TemplateField>
<asp:TemplateField HeaderText=" 标 题 "<ItemTemplate> <asp:Label runat="server" ID="Label1" Text='<%# DataBinder.Eval(Container.DataItem,"video_title") %>'></asp:Label></ItemTemplate> </asp:TemplateField>
<asp:TemplateField HeaderText=" 描 述 "><ItemTemplate><asp:Label runat="server" ID="Label2" Text='<%# DataBinder.Eval(Container.DataItem,"video_description") %>'></asp:Label>
</ItemTemplate></asp:TemplateField>
<asp:TemplateField HeaderText="上传时间"><ItemTemplate><asp:Label runat="server" ID="Label3" Text='<%# DataBinder.Eval(Container.DataItem,"video_upload_date") %>'></asp:Label>
</ItemTemplate></asp:TemplateField>
<asp:TemplateField HeaderText=" 上 传 者 "><ItemTemplate><asp:Label runat="server" ID="Label4" Text='<%# DataBinder.Eval(Container.DataItem,"video_upload_user") %>'></asp:Label>
</ItemTemplate></asp:TemplateField></Columns></asp:GridView>
```

表达式表示绑定数据源中的 ID 列，该表达式必须在 GridView 控件调用函数 DataBind() 时才有效。其中设置 GridView 控件的数据源步骤如下。

① 首先从数据库 DB_Quality 的 web_video 表中获取数据，并构造 DataReader 对象。

② 然后把 DataReader 对象作为 GridView 控件的数据源。

接下来的程序代码实现创建 GridView 控件的数据源和绑定数据源到控件的功能。实例中的页面 GridView.aspx 的 GridView 控件的数据绑定过程实际上是控件的属性赋值过程即设置控件的 DataSource 属性和 DataMember 属性的赋值过程，其中 DataSource 属性表示控件的数据源，DataMember 属性表示控件显示数据的所属字段的名称。程序代码如下：

```
private static String ConnectionString =
"Data Source=.;Initial Catalog=DB_Quality;User ID=sa;Password=8268119"; //构建数据库连接字符串
private void GridViewObject()
{SqlConnection myConnection = new SqlConnection(ConnectionString);
String cmdText = "Select top 8 *   from web_video";                //定义 SQL 语句
```

```
SqlCommand myCommand = new SqlCommand(cmdText, myConnection);  //定义 Command
myConnection.Open();                                           //打开数据库连接
SqlDataReader recm = myCommand.ExecuteReader();                //构造 DataReader 对象
myGridView.DataSource = recm;                       //设置 GridView 控件的数据源
myGridView.DataBind();                              //调用 GridView 控件的数据绑定函数
recm.Close();myConnection.Close();                  //关闭数据读取器和数据库的连接
```

程序运行后，结果如图 3-54 所示。

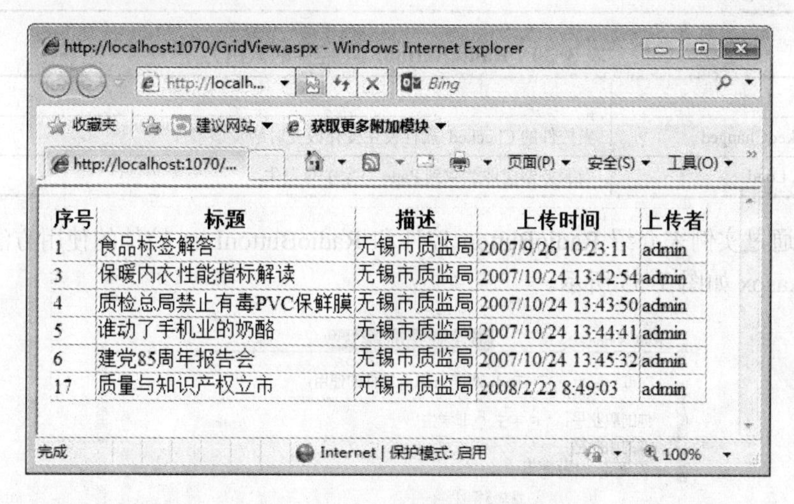

图 3-54　使用 GridView 控件绑定数据

6．RadioButton 控件和 RadioButtonList 控件

RadioButton 控件和 RadioButtonList 控件属于单选控件。多个 RadioButton 控件组合在一起即可形成一个 RadioButtonList 控件，即 RadioButtonList 控件可以作为 RadioButton 控件的父控件，在一个 RadioButtonList 控件中，只允许选择一个 RadioButton 控件。

RadioButton 控件通过设置 Text 属性显示文本，文本可以显示在按钮的左边或者右边。RadioButton 控件的常用属性及其说明如表 3-27 所示，常用方法及其说明如表 3-28 所示。

表 3-27　RadioButton 控件的常用属性

属　性	描　述
AutoPostBack	布尔值，规定在 Checked 属性被改变后，是否立即回传表单。默认是 false
Checked	布尔值，规定是否选定单选按钮
GroupName	该单选按钮所属控件组的名称
runat	规定该控件是服务器控件。必须设置为“server”

表 3-28　RadioButton 控件的常用方法

属　性	描　述
CheckedChanged	当控件的 Checked 属性发生变化改变时触发该事件
Load	当服务器控件加载到 Page 对象中时发生

RadioButtonList 控件通过其子项 ListItem 来显示选中的数据项，该控件的常用属性及其说明如表 3-29 所示，常用方法及其说明如表 3-30 所示。

表 3-29　RadioButtonList 控件的常用属性

属　性	描　述
RepeatColumns	当显示单选按钮组时要使用的列数
RepeatDirection	规定单选按钮组应水平重复还是垂直重复
RepeatLayout	单选按钮组的布局
runat	规定该控件是服务器控件。必须设置为“server”
TextAlign	文本应出现在单选按钮的哪一侧（左侧还是右侧）

表 3-30　RadioButtonList 控件的常用方法

属　性	描　述
CheckedChanged	当控件的 Checked 属性发生变化改变时触发该事件
Load	当服务器控件加载到 Page 对象中时发生

下面将通过实例来介绍 RadioButton 控件和 RadioButtonList 控件的使用方法，设计界面 RadioButton.aspx 如图 3-55 所示。

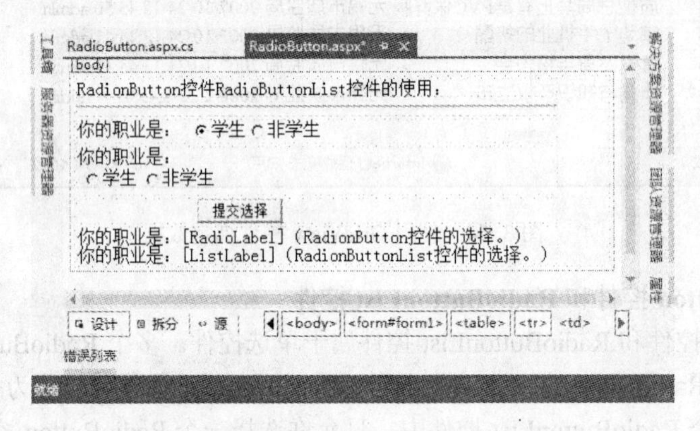

图 3-55　RadioButton.aspx 的设计界面

在页面 RadioButton.aspx 上添加两个 RadioButton 控件和一个 RadioButtonList 控件。两个 RadioButton 控件的 ID 分别为 MyStuRB 和 MyJobRB。如果把 RadioButton 的 GropName 属性值都设为“Profession”，就可以组成一组 RadioButton 控件，效果和单个 RadioButtonList 控件相当，此时在组内只能选择一个 RadioButton 控件。RadioButtonList 控件的 ID 为 MyRBList。控件的主要 HTML 代码如下：

```
…
RadionButton 控件 RadioButtonList 控件的使用：<hr>
你的职业是：<asp:radiobutton id="MyStuRB" runat="server" Text="学生" GroupName="profession" Checked="True"></asp:radiobutton><asp:radiobutton id="MyJobRB" runat="server" Text="非学生" GroupName="profession"></asp:radiobutton>
你的职业是：<asp:radiobuttonlist id="MyRBList" runat="server" RepeatDirection="Horizontal">
<asp:ListItem Value="学生">学生</asp:ListItem>
<asp:ListItem Value="学生">非学生</asp:ListItem></asp:radiobuttonlist>
…
```

在页面 RadioButton.aspx 中，当选择 RadioButton 控件的“非学生”选择项和 Radio

ButtonList 控件的“学生”选择项后，再单击【提交选择】按钮提交用户的选择结果。【提交选择】触发事件 SureBtn_Click1(object sender, EventArgs e)的程序代码如下：

```
protected void SureBtn_Click1(object sender, EventArgs e)
{if (MyStuRB.Checked = = true)                    //显示 RadionButton 控件的选择的文本
{RadioLabel.Text = MyStuRB.Text;}
else{RadioLabel.Text = MyJobRB.Text;}
ListLabel.Text = MyRBList.SelectedItem.Text; }     //显示 RadionButtonList 控件的选择的文本
```

页面 RadioButton.aspx 运行后，单击【提交选择】按钮，结果如图 3-56 所示。

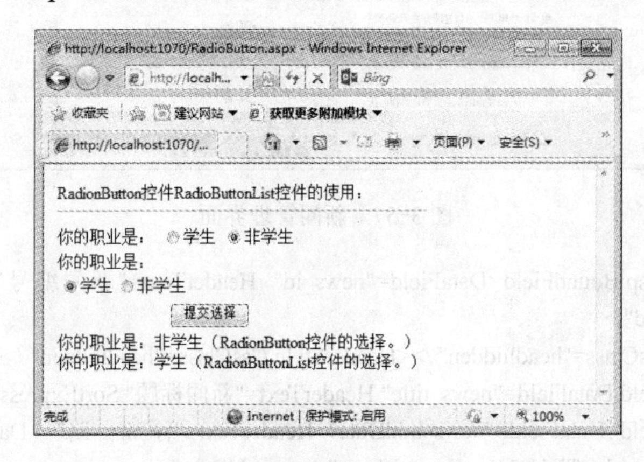

图 3-56　RadioButton 控件和 RadioButtonList 控件的使用案例

3.7.4　任务实施

“中国无锡质量网”后台管理系统的新闻管理模块主要使用 ADO.NET 中 DataSet 数据集对象、FileUpload 控件、FckEditor 控件等管理新闻数据及系统图片和文件的添加、修改和删除功能。“中国无锡质量网”前台界面显示主要使用数据显示控件 GridView 管理新闻显示。

1．新闻管理

（1）界面设计

新闻管理功能由页面 web_newsList.aspx、页面 web_newsEdit.aspx 和页面 web_newsAdd.aspx 实现，它们的代码隐藏文件分别是 web_newsList.aspx.cs 文件、web_newsEdit.aspx.cs 文件和 web_newsAdd.aspx.cs 文件。

新闻管理界面设计如图 3-71 所示，界面使用下拉列表框 DropDownList 控件显示新闻分类数据，使用 GridView 控件显示新闻信息，使用【添加新闻】按钮、【删除】按钮、【发布】按钮和 GridView 控件的 HyperLinkField 超链接标签分别实现新闻的添加、删除、发布和编辑功能，即实现跳转到添加页面（web_newsAdd.aspx）、编辑页面（web_newsEdit.aspx）的功能。如图 3-57 所示。

新闻管理页面 web_newsList.aspx 的主要 HTML 代码如下：

```
<asp:GridView Width="100%" ID="GridView1" runat="server" AllowPaging="True" AutoGenerate
Columns="False"OnDataBound="GridView1_DataBound" OnPageIndexChanging="GridView1_PageIndex
Changing" SkinID="GridViewSkin" OnSelectedIndexChanged="GridView1_SelectedIndexChanged">
```

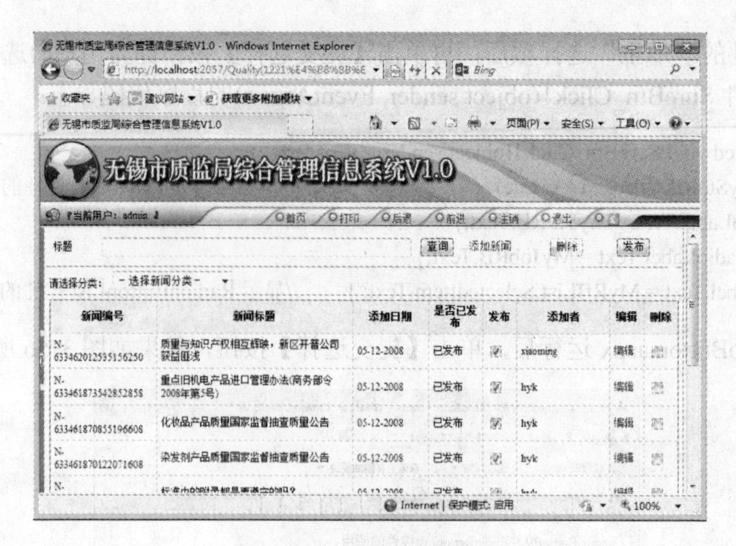

图 3-57　新闻管理界面

```
<Columns><asp:BoundField  DataField="news_id"  HeaderText="新闻编号"  ReadOnly="True"  Sort
Expression="news_id" >
    <ItemStyle CssClass="headhidden" /><HeaderStyle CssClass="headhidden" /></asp:BoundField>
    <asp:BoundField DataField="news_title" HeaderText="新闻标题" SortExpression="news_title" />
    <asp:BoundField  DataField="news_addDate"  HeaderText="添加日期"    DataFormatString="{0:MM-
dd-yyyy}"    HtmlEncode="False" SortExpression="news_addDate" >
    <ItemStyle Width="80px" /></asp:BoundField>
    <asp:BoundField  DataField="news_issuance"  HeaderText="是否已发布"  SortExpression=  "news_
issuance" >
    <ItemStyle CssClass="headhidden" /><HeaderStyle CssClass="headhidden" /> </asp:BoundField>
    <asp:TemplateField HeaderText="发布" SortExpression="news_issuance">
    <EditItemTemplate>
    <asp:TextBox ID="TextBox1" runat="server" Text='<%# Bind("news_issue") %>'></asp:TextBox>
    </EditItemTemplate>
    <ItemTemplate><asp:CheckBox ID="checkFB" runat="server" /></ItemTemplate>
    <ItemStyle Width="30px" /></asp:TemplateField>
    <asp:BoundField DataField="news_addUser" HeaderText="添加者" SortExpression="news_addUser" >
    <ItemStyle Width="100px" /></asp:BoundField>
    <asp:HyperLinkField DataNavigateUrlFields="news_id" DataNavigateUrlFormatString= "web_newsEdit.
aspx?news_id={0}"HeaderText="编辑" Text="编辑" >
    <ItemStyle Width="30px" /></asp:HyperLinkField>
    <asp:TemplateField HeaderText="删除" InsertVisible="False" ShowHeader="False">
    <ItemTemplate><asp:CheckBox ID="cb" runat="server" /></ItemTemplate><ItemStyle Width="30px" />
    </asp:TemplateField></Columns>
    <EmptyDataTemplate><asp:CheckBox ID="CheckBox1" runat="server" /></EmptyDataTemplate>
    <HeaderStyle HorizontalAlign="Center" /></asp:GridView>
```

在新闻管理页面中，页面初始化时需要绑定下拉列表控件和新闻显示列表控件的数据。该功能分别由函数 dropBind()和函数 listNews()实现。

① dropBind()函数从 web_news_Style 表中获取新闻分类数据，程序代码如下：

```
private void dropBind()
{DataTable table = new DataTable();
table = gloabl_OperateDB.myDataTable("select * from web_news_Style order by style_id");
DropDownList1.DataTextField = "style";DropDownList1.DataValueField = "style_id";
DropDownList1.DataSource = table.DefaultView;DropDownList1.DataBind();
DropDownList1.Items.Insert(0, new ListItem("－选择新闻分类－", "0"));}
```

绑定函数 dropBind()在绑定过程中调用 App_Code 文件夹下的类 gloabl_OperateDB 中的方法 myDataTable()，完成数据绑定功能，其程序代码如下：

```
public class gloabl_OperateDB
{public static   System.Data.DataTable   myDataTable (string excSQL)
{ string connString = gloab.getConnString();
//程序调用 App_Code 文件夹下的类 gloab 中的方法 getConnString()完成数据库连接功能
SqlConnection Conn = new SqlConnection(connString);
SqlDataAdapter da = new SqlDataAdapter(excSQL, Conn);
DataSet ds = new DataSet();
da.Fill(ds, "Tables");
DataTable dt = ds.Tables["Tables"];
return dt;}}
```

dropBind()函数绑定之后，单击下拉列表控件 DropDownList1 控件中的新闻分类数据，将触发 DropDownList1_SelectedIndexChanged()事件，其程序代码如下：

```
protected void DropDownList1_SelectedIndexChanged(object sender, EventArgs e)
{if (DropDownList1.SelectedValue != "0")
{radioBind();}
else {RadioButtonList1.Visible = false;Label5.Visible = false;} }
```

如果控件 DropDownList1 选中的值不等于 0 的话，将调用 radioBind()函数绑定新闻详细分类；否则，新闻详细分类将不显示在新闻管理页面中。函数 radioBind()的程序代码如下：

```
private void radioBind()
{DataTable table1 = new DataTable();
table1 = gloabl_OperateDB.myDataTable("select * from web_news_Style_More where style_id like '" +
DropDownList1.SelectedValue.ToString().Trim() + "' ORDER BY style_more_id");
if (table1.Rows.Count > 0)
{RadioButtonList1.DataTextField = "style_more";
RadioButtonList1.DataValueField = "style_more_id";
RadioButtonList1.DataSource = table1.DefaultView;
RadioButtonList1.DataBind();
RadioButtonList1.Visible = true;
Label5.Visible = true;}
else{RadioButtonList1.Visible = false;
Label5.Visible = false;} }
```

同样 radioBind()函数在执行过程中将调用 App_Code 文件夹下的类 gloab 中的方法 getConnString()完成数据库连接功能。前面已经详细解释过，此处将不在赘述。值得注意的是，radioBind()函数触发之后，将重新绑定新闻信息绑定，其程序代码如下：

```
protected void RadioButtonList1_SelectedIndexChanged(object sender, EventArgs e)
{Session["sql"] = "SELECT * from web_news where style_more_id like '" + this.RadioButtonList1.
SelectedValue + "%'  order by news_addDate desc";
listNews();}
```

② listNews()函数从 web_news 表中获取新闻信息数据，listNews()函数新闻信息数据绑定函数的程序代码如下：

```
private void listNews()
{GridView1.DataSource  gloabl_OperateDB.myDataTable(Session["sql"].ToString()).DefaultView;
GridView1.DataBind();
if (GridView1.Rows.Count == 0)
{this.Label1.Text = "暂无记录!";}
else{this.Label1.Text = "";}}
```

同样，绑定函数 listNews()在绑定过程中调用 App_Code 文件夹下的类 gloabl_OperateDB 中的方法 myDataTable()，完成数据绑定功能。

在图 3-58 中还用了两个跳转按钮，分别跳转到新闻添加页面和新闻编辑页面。跳转功能的完成是在新闻管理页面 web_newsList.aspx 的 HTML 代码中实现的，其代码如下：

```
//跳转到添加页面
<asp:HyperLink  id="HyperLink1"  runat="server"  NavigateUrl="web_newsAdd.aspx"  Font-Size=
"Larger">添加新闻</asp:HyperLink>
//跳转到编辑页面
<asp:HyperLinkField
DataNavigateUrlFields="news_id" DataNavigateUrlFormatString="web_news Edit.aspx?news_id= {0}"
HeaderText="编辑" Text="编辑" >
<ItemStyle Width="30px" /></asp:HyperLinkField>
```

此外，在图 3-58 所示页面中还实现了新闻删除、发布、查询功能。分别由 comm_del_Click()函数、comm_fb_Click()函数、Button1_Click()函数完成。它们的程序代码如下：

```
//实现新闻发布功能
protected void comm_fb_Click(object sender, EventArgs e)
{foreach (GridViewRow item in this.GridView1.Rows)
{if (((System.Web.UI.WebControls.CheckBox)(item.FindControl("checkFB"))).Checked == true)
{gloabl_OperateDB.ExcuteSQL("UPDATE  [web_news]  SET  news_issuance='已发布',news_issuance
Date='" + DateTime.Now + "',news_issuanceUser='" + Session["UserName"].ToString().Trim() + "' where
news_id='" + item.Cells[0].Text.Trim() + "'");}
else if (((System.Web.UI.WebControls.CheckBox)(item.FindControl("checkFB"))).Checked == false)
{gloabl_OperateDB.ExcuteSQL("UPDATE  [web_news]  SET  news_issuance='未发布',news_issuance
Date='1900-1-1' where news_id='" + item.Cells[0].Text.Trim() + "'");}}
MessageBox.Show(Page, "发布成功");
listNews();}
//实现新闻删除功能
protected void comm_del_Click(object sender, EventArgs e)
```

```
{foreach (GridViewRow item in this.GridView1.Rows)
{if (((System.Web.UI.WebControls.CheckBox)(item.FindControl("cb"))).Checked == true)
{try
{if (gloabl_OperateDB.ExcuteSQL("delete from [web_news]  where news_id='" + item.Cells[0].Text.
Trim() + "'") == true)
{MessageBox.Show(Page, "删除成功");
listNews();}
else{MessageBox.Show(Page, "删除失败");}
gloabl_OperateDB.ExcuteSQL("delete from [web_TB_Images]  where news_id='" + item.Cells[0].Text.
Trim() + "'");
gloabl_OperateDB.ExcuteSQL("delete from [web_STB_Images]  where news_id='" + item.Cells[0].
Text.Trim() + "'");
gloabl_OperateDB.ExcuteSQL("delete from [Web_PUBLICFILES]  where Module_ItemNumber='" +
item.Cells[0].Text.Trim() + "'");
}catch { }}}}
//实现新闻搜索功能
protected void Button1_Click(object sender, EventArgs e)                    //查询功能实现
{Session["sql"] = "SELECT * from web_news where news_title like '%'+'" + this.TextBox1.Text.Trim()
+ "'+'%' order by news_addDate desc";
listNews();
RadioButtonList1.Visible = false;
Label5.Visible = false;}
```

（2）添加新闻

页面 web_newsAdd.aspx 实现新闻添加功能，该页面上的新闻标题 TextBox 控件、新闻来源 TextBox 控件、标题颜色 TextBox 控件、发布区域 DropDownList 控件、新闻分类 DropDownList 控件、详细分类 RadioButtonList 控件、上传图片用户控件、添加附件用户控件、新闻内容 FCKeditor 控件和保存新闻 Button 控件，分别用于输入新闻标题、输入新闻来源、输入标题颜色、选择新闻发布区域、选择新闻分类、选择新闻详细分类、上传图片、上传附件、输入新闻具体内容和提交新闻内容到数据库。页面 web_newsAdd.aspx 运行后，界面如图 3-58 所示。

在添加新闻时，页面初始化需要绑定下拉列表控件。该功能由函数 fbqy()和函数 dropBind()实现。函数 fbqy()利用 DropDownList 控件实现发布区域数据绑定；函数 dropBind()利用 DropDownList 控件实现新闻分类数据绑定。函数 fbqy()的程序代码如下：

```
private void fbqy()
{DataTable table = new DataTable();
table = gloabl_OperateDB.myDataTable("select * from web_fbqy order by fbid");
DropDownList2.DataTextField = "fbname";
DropDownList2.DataValueField = "fbid";
DropDownList2.DataSource = table.DefaultView;
DropDownList2.DataBind(); }
```

函数 dropBind()的程序代码如下：

```
private void dropBind()
```

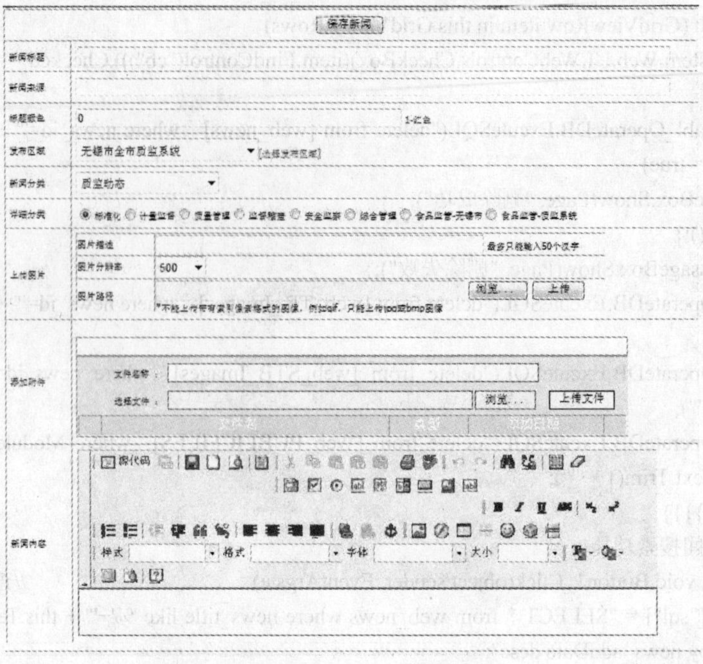

图 3-58　新闻添加页面

```
{DataTable table = new DataTable();
table = gloabl_OperateDB.myDataTable("select * from web_news_Style order by style_id");
DropDownList1.DataTextField = "style";
DropDownList1.DataValueField = "style_id";
DropDownList1.DataSource = table.DefaultView;
DropDownList1.DataBind();
DropDownList1.Items.Insert(0, new ListItem("一选择新闻分类一", "0")); }
```

当用户单击新闻分类时，将触发 DropDownList1_SelectedIndexChanged()事件，其程序代码如下：

```
protected void DropDownList1_SelectedIndexChanged(object sender, EventArgs e)
{if (DropDownList1.SelectedValue != "0")
{radioBind();}
else {RadioButtonList1.Visible = false; }}
```

事件 DropDownList1_SelectedIndexChanged()执行过程中，调用函数 radioBind()完成新闻详细分类的绑定工作，程序代码如下：

```
private void radioBind()
{DataTable table1 = new DataTable();
 table1 = gloabl_OperateDB.myDataTable("select * from web_news_Style_More where style_id like '" +
DropDownList1.SelectedValue.ToString().Trim() + "' ORDER BY style_more_id");
if (table1.Rows.Count > 0)
{RadioButtonList1.DataTextField = "style_more";
RadioButtonList1.DataValueField = "style_more_id";
```

```
        RadioButtonList1.DataSource = table1.DefaultView;
        RadioButtonList1.DataBind();
        RadioButtonList1.Visible = true; }
        else{RadioButtonList1.Visible = false; }}
```

从上述代码可以看出，绑定发布区域函数 fbqy()、绑定新闻分类函数 dropBind()和绑定新闻详细分类函数 radioBind()在执行过程中都将调用 App_Code 文件夹下 gloabl_OperateDB 类中的方法 myDataTable()实现数据绑定工作。方法 myDataTable()的程序代码前面在介绍新闻管理的时候已经解释过，此处不再赘述。

页面 web_newsAdd.aspx 主要实现的功能是添加新闻到数据库中，新闻添加功能由函数 comm_save_Click()实现。该函数使用 IF 语句判断新闻的标题、新闻分类及新闻详细分类是否为空，如果不为空，则添加新闻到数据库中，否则弹出提示对话框。函数的程序代码如下：

```
        protected void comm_save_Click(object sender, EventArgs e)
        {if (TextBox1.Text.ToString().Trim()== "")
        {MessageBox.Show(Page, "新闻标题不能为空！");
        return;}
        if (DropDownList1.SelectedValue == "0")
        {MessageBox.Show(Page, "请选择新闻分类！");
        return;}
        if (this.RadioButtonList1.SelectedIndex = = -1)
        {MessageBox.Show(Page, "请选择新闻详细分类！");
        return;}
        web_news entity = new web_news();  //创建 entity 实例
        entity.news_id = Session["news_id"].ToString().Trim();
        entity.news_title = TextBox1.Text.ToString().Trim();
        …//此处省略表 web_news 中其他字段信息的获取
        _InsertEntity InsertEntity = new _InsertEntity();  创建 InsertEntity 实例
        if (InsertEntity.InsertEntiryweb_news(entity.news_id, entity.news_title, entity.news_author, entity.news_
    source, entity.news_content, entity.news_addUser, entity.news_addDate, entity.news_editUser, entity.news_
    editDate, entity.news_issuanceUser, entity.news_issuanceDate, entity.news_issuance, entity.style_id, entity.
    style_more_id, entity.user_departmentId, entity.liulancishu, entity.news_color, entity.memo, entity.news_area,
    entity.fbwz) = = true)
        {//记录用户操作信息
        SqlConnection myConnection = new SqlConnection(gloab.getConnString());
        myConnection.Open();
        SqlCommand myCommand = new SqlCommand("insert into LogInfo(userid,username,userip, usertime,
    content) values(@userid,@username,@userip,@usertime,@content)", myConnection);
        myCommand.Parameters.Add("@userid", SqlDbType.NVarChar);
        myCommand.Parameters.Add("@username", SqlDbType.NVarChar);
        myCommand.Parameters.Add("@userip", SqlDbType.NVarChar);
        myCommand.Parameters.Add("@usertime", SqlDbType.DateTime);
        myCommand.Parameters.Add("@content", SqlDbType.NVarChar);
        myCommand.Parameters["@userid"].Value = Session["UserName"].ToString().Trim();
        myCommand.Parameters["@username"].Value = Session["trueName"].ToString().Trim();
        myCommand.Parameters["@userip"].Value = Request.ServerVariables["REMOTE_ADDR"].ToString();
```

```
    myCommand.Parameters["@usertime"].Value = DateTime.Now;
    myCommand.Parameters["@content"].Value = "添加质量网新闻：" + TextBox1.Text.ToString().
Trim();
    myCommand.ExecuteReader();
    myConnection.Close();
    myConnection.Dispose();
    SqlConnection.ClearPool(myConnection);
    MessageBox.Show(Page, "添加成功！");
    Response.Redirect("web_newsList.aspx");}
    else{MessageBox.Show(Page, "添加失败！");
    return;}}
```

函数 comm_save_Click()在执行添加新闻时，首先创建类 web_news 的实例 entity，实现数据赋值工作，然后创建类_InsertEntity 的实例 InsertEntity，完成新闻添加到数据库的工作。

（3）修改新闻

新闻修改页面的设计和添加新闻页面的设计一样，所以在此不对界面进行介绍。新闻修改页面 web_newsEdit.aspx 主要实现修改选中的新闻。与添加新闻不同的是，该页面需要选中新闻 ID。当页面初始化时，调用绑定新闻分类函数 dropBind()和绑定新闻发布函数 fbqy()。函数 dropBind()和函数 fbqy()的程序代码和添加新闻时一样，所以此处不再赘述。

当修改新闻页面绑定数据以后，可以看到可供编辑的文本输入框和下拉列表框及单选框，同时框中显示了选择新闻的原始数据。修改新闻和添加新闻一样，首先必须判断新闻的标题、新闻分类及新闻详细分类是否为空，只有不为空时，才能把修改后的结果添加到数据库中。修改新闻的函数代码如下：

```
    protected void comm_save_Click1(object sender, EventArgs e)
    {if (TextBox1.Text.ToString().Trim()== "")
    {MessageBox.Show(Page, "新闻标题不能为空！");
    return;}
    if (DropDownList1.SelectedValue == "0")
    {MessageBox.Show(Page, "请选择新闻分类！");
    return;}
    if (this.RadioButtonList1.SelectedIndex == -1)
    {MessageBox.Show(Page, "请选择新闻详细分类！");
    return;}
    web_news entity = new web_news();        //创建 entity 实例
    entity.id = int.Parse(Label10.Text.Trim());
    …//此处省略表 web_news 中其他字段修改字段的获取
    _UpdateEntity update = new _UpdateEntity();      //创建 update 实例
    if (update.UpdateEntiryweb_news(entity.id, entity.news_id, entity.news_title, entity.news_author, entity.
news_source, entity.news_content, entity.news_addUser, entity.news_addDate, entity.news_editUser, entity.
news_editDate, entity.news_issuanceUser, entity.news_issuanceDate, entity.news_issuance, entity.style_id,
entity.style_more_id, entity.user_departmentId, entity.liulancishu, entity.news_color, entity.memo, entity.news_
area, entity.fbwz) == true)
      {//记录用户操作信息
    SqlConnection myConnection = new SqlConnection(gloab.getConnString());
```

```
        myConnection.Open();
        SqlCommand myCommand = new SqlCommand("insert into LogInfo(userid,username,userip,usertime,
content) values(@userid,@username,@userip,@usertime,@content)", myConnection);
        myCommand.Parameters.Add("@userid", SqlDbType.NVarChar);
        myCommand.Parameters.Add("@username", SqlDbType.NVarChar);
        myCommand.Parameters.Add("@userip", SqlDbType.NVarChar);
        myCommand.Parameters.Add("@usertime", SqlDbType.DateTime);
        myCommand.Parameters.Add("@content", SqlDbType.NVarChar);
        myCommand.Parameters["@userid"].Value = Session["UserName"].ToString().Trim();
        myCommand.Parameters["@username"].Value = Session["trueName"].ToString().Trim();
        myCommand.Parameters["@userip"].Value = Request.ServerVariables["REMOTE_ADDR"].ToString();
        myCommand.Parameters["@usertime"].Value = DateTime.Now;
        myCommand.Parameters["@content"].Value = "编辑质量网新闻：" + TextBox1.Text.ToString().Trim();
        myCommand.ExecuteReader();
        myConnection.Close();
        myConnection.Dispose();
        SqlConnection.ClearPool(myConnection);
        MessageBox.Show(Page, "修改成功！");}
        else{MessageBox.Show(Page, "修改失败！");}}
```

与添加新闻不同的是，此处创建类_UpdateEntity 的实例 update，完成新闻内容的修改工作。

2. 系统图片和文件管理

系统图片和文件管理是采用用户控件实现的，将在下一节中详细描述。

3. 系统前台新闻显示

（1）界面设计

前面介绍了通过新闻后台管理系统可以轻松实现新闻的增加、修改、删除功能，下面重点介绍新闻前台显示功能的实现。新闻的设计界面为 Default.aspx，代码隐藏文件为 Default.aspx.cs。同时该页面也为系统默认首页，其界面设计如图 3-59 所示。

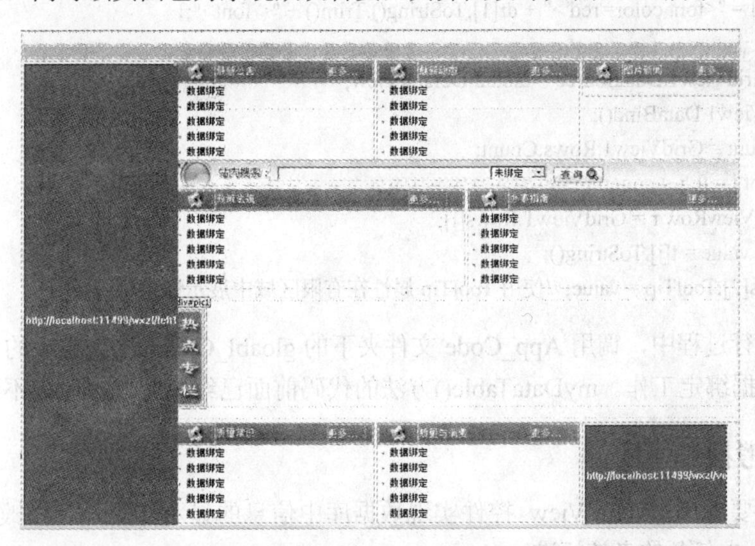

图 3-59　前台新闻显示设计页面

（2）新闻显示

从图 3-60 可知，新闻前台显示主要是通过 GridView 控件数据绑定来实现。“中国无锡质量网”首页 Default.aspx 页面主要显示的新闻种类是新闻公告类，下面选择“最新公告”模块进行介绍，其他新闻类实现方法类同。“最新公告”模块实现方法如下。

① 拖动一 GridView 控件到 Default.aspx 页面，设置其 ID 为 GridView1，其他主要 HTML 设置如下：

```
<asp:GridView ID="GridView1" runat="server" AutoGenerateColumns="False" CellSpacing="2"
GridLines="None" ShowHeader="False" Width="100%" CellPadding="2">
<Columns><asp:TemplateField><ItemStyle HorizontalAlign="Center" Width="5px" />
<ItemTemplate><asp:Image ID="Image1" runat="server" ImageUrl="image/dot.gif" /></ItemTemplate>
</asp:TemplateField><asp:BoundField DataField="news_id" ReadOnly="True" Visible="False" />
<asp:HyperLinkField
DataNavigateUrlFields="news_id" DataNavigateUrlFormatString="NewsShow.aspx?news_id={0}"Data
TextField="news_title" Target="_blank" />
</Columns></asp:GridView>
```

② 页面 Default.aspx 初始化时调用函数 ZuiXinGaoShi()，程序代码如下：

```
private void ZuiXinGaoShi()
{DataTable table2 = new DataTable();
table2 = gloabl_OperateDB.myDataTable("SELECT TOP 8   news_id, news_title,news_color   FROM
web_news WHERE news_issuance='已发布' and style_more_id='16' and fbwz='0' ORDER BY id desc");
String[] t = new String[12];int i = 0;String s;
foreach (DataRow dr in table2.Rows)
{s = dr[1].ToString();t[i] = s;
if (s.Length > 18)    //使用 IF 语句判断标题的长度，如果大于 18，则后面的文字用…代替
{dr[1] = s.Substring(0, 18) + "...";}
if (dr[2].ToString().Trim()== "1")//使用 IF 语句判断标题属性，如果等于 1，则文字用红色显示
{dr[1] = "<font color='red'>" + dr[1].ToString().Trim() + "</font>";}
i++;}
this.GridView1.DataSource = table2.DefaultView;
GridView1.DataBind();
int count = GridView1.Rows.Count;
for (int j = 0; j < count; j++)
{GridViewRow r = GridView1.Rows[j];
string value = t[j].ToString();
r.Cells[2].ToolTip = value; //使用 ToolTip 属性在有限区域中展示信息}}
```

程序在执行过程中，调用 App_Code 文件夹下的 gloabl_OperateDB 类中的 myDataTable()方法，完成数据绑定工作。myDataTable()方法的代码前面已经介绍过，此处不再赘述。

3.7.5 任务考核

本任务主要考核用 GirdView 控件实现数据库中信息的显示、添加、修改、删除等功能能，表 3-31 为本任务的考核标准。

表 3-31　本任务考核标准

评分项目	评分标准	分　值	比例
任务完成情况	是否正确实现新闻管理页面	0～10 分	50%
	是否正确显示新闻列表信息	0～8 分	
	是否正确实现新闻添加功能	0～8 分	
	是否正确实现新闻修改功能	0～7 分	
	是否正确实现新闻删除功能	0～7 分	
	是否正确实现新闻前台显示功能	0～10 分	
任务过程	根据任务实施过程的态度、团队合作精神和创新能力等方面进行考核	酌情打分	20%
任务完成时间	在规定时间内完成任务者得满分，每推延一小时扣 5 分	0～30 分	30%

3.7.6　任务小结

在本任务中，主要将 GridView 显示控件与 ADO.NET 中 DataSet 数据集对象、FileUpload 控件、FckEditor 控件等配合使用来实现新闻数据、系统图片及文件的添加、修改和删除功能。

3.7.7　拓展与提高

学习使用 Webeditor 控件来替换 FCKeditor 控件，并实现 FCKeditor 控件原本系统实施过程中完成的功能，并注意比较二者的优劣。

3.7.8　思考与讨论

（1）在文件上传的过程中，文件数据作为页面请求的一部分，上传并缓存到服务器的内存中，然后再写入服务器的物理硬盘中，在此过程中，有哪些注意点？

（2）上传文件的访问方法有哪几种？

（3）在网站布局中，经常会遇到页面空间非常有限，但需要显示的信息内容却很多的情况，请问如果要不允许任何一个构件的内容超出自己的空间而却占据另一个构件的空间，以保证页面的稳定、整洁、有序，应该使用何种方法在有限区域中展示信息？

3.7.9　实训题

模仿“中国无锡质量网”后台管理系统的新闻管理功能页面的实现过程，完成“图书馆门户信息管理系统”的新闻管理功能模块。要求能够在系统前台页面完成新闻显示功能，及在系统后台实现新闻的增加、修改、删除功能。

任务 3.8　用户信息打印模块

3.8.1　任务引入

在网络应用程序中，经常需要将查询的数据进行合并统计、分组汇总、条件格式化数据显示、制作分析图表。如果通过数据控件或者其他报表开发工具，需要开发大量的程序代码，从而加重了程序员的开发负担。通过水晶报表（Crystal Reports）可以快速实现以上功能，提高应用程序的开发速度。

在 ASP.NET 中，水晶报表工具提供了非常方便的报表处理及输出功能。本节主要介绍"中国无锡质量网"用户信息打印模块，在该模块中，系统管理员可以方便地查询所有管理员信息，导出并打印管理员信息。

3.8.2 任务目标

本任务主要完成两个目标：一是知识目标，掌握水晶报表的相关知识；二是能力目标，会使用水晶报表实现导出和打印功能。

3.8.3 相关知识

在开发各种工具软件时，不可避免地会遇到打印的问题。而使用.NET 开发打印功能，水晶报表是一个十分不错的选择。

1．水晶报表创建打印的一般步骤

① 准备好想要打印的数据源。

② 制作用于规定打印结果样式的模板文件（.rpt）。

③ 创建用于打印的执行界面 default.aspx，并在其中放置一个 CrystalReportViewer（第三方控件，来自 SAP）。

④ 创建打印按键所在的界面 default2.aspx。

⑤ 获取系统所能使用的打印机。

⑥ 设置使用的打印机及打印相关参数。

⑦ 使用 default2.aspx 调用 default.aspx 完成打印。

2．水晶报表的两种模式

① 拉（PULL）：设置好数据连接之后，使用水晶报表文件中所使用的获得数据的方式，由水晶报表自己解决数据获取操作。

② 推（PUSH）：使用 DataSet 装载数据，然后填充到水晶报表中，再按照水晶报表的格式显示。

3．水晶报表的相关控件

水晶报表的相关控件包括 CrystalReportViewer、CrystalReportSource 等。

4．水晶报表的命名空间

水晶报表的命名空间包括 CrystalDecisions.Shared、CrystalDecisions.CrystalReports.Engine。

5．水晶报表的相关成员

水晶报表的相关成员如表 3-32 所示。

表 3-32 水晶报表的相关成员

类 名	成 员 名	描 述
CrystalReport	Load	加载水晶报表（.rpt）文件
CrystalReportViewer	ReportSource	设置报表数据源
CrystalReportSource	ReportDocument.Load	加载水晶报表（.rpt）文件，Server.MapPath("*****.rpt")

3.8.4 任务实施

Visual Studio 2008 开发工具中包含了水晶报表的开发组件，而从 Visual Studio 2010 开始微软的开发工具就不再包含水晶报表的开发组件，因此在 Visual Studio 2010 与 Visual Studio 2012 中使用水晶报表需要安装 SAP 的组件才能使用水晶报表。

1．水晶报表 for Visual Studio 2012 组件包的下载

下载地址为 http://downloads.businessobjects.com/akdlm/cr4vs2010/CRforVS_13_0_5.exe。

2．组件安装

① 下载完毕后可以得到一个 290MB 的安装包，双击安装包即可进行安装。安装前需要关闭 Visual Studio 2012 开发工具。

② 安装分为三个阶段，第一阶段是解压抽取文件，第二阶段是安装，第三阶段为删除安装文件。前两个阶段运行较快，程序的交互性较好，在第三个阶段交互性差，需要耐心等一段时间就会安装成功。

3．组建安装后 Visual Studio 2012 控件工具栏的变化

安装组件结束后。启动 Visual Studio 2012，在设计模式下打开一个 Web 页面文件，则在控件工具栏中已增加了报表设计分组，如图 3-60 所示。

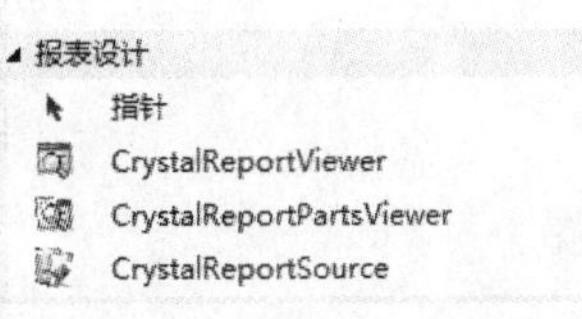

图 3-60　设计模式下的报表设计分组

4．建立 rpt 报表

用水晶报表制作报表和用其他的报表工具做报表一样，首先要准备一个数据结构（制作报表要用到的），这个结构可以来源于数据库，也可以来源于.NET 的数据集。制作报表.rpt 文件提供的结构必须与最终提供报表数据的数据源结构相同，否则报表不能正常显示。下面将以 Windows 7 系统为例说明配置水晶报表配置数据源的过程。

① 假定已经装有 SQL Server 2008 R2 的数据库软件。打开 Visual Studio 2012 开发工具，在 Visual Studio 2012 解决方案管理器中右击鼠标，在弹出的下拉列表框中选择【添加】→【添加新项】，弹出【添加新项】窗口，如图 3-61 所示。

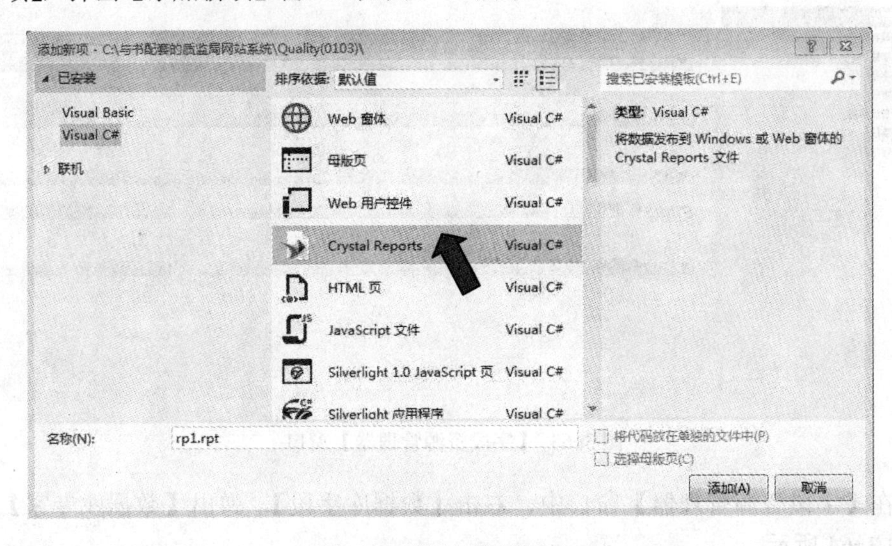

图 3-61　【添加新项】窗口

② 选中【Crystal Reports】选项，在【名称】栏中自定义水晶报表名称是 rp1.rpt，单击【添加】按钮，弹出【Crystal Reports 库】窗口，如图 3-62 所示。

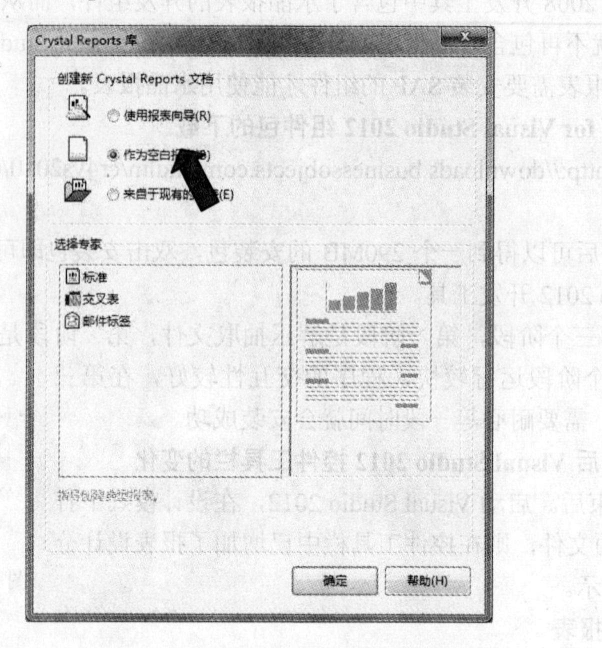

图 3-62 【Crystal Reports 库】窗口

③ 选中第二项【作为空白报表】，单击【确定】按钮，水晶报表 rp1.rpt 创建成功。下面将介绍水晶报表 rp1.rpt 如何配置数据源。

5. 建立报表的数据源

① 单击水晶报表 rp1.rpt 的【字段资源管理器】，弹出【字段资源管理器】窗口，如图 3-63 所示。

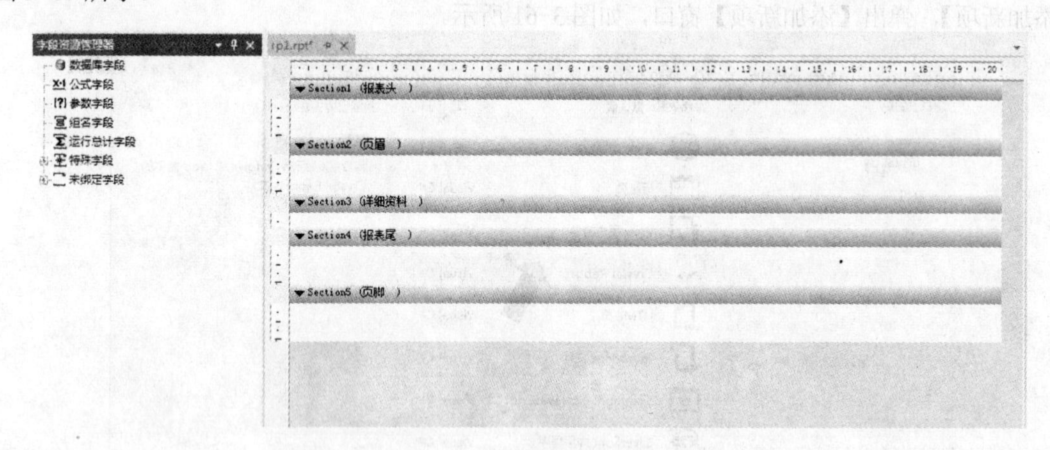

图 3-63 【字段资源管理器】窗口

② 在【字段资源管理器】窗口中，右击【数据库字段】，弹出【数据库专家】下拉列表，如图 3-64 所示。

③ 单击【数据库专家】，弹出【数据库专家】窗口，如图 3-65 所示。

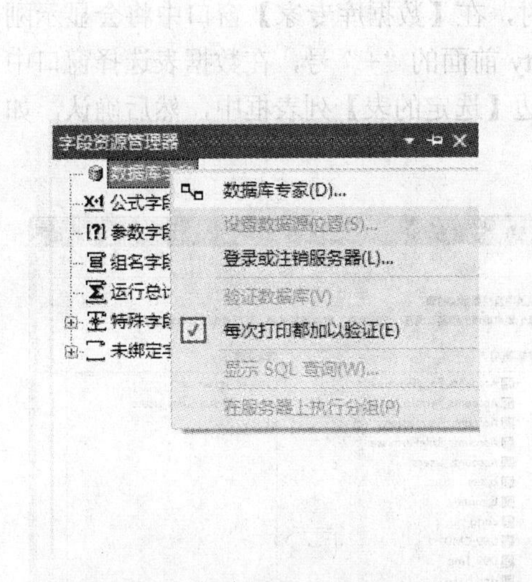

图 3-64 【字段资源管理器】窗口 2

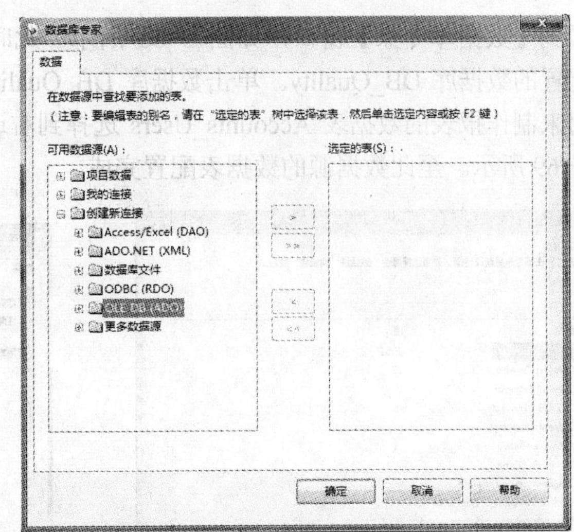

图 3-65 【数据库专家】窗口

④ 在【可用数据源】窗口中，单击【创建新连接】下面的【OLE DB（ADO)】文件夹前的+号，弹出【OLE DB 提供程序】窗口，如图 3-66 所示。

⑤ 在【提供程序】窗口中选中【Microsoft OLE DB Provider for SQL Server】，单击【下一步】按钮，弹出【连接信息】窗口，如图 3-67 所示。

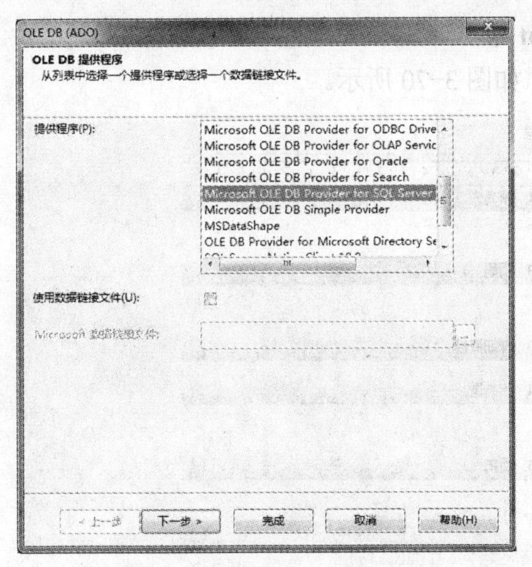

图 3-66 【OLE DB 提供程序】窗口

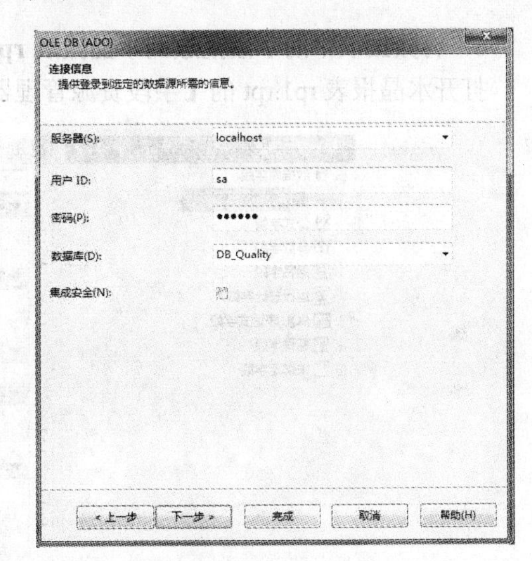

图 3-67 【连接信息】窗口

⑥ 在【服务器】栏输入数据源名称“localhost”(如果计算机中有多台数据库，此处应该具体写出)；在【用户 ID】栏输入数据库用户名“sa”；在【密码】栏输入数据库密码；在【数据库】栏选择水晶报表用到的数据库，此处选择“DB_Quality”。单击【下一步】按钮，弹出数据库配置信息的【高级信息】窗口，如图 3-68 所示。

⑦ 可以通过双击属性来更新属性值，或者选择属性，然后单击“编辑值”按钮来修改属性值，默认是不进行任何修改，单击【完成】按钮，水晶报表数据源配置至此完成。同时

将回到【数据库专家】窗口，如图 3-66 所示。此时，在【数据库专家】窗口中将会显示刚才配置的数据库 DB_Quality。单击数据库 DB_Quality 前面的“+”号，在数据表选择窗口中将用来制作报表的数据表 Accounts_Users 选择到右边【选定的表】列表框中，然后确认，如图 3-69 所示。至此数据源的数据表配置完成。

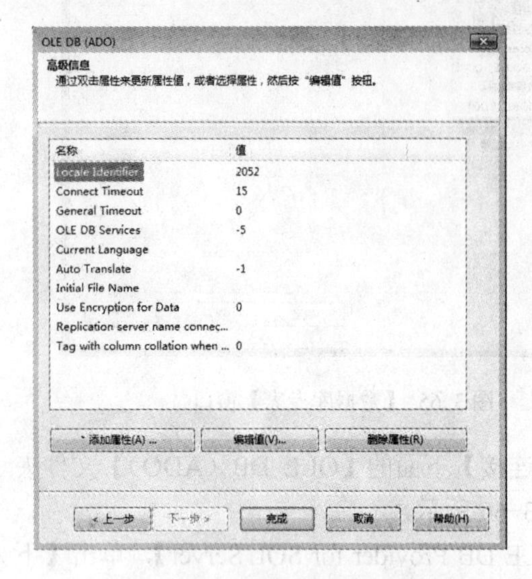

图 3-68 【高级信息】窗口　　　　图 3-69 【数据库专家】窗口

6．将数据表中的字段拖放到水晶报表 rp1.rpt 中

打开水晶报表 rp1.rpt 的【字段资源管理器】，如图 3-70 所示。

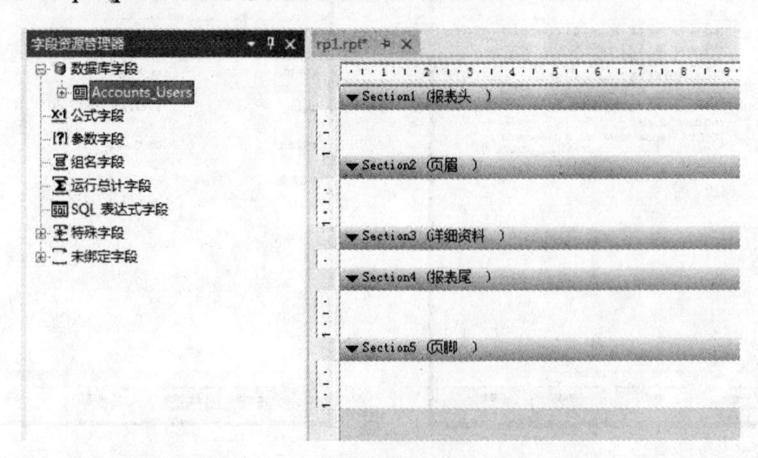

图 3-70 【字段资源管理器】窗口 1

此时，在【字段资源管理器】的【数据库字段】中可以看到用户信息表 Accounts_Users 表，单击用户信息表 Accounts_Users 表前面的“+”号，可以看到 Accounts_Users 表的所有字段，如图 3-71 所示。

将需要显示的用户信息表 Accounts_Users 中的字段拖放到报表 rp1.rpt 中，如图 3-72 所示，使用过的数据库字段前边具有绿色的选中符号。当然也可以在报表设计窗口中右击鼠标设置页面大小，添加文本、添加特殊字段或画线。也可在报表中选择一个对象设置其大小、颜色、格式等。至此，已经创建了.rpt 文件，保存好备后面使用。

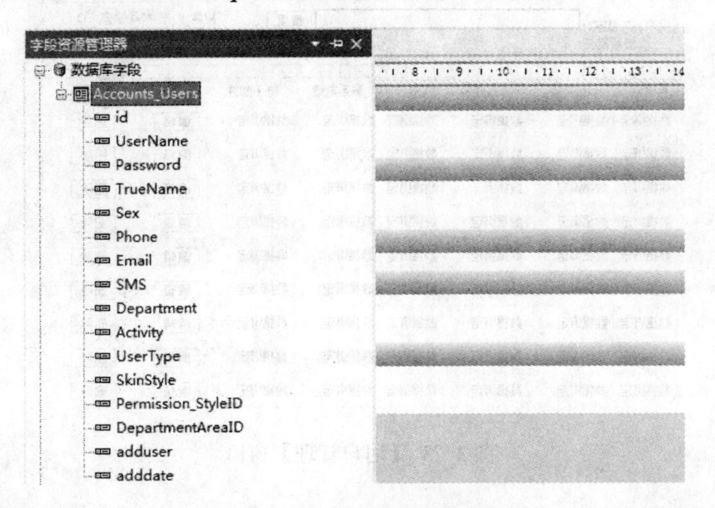

图 3-71 【字段资源管理器】窗口 2

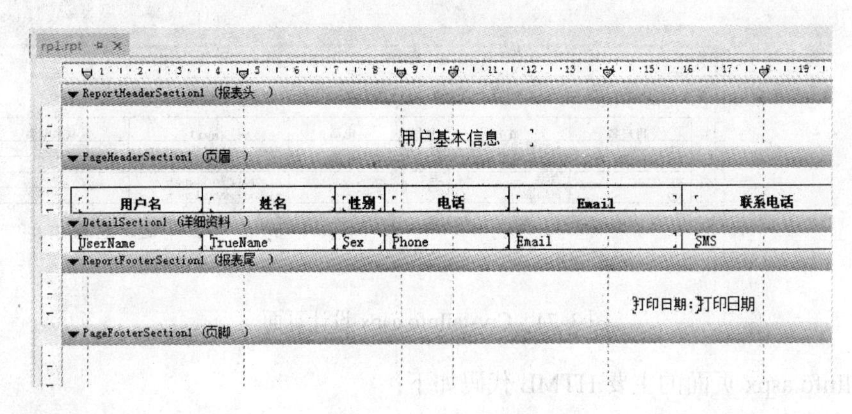

图 3-72 报表 rp1.rpt

7. 显示报表

在“中国无锡质量网”中，用户信息打印功能由页面 UserAdmin.aspx 和页面 CrystalInfo.aspx 实现，它们的代码隐藏文件分别是 UserAdmin.aspx.cs 文件和 CrystalInfo.aspx.cs 文件。具体实现方法如下：

① 拖动一个 Button 到用户信息管理的设计界面，设置 ID 是 btnPrint，Text 属性值是水晶报表，如图 3-73 所示。

当用户单击【水晶报表】按钮时，触发【水晶报表】按钮的单击事件 btnPrint_ Click()，其代码如下：

```
protected void btnPrint_Click(object sender, EventArgs e)
{Response.Redirect("../../CrystalInfo.aspx");   //跳转到页面 CrystalInfo.aspx }
```

② 添加新的页面 CrystalInfo.aspx，切换到页面设计模式，将工具栏中报表设计组下的控件 CrystalReportSource 与 CrystalReportViewer 控件各拖放一个到 CrystalInfo.aspx 页面中，并设置 CrystalReportSource 中 FileName 指向 rp1.rpt。设计界面如图 3-74 所示。

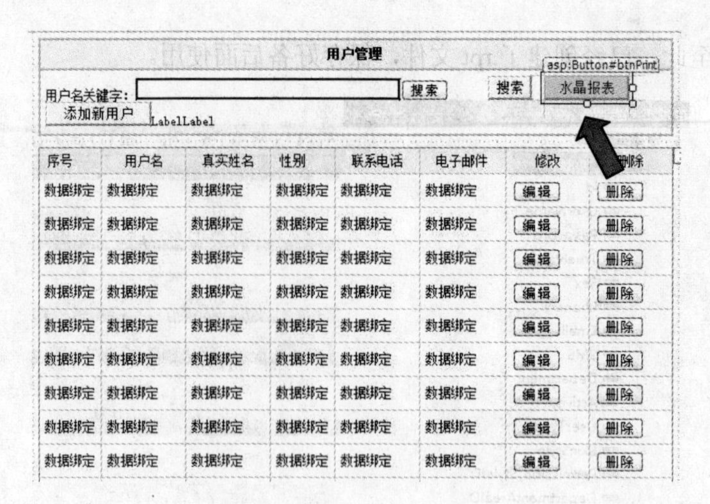

图 3-73 【用户管理】窗口

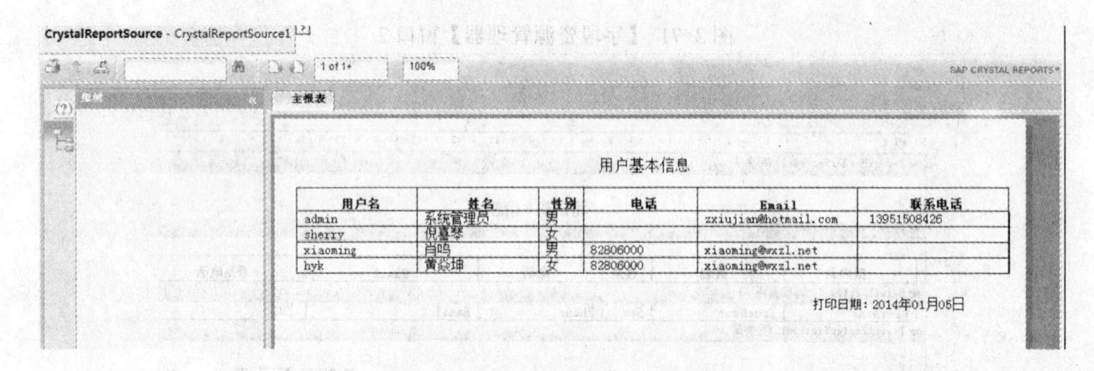

图 3-74 CrystalInfo.aspx 设计页面

CrystalInfo.aspx 页面的主要 HTML 代码如下：

```
<%@ Register assembly="CrystalDecisions.Web, Version=13.0.2000.0, Culture=neutral, PublicKey
Token=692fbea5521e1304" namespace="CrystalDecisions.Web" tagprefix="CR" %>
…
<CR:CrystalReportSource ID="CrystalReportSource1" runat="server">
<Report FileName="rp1.rpt"></Report></CR:CrystalReportSource>
<CR:CrystalReportViewer ID="CrystalReportViewer1" runat="server" AutoDataBind="true" Report
SourceID="CrystalReportSource1" OnInit="CrystalReportViewer1_Init" />
```

拉入 CrystalReportviewer 控件之后，Web.config 中也自动添加水晶报表的配置信息。

③ CrystalInfo.aspx 页面程序代码如下：

```
using System.Web;                                    //3
using System.Data;                                   //1
using System.Data.SqlClient;
using CrystalDecisions.Shared;                       //4
using CrystalDecisions.CrystalReports.Engine;        //2
using CrystalDecisions.ReportSource;                 //5
public partial class CrystalInfo : System.Web.UI.Page
```

```
{ protected void Page_Load(object sender, EventArgs e)
{Session["sql"] = "select  * from Accounts_Users ORDER BY adddate desc";ConfigureCrystal
Reports();}
private void ConfigureCrystalReports()
{Session["sql"] = "select  * from Accounts_Users ORDER BY adddate desc";
DataTable dt = gloabl_OperateDB.myDataTable(Session["sql"].ToString());  //6 获取数据
CrystalReportSource1.ReportDocument.Load(Server.MapPath("rp1.rpt"));  // 7 添加报表
CrystalReportSource1.ReportDocument.SetDataSource(dt);  // 8 给报表设置数据源
CrystalReportSource1.DataBind();  // 9 报表数据绑定
CrystalReportViewer1.ReportSource = CrystalReportSource1; //10 将报表数据源对象设置为 Crystal
ReportViewer 的数据源
CrystalReportViewer1.DataBind();  // 11 进行报表数据浏览控件的数据绑定}
```

经过上边的 11 步已完成了水晶报表的制作，在浏览器中查看 CrystalInfo.aspx 就可以看到报表了。

【提示】：在第 6 步中，这里使用了一个自己的类库，并直接用 SQL 语句获得了一个 datatable 对象，用户可以采用自己方式先连接数据库，然后再获得数据，从而完成上边的练习。

3.8.5 任务考核

本任务主要考核使用水晶报表实现报表导出、打印功能，表 3-33 为本任务考核标准。

表 3-33 本任务考核标准

评分项目	评分标准	分值	比例
任务完成情况	是否正确显示用户信息列表	0～10 分	50%
	水晶报表功能正常	0～30 分	
	查询功能正常	0～10 分	
任务过程	根据任务实施过程的态度、团队合作精神和创新能力等方面进行考核	酌情打分	20%
任务完成时间	在规定时间内完成任务者得满分，每推延一小时扣 5 分	0～30 分	30%

3.8.6 任务小结

本任务介绍了水晶报表的基础知识，使用 OLE DB（ADO）作为水晶报表的数据源、动态处理报表中的字段和文本对象、筛选报表数据等内容。使用这些技术实现了用户基本信息的查询、导出、打印等功能。

3.8.7 拓展与提高

本任务仅实现了打印用户基本信息汇总表的功能，读者可通过自学实现打印每个用户详细信息的功能。

3.8.8 思考与讨论

（1）水晶报表创建的一般步骤有哪些？水晶报表有哪几种模式？各模式的作用是什么？

（2）水晶报表的相关成员具体为哪些？

（3）谈谈 FCKeditor 控件的功能有哪些？

3.8.9 实训题

下载水晶报表组件安装包，并在 Visual Studio 2012 中完成其安装，模仿“中国无锡质量”中用户信息打印功能的实现过程，使用 OLE DB（ADO）作为水晶报表的数据源，完成“图书馆门户信息管理系统”中用户信息打印功能。

任务 3.9 后台目录管理模块

3.9.1 任务引入

对于一个大型的政府级网站，可能拥有成百上千的网页，导航就变得十分重要。好的导航系统能够方便用户在多个页面间来回浏览，从而增强应用程序的可交互性。ASP.NET 提供了内置的站点导航技术，让开发人员创建站点导航时变得轻松。

本节主要介绍“中国无锡质量网”的后台目录管理模块的开发过程，将讨论 ASP.NET 4.5 中用于导航的两个高级服务器控件：TreeView 控件与 Menu 控件，另外还将讨论多站点地图的应用。

3.9.2 任务目标

本任务主要完成两个目标：一是知识目标，掌握导航控件的相关知识；二是能力目标，掌握导航控件的使用。

3.9.3 相关知识

导航控件是对应 Visual Studio 2012 工具箱的【导航】选项卡的 Web 服务器控件，这些控件都拥有在页面导航的功能，包括在页面显示菜单的 Menu 控件、显示层次结构的树形（TreeView）控件和提供站点导航的 SiteMapPath 控件等。

（1）Menu 控件

Menu 控件即菜单控件，主要用来创建页面上的显示菜单，可以包含一个主菜单和多个子菜单。Menu 控件创建的菜单具有静态和动态两种显示模式。所谓静态显示模式，指的是 Menu 控件中的菜单始终是完全展开的，整个结构都是可见的，用户可以单击任何菜单项；而动态显示模式，则指的是需要鼠标停留在其父菜单项上时才会显示的子菜单，而且该动态菜单在显示一定时间后会自动消失。

Menu 控件最简单的用法是在设计视图中使用 Items 属性添加 MenuItem 对象的集合。MenuItem 对象有一个 NavigateUrl 属性，如果设置了该属性，单击菜单项后将导航到指定的页面。可以使用 Menu 控件的 Target 属性指定打开页的位置，MenuItem 对象也有一个 Target 属性，可以单独指定打开页面的位置。如果没有设置 NavigateUrl 属性，则把页面提交到服务器进行处理。

Menu 控件常用的基本属性如表 3-34 所示。

表 3-34　Menu 控件常用的基本属性

属　性	说　明
Items	设置 Menu 控件中的所有菜单项
Orientation	设置菜单中静态部分的展开方向。共有 Horizontal 和 Vertical 两个属性值，分别表示水平方向和垂直方向展开第一级动态菜单。默认值为 Vertical，即垂直方向
StaticDisplayLevels	设置可以静态显示的菜单的最大层数。默认值为 1。当 MaximumDynamicDisplayLevels 属性值设置为 0，StaticDisplayLevels 属性值设置与菜单的最大深度一致时，该菜单为完全的静态菜单。注意，该属性值必须大于 0，即所有的菜单都要包括静态和动态两部分，不存在完全的动态菜单
MaximumDynamicDisplayLevels	属性：设置可以动态显示的菜单的最大层数。默认值为 3，表示多于 3 层的动态菜单将不能显示。注意，该属性值不能为负数
DisappearAfter	定义鼠标离开菜单项之后，动态菜单的保留时间，以 ms 为单位。默认值为 500ms。注意，动态菜单显示期间，若鼠标在菜单外部单击，则动态菜单会立即消失。该属性值也可以设置为-1，表示动态菜单不会自动消失，除非在菜单外部单击鼠标

下面将通过实例介绍 Menu 控件的使用方法。

① 创建 ASP.NET 应用程序 WebSite3-9-1。创建页面 MenuSample.aspx，代码隐藏文件是 MenuSample.aspx.cs。在页面 MenuSample.aspx 中添加一个 Menu 控件，其 ID 设置为 Menu1，设计界面如图 3-75 所示。

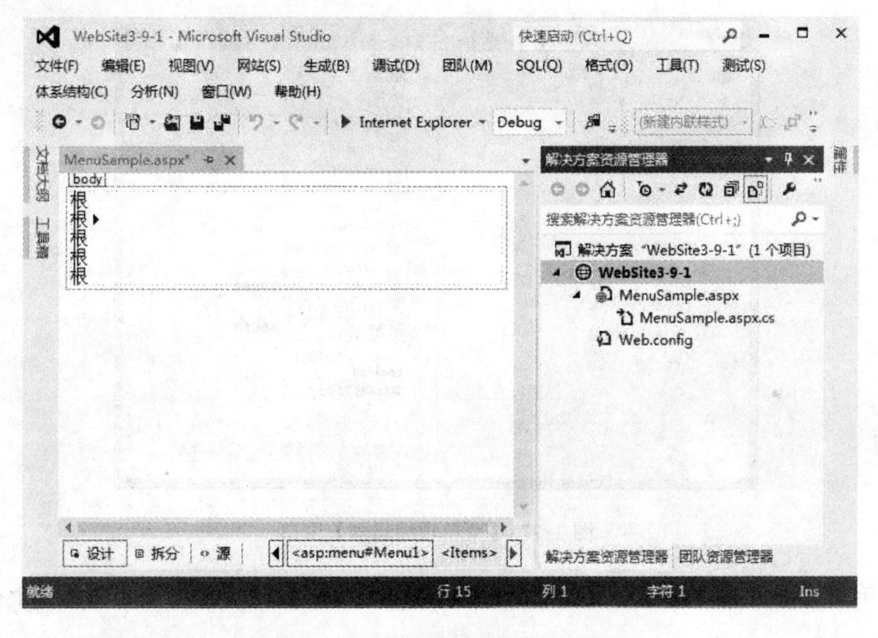

图 3-75　Menu.aspx 页面的设计界面

② 编辑 Menu 控件的各菜单项有 Items 属性设置。使用 Items 属性设置的方法是：选中 Menu 控件，单击【属性】窗口中 Items 属性后的【…】按钮，弹出【菜单项编辑器】窗口，如图 3-76 所示。

③ 窗口左侧为菜单的树形结构视图，上方有【添加根项】、【添加子项】、【移除项】、【在同级间将项上移】、【在同级间将项下移】、【使所选项成为其父级的同级】、【使所选项成为其前一个同级的子级】等命令的快捷按钮，利用这些按钮创建菜单结构。此处添加“系统

操作”和“帮助”两个根菜单项，如图 3-77 所示。

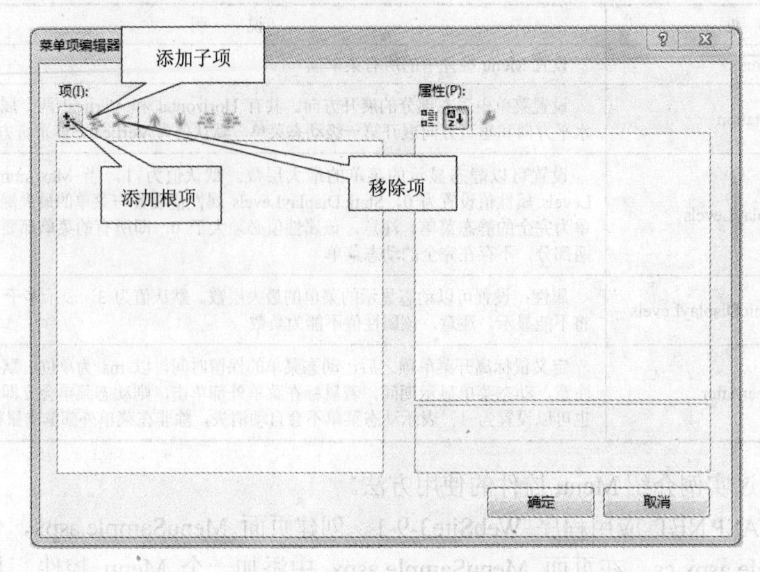

图 3-76 【菜单项编辑器】窗口

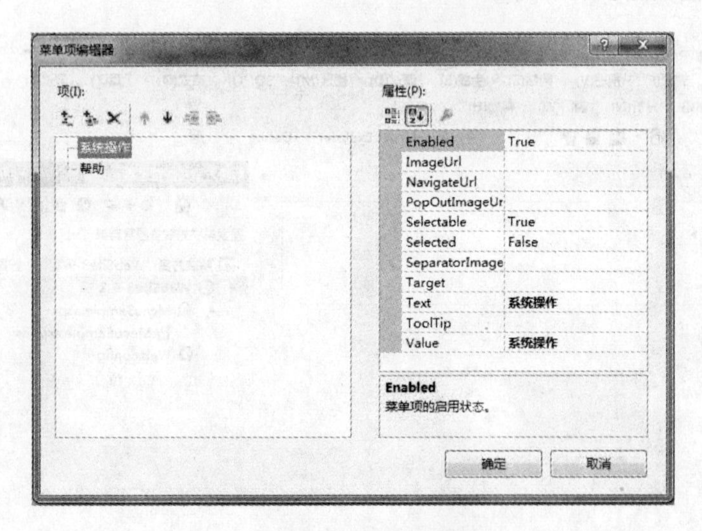

图 3-77 【菜单项编辑器】窗口

④ 单击【确定】，Menu 控件的两个根菜单项添加成功。控件的 Html 代码如下：

```
<asp:menu ID="Menu1" runat="server"><Items>
<asp:MenuItem Text="系统操作" Value="系统操作"></asp:MenuItem>
  <asp:MenuItem Text="帮助" Value="帮助"></asp:MenuItem>
</Items></asp:menu>
```

⑤ 下面将用编程的方法为两个根菜单项添加子菜单，代码如下：

```
if (!IsPostBack)
{this.Menu1.Orientation = Orientation.Horizontal;          //设置菜单水平显示
this.Menu1.StaticDisplayLevels = 1;                         //只显示第一级菜单
```

```
this.Menu1.Target = "_blank";                          //指定在新的窗口打开页面
MenuItem register = new MenuItem();                    //定义子菜单
register.Text = "注册用户";
register.NavigateUrl = "~/register.aspx";
this.Menu1.Items[0].ChildItems.Add(register);          //添加子菜单
MenuItem Login = new MenuItem();
Login.Text = "登录";
Login.NavigateUrl = "~/Login.aspx";
this.Menu1.Items[0].ChildItems.Add(Login);
MenuItem help = new MenuItem();                        //定义第二项菜单的子菜单
help.Text = "帮助";
help.NavigateUrl = "~/help.aspx";
this.Menu1.Items[1].ChildItems.Add(help);
MenuItem About = new MenuItem();
About.Text = "关于";
About.NavigateUrl = "~/About.aspx";
this.Menu1.Items[1].ChildItems.Add(About);}
```

⑥ 按〈Ctrl+F5〉组合键运行程序，运行结果如图 3-78 所示。

图 3-78　Menu.aspx 页面的运行页面

【提示】：编辑 Menu 控件的各菜单项还可以使用数据绑定的方法，方法如下：将 Menu 控件与 SiteMapDataSource 控件相结合使用，设置 Menu 控件的 DataSourceID 为 SiteMapDataSource 控件的 ID 即可。

（2）TreeView 控件

TreeView 控件的应用可以说是相当普及，每个开发人员，每个接触计算机的用户，基本上每天都有和 TreeView 控件打交道。之所以这么说，是因为 Windows 的资源管理器左侧就是一个相当经典的 TreeView 控件的应用，只要使用计算机，就不大可能不和资源管理器打交道。TreeView 控件的常用属性如表 3-35 所示：

表 3-35　TreeView 控件的常用属性

属　性	说　明
CollapseImageToolTip	设置可折叠节点展开时，当鼠标移动到该节点前的指示图像上时，所要显示在其指示图像上的工具提示。默认值为“折叠{0}”
CollapseImageUrl	自定义节点可折叠的指示图像。默认情况下，采用带方框的“−”号作为可折叠指示图像
ExpandImageToolTip	设置可折叠节点折叠时，当鼠标移动到该节点前的指示图像上时，所要显示在其指示图像上的工具提示。默认值为“展开{0}”
ExpandImageUrl	自定义节点可折叠的指示图像。默认情况下，采用带方框的“+”号作为可展开指示图像
ShowExpandCollapse	决定是否显示可折叠节点的折叠、展开指示图像。默认值为 true
ImageSet	指定显示于各节点上的折叠、展开指示图像。可以选择预定义的图像组，也可以通过 Collapse ImageUrl 属性和 ExpandImageUrl 属性的设置来自定义。默认值为 Custom，即自定义指示图像
EnableClientScript	决定是否可以在客户端处理节点的展开和折叠事件。默认值为 true，表示节点的每个展开和折叠事件可以直接在客户端处理，不用发回服务器处理
Nodes	设置 TreeView 控件的各级节点及其属性
ShowCheckBoxes	指示在哪些类型节点的文本前显示复选框。共有 5 个属性值，分别为 None（所有节点均不显示）、Root（仅在根节点前显示）、Parent（仅在父节点前显示）、Leaf（仅在叶节点前显示）和 All（所有节点前均显示）。默认值为 None

TreeView 控件有多种外观定义的集合属性，如表 3-36 所示。

表 3-36　TreeView 控件样式定义属性

样 式 属 性	说　明
HoverNodeStyle	当鼠标悬停于节点上时节点的样式
LeafNodeStyle	叶节点的样式
NodeStyle	所有节点的默认样式
ParentNodeStyle	父节点的样式
RootNodeStyle	根节点的样式
SelectedNodeStyle	选定节点的样式
LevelStyles	特定深度节点的样式。该属性集合中的第一种样式对应于书中的一级节点的样式，依此类推

TreeView 控件的常用事件如表 3-37 所示。

表 3-37　TreeView 控件的常用事件

事　件	说　明
SelectedNodeChanged	选定节点发生变化时触发的操作
TreeNodeExpanded	节点展开时触发的操作
TreeNodeCollapsed	节点折叠时触发的操作

TreeView 控件是一个树形结构的控件。该控件用于显示分层数据，如文件目录。TreeView 控件有两种节点设置方式：一是 Nodes 属性定义方式，二是利用站点地图 Web.sitemap 文件和 SiteMapDataSource 控件设置的数据绑定方式。注意，若采用后一种方式设置节点，则 TreeView 控件的树结构中只能有一个根节点；若需要多个根节点，则要使用 Nodes 属性定义的方式。

TreeView 控件的 Nodes 包含所有节点的集合，可以用设计器为 TreeView 控件添加节点，也可以使用编程的方式动态添加节点。如果当 TreeView 控件需要显示的节点非常多，一次性加载可能会影响效率，在这种情况下，可以设置 TreeView 控件的 PopulateOnDemand 属性为 true，那么展开节点时引发 TreeNodePopulate 事件，在这个事件中使用编程的方式加载子节点。

单击 TreeView 控件【属性】窗口中 Nodes 属性后的【…】按钮将弹出 TreeView 节点编辑器，通过编辑【节点】栏，可以给该控件增加根节点、父节点和叶节点，界面如图 3-79 所示。

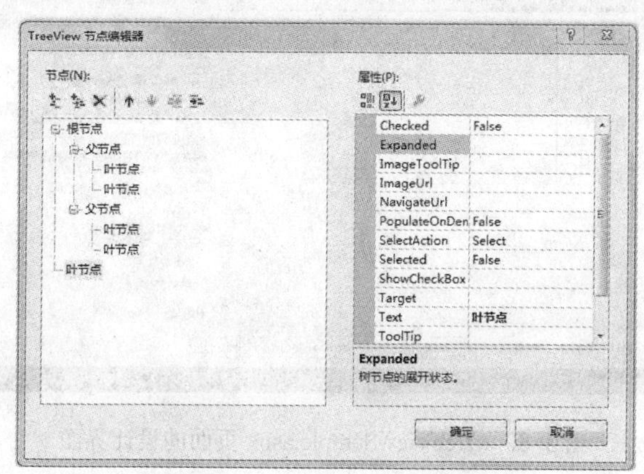

图 3-79　TreeView 节点编辑器

其中根节点和父节点由于都有子节点，在树形结构中可以展开和折叠，又称为可折叠节点。另外，节点 Nodes 有三个重要的属性，如表 3-38 所示。

表 3-38　节点 Nodes 有三个重要的属性

属　性	说　明
Expanded	决定是否展开该节点
NavigateUrl	设置节点被选中时所要定位到页面的 URL
SelectAction	指定选中该节点时所要触发的事件。该属性的属性值及其触发的 TreeView 控件的对应事件如表 3-39 所示。默认值为 Select

由 TreeView 控件的 Nodes 属性创建的目录树，其中的节点有两种模式：选择模式和导航模式。当节点的 NavigateUrl 属性不为空时，该节点处于导航模式，即单击该节点可以定位到由 NavigateUrl 属性指定的链接页面。当节点的 NavigateUrl 属性为空时，该节点处于选择模式，即单击该节点会将页面回发到服务器，并由 TreeNode 的 SelectAction 属性决定引发相应事件。SelectAction 属性如表 3-39 所示。

表 3-39　SelectAction 属性值

属 性 值	触 发 时 间
None	不触发任何事件
Select	由 SelectedNode 属性获得所选节点，并触发 SelectNodeChangd 事件
Expand	使节点在展开和折叠状态之间切换，并相应地触发 TreeNodeExpand 事件或 TreeNodeCollapsed 事件
SelectExpand	由 SelectedNode 属性获得所选节点，展开节点，并触发 SelectNodeChangd 事件和 TreeNodeExpand 事件。注意，节点只会展开，不会在展开和折叠状态之间切换

下面将通过实例介绍 TreeView 控件的使用方法，实例如下。

① 使用 ASP.NET 应用程序 WebSite3-9-1 创建页面 TreeViewSample.aspx，它的代码隐藏文件是 TreeViewSample.aspx.cs。在页面 TreeViewSample.aspx 中添加一个 TreeView 控件，其 ID 设置为 TreeView1，设计界面如图 3-80 所示。

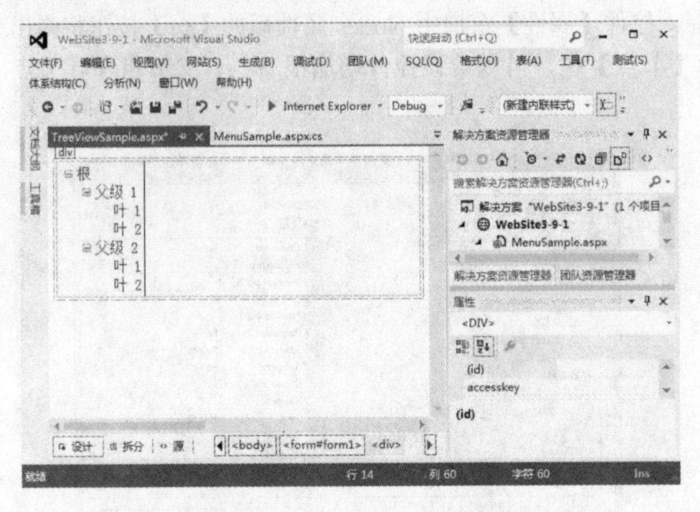

图 3-80　TreeViewSample.aspx 页面的设计界面

其 HTML 代码如下：

```
<asp:treeview ID="Treeview1" runat="server"></asp:treeview>
```

② 用编程的方法为 TreeView 控件添加根节点、父节点及子节点，代码如下：

```
if (!IsPostBack)
{this.Treeview1.ShowLines = true;                  //在控件中显示网格线
 TreeNode rootNode = new TreeNode();               //定义根节点
rootNode.Text = "分类产品";
TreeNode tr1 = new TreeNode();                     //定义子节点
tr1.Text = "电器类";
tr1.NavigateUrl = "~/electric.aspx";
rootNode.ChildNodes.Add(tr1);                      //把子节点添加到根节点
TreeNode tr2 = new TreeNode();
tr2.Text = "食品类";
tr2.NavigateUrl = "~/food.aspx";
TreeNode tr21 = new TreeNode();
tr21.Text = "苹果";
tr21.NavigateUrl = "~/apple.aspx";
tr2.ChildNodes.Add(tr21);                          //添加二级子节点
rootNode.ChildNodes.Add(tr2);
TreeNode tr3 = new TreeNode();
tr3.Text = "日用品类";
tr3.NavigateUrl = "~/commodity.aspx";
rootNode.ChildNodes.Add(tr3);
this.Treeview1.Nodes.Add(rootNode); }              //把根节点添加到 TreeView 控件中
```

【提示】: TreeView 控件的属性比较丰富，ShowLines 属性确定各节点之间是否显示连线。TreeNode 对象代表 TreeView 控件的一个节点，该对象的 ChildNodes 属性包含节点的子节点。

③ 按〈Ctrl+F5〉组合键运行程序，运行结果如图 3-81 所示。

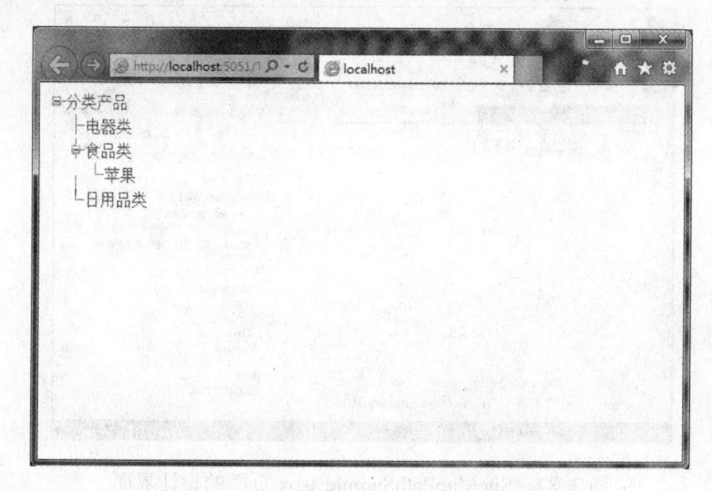

图 3-81 TreeViewSample.aspx 页面的运行页面

（3）SiteMapPath 控件

SiteMapPath 控件是一个站点导航控件。在水平位置显示当前页面位置，并提供向上级的链接。这种导航方式对于一些分层页结构较深的站点来说既节省空间又方便。SiteMapPath 控件的站点导航是通过自动读取 Web 应用程序的根目录下的站点地图数据来实现的，不需要编写任何代码。但是只有在站点地图中列出的页才能在 SiteMapPath 控件中显示导航数据，若将 SiteMapPath 控件放置在站点地图中未列出的页上，则该控件将不会显示任何信息。例如当前的页面是"News.aspx"，那么在站点地图数据必须包含"url=" News.aspx""的节点，SiteMapPath 控件才会在页面显示。SiteMapPath 控件有常用的基本属性如表 3-40 所示。

表 3-40 SiteMapPath 控件属性

属性	说明
CurrentNodeStyle	定义当前节点的样式，包括字体、颜色、样式等内容
NodeStyle	定义导航路径上所有节点的样式。若没有 CurrentNodeStyle 属性的定义，则包括当前节点在内的所有节点的显示样式由该属性决定
ParentLevelsDisplayed	指定在导航路径上所要显示的相对于当前节点的父节点层数。默认值为-1，表示对控件显示的父级别数没有限制
PathDirection	指定导航路径上各节点的显示顺序。默认值为 RootToCurrent，即按从左到右的顺序显示有根节点到当前节点的路径。另一属性值为 CurrentToRoot，即按相反的顺序显示导航路径
PathSeparator	指定在导航路径中作为节点之间分隔符的字符串。默认值为">"，也可自定义为其他符号
PathSeparatorStyle	定义分隔字符串的显示样式
RenderCurrentNodeAsLink	决定是否将导航路径上当前页名称显示为超链接形式。默认值为 false
RootNodeStyle	定义根节点的样式
ShowToolTips	决定当鼠标悬停于导航路径的某个节点时，是否显示相应的工具提示信息。默认值为 true，即当鼠标悬停于某节点上时，将会使该节点在站点地图中定义的 Description 属性值以工具提示信息的方式显示

下面将通过实例介绍 SiteMapPath 控件的使用方法。

① 使用 ASP.NET 应用程序 WebSite3-9-1 创建页面 SiteMapPathSample.aspx，它的代码隐藏文件是 SiteMapPathSample.aspx.cs。在页面 SiteMapPathSample.aspx 中添加一个 SiteMapPath 控件，其 ID 设置为 SiteMapPath1，设计界面如图 3-82 所示。

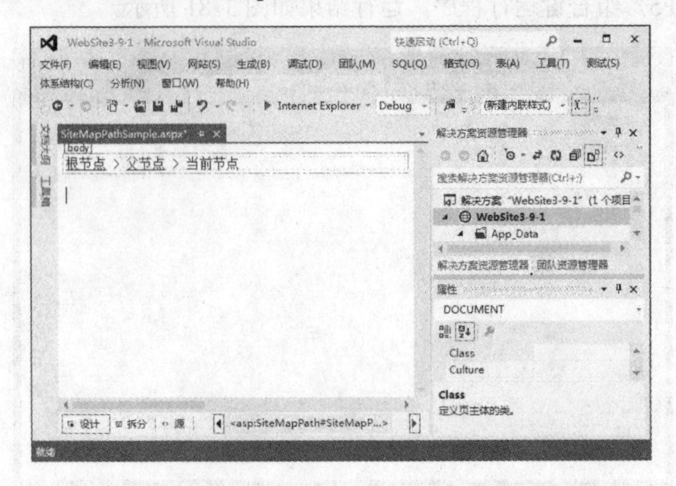

图 3-82　SiteMapPathSample.aspx 页面的设计界面

② 添加一个站点地图，取默认名称“Web.sitemap”。编辑站点地图的内容，代码如下：

```
<siteMap>
<siteMapNode title="C#教程" description="C#教程" url="Main.aspx" >
<siteMapNode url="WebControls.aspx" title="WebControls" description="WebControls 教程" >
<siteMapNode title="SiteMapPath 控件" description="SiteMapPath" url="SiteMapPathSample.aspx"/>
</siteMapNode></siteMapNode></siteMap>
```

此时，SiteMapPath 控件默认已经显示站点地图中的内容。

③ 按〈Ctrl+F5〉组合键运行程序，运行结果如图 3-83 所示。

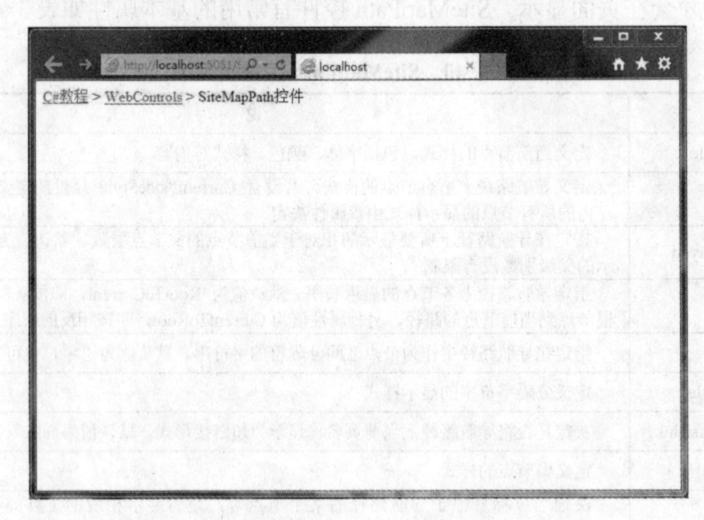

图 3-83　SiteMapPathSample.aspx 页面的运行界面

【提示】: SiteMapPath 控件的使用主要部分是定义站点地图的内容。本示例中所使用的页面是“SiteMapPathSample.aspx”，因此要想 SiteMapPath 控件能显示内容，则站点地图必须包含“url=" SiteMapPathSample.aspx"”的节点。

3.9.4 任务实施

本节将以“中国无锡质量网”为例介绍如何应用 TreeView 导航控件实现后台管理系统的目录管理，具体实现步骤如下。

（1）界面设计

系统后台目录管理功能由页面 left.aspx 实现，它的代码隐藏文件是 left.aspx.cs 文件，系统后台目录管理界面设计如图 3-84 所示。

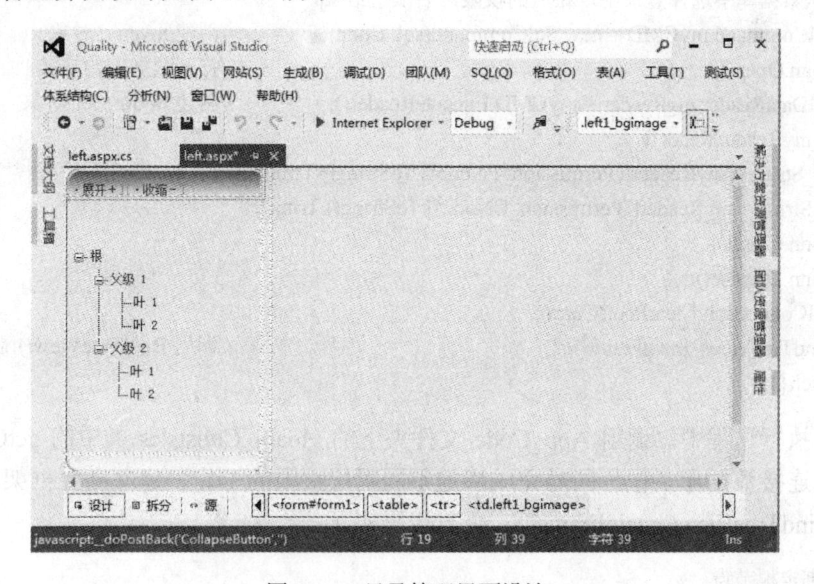

图 3-84 目录管理界面设计

当用户单击【展开】按钮，根节点、父节点和叶节点的内容将全部显示出来；当用户单击【收缩】按钮，将只显示根节点。下面为目录管理界面的主要 HTML 代码：

```
<asp:linkbutton id="ExpandButton" runat="server"
OnCommand="Button_Command" CommandName="Expand" Text='<font color="#E78A29">
[</font>·展开＋<font color="#E78A29">]</font>' ></asp:linkbutton>
<asp:linkbutton id="CollapseButton" runat="server"
OnCommand="Button_Command" CommandName="Collapse" Text='<font color="#E78A29">
[</font>·收缩－<font color="#E78A29">]</font>' ></asp:linkbutton>
…
<asp:TreeView ID="TreeView1" runat="server" ShowLines="True" ShowExpandCollapse=true
Width="100%" Height="100%" CssClass="treeviews"></asp:TreeView>
…
```

（2）程序代码设计

在目录管理界面初始化时，使用 Page_Load(object sender，EventArgs e)函数绑定加载权限。

【提示】：通常由于不同身份的用户拥有的权限不同，在页面加载时先通过身份验证，根据身份显示不同的 TreeView。

页面在绑定加载权限时，调用函数 load_Permission()，代码如下：

```
protected void Page_Load(object sender, EventArgs e)
{if (!Page.IsPostBack){load_Permission();}}
protected void load_Permission()                                    //加载权限
{try{string connString = gloab.getConnString();                     //连接数据库
SqlConnection Conn = new SqlConnection(connString);                 //创建与数据库的连接
string sql = "select * from Accounts_Permissions where
Permission_StyleID='" + Session["Permission_StyleID"].ToString().Trim() + "'";
//从数据库中选择登录用户相应的权限然后赋值给 sql
SqlCommand myCMD = new SqlCommand(sql, Conn);                       //创建 mycmd 对象
Conn.Open();                                                        //打开数据库的连接
SqlDataReader myReader = myCMD.ExecuteReader();                     //创建 myReader 对象
if (myReader.Read())
{P_String = myReader["Permission_PNode"].ToString().Trim();
C_String = myReader["Permission_CNode"].ToString().Trim();}
Conn.Close();
Conn.Dispose();
SqlConnection.ClearPool(Conn);
BindTreeView("mainFrame");}                                         //调用 BindTreeView()函数
catch{}}
```

程序在执行过程中，调用 App_Code 文件夹下的 gloabl_Consts.cs 类中的 getConnString()方法，完成连接数据库工作。同时完成绑定不同用户权限的工作，建立主要框架，程序调用绑定函数 BindTreeView("mainFrame")，函数代码如下：

```
//绑定根节点
public void BindTreeView(string TargetFrame)
{string[] PNumber = P_String.ToString().Split('|');
SqlConnection conn = new SqlConnection(gloab.getConnString());
SqlDataAdapter da = new SqlDataAdapter("select * from Sys_Tree order by OrderID", conn);
DataSet ds = new DataSet();
da.Fill(ds, "Sys_Tree");
DataTable dt = ds.Tables["Sys_Tree"];
DataRow[] drs = dt.Select("ParentID= " + 0);              // 选出所有父节点
string MenuExpanded=System.Configuration.ConfigurationManager.AppSettings["MenuExpanded"];
                                                          // 菜单状态
bool menuExpand = bool.Parse(MenuExpanded);
TreeView1.Nodes.Clear();                                  // 清空树
foreach (DataRow r in drs)
{string nodeid = r["NodeID"].ToString();
string text = r["Text"].ToString();
string    parentid = r["ParentID"].ToString();
string url = r["Url"].ToString();
```

```
string imageurl = r["ImageUrl"].ToString();
string framename = TargetFrame;
TreeNode rootnode = new TreeNode();
rootnode.Text = text;
rootnode.Value = nodeid;
rootnode.NavigateUrl = url;
rootnode.Target = framename;
rootnode.Expanded = menuExpand;
rootnode.ImageUrl = imageurl;
int sonparentid = int.Parse(nodeid);
rootnode.SelectAction = TreeNodeSelectAction.Expand;
 for (int i = 0; i < PNumber.Length - 1; i++)
{if (PNumber[i].ToString()= = nodeid)
{TreeView1.Nodes.Add(rootnode);}}
CreateNode(framename, sonparentid, rootnode);}
conn.Close();conn.Dispose();SqlConnection.ClearPool(conn);}
```

程序执行过程中，选出所有父节点，并且调用函数 CreateNode(framename, sonparentid, rootnode)，

选出所有节点码子节点。函数代码如下：

```
public void CreateNode(string TargetFrame, int parentid, TreeNode parentnode)
{string[] CNumber = C_String.ToString().Split('|');
SqlConnection conn = new SqlConnection(gloab.getConnString());
SqlDataAdapter da = new SqlDataAdapter("select * from Sys_Tree   order by OrderID", conn);
DataSet ds = new DataSet();
da.Fill(ds, "Sys_Tree");
DataTable dt = ds.Tables["Sys_Tree"];
DataRow[] drs = dt.Select("ParentID= " + Convert.ToInt32(parentid));//   选出所有子节点
 foreach (DataRow r in drs)
{string nodeid = r["NodeID"].ToString();
string text = r["Text"].ToString();
string url = r["Url"].ToString();
string imageurl = r["ImageUrl"].ToString();
string framename = TargetFrame;
TreeNode node = new TreeNode();
node.Text = text;
node.Value = nodeid;
node.NavigateUrl = url;
node.Target = TargetFrame;
node.ImageUrl = imageurl;
//node.Expanded=true;
node.SelectAction = TreeNodeSelectAction.Expand;
int sonparentid = int.Parse(nodeid);
if (parentnode = = null)
{TreeView1.Nodes.Clear();
parentnode = new TreeNode();
```

```
TreeView1.Nodes.Add(parentnode);}
for (int j = 0; j < CNumber.Length - 1; j++)
{if (CNumber[j].ToString()= = nodeid)
{parentnode.ChildNodes.Add(node);}}}
conn.Close(); conn.Dispose(); SqlConnection.ClearPool(conn);}
```

3.9.5 任务考核

本任务主要考核系统后台目录管理功能的实现情况，要求能够正确的使用 TreeView 控件来实现该功能，表 3-41 为本任务的考核标准。

表 3-41 本任务考核标准

评分项目	评分标准	分值	比例
任务完成情况	是否正确显示系统后台目录	0～10 分	50%
	系统后台目录能够正确的展开或收缩	0～30 分	
任务过程	根据任务实施过程的态度、团队合作精神和创新能力等方面进行考核	酌情打分	20%
任务完成时间	在规定时间内完成任务者得满分，每推延一小时扣 5 分	0～30 分	30%

3.9.6 任务小结

导航控件是网站建设过程中经常用到的控件，在本任务中主要使用的是 TreeView 控件。在“中国无锡质量网”的后台管理系统的目录管理模块中，TreeView 控件的节点是通过代码方式添加的，读者应能认真阅读相关代码。

3.9.7 拓展与提高

Menu 控件的用法和 TreeView 控件基本相同，只是 Menu 控件以菜单的形式显示。读者可将“中国无锡质量网”的后台管理系统的目录管理模块改用 Menu 控件，从而学习 Menu 控件的使用，并体会 Menu 控件和 TreeView 控件的区别。

3.9.8 思考与讨论

（1）Menu 控件常用的基本属性有哪些，简单谈谈其作用分别是什么？
（2）TreeView 控件的常用属性有哪些，简单谈谈其作用分别是什么？
（3）TreeView 控件的常用事件有哪些，简单谈谈其作用分别是什么？
（4）SiteMapPath 控件的作用是什么？
（5）SiteMapPath 控件的常用属性有哪些，简单谈谈其作用分别是什么？
（6）如何使用多站点地图来描述整个网站的导航结构？

3.9.9 实训题

模仿“中国无锡质量网”中系统后台目录管理功能的实现过程，使用 TreeView 控件在“图书馆门户信息管理系统”中完成后台目录管理功能。

任务 3.10　视频访谈管理模块

3.10.1　任务引入

本节主要介绍“中国无锡质量网”的视频访谈管理模块的开发过程，将详解 ASP.NET 中的用户控件、DataList 控件、View 控件与 MultiView 控件。

3.10.2　任务目标

本任务主要完成两个目标：一是知识目标，掌握用户控件的相关知识；二是能力目标，掌握 DataList 控件、View 控件与 MultiView 等用户控件的创建和使用方法。

3.10.3　相关知识

1．ASP.NET 用户控件

虽然 ASP.NET 提供了丰富的控件供用户使用，但是使用单个或现有的 Web 服务器控件不能满足要求。在这种情况下，可以创建自己的控件，包括用户控件和自定义控件。用户控件是能够在其中放置标记和 Web 服务器控件的容器，可以将用户控件作为一个单元对待，为其定义属性和方法。自定义控件是编写一个类，此类从 Control 或 WebControl 派生。创建用户控件要比自定义控件方便得多，因为用户控件可以重复使用。

（1）用户控件的结构

ASP.NET Web 用户控件与完整的 ASP.NET 网页（.aspx 文件）相似，同时具有用户界面页和代码。可以采取与创建 ASP.NET 页相似的方式创建用户控件，然后向其中添加所需的标记和控件。用户控件可以像页面一样包含对其内容进行操作（包括执行数据绑定等任务）的代码。用户控件与 ASP.NET 网页的区别如下。

① 用户控件的文件扩展名为.ascx。

② 用户控件中没有@Page 指令，而是包含@Control 指令，该指令对配置及其他属性进行定义。

③ 用户控件不能作为独立文件运行，而必须像处理其他控件一样，将它们添加到 ASP.NET 页中。

④ 用户控件中没有 html、body 或 form 元素，这些元素必须位于独立的页面中。

⑤ 可以在用户控件上使用与在 ASP.NET 网页上相同的 HTML 元素（除了 html、body 和 form 元素）和 Web 控件。

（2）用户控件的属性和方法

定义用户控件的属性和方法与定义页面的属性和方法时所用的方式相同。通过定义用户控件的属性，就能以声明方式及使用代码设置其属性。用户控件包含 Web 服务器控件时，可以在用户控件中编写代码来处理其子控件引发的事件。例如，用户控件包含一个 Button 控件，则可以在用户控件中为该按钮的 Click 事件创建处理程序。

（3）用户控件的创建及调用方法

① 在解决方案资源管理器中，用鼠标右键单击项目名或文件夹名，在弹出的快捷菜单

中选择【添加】→【添加新项】命令，在弹出的对话框中选择【Web 用户控件】模板，如图 3-85 所示。

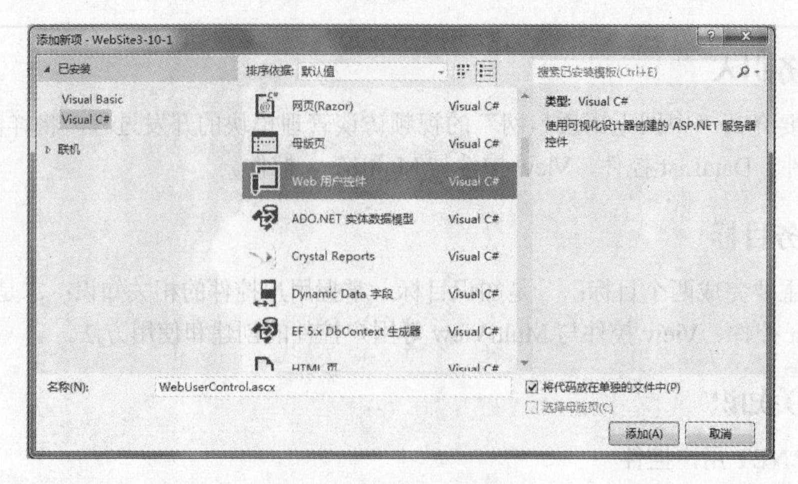

图 3-85 【添加新项】窗口

修改用户控件的名称后单击【确定】按钮，该用户控件就被添加到了指定的位置（扩展名为.ascx）。

② 打开用户控件，设计所需要的功能（与设计 ASP.NET 页面方法一样）。

③ 打开需要添加用户控件的页面，如 Default.aspx，切换到 Default 窗体的【设计】视图，从解决方案资源管理器中拖动设计好的用户控件到窗体上即可。

2．DataList 控件的使用

（1）DataList 控件与 GridView 控件的区别

DataList 控件使用模板来显示内容，而不是像在 GridView 控件中那样使用 BoundFields、CheckBoxFields、ButtonFields 等。DataList 控件与 GridView 控件都用于记录的显示，

但是 DataList 控件一般用于多行单列数据的显示，而 GridView 控件可以用于多行多列数据（表格类数据）的显示。

（2）DataList 模板列

DataList 控件提供了 7 种模板列，需要注意的是每个 DataList 必须最少定义一个 ItemTemplate 模板列，如表 3-42 所示。

表 3-42 DataList 控件提供的 7 种模板列

模板名称	说明
ItemTemplate	定义列表中项目的内容和布局，必选
AlternatingItemTemplate	如果定义该模板，则确定替换项的内容和布局。如果未定义，则使用 ItemTemplate
SeparatorTemplate	如果定义该模板，则在各个项目（以及替换项）之间呈现分隔符。如果未定义，则不呈现分隔符
SelectedItemTemplate	如果定义该模板，则确定选中项目的内容和布局。如果未定义，则使用 ItemTemplate (AlternatingItemTemplate)
EditItemTemplate	如果定义该模板，则确定正在编辑项目的内容和布局。如果未定义，则使用 ItemTemplate (AlternatingItemTemplate, SelectedItemTemplate)
HeaderTemplate	如果定义该模板，则确定列表标题的内容和布局。如果未定义，则不呈现标题
FooterTemplate	如果定义该模板，则确定列表脚注的内容和布局。如果未定义，则不呈现脚注

每个模板都有自己的样式属性。例如，ItemTemplate 的样式通过 ItemStyle 属性设置。属性中布局和外观两个选项影响 DataList 的整体呈现。

编辑 DataList，DataList 控件通过其 EditItemTemplate 属性支持对项目数据进行就地编辑。在编辑项目时，EditItemTemplate 定义该项目的内容和外观。

DataList 还提供了三个可用于支持编辑操作的事件。当在列表的 ItemTemplate 上单击“编辑”命令按钮控件时，将引发 EditCommand。通常的逻辑是把 EditItemIndex 设置到选定的项目，然后将数据重新绑定到 DataList。EditItemTemplate 通常包含“更新”和“取消”命令按钮。这些按钮分别导致引发 UpdateCommand 和 CancelCommand 事件。“取消”的通常逻辑是把 EditItemIndex 设置成-1，然后将数据重新绑定到 DataList；“更新”的通常逻辑是更新数据源，将 EditItemIndex 设置成 -1，然后将数据重新绑定到 DataList。

（3）DataList 事件

DataList 事件可让用户在运行时自定义项的创建过程。该事件提供了自定义控件以支持多种事件。常用的事件为了响应列表项中的按钮单击而引发。这些事件可帮助用户响应 DataList 控件的最常用功能。支持该类型的四个事件为 EditCommand、DeleteCommand、UpdateCommand 和 CancelCommand。

若要引发这些事件，可将 Button、LinkButton 或 ImageButton 控件添加到 DataList 控件中的模板中，并将这些按钮的 CommandName 属性设置为某个关键字，如 edit、delete、update 或 cancel。当用户单击项中的某个按钮时，就会向该按钮的容器（DataList 控件）发送事件。按钮具体引发哪个事件将取决于所单击按钮的 CommandName 属性的值。例如，如果某个按钮的 CommandName 属性设置为 edit，则单击该按钮时将引发 EditCommand 事件。如果 CommandName 属性设置为 delete，则单击该按钮将引发 DeleteCommand 事件，依此类推。

DataList 控件还支持 ItemCommand 事件，当用户单击某个没有预定义命令（如 edit 或 delete）的按钮时将引发该事件。可以按照如下方法将此事件用于自定义功能。将某个按钮的 CommandName 属性设置为一个自己所需的值，然后在 ItemCommand 事件处理程序中测试这个值。例如，可以在选择某项时使用这种方法。

接下来将通过实例介绍 DataList 控件的使用方法。主要实现的功能是利用 SqlDataSource 作为数据源，让 DataList 呈现数据并且进行增加、删除、修改操作，方法如下。

① 创建 ASP.NET 应用程序 WebSite3-10-2，创建页面 DataListSample.aspx，它的代码隐藏文件是 DataListSample.aspx.cs。在页面中添加一个 DataList 控件和一个 SqlDataSource 控件作为数据源。设置 DataList 控件的 ID 是 DataList1，设置 SqlData Source 控件的 ID 是 SqlDataSource1。

② 为 SqlDataSource 控件配置数据源，因前面已经详细介绍过配置数据源的方法，此处不再赘述配置数据源的方法。通过配置数据源，SqlDataSource 控件将连接上数据库 pubs。

③ 设置 DataList 控件的 DataSourceID 指向 SqlDataSource1。

④ 选中 DataList 控件，单击 DataList 控件右上方的小三角，弹出下拉列表框，如图 3-86 所示。

⑤ 单击【编辑模板】菜单，默认弹出 ItemTemplate 模板编辑页面，如图 3-87 所示。

⑥ 在 ItemTemplate 模板编辑页面中添加数据库 pubs 中数据表 authors 中的字段 au_id、au_fname、city、zip，并且添加【修改】、【删除】按钮，设置【修改】按钮的 Command

Name="edit"，【删除】按钮的 CommandName="delete"，如图 3-88 所示。

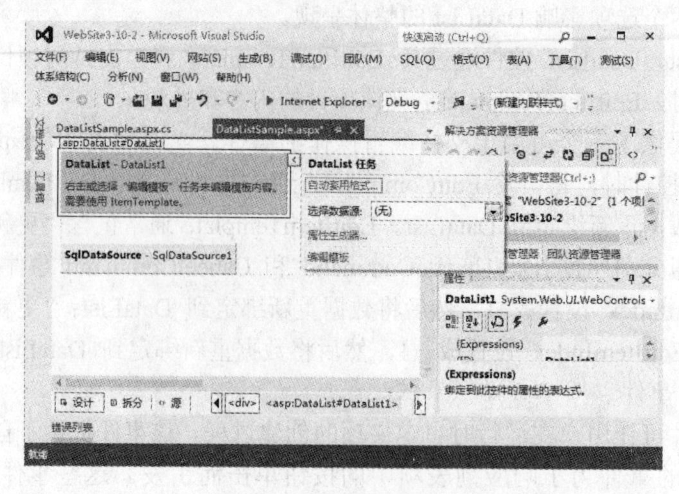

图 3-86 编辑模板菜单

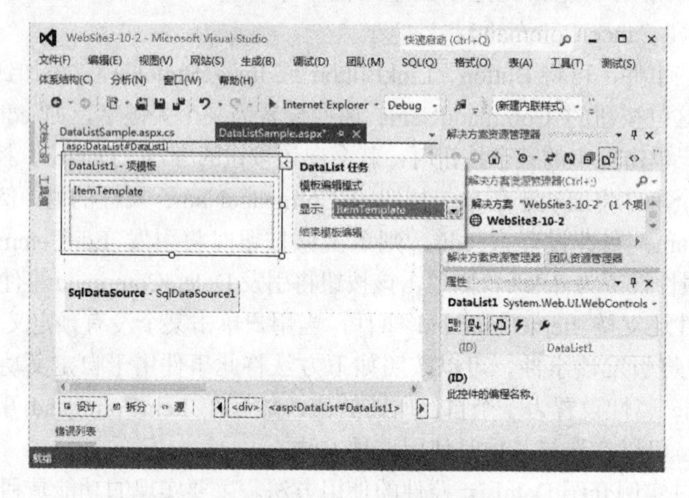

图 3-87 ItemTemplate 模板编辑页面 1

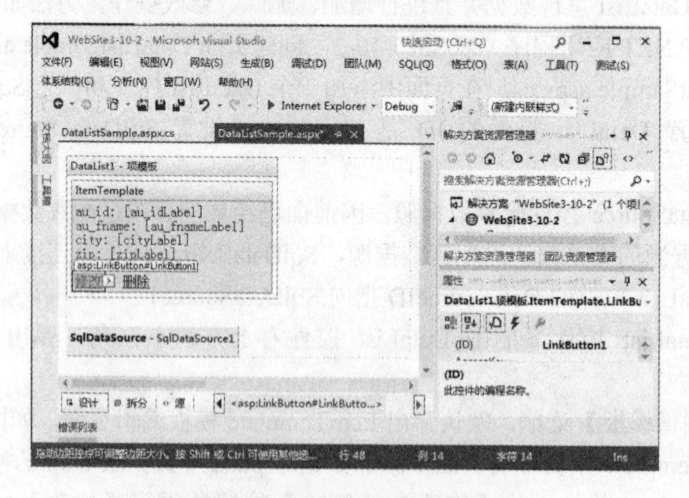

图 3-88 ItemTemplate 模板编辑页面 2

其中【修改】按钮和【删除】按钮的程序代码如下。

```
//修改代码
protected void DataList1_EditCommand(object source, DataListCommandEventArgs e)
{DataList1.EditItemIndex = e.Item.ItemIndex;bind();}
//删除代码
protected void DataList1_DeleteCommand(object source, DataListCommandEventArgs e)
{string id = DataList1.DataKeys[e.Item.ItemIndex].ToString();
db sdb = new db();
string query = "delete from authors where au_id='" + id + "'";
if (sdb.sql(query) > 0){Response.Write("<script>return alert('删除成功')");
DataList1.EditItemIndex = -1;
bind();}}
```

⑦ 以同样的方式编辑 DataList 控件的 EditItemTemplate 模板，设置 au_id 为 Lable 控件，au_name、city 为文本框控件。因为 au_id 是主键不能进行修改，但是 au_name、city 可以进行修改。另外，在编辑模板中增加了【保存】和【取消】两个按钮，并且设置【保存】按钮的 CommandName="update"，【取消】按钮的 CommandName="cancel"，如图 3-89 所示。

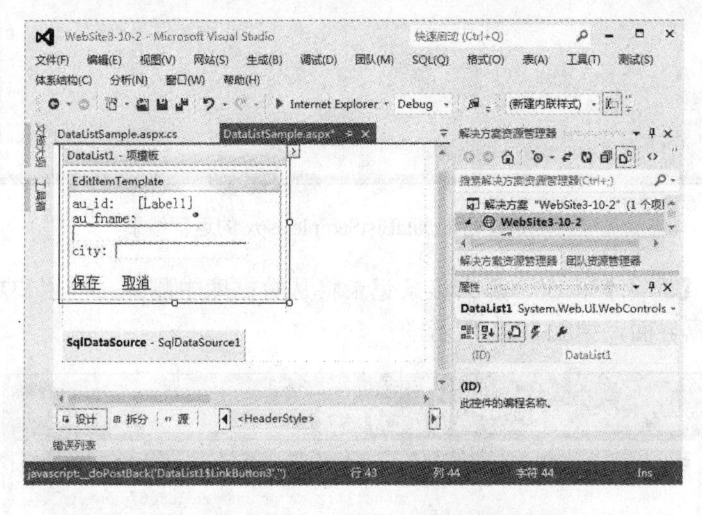

图 3-89　EditItemTemplate 模板编辑页面

其中，【保存】按钮和【取消】按钮的程序代码如下：

```
//保存代码
protected void DataList1_UpdateCommand(object source, DataListCommandEventArgs e)
{string id = DataList1.DataKeys[e.Item.ItemIndex].ToString();
string fname = ((TextBox)e.Item.FindControl("TextBox2")).Text;
string city = ((TextBox)e.Item.FindControl("TextBox3")).Text;
SqlDataSource1.UpdateCommand = "update authors set au_fname='" + fname + "',city='" + city + "'
where au_id='" + id + "'";
SqlDataSource1.Update();
DataList1.EditItemIndex = -1;
bind();}
```

```
//取消代码
protected void DataList1_CancelCommand(object source, DataListCommandEventArgs e)
{DataList1.EditItemIndex = -1;
bind();}
```

⑧ 以同样的方式编辑 DataList 控件的 HeaderTemplate 模板和 FooterTemplate 模板，页面 DataListSample.aspx 运行后，界面如图 3-90 所示。

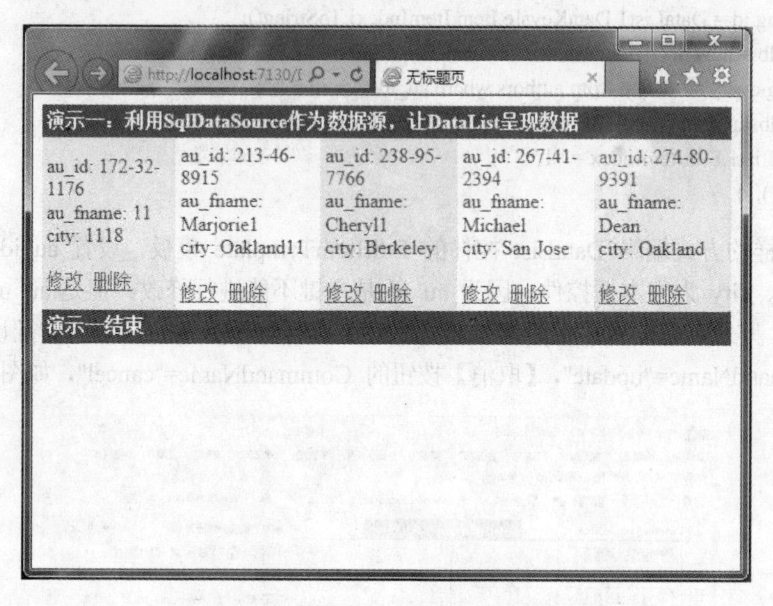

图 3-90 页面 DataListSample.aspx 的运行结果

当用户单击【删除】按钮，那么该条记录将从数据库中删除；当用户单击【修改】按钮，弹出修改数据界面，如图 3-91 所示。

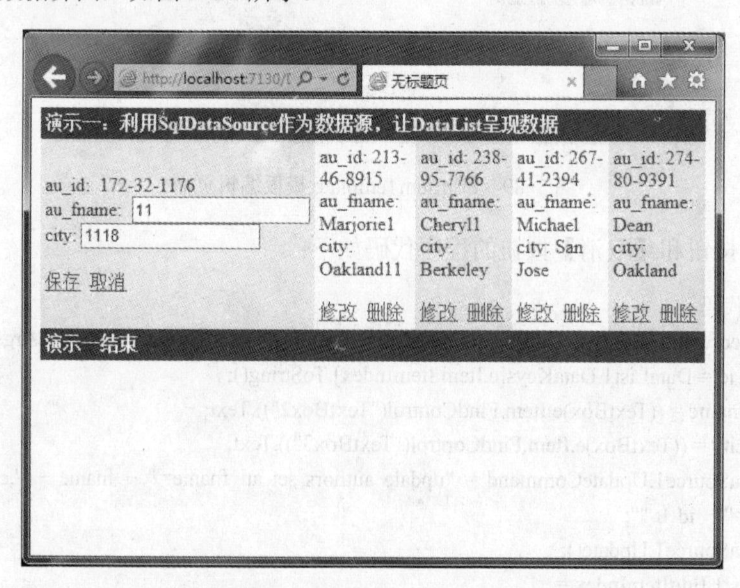

图 3-91 页面 DataListSample.aspx 的运行结果 2

据图 3-91 所示，用户可以修改 au_fname 和 city 的数据，单击【保存】按钮，修改的数据将被保存；单击【取消】按钮，取消数据修改。

3．视图控件 MultiView 和 View

在网页开发中，可以使用 MultiView 控件作为一个或多个 View 控件的容器，让用户体验到更大的改善。在一个 MultiView 控件中可以放置多个 View 控件（选项卡），比如可以用 multiview 控件，可以让用户在同一页面中，通过切换到每个选项卡，看到要看的内容，而不用每次都重新打开一个新的窗口。虽然对 Panel 的 Visible 属性进行控制也可以完成该工作，但用控件 MultiView 和 View 更加专业。

无论是 MultiView 还是 View，都不会在 HTML 页面中呈现任何标记。而 MultiView 控件和 View 没有像其他控件那么多的属性，唯一需要指定的就是 ActiveViewIndex 属性，表示当前放置的 View 控件的索引。应注意，在 MultiView 控件中，第一个被放置的 View 控件的索引为 0 而不是 1，后面的 View 控件的索引依次递增。

MultiView 和 View 控件也可以实现导航效果，可以通过编程指定 MultiView 的 Active ViewIndex 属性显示相应的 View 控件。

若要创建导航按钮，可以向每个 View 控件添加一个按钮控件（Button、LinkButton 或 ImageButton）。然后可以将每个按钮的 CommandName 和 CommandArgument 属性设置为保留值以使 MultiView 控件移动到另一个视图。表 3-43 列出了保留的 CommandName 值和相应的 CommandArgument 值。

表 3-43　保留的 CommandName 值和相应的 CommandArgument 值

CommandName 值	CommandArgument 值
NextView	（没有值）
PreView	（没有值）
SwitchViewByID	要切换到的 View 控件的 ID
SwitchViewByIndex	要切换到的 View 控件的索引号

接下来将通过实例介绍 MultiView 控件和 View 控件的实现导航功能的使用方法。

① 创建 ASP.NET 应用程序 WebSite3-10-1，创建页面 MultiviewSample.aspx，它的代码隐藏文件是 MultiviewSample.aspx.cs。在页面中添加一个 MultiView 控件、四个 View 控件和一个 DropDownList 控件，设置 DropDownList 控件控制 View 控件的索引，DropDownList 控件设置四个值，分别是 1，2，3，4。另外设置八个导航按钮，设计界面如图 3-92 所示。

设置第一个导航按钮属性为 CommandName="SwitchViewByID"，CommandArgument="View2"，Text="切换到第二个视图"；设置第二个导航按钮属性值为 CommandName="Next View"，Text="切换到下一个视图"；设置第三个导航按钮的 CommandArgument="View3"，Command Name="SwitchViewByID"，Text="切换到第三个视图"；设置第四个导航按钮 Text="切换到下一个视图"，CommandName="NextView"；设置第五个导航按钮的 Text="切换到第四个视图"，CommandArgument="View4"，CommandName="SwitchViewByID"；设置第六导航按钮的 Text="切换到下一个视图"，CommandName="NextView"；设置第七个导航按钮的 Text="切换到第四个视图"，CommandArgument="View4"，CommandName="SwitchView ByID"；设置第八个导航按钮的 Text="切换到上一个视图"，CommandName="PrevView"。

MultiView 控件的 HTML 代码如下。

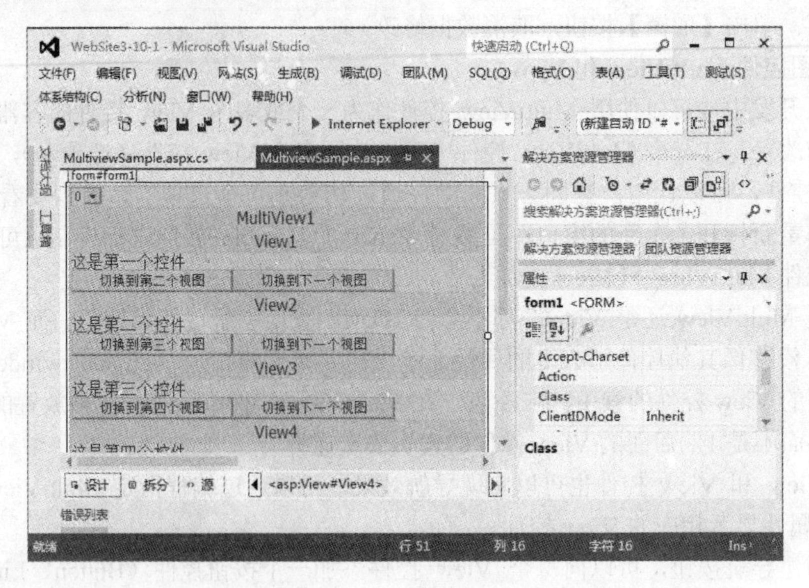

图 3-92　MultiviewSample.aspx 页面的设计页面

```
<asp:DropDownList ID="DropDownList1" runat="server"
AutoPostBack="True" OnSelectedIndexChanged="DropDownList1_SelectedIndexChanged">
<asp:ListItem>0</asp:ListItem>
<asp:ListItem>1</asp:ListItem><asp:ListItem>2</asp:ListItem><asp:ListItem>3</asp:ListItem>
</asp:DropDownList><br />
<asp:MultiView ID="MultiView1" runat="server" ActiveViewIndex="0">
<asp:View ID="View1" runat="server">  这是第一个控件<br />
<asp:Button  ID="Button1"  runat="server"  Text="切换到第二个视图"  CommandName="SwitchViewByID"
  CommandArgument="View2" />
<asp:Button ID="Button2" runat="server" Text="切换到下一个视图" CommandName="NextView" />
</asp:View> <asp:View ID="View2" runat="server">  这是第二个控件<br />
<asp:Button  ID="Button3"  runat="server"  Text="切换到第三个视图"  CommandArgument="View3"
CommandName="SwitchViewByID"  />
<asp:Button ID="Button4" runat="server" Text="切换到下一个视图" CommandName="NextView" />
</asp:View>  <asp:View  ID="View3"  runat="server"  ViewStateMode="Disabled">这是第三个控件
<br />
<asp:Button  ID="Button5"  runat="server"  Text="切换到第四个视图"  CommandArgument="View4"
CommandName="SwitchViewByID"  />
<asp:Button ID="Button6" runat="server" Text="切换到下一个视图" CommandName="NextView"/>
</asp:View><asp:View ID="View4" runat="server">  这是第四个控件<br />
<asp:Button  ID="Button7"  runat="server"  Text="切换到第四个视图"  CommandArgument="View4"
CommandName="SwitchViewByID"  />
<asp:Button ID="Button8" runat="server" Text="切换到上一个视图" CommandName="PrevView" />
</asp:View> </asp:MultiView>
```

【提示】：设置 MultiView 控件 ActiveViewIndex="0"。

② 上述代码中，使用 Button 来对视图控件进行选择，通过单击按钮，来选择【切换到下一个视图】或【切换到上一个视图】按钮，程序后台代码如下：

```
protected void Page_Load(object sender, EventArgs e)
{if (Request.QueryString["id"] != null)
{MultiView1.ActiveViewIndex = Convert.ToInt32(Request.QueryString["id"]);}}
protected void DropDownList1_SelectedIndexChanged(object sender, EventArgs e)
{MultiView1.ActiveViewIndex = Convert.ToInt32(DropDownList1.SelectedValue);}
//设置当前被显示的控件为下拉列表被选中的值
```

程序执行，设置 DropDownList 的选中值赋值给 MultiView 的 ActiveViewIndex 属性。因为 ActiveViewIndex 属性接受的值是 INT 型，所以需要字符串转换下。

③ 按〈Ctrl+F5〉组合键运行程序，运行结果如图 3-93 所示，当用户单击相应的按钮时，会跳到相应的视图。

图 3-93　MultiviewSample.aspx 页面的运行结果

3.10.4　任务实施

“中国无锡质量网”中的视频访谈管理主要利用 DataList 控件绑定数据表 web_video，显示视频相关信息，利用 Multiview 控件和 View 控件实现切换窗口的效果，利用 ADO.NET 中用户控件把数据绑定效果和切换窗口效果融合在一起，方便其他页面使用。视频管理功能由用户控件 VideoControl.ascx 实现，它的代码隐藏文件是 VideoControl.ascx.cs 文件，其界面设计如图 3-94 所示。

1．DataList 控件的应用

DataList 控件在页面 VideoControl.ascx 中除绑定数据表 Web_Video 中的数据外，还实现删除和预览功能，具体实现方法如下。

① 从工具箱拖拽一个 DataList 控件至页面 VideoControl.ascx，设置控件的 HTML 代码如下：

```
<asp:DataList runat="server" ID="datalist1"SkinID="datagridSkin"
Width="100%" AutoGenerateColumns="False"
CssClass="datagrid" OnDeleteCommand="datalist1_DeleteCommand"
```

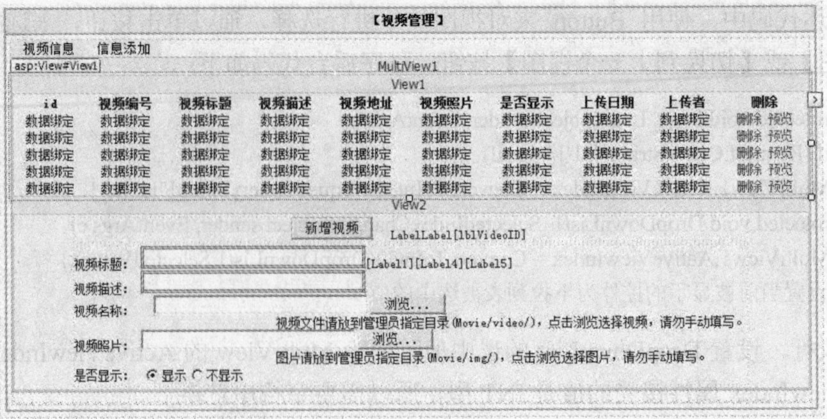

图 3-94 【视频管理】窗口

```
DataKeyField="id"
OnItemDataBound="datalist1_ItemDataBound"
OnItemCommand="datalist1_ItemCommand"><HeaderTemplate><thead>
<th scope="col">id</th><th scope="col">视频编号</th><th scope="col">视频标题</th><th scope="col">视频描述</th><th scope="col">视频地址</th><th scope="col">视频照片</th><th scope="col">是否显示</th><th scope="col">上传日期</th><th scope="col">上传者</th><th scope="col">编辑</th></thead>
</HeaderTemplate>
<ItemTemplate><tr><td align="center">
<asp:Label ID="lblid" runat="server" Text='<%# Eval("id") %>'></asp:Label></td>
<td align="center">
<asp:Label ID="lblvideo_id" runat="server" Text='<%# Eval("video_id") %>'></asp:Label></td>
<td align="center">
<asp:Label ID="lblvideo_title" runat="server" Text='<%# Eval("video_title") %>'></asp:Label></td>
<td align="center">
<asp:Label ID="lblvideo_description" runat="server"
Text='<%# Eval("video_description") %>'></asp:Label></td>
<td align="center">
<asp:Label ID="lblvideo_url" runat="server" Text='<%# Eval("video_url") %>'></asp:Label></td>
<td align="center">
<asp:Label ID="lblvideo_picture" runat="server" Text='<%# Eval("video_picture") %>'></asp:Label>
</td>
<td align="center">
<asp:Label ID="lblvideo_ifshow" runat="server" Text='<%# Eval("video_ifshow") %>'></asp:Label>
</td>
<td align="center">
<asp:Label ID="lblvideo_upload_date" runat="server"
Text='<%# Eval("video_upload_date") %>'></asp:Label></td>
<td align="center"><asp:Label ID="lblvideo_upload_user" runat="server"
Text='<%# Eval("video_upload_user") %>'></asp:Label></td>
<td align="center"> <asp:LinkButton ID="LinkButton3" Text="删除"
CommandName="Delete" runat="server"></asp:LinkButton>
<asp:LinkButton ID="lbkShow" Text="预览" CommandName="Show" runat="server"> </asp:LinkButton></td></tr></ItemTemplate></asp:DataList>
```

据上述代码可知，DataList 控件设置了 HeaderTemplate 模板和 ItemTemplate 模板。在 HeaderTemplate 模板中为 DataList 控件设置了表头，包括 id、视频编号、视频标题、视频描述、视频地址、视频照片、是否显示、上传日期、上传者和编辑等；在 ItemTemplate 模板中绑定数据表字段 id、视频编号、视频标题、视频描述、视频地址、视频照片、是否显示、上传日期、上传者，并且设置删除和预览功能，即【删除】按钮的 CommandName="Delete"，【预览】按钮的 CommandName="Show"。

② 在视频管理页面中，页面初始化时需要绑定 DataList 控件，该功能由函数 BindDate() 实现，程序代码如下：

```
private void BindDate()
{datalist1.DataSource = gloabl_OperateDB.myDataTable("SELECT * FROM web_video order by video_id desc").DefaultView;
datalist1.DataBind();}
```

③ 用户单击【删除】按钮时，触发 datalist1_DeleteCommand()，事件代码如下：

```
protected void datalist1_DeleteCommand(object source, DataListCommandEventArgs e)
{if(gloabl_OperateDB.ExcuteSQL("delete from web_video where id='" + datalist1.DataKeys[e.Item.ItemIndex].ToString() + "'") == true)
{MessageBox.Show(Page, "删除成功！");
BindDate();}
else{MessageBox.Show(Page, "删除失败！");}
_gloabl_Way.ClearPageContent(Page);}
```

④ 用户单击【预览】按钮时，触发 datalist1_ItemCommand()事件，事件代码如下：

```
protected void datalist1_ItemCommand(object source, DataListCommandEventArgs e)
{if (e.CommandName == "Show")
{this.Response.Write(" <script    language=javascript> window.open( 'showView.aspx?id= " + datalist1.DataKeys[e.Item.ItemIndex].ToString() + " ',null); </script> ");}}
```

2．Multiview 控件和 View 控件的应用

Multiview 控件和 View 控件在页面 VideoControl.ascx 中实现【视频信息】和【信息增加】窗口的切换效果。具体实现方法如下。

① 从工具箱中拖拽一个 MultiView 控件和两个 View 控件到页面 VideoControl.ascx 中，设置控件的 HTML 代码如下：

```
<asp:MultiView ID="MultiView1" runat="server" ActiveViewIndex="0">
<asp:View ID="View1" runat="server">  …//视频信息模块代码</asp:View>
<asp:View ID="View2" runat="server">  …//信息增加模块代码</asp:View> </asp:MultiView>
```

② 设置 MultiView 的 ActiveViewIndex="0"，设置视频信息模块代码在控件 View1 中，设置信息增加模块代码在控件 View2 中，用户单击【视频信息】选项卡时，触发 btnIntroduction_Click()事件，事件代码如下：

```
protected void btnIntroduction_Click(object sender, EventArgs e)
{Button b = (Button)sender;
```

```
if (b.ID == "btnIntroduction")
    {MultiView1.SetActiveView(View1);}
    else{MultiView1.SetActiveView(View2);}}
```

当用户单击【视频信息】时，显示 View1 控件中的内容；当用户单击【增加信息】时，显示 View2 控件中的内容。

3.10.5 任务考核

本任务考核的是 DataList 控件、View 控件与 MultiView 控件的使用方法，以及用户控件的创建和使用方法，要求能够正确地使用以上控件在“中国无锡质量网”中实现视频访谈相关功能，表 3-44 为本任务的考核标准。

表 3-44 本任务考核标准

评分项目	评分标准	分值	比例
任务完成情况	是否在视频访谈相关页面中正确绑定数据表	0～15 分	50%
	是否在视频访谈相关页面中正确实现【视频信息】和【信息增加】窗口的切换效果	0～15 分	
	是否正确创建用户控件	0～10 分	
	是否正确使用用户控件	0～10 分	
任务过程	根据任务实施过程的态度、团队合作精神和创新能力等方面进行考核	酌情打分	20%
任务完成时间	在规定时间内完成任务者得满分，每推延一小时扣 5 分	0～30 分	30%

3.10.6 任务小结

本任务主要介绍了几种 ASP.NET 内置控件（DataList 控件、MultiView 控件和 View 控件）的用法及如何根据需要创建自定义控件。使用控件时应注意各种控件之间的区别，根据实际情况选择最适合的控件，以达到最佳效果。

3.10.7 拓展与提高

本任务只给出了“中国无锡质量网”的视频访谈管理模块的部分代码，请读者自行完成全部代码。

3.10.8 思考与讨论

（1）用户控件和自定义控件的区别是什么？

（2）用户控件与 ASP.NET 网页的区别是什么？

（3）如何创建及调用用户控件？

（4）DataList 控件与 GridView 控件的区别是什么？

（5）谈谈对视图控件 MultiView 和 View 的理解。

3.10.9 实训题

模仿“中国无锡质量网”中的视频访谈管理模块实现过程，利用 DataList 控件绑定

"图书馆门户信息管理系统"相关数据表，并利用 Multiview 控件和 View 控件实现切换窗口的效果，利用 ADO.NET 中自行编写的用户控件把数据绑定效果和切换窗口效果融合在一起。

任务 3.11　咨询与解答管理模块

3.11.1　任务引入

ASP.NET 中的 AJAX 由客户端脚本库和服务器组件两部分组成，为开发人员提供了可靠的开发框架。AJAX 的实现其实来自其客户端脚本库。这些库将跨浏览器的 JavaScript 和 DHTML 技术结合在一起，并与基于 ASP.NET 服务器的开发平台集成。通过使用 AJAX 功能，可以改进用户体验并提高 Web 应用程序的效率。

本节主要介绍"中国无锡质量网"的咨询与解答管理模块的开发过程，将讲解 ASP.NET AJAX 的客户端脚本库和服务器组件及轻量级 Javascript 框架 jQuery 的使用方法。

3.11.2　任务目标

本任务主要完成两个目标：一是知识目标，了解 AJAX 相关知识，掌握 AJAX 控件的相关知识及轻量级 Javascript 框架 jQuery 的使用方法；二是能力目标，掌握使用 AJAX 控件及 jQuery 实现局部页面刷新效果。

3.11.3　相关知识

1．AJAX 概述

Asynchronous JavaScript And XML（异步的 JavaScript 和 XML，简称 AJAX）技术看似非常复杂，其实并不是新技术，只是一些老技术的混合体，通过将这些技术进行一定的修改、整合和发扬，就形成了 AJAX 技术。这些老技术包括：

① XHTML：基于 XHTML 1.0 规范的 XHTML 技术。

② CSS：基于 CSS 2.0 的 CSS 布局的 CSS 编程技术。

③ DOM：HTML DOM、XML DOM 等 DOM 技术。

④ JavaScript：JavaScript 编程技术。

⑤ XML：XML DOM、XSLT、XPath 等 XML 编程技术。

简而言之，AJAX 技术是通过使用 XHTML、CSS、DOM 等实现的，具体实现如下。

① 使用 XHTML+CSS 进行页面表示。

② 使用 DOM 进行动态显示和交互。

③ 使用 XML 和 XSLT 进行数据交换。

④ 使用 XMLHttpRequest 进行异步数据查询、检索。

⑤ 使用 JavaScript 进行页面绑定。

AJAX 实际上就是一种使用 JavaScript 控制前台所有操作，同时在后台把得到的数据用 XML 代码来传递给前台的一种 Web 程序开发模式。

使用 AJAX 的优缺点分别如下。

AJAX Web 应用模型的优点在于，无须进行整个页面的回发就能够进行局部的更新，这样能够使 Web 服务器尽快响应用户的要求。AJAX Web 应用无须安装任何插件，也无须在 Web 服务器中安装应用程序，但是 AJAX 需要用户允许 JavaScript 在浏览器上执行，如果用户不允许 JavaScript 在浏览器上执行，则 AJAX 可能无法运行。现在随着 AJAX 的发展和客户端浏览器的发展，所有先进的浏览器都能够支持 AJAX，包括最新的 IE 8、Firefox 4 以及 Opera 等。

AJAX 同样也包含缺点，AJAX 无法维持"历史"状态，当用户在一个页面进行操作后，AJAX 将破坏浏览器功能中的"后退"功能，当用户执行了 AJAX 操作之后，单击浏览器的【后退】按钮时，则不会返回到 AJAX 操作前的页面形式。

在使用 AJAX 进行 Web 应用开发的过程中，另一个缺点就是容易造成用户体验变差。虽然 AJAX 能够极大地方便用户体验，但是当服务器需求变大，用户进行一个操作而 AJAX 无法及时响应时，可能会造成相反的用户体验。例如，用户阅读一条新闻并进行评论时，页面并没有刷新，但是评论操作已经在客户端和浏览器之间发生了，用户可能很难理解为什么页面没有显示也没有刷新，这样容易让用户变得急躁和不安，使得用户可能产生非法操作从而降低用户体验。为了解决这个问题，可以在页面明显的位置提示用户已经操作或提示请等待等操作，让用户知道页面正在运行。

2．AJAX 应用和传统 Web 应用的区别

在传统的 Web 开发过程中，如果想得到服务器端数据库或文件上的信息，或者发送客户端信息到服务器，需要建立一个 HTML form（表单），然后 GET 或者 POST 数据到服务器端。当用户单击 Submit 按钮来发送或者接收数据信息，就不可避免地会向服务器发送一个请求，服务器接受该请求并执行相应的操作后将生成一个页面返回给浏览者。

然而，在服务器处理表单并返回新的页面的同时，浏览者第一次浏览时的页面（这里可以当作是旧的页面）和服务器处理表单后返回的页面在形式上基本相同，当大量的用户进行表单提交操作时，无疑增加了网络的带宽，因为处理前和处理后的页面基本相同。

为了解决这一问题，通过在用户浏览器和服务器之间设计一个中间层——AJAX 层，就能够解决这一问题。AJAX 改变了传统的 Web 中客户端和服务器的"请求——等待——请求——等待"的模式，通过使用 AJAX 应用向服务器发送和接收需要的数据，从而不会产生页面的刷新。

AJAX 应用通过使用 SOAP 或其他一些基于 XML 的 Web Service 接口，并在客户端采用 JavaScript 处理来自服务器的响应，减少了服务器和浏览器之间的"请求——回发"操作，让服务器端原本应该运行的操作和需要处理的事务分布给客户端，这样服务器端的处理时间减少了，另外还减少了带宽。当服务器和客户端之间的信息通信减少之后，浏览者就会感觉到 Web 应用中的操作更快了。

3．AJAX 核心处理对象

在 AJAX 中，最重要的就是 XMLHttpRequest 对象，它是 JavaScript 对象。XMLHttp Request 对象实现了 AJAX 可以在服务器和浏览器之间通过 JavaScript 创建一个中间层，从而实现了异步通信。

XMLHttpRequest 是一种支持异步请求的技术。简而言之，XMLHttpRequest 使用户可以使用 JavaScript 向服务器提出请求并处理响应，而不会影响客户端的信息通信。

AJAX 通过使用 XMLHttpRequest 对象实现异步通信，例如，当用户填写一个表单，数据并不是直接从客户端发送到服务器，而是通过客户端发送到一个中间层，这个中间层被称为 AJAX 引擎。

开发人员无须知道 AJAX 引擎是如何将数据发送到服务器的。当 AJAX 引擎将数据发送到服务器时，服务器同样也不会直接将数据返回给浏览器，而是通过 JavaScript 中间层将数据返回给客户端浏览器。XMLHttpRequest 对象使用 JavaScript 代码可以自行与服务器进行交互。

XMLHttpRequest 对象可为开发者实现以下功能。

- 在不重新加载页面的情况下更新网页。
- 在页面已加载后从服务器请求数据。
- 在页面已加载后从服务器接收数据。
- 在后台向服务器发送数据。

IE 浏览器中所有组件都叫作 ActiveXObject，不同控件创建方式不一样。

- IE5 之前 var xmlreq = ActionXObject("Microsoft.XMLHTTP");
- IE5 之后 var xmlreq = ActionXObject("Msxml2.XMLHTTP");
- 非 IE 浏览器 var xmlreq = new XMLHttpRequest();

XMLHttpRequest 对象常用方法，如表 3-45 所示。

表 3-45　XMLHttpRequest 对象的方法

方　法	说　明
abort()	取消当前的 HTTP 请求
open("method","url",true)	初始化一个 HTTP 请求，指定请求方法(Get/Post)、URL、身份验证信息等
setRequestHeader()	设置 HTTP 请求的头信息
getResponseHeader()	获得响应内容的 HTTP 头信息
send(date)	发送一个 HTTP 请求到服务器

XMLHttpRequest 对象提供了许多属性，处理 XMLHttpRequest 时需要频繁用到这些属性，如表 3-46 所示。

表 3-46　XMLHttpRequest 对象的属性

属　性	描　述
onreadystatechange	每个状态改变时都会触发这个事件处理程序，通常会调用一个 JavaScript 函数
readyState	请求的状态： 0 表示未初始化，即 XMLHttpRequest 对象未创建 open()方法未调用。 1 表示 XMLHttpRequest 对象被创建，但请求未发出 send()未调用。 2 表示 HTTP 请求已经发出正在处理中，这时可以取得 HTTP 头信息，但是 HTTP 响应内容不可用。 3 表示 HTTP 响应内容部分数据可用，但响应还没有完成。 4 表示服务器响应完成，可以从属性 responseBody、responseText、responseXML 中获得完整响应内容。
responseText	服务器的响应，表示为一个串
responseXML	服务器的响应，表示为 XML，这个对象可以解析为一个 DOM 对象
status	服务器的 HTTP 状态
statusText	HTTP 状态的对应文本

4. AJAX 开发的步骤

1）创建 XMLHttpRequest 对象。

2）使用 xmlreq.open()方法指定要连接的服务器代码和请求提交方法。

3）指定服务器响应完成后，如何处理服务器响应内容——回调函数。

4）使用 xmlreq.send()提交请求。

5. jQuery 基本语法

（1）jQuery 的特点

随着 Web 2.0 及 AJAX 在互联网上的快速发展，陆续出现了一些优秀的 JavaScript 框架，其中比较著名的有 Prototype、jQuery 以及国内的 JSVM 框架等。jQuery 是继 prototype 之后的又一个优秀的 Javascript 框架。它是由 John Resig 于 2006 年初创建的，它有助于简化 JavaScript 以及 AJAX 编程。它具有如下一些特点：

① 代码简练、语义易懂、学习快速、文档丰富。

② jQuery 是一个轻量级的脚本，最新版的 JavaScript 包只有 20KB 左右。

③ jQuery 支持 CSS1～CSS3，以及基本的 xPath。

④ jQuery 是跨浏览器的，它支持的浏览器包括 IE 6.0+, FF 1.5+, Safari 2.0+, Opera 9.0+。

⑤ 能将 JavaScript 代码和 HTML 代码完全分离，便于代码和维护和修改。

⑥ 插件丰富，除了 jQuery 本身带有的一些特效外，可以通过插件实现更多功能，如表单验证、tab 导航、拖放效果、表格排序、DataGrid，树形菜单、图像特效以及 AJAX 上传等。

（2）jQuery 的使用

① jQuery 的基本语法。在需要使用 JQuery 的页面中引入 JQuery 的 JavaScript 文件即可。例如：

```
<script type="text/javascript" src="jquery.js"></script>
```

引入之后便可在页面的任意地方使用 jQuery 提供的语法。

② 要想安全、无错的调用 jQuery 代码，必须把它们放在一个函数中，代码如下：

```
<script language=JavaScript>
 $(document).ready(function(){$("div").addClass("a");}); //在这里写 jQuery 代码能够被正常调用
</script>
```

【提示】:

- document：DOM 文档对象，只能调用 DOM API 中的方法；
- $(document)：jQuery 对象，能调用 jQuery API 中的方法，简单很多；
- .ready()：html 文档加载完毕，触发的事件，开始干活；
- function(){}：html 加载完毕后，如何处理；
- $("div")：jQuery 选择器，转化<div>标签为 jQuery 对象；
- .addClass("a")：给该标签添加一个 class 属性，<div class="a">。

（3）jQuery 核心功能

jQuery 的根本在于它具有页面上选择和操作某些元素的能力。jQuery 创建了自己的选择语法，非常简单。它通过 HTML 元素名、ID、Class 查找对象，返回的对象都是 jQuery 对象。jQuery 对象不能直接调用 DOM 定义的方法，只能使用 jQuery API 中指定的方法。例如：

```
$("div").show();                                          //按照 html 选择
$("p").css("background", "#ff0000");
$("#sampleText").html("Hi");                              //按照 ID 选择
$( “.redBack” ).css( “background”, “#ff0000” );           //按照 CSS 选择
$( “p, span, div” ).hide();                               //按照合并条件选择
```

jQuery 可以合并搜索结果，在一个搜索中，将多个搜索条件合并起来。通过使用“,”分隔每个搜索条件，搜索将返回与搜索词匹配的一组结果。

（4）jQuery 赋值、取值

① jQuery 可以使用同一个函数实现给页面中某个元素赋值和取值；带参数就是赋值方法；不带参数就是取值方法。代码如下：

```
$("#msg").html();                          //返回 id=msg 的元素节点的 html 内容
$("#msg").html("<b>new Content</b>");      //将新内容写入 id=msg 的元素中
$("#msg").text();                          //返回 id=msg 的元素节点的文本内容
$("#msg").text("new Content");             //将文本写入 id=msg 的元素节点中
$("#msg").height();                        //返回 id=msg 的元素的高度
$("#msg").height("300");                   //将 id=msg 的元素高度设为 300
$("input").val();                          //返回表单的 value 值
$("input").val("test");                    //将表单的 value 值设置为 test
$("#msg").click() ;                        //触发 id=msg 的元素的单击事件
$("#msg").click([fn]) ;                    //为 id=msg 的元素的单击事件添加函数
```

jQuery 方法的返回值全部是 jQuery 对象，所以可以支持方法的连写，从而简化代码。

② jQuery 函数可以方便的修改任意元素的样式，从而改变页面效果。主要包括以下样式：

```
$("#msg").css("background");                          //返回元素的背景颜色
$("#msg").css("background","#ccc")                    //设定元素背景为灰色
$("#msg").height(300); $("#msg").width("200");        //设定宽高
$("#msg").css({ color: "red", background: "blue" });  //以名值对的形式设定样式
$("#msg").addClass("select");                         //为元素增加名称为 select 的 class
$("#msg").removeClass("select");                      //删除元素名称为 select 的 class
$("#msg").toggleClass("select");                      //如果存在（不存在）就删除（添加）名称为
                                                      //select 的 class
```

6. JSON

（1）JSON 的定义

JSON（JavaScript Object Notation）是基于 JavaScript 的一种轻量级的数据交换格式，易于用户阅读和编写，同时也易于机器解析和生成。JSON 采用完全独立于语言的文本格式，但是也使用了类似于 C 语言家族的习惯（包括 C、C++、C#、Java、JavaScript 等）。这些特性使 JSON 成为理想的数据交换语言。

（2）JSON 的语法

JSON 实际上基于 JavaScript 语法的一个子集。

① 值的表示：字符串、数值、true、false、null、Object 或数组等值的表示语法。例如：

字符串："abc"、"\r\n"、"\u00A9"

数值：123、-123.5

布尔：true、false

② 数组表示：使用 [ ] 包含所有元素，每个元素用逗号分隔，元素可以是任意的值。例如：

```
[ "abc" , 123 , true, null ]
```

访问其中的元素时，使用索引号，从 0 开始。

③ Object 表示：用{}包含一系列无序的 Key-Value 键值对表示，其中 Key 和 Value 之间用冒号分割，每个 key-value 之间用逗号分割。例如：

```
{ "bookname":"Ajax 基础",
"publisher":"机械工业出版社",
"price": 56.0}访问其中的数据，通过 obj.key 来获取对应的 value
```

④ 复杂数据表示：Object 或数组中的值还可以是另一个 Object 或者数组 ，以表示更复杂的数据。例如：

```
List list=new ArrayList();
List.add(emp)
[ {"name":"张三", "age":18 , "loves":["看书","玩游戏"]},{"name":"王五", "age": 20,"loves":["旅游"]}]
```

综上所述，Json 也就是由以上的语法基础进行构建的。用[]来构建数据集合或者数组；{}来构建一个对象；('')来标示一个字符串；逗号(,)进行属性和属性或者对象和对象间的分隔；冒号（:）进行属性赋值。例如：

```
[{    name:'stu1',    value:'stuvalue1', age:25 },{name:'stu2',    value:'stuvalue2', age:24 }]
```

【提示】：这是一个数组，因为由[]括了起来；数组中有两个对象，看{}的对数就可以看出来；每一个对象有三个属性，大括号中的内容都属于属性，属性中使用逗号进行内容分隔；属性的赋值为“:”，如 value:'stuvalue2'；字符串值需要用单引号括起来，数字不需要用单引号括起来。

（3）JSON 在 AJAX 中的应用

下面通过实例介绍 JSON 在 AJAX 中的应用。例如，通过 JSON 字符串来创建对象。

① 创建包含 JSON 语法的 JavaScript 字符串：

```
var txt = '{ "employees" : [' +'{ "firstName":"Bill" , "lastName":"Gates" },' +'{ "firstName":"George" ,
"lastName":"Bush" },' +'{ "firstName":"Thomas" , "lastName":"Carter" } ]}';
```

② 由于 JSON 语法是 JavaScript 语法的子集，JavaScript 函数 eval()可用于将 JSON 文本转换为 JavaScript 对象。eval()函数使用的是 JavaScript 编译器，可解析 JSON 文本，然后生成 JavaScript 对象。必须把文本包围在括号中，这样才能避免语法错误：

```
var obj = eval ("(" + txt + ")");
```

③ 在网页中使用 JavaScript 对象代码如下：

```
<p>First Name: <span id="fname"></span><br /> Last Name: <span id="lname"></span><br /> </p>
<script type="text/javascript">
var txt = '{"employees":[' +
'{"firstName":"Bill","lastName":"Gates" },' +
'{"firstName":"George","lastName":"Bush" },' +
'{"firstName":"Thomas","lastName":"Carter" }]}';
var obj = eval ("(" + txt + ")");
document.getElementById("fname").innerHTML=obj.employees[1].firstName
document.getElementById("lname").innerHTML=obj.employees[1].lastName
</script>
```

④ 运行结果如图 3-95 所示。

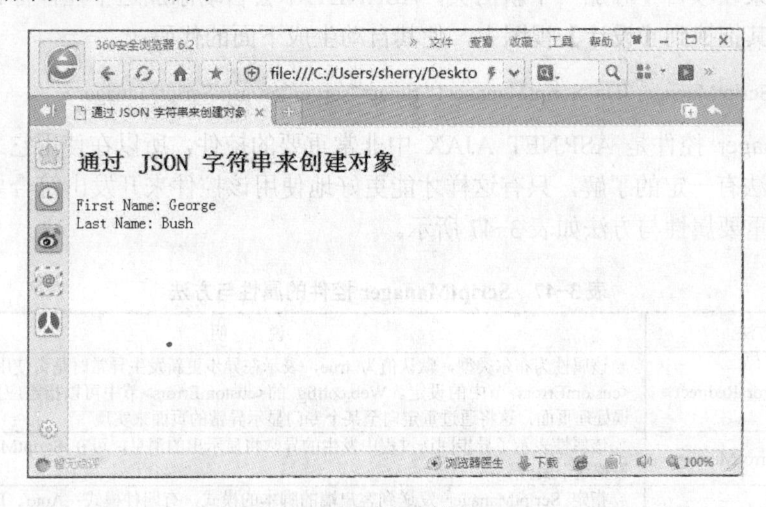

图 3-95　Json 实例

7. ASP.NET AJAX

ASP.NET AJAX 对 Web 服务特性为客户端代码访问服务器提供了一个很好的窗口。但要完成大多数困难任务时，必须使用 JavaScript 精心打造 Web 方法，选择合适的时机调用它们，并适当更新页面。

由于上述操作单调而复杂，ASP.NET 提供了一个更高层的服务器模型，它提供可以直接在 Web 窗体里使用的控件和组件，从而可以完全使用服务器端代码工作。

ASP.NET AJAX 控件会自动注入客户端脚本，在幕后使用 ASP.NET AJAX 脚本库。与手动编写 JavaScript 代码相比，潜在的缺点是降低了灵活性。

下面将详细介绍 ASP.NET 框架中的五个 ASP.NET AJAX 控件，分别是脚本管理器 ScriptManager、脚本管器代理 ScriptManagerProxy、AJAX 化的 Panel 控件 UpdatePanel、加载提示控件 UpdateProgress 及定时器 Timer 等。所有这些控件都支持局部呈现，可以不经过完整回发无缝地更新页面内容，这是 AJAX 的关键概念。本节将对这五个基础控件及其属性、方法进行介绍；然后结合各基础控件来进行实例开发。

（1）ScriptManager 控件

ScriptManager 控件用来处理页面上的所有组件以及页面局部更新，生成相关的客户端代理脚本以便能够在 JavaScript 中访问 Web Service。所有需要支持 ASP.NET AJAX 的 ASP.NET 页面上有且只能有一个 ScriptManager 控件。

此外，ScriptManager 控件必须存在于其他 AJAX 控件之前，在 ASP.NET AJAX 程序中必须包括这个控件的引用。而在该控件中可以指定需要的脚本库、Web Service、身份验证服务、个性化设置、页面错误处理等。

要使用 ASP.NET AJAX 提供的功能，必须在网页中包含一个 ScriptManager 控件。用 ASP.NET AJAX-Enabled Web 应用程序创建一个项目后，ASP.NET 会在自动生成的 Default.aspx 网页中添加一个 ScriptManager 控件标记，代码如下：

```
<asp:ScriptManager ID="ScriptManager1" runat="server" />
```

但是，如果在项目中添加一个新网页，ASP.NET 不会自动添加这个控件标记，此时需要从工具箱中将其拖拽到【设计】视图中，使其自动生成下面的代码：

```
<asp:ScriptManager ID="ScriptManager1" runat="server"></asp:ScriptManager>
```

ScriptManager 控件是 ASP.NET AJAX 中非常重要的控件，所以在使用它之前要对该控件的属性与方法有一定的了解，只有这样才能更好地使用该控件来开发出符合要求的项目。该控件的一些重要属性与方法如表 3-47 所示。

表 3-47　ScriptManager 控件的属性与方法

属性或方法	说　明
AllowCustomErrorsRedirect	该属性为布尔类型，默认值为 true，表示在异步更新发生异常时是否使用 Web.config 中 <customErrors>节中的设定。Web.config 的<customErrors>节中可以指定应用程序级别的错误处理页面，这将通过重定向到某个专门显示异常的页面来实现
AsyncPostBackErrorMessage	该属性表示了异步回送过程中发生的异常将显示出的消息，可在 ScriptManager 的声明中设置这个属性
ScriptMode	指定 ScriptManager 发送到客户端的脚本的模式，有四种模式：Auto、Inherit、Debug、Release，默认值为 Auto。具体如表 3-48 所示
ScriptPath	设置所有的脚本块的根目录，作为全局属性，包括自定义的脚本块或者引用第三方的脚本块。如果在 Scripts 中的<asp:ScriptReference/>标签中设置了 Path 属性，它将覆盖该属性
Scripts	页面所有的脚本集合
ResolveScriptReference	指定 ResolveScriptReference 事件的服务器端处理函数，在该函数中可以修改某一条脚本的相关信息如路径、版本等

表 3-48　ScriptMode 的属性值

属 性 值	说　明
Auto	该属性值用于根据 web.config 配置中的 retail 配置节的值来决定脚本的模式。如果 retail 配置节的值为 true，则把发布模式的脚本发送到客户端，反之则发送调试脚本
Debug	该属性值用于当 retail 配置节的值不为 true 时，则发送 debug 版本的客户端脚本
Release	该属性值用于当 retail 配置节的值不为 false 时，则发送 Release 版本的客户端脚本
Inherit	该属性值意义同 Auto 相同

（2）ScriptManagerProxy 控件

在 ASP.NET AJAX 中，由于一个 ASPX 页面上只能有一个 ScriptManager 控件，所以在有母版页的情况下，如果需要在 Master-Page（主控件页面）和 Content-Page（内容页面）中引入不同的脚本时，就需要在 Content-page 中使用 ScriptManagerProxy。ScriptManagerProxy 和 ScriptManager 是两个非常相似的控件。

一个 ASP.NET 页面可以由很多个不同的组件组成，如主控页面、内容页面等。对于由这些不同的组件组成的一个 ASP.NET AJAX 页面来说，其中的某个组件往往需要对整体的 ScriptManager 进行访问，并在其中添加新的脚本或 Web Service 的引用。这时，就可以在需要添加新的脚本或 WebService 引用的组件中添加一个 ScriptManagerProxy 控件，并在该 ScriptManagerProxy 中添加该组件所需要的专有的脚本或 WebService。作为潜在的 ScriptManager 的代理，在加载包含 ScriptManagerProxy 控件的组件时，ScriptManagerProxy 控件会将其中定义的脚本或 WebService 引用添加到组合后的页面中的 ScriptManager 中。定义形式如下所示：

```
<asp:ScriptManagerProxy ID="ScriptManagerProxy1" runat="server"></asp:ScriptManagerProxy>
```

ScriptManagerProxy 控件的属性如表 3-49 所示。

表 3-49　ScriptManagerProxy 控件的属性

属　性	说　明
Scripts	页面所有的脚本集合
Services	页面相关的 Web Service

通过访问这两个属性，即可对当前页面中的脚本引用以及 WebService 引用进行维护。使用中需要注意的是，在 ScriptManagerProxy 控件中只能添加新的脚本或 WebService，而不能移除 ScriptManager 控件中已经添加了的脚本或 WebService。

（3）UpdatePanel 控件

UpdatePanel 控件是 ASP.NET 3.5 AJAX Extensions 中很重要的一个服务器控件，它主要用于在 Web 应用程序中实现局部更新。使用 UpdatePanel 控件可以不需要编写任何客户端脚本，只需要在页面中添加 ScriptManager 控件和 UpdatePanel 控件就能实现页面局部自动更新。

UpdatePanel 控件的工作依赖于 ScriptManager 服务端控件和客户端 PageRequestManager 类（Sys.WebForms.PageRequestManager 部分涉及更高级的内容，对于初学者来说，不需要了解它的详细内容），利用该控件可以完成页面中某一特定区域的更新而无须刷新整个页面。

当 ScriptManager 允许页面局部更新时，UpdatePanel 控件会以异步的方式回传给服务器，与传统的整页回传方式不同的是，只有包含在 UpdatePanel 中的页面部分会被更新。在从服务端返回 HTML 之后，PageRequestManager 会通过操作 DOM 对象来替换需要更新的代码片段。

UpdatePanel 控件作为 ASP.NET AJAX 中实现页面局部刷新的重要控件，它也有一些自己的属性和方法，如表 3-50 所示。

表 3-50　UpdatePanel 控件的属性与方法

属性或方法	说　明
ChildrenAsTriggers	应用于 UpdateMode 属性为 Conditional 时，指定 UpdatePanel 中的子控件的异步回送是否会引发 UpdatePanle 的更新

（续）

属性或方法	说　明
RenderMode	表示 UpdatePanel 最终呈现的 HTML 元素。Block（默认）表示<div>，Inline 表示<span>
Triggers	用于引起更新的事件。在 ASP.NET Ajax 中有两种触发器，其中使用同步触发器（PostBackTrigger）只需指定某个服务器端控件即可，当此控件回送时采用传统的“PostBack”机制整页回送；使用异步触发器（AsyncPostBackTrigger）则需要指定某个服务器端控件的 ID 和该控件的某个服务器端事件
UpdateMode	表示 UpdatePanel 的更新模式，有两个选项：Always 和 Conditional。Always 是不管有没有 Trigger，其他控件都将更新该 UpdatePanel；Conditional 表示只有当前 UpdatePanel 的 Trigger，或 ChildrenAsTriggers 属性为 true 时，当前 UpdatePanel 中控件引发的异步回送或者整页回送，或是服务器端调用 Update()方法才会引发更新该 UpdatePanel

需要注意的是，由于 UpdatePanel 的 UpdateMode 属性值默认为 Always，所以当某个页面中有多个 UpdatePanel 共存时，如果页面上有一个局部更新被触发，则所有的 Update Panel 都将更新。所以为了避免这种情况，需要把 UpdateMode 属性设置为 Conditional，然后为每个 UpdatePanel 设置专用的触发器。代码如下所示：

```
<asp:UpdatePanel ID="UpdatePanel1" runat="server" UpdateMode="always">
<ContentTemplate><%= DateTime.Now %>
<asp:Button ID="Button1" runat="server" Text="更新 1" /></ContentTemplate></asp:UpdatePanel><hr />
<asp:UpdatePanel ID="UpdatePanel2" runat="server" UpdateMode="
Conditional" ChildrenAsTriggers="false"><ContentTemplate><%= DateTime.Now %>
<asp:Button ID="Button2" runat="server" Text="更新 2" /></ContentTemplate>
</asp:UpdatePanel>
```

在上述代码所示的页面中，如果用户单击按钮【更新 1】，将更新自己的 UpdatePanel1，而不能更新 UpdatePanel2，因为 UpdatePanel2 的 UpdateMode 属性值为 conditional；如果单击按钮【更新 2】，将会更新 UpdatePanel1，因为在 UpdatePanel2 中设置了 Children AsTriggers 属性值为 false，所以不能更新自己。可以尝试设置这几个属性的值，通过不同的执行结果来体会具体的含义。

下面将通过实例介绍 UpdatePanel 控件和 ScriptManager 控件的使用方法。具体方法如下。

① 创建 ASP.NET 应用程序 WebSite3-11-1，创建应用程序 WebSite3-11-1 的页面 AjaxSample.aspx，它的代码隐藏文件是 AjaxSample.aspx.cs。

② 从工具箱的 AJAX Extensions 组中依次拖拽 UpdatePanel 控件、Calendar 控件、DropDownList 控件、ScriptManager 控件到页面 AjaxSample.aspx 中，UpdatePanel 控件依赖于 ScriptManager 控件来管理部分页更新，其设计视图如图 3-96 所示。

控件的主要 HTML 代码如下：

```
<!--下面是局部刷新内容-->
<asp:UpdatePanel ID="UpdatePanel1" runat="server">
<ContentTemplate>
<asp:ScriptManager ID="ScriptManager1" runat="server"></asp:ScriptManager>
<asp:Calendar ID="Calendar1" runat="server"></asp:Calendar>
<asp:DropDownList ID="DropDownList1" runat="server" AutoPostBack="True"
 onselectedindexchanged="DropDownList1_SelectedIndexChanged" style="width: 57px">
<asp:ListItem Value="Red">红色</asp:ListItem> <asp:ListItem Value="Blue">蓝色</asp:ListItem>
```

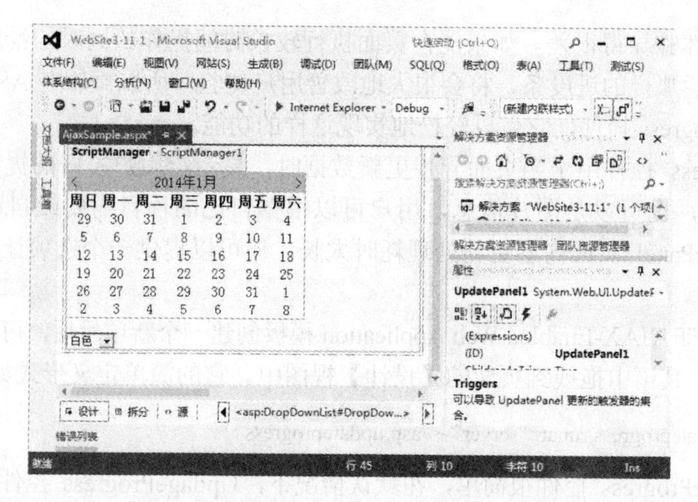

图 3-96　AjaxSample.aspx 页面的设计页面

```
<asp:ListItem Value="Yellow">黄色</asp:ListItem> <asp:ListItem Value="Pink">粉色</asp:ListItem>
<asp:ListItem  Value="Green">绿色</asp:ListItem>    <asp:ListItem  Value="Orange">橘色</asp:List
Item>
<asp:ListItem Selected="True" Value="White">白色</asp:ListItem>
</asp:DropDownList> </ContentTemplate></asp:UpdatePanel>
```

后台的功能代码如下：

```
public partial class AjaxSample : System.Web.UI.Page
{protected void DropDownList1_SelectedIndexChanged(object sender, EventArgs e)
{Calendar1.DayStyle.BackColor  =  System.Drawing.Color.FromName(DropDownList1.SelectedItem.
Value);}}
```

程序完成的功能是改变日期控件的颜色。

③ 按〈Ctrl+F5〉组合键，效果如图 3-97 所示。在下拉列表框中选择“黄色”后，效果如图 3-98 所示。

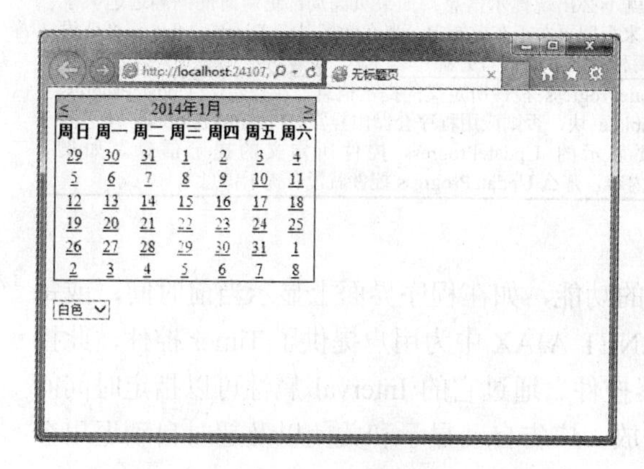

图 3-97　AjaxSample.aspx 页面的运行页面

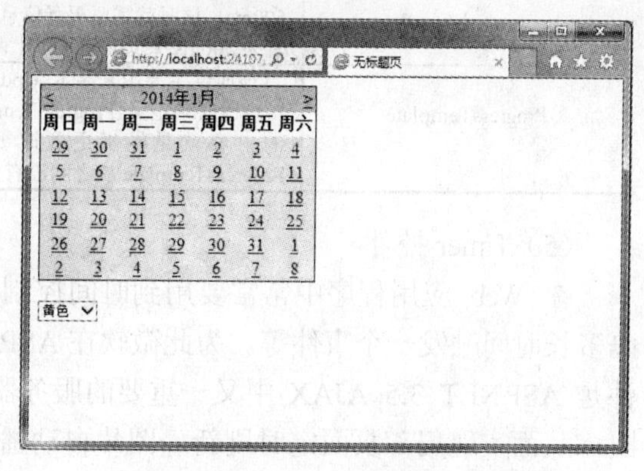

图 3-98　更改颜色后的运行页面

（4）UpdateProgress 控件

在现实的网络中，当打开某一个网站或链接时，由于种种原因经常要等待页面显示出来，这样的用户体验显得很差。如果能在页面执行较长时间操作的同时，给用户提供一个类似于浏览器状态栏那样的进度条，将会很大地改善用户体验。所以微软在 ASP.NET AJAX 中提供了 UpdateProgress 控件，它可以轻松地实现这样的功能。

UpdateProgress 控件用于当页面异步更新数据时，显示给用户友好的提示信息。该信息可以是文本信息，也可以是图片信息，用户可以根据自己的项目需要或自己的意愿进行选择。如果 UpdatePanel 页面内容更新处理耗时太长，还可以提供一个选项让用户来取消页面更新。

使用 ASP.NET AJAX-Enabled Web Application 模板创建一个新项目后，可以直接将 Update Progress 控件从工具箱中拖拽到页面的【设计】视图中。它的简单定义形式如下所示：

```
<asp:updateprogress runat="server"></asp:updateprogress>
```

使用 UpdateProgress 控件很简单，在默认情况下，UpdageProgress 控件将显示页面上所有的 UpdatePanel 控件更新的进度信息。在以前版本的 UpdateProgress 中，用户无法设置让 UpdateProgress 只显示某一个 UpdatePanel 的更新，而在最新版本的 UpdateProgress 控件中提供了 AssociatedUpdatePanelID 属性，可以指定 UpdateProgress 控件显示哪一个 UpdatePanel 控件。

UpdateProgress 控件的属性不是很多，它的主要属性如表 3-51 所示。

表 3-51　UpdateProgress 控件主要属性

属　性	说　明
AssociatedUpdatePannelID	默认情况下，AssociatedUpdatePanelID 属性值为空，含义是页面中任何一个 UpdatePanel 控件进行异步更新，UpdateProgress 控件的提示信息都会出现。 例如，一个页面中有两个 UpdatePanel 控件，分别为 UpdatePanel1 和 UpdatePanel2，而 UpdateProgress 控件的 AssociatedUpdatePanelID 属性值为 UpdatePanel1，那么只有在 UpdatePanel1 中的内容进行更新时，UpdateProgress 控件中的提示信息才会出现。而 UpdatePanel2 中的内容进行更新时，UpdateProgress 控件中的提示信息不会出现
DisplayAfter	DisplayAfter 属性主要用于设定 UpdatePanel 控件开始更新与 UpdateProgress 控件开始出现提示信息这一段时间间隔的值，单位是 ms。当一个网页的局部更新过快时，会出现提示信息一闪而过的现象，也就是页面闪烁的问题。这种情况下，就可以通过设置 DisplayAfter 属性来解决。例如，设置某页面的局部更新时间间隔为 500ms，那么客户端的用户是几乎感觉不到等待时间的，所以就不必出现提示信息；如果页面局部更新时间间隔远远大于 500ms，这时就需要提示信息来表明页面正在更新中，那么就可以将 DisplayAfter 属性值设置为 500ms 来同时满足以上两种情况下的页面更新
ProgressTemplate	该属性主要用来显示 UpdateProgress 控件所定义的提示信息。在初始化 UpdateProgress 控件时必须定义 ProgressTemplate 块，否则应用程序会抛出异常。ProgressTemplate 块之间的内容就是异步更新时要显示的 UpdateProgress 控件所定义的提示信息。如果 ProgressTemplate 块之间没有内容，那么 UpdateProgress 控件就没有提示信息

（5）Timer 控件

在 Web 应用程序中常常要用到时间控制的功能，如在程序界面上显示当前时间，或每隔多长时间触发一个事件等。为此微软在 ASP.NET AJAX 中为用户提供了 Timer 控件，此控件是 ASP.NET 3.5 AJAX 中又一重要的服务器控件。通过它的 Interval 属性可以指定时间间隔，从而实现局部页面定时刷新、图片自动播放、广告自动显示和关闭以及超时自动退出登录等功能。

Timer 控件用于实现按照预定时间对页面进行同步或异步更新的功能。使用 Timer 控件不但可以更新整个页面，而且可以将它置于一个 UpdatePanel 控件中更新局部页面，也可以放在 UpdatePanel 控件外触发多个 UpdatePanel 控件的更新。

Timer 控件的属性与方法也不是很多，如表 3-52 所示。

表 3-52　Timer 控件的属性

属性或方法	说　明
Interval	用于指定间隔时间。向服务器发起回传的间隔时间，单位是 ms，默认值为 60000ms（60s）。该值应保证回传能够顺利完成，如果一个新的回传开始时前一个回传还没有完成，那么前一个回传将被中止。如果 Interval 属性值过小，会因为频繁传送增加服务器的负担，因此，一般根据需要将其设置为满足条件的最大值
Enabled	用于表示是否启用 Timer 控件向服务器发起回传，false 表示不启用，true 表示启用。默认值为 true
Tick	指定间隔到期后执行

Timer 控件可以放在一个或者多个 UpdatePanel 控件内，也可以放在 UpdatePanel 控件外。如果 Timer 控件放在 UpdatePanel 控件内，Interval 属性设置的时间间隔是从回传的页面返回后开始计算的。也就是说，如果时间间隔设置为 60s，回传所需时间是 3s，那么两次回传发生的间隔时间是 63s。如果 Timer 控件放在 UpdatePanel 控件外，必须明确指定哪个 UpdatePanel 控件被 Timer 控件控制，并且此时间隔时间是从回传到服务器时开始计算的。同样，假设时间间隔设置为 60s，回传所需时间是 3s，则两次回传发生的间隔时间是 60s，而用户看到是每隔 57s 页面刷新一次。

下面将通过实例介绍 ASP.NET AJAX 服务器控件（ScriptManager 控件、UpdatePanel 控件和 Timer 控件）按固定的时间间隔更新部分网页的使用方法，具体方法如下：

① 创建 ASP.NET 应用程序 WebSite3-11-1，创建应用程序 WebSite3-11-1 的页面 AjaxSample2.aspx，它的代码隐藏文件是 AjaxSample2.aspx.cs。

② 从工具箱的 AJAX Extensions 组中依次拖拽 ScriptManager 控件、UpdatePanel 控件、Timer 控件到页面 AjaxSample2.aspx 中，UpdatePanel 控件依赖于 ScriptManager 控件来管理部分页更新。

③ 单击 UpdatePanel 控件使其成为被选中状态，然后双击 Timer 控件，则将其添加到 UpdatePanel 控件内。将 Timer 控件的 Interval 属性设置为 10000。Interval 属性是以 ms 为单位定义的。因此，若将 Interval 属性设置为 10000ms，则会每 10s 刷新一次 UpdatePanel 控件。

【提示】: Timer 控件可在 UpdatePanel 控件的内部或外部用作一个触发器。本示例演示了如何在 UpdatePanel 控件内部使用 Timer 控件。

④ 将一个 Label 控件添加到 UpdatePanel 控件内。修改其 Text 属性设置为“面板尚未刷新”，然后在 UpdatePanel 外部再添加一个 Label。其设计视图如图 3-99 所示。

注意：在此示例中，计时器时间间隔设置为 10s。这样在运行示例时，读者无需等待很长时间就可以看到结果了。控件的主要 HTML 代码如下：

```
<head id="Head1" runat="server">
<title>无标题页</title><script type="text/javascript">function pageLoad() { }</script> </head>
<body> <form id="form1" runat="server"><div> <asp:ScriptManager ID="ScriptManager1"
runat="server" />
```

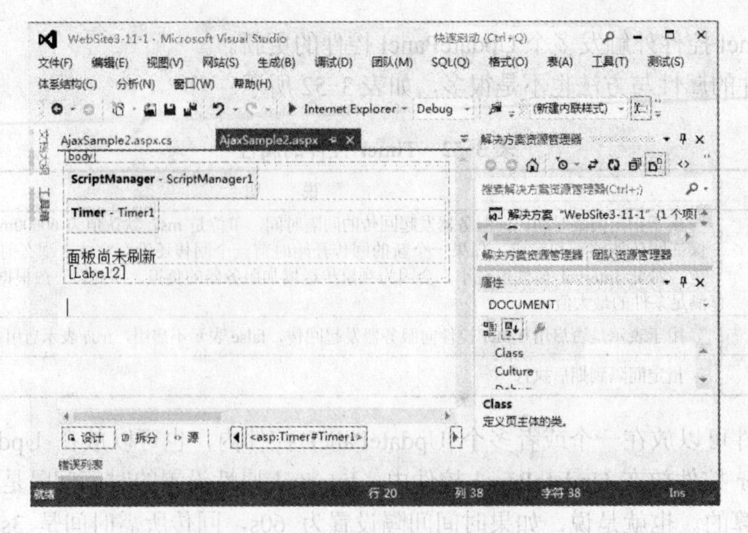

图 3-99　AjaxSample2.aspx 页面的设计界面

```
<!--下面是局部刷新内容-->
<asp:UpdatePanel ID="UpdatePanel1" runat="server">
<ContentTemplate><asp:Timer ID="Timer1" runat="server" Interval="10000" ontick="Timer1_Tick">
</asp:Timer> <br />
<asp:Label ID="Label1" runat="server" Text="面板尚未刷新"></asp:Label></ContentTemplate>
</asp:UpdatePanel> </div><asp:Label ID="Label2" runat="server"></asp:Label></form></body>
```

后台的功能代码主要是设置 Label2 和 Label1 标签的内容，代码如下：

```
public partial class AjaxSample2 : System.Web.UI.Page
{protected void Page_Load(object sender, EventArgs e)
{Label2.Text = "页面创建于: " + DateTime.Now.ToLongTimeString();//提示信息 }
protected void Timer1_Tick(object sender, EventArgs e)
{Label1.Text = "面板刷新在: " + DateTime.Now.ToLongTimeString(); }}
```

⑤ 按〈Ctrl+F5〉组合键，效果如图 3-100 所示。

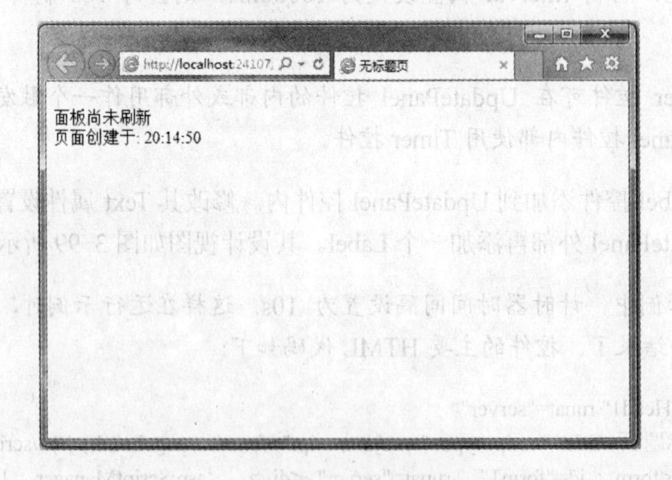

图 3-100　AjaxSample2.aspx 页面的运行页面

该程序的主要功能是页面每隔 10s 刷新一次。通过将这些控件添加到网页上，可消除在每次回发时刷新整个页面的需要，只需要更新 UpdatePanel 控件的内容即可。

3.11.4 任务实施

本节将以“中国无锡质量网”为例介绍 ASP.NET AJAX 技术及轻量级 JavaScript 框架 jQuery 实现咨询与解答项目管理，具体实现步骤如下。

咨询与解答项目管理功能由页面 Consultation.aspx 实现，它的代码隐藏文件是 Consultation.aspx.cs 文件。系统咨询与解答项目管理界面设计如图 3-101 所示。

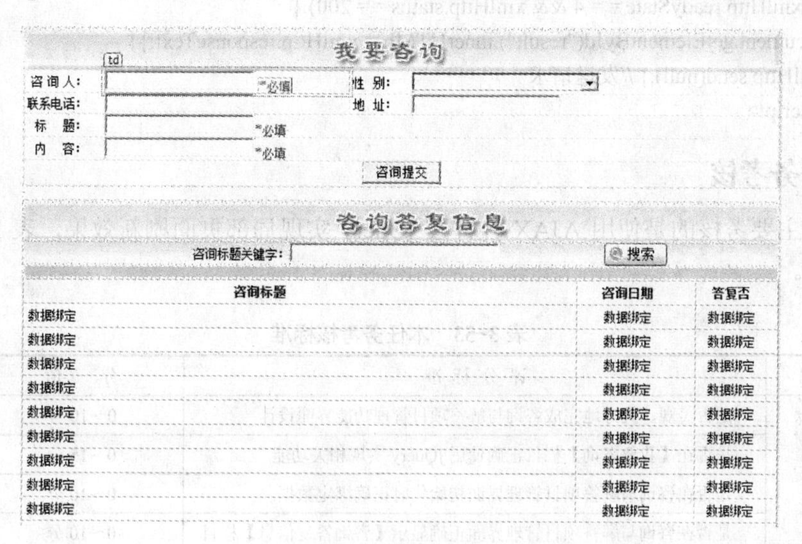

图 3-101　系统咨询与解答项目管理界面设计

在【我要咨询】栏目中，当用户填写完【咨询人】信息、【标题】信息及【内容】信息时（因为这几项是必填项目），单击【咨询提交】按钮，系统将局部刷新，将信息提交给服务器。同时触发 btn_click()事件，下面为【我要咨询】栏目的 JavaScript 实现代码：

```
<script type="text/javascript" src="jquery-1.4.1.js"></script>
<script type="text/javascript">jQuery(document).ready(function(){
 var jsonstring = "{\"选择性别\":\"选择性别\",\"男\":\"男\",\"女\":\"女\"}";
 var jsonObj = jQuery.parseJSON(jsonstring);
 var optionstring = "";
 for (var item in jsonObj) {optionstring += "<option value=\"" + jsonObj[item] + "\" >" + item +
"</option>";}
 jQuery("#SelectSex").html(optionstring);});
function TextValue(val) {document.getElementById("TextBox9").value = val;}
function btn_click() {//创建 XMLHttpRequest 对象
var xmlHttp = new XMLHttpRequest();
//获取值
var s1 = document.getElementById("TextBox3").value;var s2 = document.getElementById ("TextBox9").
value;
var s3 = document.getElementById("TextBox5").value;var s4 = document.getElementById("TextBox6").
```

```
value;
        var s5 = document.getElementById("TextBox7").value;var s6 = document.getElementById("TextBox8").
value;
        //配置 XMLHttpRequest 对象
        xmlHttp.open("get", "ConsultationSave.aspx?s1=" + encodeURI(s1)
        + "&s2=" + encodeURI(s2) + "&s3=" + encodeURI(s3) + "&s4=" + encodeURI(s4) + "&s5=" +
encodeURI(s5) + "&s6=" + encodeURI(s6), true);
        //设置回调函数
        xmlHttp.onreadystatechange = function () {
        if (xmlHttp.readyState == = 4 && xmlHttp.status == = 200) {
        document.getElementById("result").innerHTML = xmlHttp.responseText;}}
        xmlHttp.send(null);} //发送请求
        </script>
```

3.11.5 任务考核

本任务主要考核的是使用 AJAX 控件及 jQuery 实现局部页面刷新效果，表 3-53 为本任务考核标准。

表 3-53 本任务考核标准

评 分 项 目	评 分 标 准	分 值	比例
任务完成情况	是否美观、大方地完成咨询与解答项目管理功能界面设计	0~10 分	50%
	是否在【我要咨询】栏目正确使用 jQuery 实现相关功能	0~15 分	
	是否在咨询与解答项目管理界面初始化时正确绑定数据	0~10 分	
	是否在咨询与解答项目管理界面正确显示【咨询答复信息】栏目	0~10 分	
任务过程	根据任务实施过程的态度、团队合作精神和创新能力等方面进行考核	酌情打分	20%
任务完成时间	在规定时间内完成任务者得满分，每推延半小时扣 5 分	0~30 分	30%

3.11.6 任务小结

ASP.NET AJAX 可以让开发者发挥出浏览器中 Web 应用程序处理最出色的一面，而不需要跟服务器端交互来更新页面。本任务结合“中国无锡质量网”中咨询与解答项目管理模块的实现过程为例介绍如何应用 ASP.NET AJAX 技术及轻量级 Javascript 框架 jQuery 开发相关功能页面的过程，需要说明的是在本任务中各种 AJAX 控件的示例都很简单，读者需要在实际项目中更多地动手应用，才能完全掌握 AJAX 技术。

3.11.7 拓展与提高

在本任务中，仅完成了“中国无锡质量网”中咨询与解答项目管理模块的实现过程中的部分代码，该模块的其他功能代码请读者自行完成。

3.11.8 思考与讨论

（1）什么叫作 AJAX？AJAX 的优缺点有哪些？

（2）AJAX 应用和传统 Web 应用的区别是什么？

（3）AJAX 开发的步骤有哪些？
（4）jQuery 的特点有哪些？
（5）jQuery 的使用方法是什么？
（6）ASP.NET 框架中的五个 ASP.NET AJAX 控件分别是什么？分别略谈下其作用。

3.11.9 实训题

模仿“中国无锡质量网”中的咨询与解答项目管理功能实现过程，结合使用 ASP.NET AJAX 技术及轻量级 JavaScript 框架 jQuery 实现“图书馆门户信息管理系统”中咨询与解答项目管理功能。

任务 3.12 数据备份与还原模块

3.12.1 任务引入

任何一个管理系统都应该有方便的数据备份与恢复功能，否则，用户并不知道系统使用的数据都有哪些，就会有可能因为恢复了不合适的数据导致系统崩溃。另外，让用户自己在系统管理外进行备份恢复操作，对用户的要求也太高，当操作员无法满足要求时，也会给系统提供者增加不必要的维护和培训负担。

本节主要介绍“中国无锡质量网”的数据备份与还原模块，如果要对 SQL Server 进行备份还原，可以有多种的方法，下面介绍的是借助 SQL-DMO 实现 SQL Server 备份还原的方法。

3.12.2 任务目标

本任务主要完成两个目标：一是知识目标，了解 SQL-DMO 相关知识；二是能力目标，掌握使用 SQL-DMO 实现数据备份与还原。

3.12.3 相关知识

1．SQL-DMO 简介

SQL-DMO 的全称是 SQL Distributed Management Objects。它是一个集合，包含一组有双重接口的 COM。通过 SQL-DMO，用户可以控制操作 SQL Server 的数据库引擎和复制管理。由于 SQL-DMO 是一组 COM，所以任何可以使用 COM 的开发工具都可以使用它，包括 VB、VC、ASP 等几乎所有的 Windows 平台下的开发工具。

2．SQL-DMO 使用方法

Visual Studio 2012 中使用 SQLDMO.DLL，首先要注册这个组件。注册 SQLDMO.DLL 组件的步骤如下。

① 从官网上下载 SQLDMO.DLL 文件包，下载地址是：http://download.csdn.net/download/taomanman/5071058。

② 解压下载后的 SQLDMO.DLL 文件包。

③ 将 msvcr71.dll，SQLDMO.DLL，Resources/2052/sqldmo.rll，Resources/1033/sqldmo.

rll 复制并粘贴到 C:/Program Files/Microsoft SQL Server/80/Tools/Binn 目录下。

④ 用鼠标单击【开始】选择【附件】中的【命令提示符】(提示：要以管理员身份运行进入命令提示符)，然后输入 Regsvr32 C:\Program Files\Microsoft SQL Server\80\Tools\Binn\sqldmo.dll 后按回车键完成注册。

注册过 SQLDMO.DLL 组件后，在 C#的 Web 程序中使用这个组件，具体步骤如下。

① 选中“解决资源管理器”的项目，利用右键菜单的【添加引用】命令，然后在【COM 选项】中选择 SQLDMO.DLL 组件进行添加。

② 在 Windows 项目中就不需要这么麻烦，只要完成 SQLDMO.DLL 组件的注册步骤，在 Windows 程序中添加此引用“using SQLDMO;”，就可以直接使用这个组件。

3.12.4 任务实施

本节将以“中国无锡质量网”为例来介绍用 SQL-DMO 实现对数据库的备份与恢复的最简单的操作方法，具体实现步骤如下。

1）添加对 SQL-DMO 引用。

2）界面设计。系统数据备份与还原模块管理功能由页面 DataBack.aspx 实现，它的代码隐藏文件是 DataBack.aspx.cs 文件。系统数据备份与还原管理界面设计如图 3-102 所示。

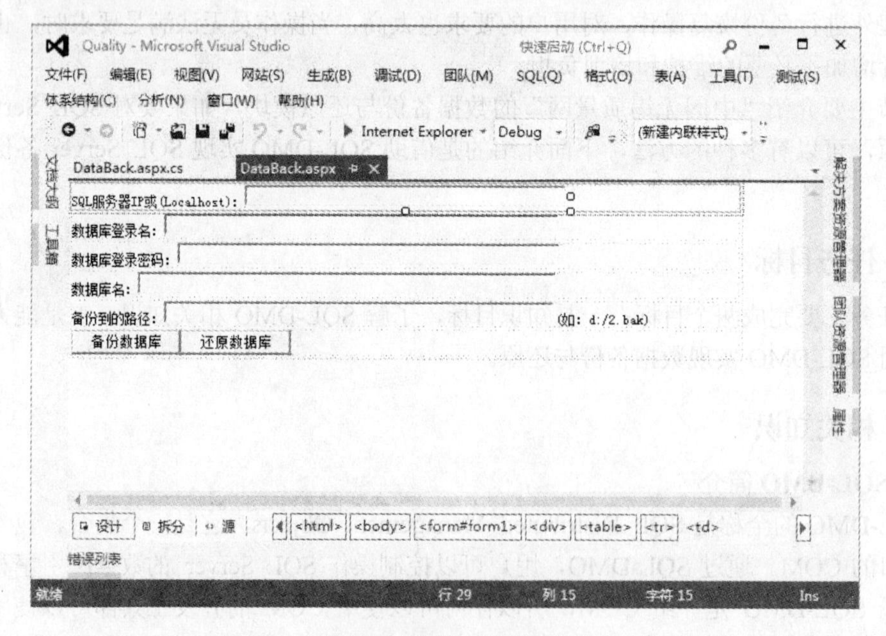

图 3-102 系统数据备份与还原模管理界面设计

在页面 DataBack.aspx 中，有两个 Button 控件，一个是用来完成备份数据库功能，其 ID 是 btnSql；另一个是用来完成还原数据库功能，其 ID 是 btnTable。当用户单击【备份数据库】按钮时，触发 btnSql_Click()事件，btnSql_Click()事件代码如下：

```
protected void btnSql_Click(object sender, EventArgs e)
{SQLBACK(this.txtServerIP.Text.Trim(),this.txtLoginName.Text.Trim(),this.txtLoginPass.Text.Trim(),
this.txtDBName.Text.Trim(), this.txtBackPath.Text.Trim());}
```

```
//SQLBACK()函数中对应的参数是 SQL 服务器 IP、数据库登录名、数据库登录密码、数据库名、备份到的路径
```

程序执行过程中，调用 SQLBACK()函数完成数据备份功能，函数 SQLBACK()代码如下：

```
public static void SQLBACK(string ServerIP, string LoginName, string LoginPass, string DBName, string BackPath)
{SQLDMO.Backup oBackup = new SQLDMO.BackupClass();
SQLDMO.SQLServer oSQLServer = new SQLDMO.SQLServerClass();
try{oSQLServer.LoginSecure = false;
oSQLServer.Connect(ServerIP, LoginName, LoginPass);
oBackup.Database = DBName;
oBackup.Files = BackPath;
oBackup.BackupSetName = DBName;
oBackup.BackupSetDescription = "数据库备份";
oBackup.Initialize = true;
oBackup.SQLBackup(oSQLServer);}
catch (Exception e){throw new Exception(e.ToString());}
finally{oSQLServer.DisConnect();}}
```

当用户单击【还原数据库】按钮时，触发 btnTable_Click()事件，代码如下：

```
protected void btnTable_Click(object sender, EventArgs e)
{SQLDbRestore(this.txtServerIP.Text.Trim(),this.txtLoginName.Text.Trim(),this.txtLoginPass.Text.Trim(), this.txtDBName.Text.Trim(), this.txtBackPath.Text.Trim());}
```

程序执行过程中，调用 SQLDbRestore()函数完成数据还原功能，程序代码如下：

```
public static void SQLDbRestore(string ServerIP, string LoginName, string LoginPass, string DBName, string BackPath)
{SQLDMO.Restore orestore = new SQLDMO.RestoreClass();
SQLDMO.SQLServer oSQLServer = new SQLDMO.SQLServerClass();
try{oSQLServer.LoginSecure = false;
oSQLServer.Connect(ServerIP, LoginName, LoginPass);
orestore.Action = SQLDMO.SQLDMO_RESTORE_TYPE.SQLDMORestore_Database;
orestore.Database = DBName;
orestore.Files = BackPath;
orestore.FileNumber = 1;
orestore.ReplaceDatabase = true;
orestore.SQLRestore(oSQLServer);}
catch (Exception e){throw new Exception(e.ToString());}
finally{oSQLServer.DisConnect();}}
```

3.12.5 任务考核

本任务主要考核在“中国无锡质量网”数据备份与还原模块的功能实现，其中借助 SQL-DMO 实现 SQL Server 备份还原的方法是考核的重点，表 3-54 为本任务考核标准。

表 3-54 本任务考核标准

评分项目	评分标准	分值	比例
任务完成情况	是否美观、大方地完成系统数据备份与还原模块管理功能界面设计	0～10 分	50%
	是否正确实现备份数据库功能	0～20 分	
	是否正确实现还原数据库功能	0～20 分	
任务过程	根据任务实施过程的态度、团队合作精神和创新能力等方面进行考核	酌情打分	20%
任务完成时间	在规定时间内完成任务者得满分，每推延一小时扣 5 分	0～30 分	30%

3.12.6 任务小结

本任务主要介绍了在“中国无锡质量网”数据备份与还原模块的开发过程中，如何借助 SQL-DMO 实现 SQL Server 备份还原的方法。

3.12.7 拓展与提高

本任务实现了用 SQL-DMO 完成数据库备份与还原的功能，请读者自行实现用 excel 导入完成数据还原功能模块。

3.12.8 思考与讨论

（1）什么是 SQL-DMO？其功能有哪些？

（2）在 ASP.NET 2012 中如何使用 SQLDMO.DLL？

3.12.9 实训题

模仿“中国无锡质量网”中的数据库的备份与恢复功能实现过程，通过 SQL-DMO 实现“图书馆门户信息管理系统”中数据库的备份与恢复。

学习情境 4 “中国无锡质量网”软件测试

本学习情境结合实际项目开发过程中的工作要点对政府（部门）门户网“中国无锡质量网”进行单元测试和集成测试，并简要介绍单元测试和集成测试的过程。

任务 4.1 单元测试

4.1.1 任务引入

单元测试又称模块测试，是针对软件设计的最小单位——程序模块，进行正确性检验的测试工作。单元测试在完成模块程序源代码的编写并通过编译程序的语法检查之后进行，目的在于发现模块内部可能存在的各种差错。为了保证“中国无锡质量网”的正常使用，必须进行单元测试，本任务主要以“用户管理”模块为例进行单元测试，以此来说明其测试过程。

4.1.2 任务目标

本任务主要完成两个目标：一是知识目标，掌握软件测试的相关知识；二是能力目标，掌握对功能模块进行单元测试的方法。

4.1.3 相关知识

1．软件测试

（1）软件测试的概念

软件测试是根据软件开发各阶段的规格说明和程序的内部结构而精心设计一批测试用例（即输入数据及其预期的输出结果），并利用这些测试用例去运行程序，以发现程序错误的过程。

软件测试在软件生命周期中横跨两个阶段，通常在编写出每一个模块之后就对它做必要的测试（称为单元测试）。模块的编写者与测试者是同一个人，编码与单元测试属于软件生命周期中的同一个阶段。在这个阶段结束之后，对软件系统还要进行各种综合测试，这是软件生命周期的另一个独立的阶段，即测试阶段，通常由专门的测试人员承担这项工作。

（2）软件测试的目的和原则

设计测试的目的是想以最少的时间和人力系统地找出软件中潜在的各种错误和缺陷。如果成功地实施了测试，就能够发现软件中的错误。测试的附带收获是，它能够证明软件的功能和性能与需求说明相符合。此外，实施测试收集到的测试结果数据为可靠性分析提供了依据。

软件测试应遵循以下原则。

① 应当把“尽早地和不断地进行软件测试”作为软件开发者的座右铭。不应把软件测试仅看作是软件开发的一个独立阶段，而应当把它贯穿到软件开发的各个阶段中。坚持在软件开发的各个阶段进行技术评审，这样才能在开发过程中尽早发现和预防错误，把出现的错误克服在早期，杜绝发生某些错误的隐患。

② 测试用例（Test case）应由测试输入数据和与之对应的预期输出结果两部分组成。测试之前应当根据测试的要求选择测试用例，用来检验程序员编写的程序，因此不但需要测试的输入数据，而且需要针对这些输入数据的预期输出结果。

③ 程序员应尽可能避免测试自己编写的程序，程序开发小组也应尽可能避免测试本小组开发的程序。如果条件允许，最好建立独立的软件测试小组或测试机构。这点不能与程序的调试（debuging）相混淆，调试由程序员自己来完成可能更加有效。

④ 在设计测试用例时，应当包括合理的输入条件和不合理的输入条件。合理的输入条件是指能验证程序正确的输入条件，不合理的输入条件是指异常的、临界的或可能引起问题异变的输入条件。软件系统处理非法命令的能力必须在测试时受到检验，用不合理的输入条件测试程序时，往往比用合理的输入条件进行测试能发现更多的错误。

⑤ 充分注意测试中的群集现象。在被测程序段中，若发现错误数目多，则残存错误数目也比较多，这种错误群集性现象已被许多程序的测试实践所证实。根据这个规律，应当对错误群集的程序段进行重点测试，以提高测试投资的效益。

⑥ 严格执行测试计划，排除测试的随意性。测试之前应仔细考虑测试的项目，对每一项测试做出周密的计划，包括被测程序的功能、输入和输出、测试内容、进度安排、资源要求、测试用例的选择、测试的控制方式和过程等，还要包括系统的组装方式、跟踪规程、调试规程、回归测试的规定以及评价标准等。对于测试计划，要明确规定，不要随意解释。

⑦ 对每一个测试结果做全面检查。有些错误的征兆在输出实测结果时已经明显地出现了，但是如果不仔细地全面检查测试结果，就会使这些错误被遗漏掉。所以必须对预期的输出结果明确定义，对实测的结果仔细分析检查，暴露错误。

⑧ 妥善保存测试计划、测试用例、出错统计和最终分析报告，为维护提供方便。

2．软件测试的过程与步骤

软件测试过程应按 4 个步骤进行，即单元测试、集成测试、确认测试和系统测试，如图 4-1 所示。

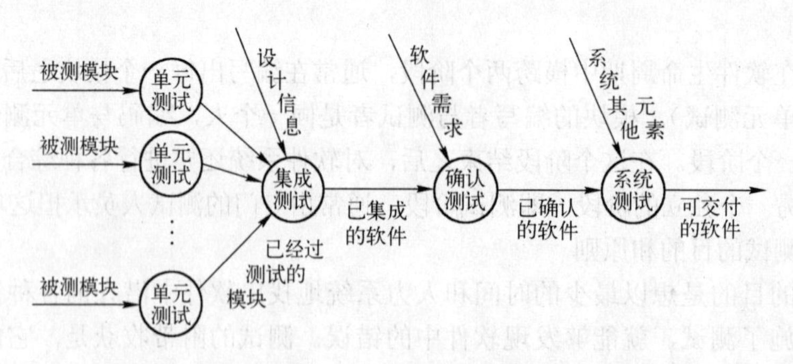

图 4-1　软件测试的过程

单元测试是集中对用源代码实现的每一个程序单元模块进行测试，检查各个程序模块是否正确地实现了规定的功能。集成测试是根据设计规定的软件体系结构，把已测试过的模块组装起来，在组装过程中，检查程序结构组装的正确性。确认测试则是要检查已实现的软件是否满足需求规格说明中确定的各种需求，以及软件配置是否完全、正确。系统测试是把已经经过确认的软件纳入实际运行环境中，与其他系统成分组合在一起进行测试。严格地说，系统测试已超出了软件工程的范围。

3．单元测试

（1）单元测试的概念

单元测试是在软件开发过程中要进行的最基础的测试活动，在单元测试活动中，软件的独立单元将在与程序的其他部分相隔离的情况下进行测试。单元测试作为无错编码的一种辅助手段在一次性的开发过程中使用，并且无论是在软件修改或移植到新的运行环境中，单元测试必须能够可重复进行。因此，所有的测试都必须在整个软件系统的生命周期中进行维护。

单元测试应由程序员自己来完成，程序员有责任编写功能代码，同样也就有责任为自己的代码编写单元测试。执行单元测试，就是为了证明这段代码的行为和期望的结果是一致的。

（2）单元测试的内容

单元测试一般按以下五个方面进行，如图 4-2 所示。

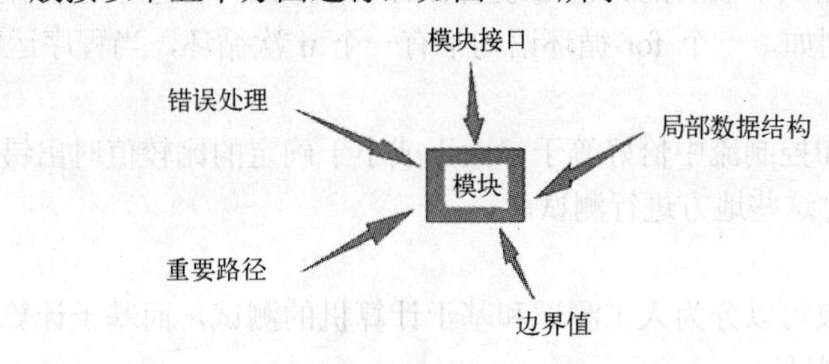

图 4-2　单元测试的内容

① 测试模块接口。

如果数据不能按预定要求进出模块，所有其他测试都是不切实际的。接口测试主要从如下几个方面考虑。

- 模块的形参和其驱动模块送来的参数的个数、类型、次序是否一致。
- 模块传送给被调用模块的参数与其桩模块的参数的个数、类型和次序是否一致。
- 模块传送给库函数的变量个数、类型次序是否正确。
- 全局变量的定义和用法在各个模块中是否一致。

② 测试局部数据结构。

模块内部数据不完整，内容、形式、相互关系出现错误，常常是软件开发过程中出现的主要错误来源。局部数据结构测试应做如下考虑。

- 错误或不相容的数据说明，或使用了尚未初始化的变量。
- 错误的初始值或不正确的默认值。
- 错误的变量名或数据类型不相容。
- 溢出（上溢或下溢）或地址异常。
- 全局数据对模块的影响。

③ 测试重要路径。

重要路径测试重点测试由于错误计算、不正确的比较或不适当的控制流而造成的错误。常见错误如下。

- 运算的次序错误（没有考虑清楚运算符的优先级）。
- 混合运算对象的类型彼此不相容，也就是数据类型不匹配。
- 变量初始值错误。
- 数据精度不够，或由于精度问题，两个量不可能相等时，程序中却期待着相等条件的出现。

④ 测试错误处理。

- 错误地修改循环变量，错误的或不可能达到的循环终止条件。
- 循环语句循环次数与预期的不符合（多循环 1 次或少循环 1 次）。
- 当遇到发散的循环迭代时循环不能终止。
- 所使用的外部文件的属性是否正确，打开文件的语句是否正确，缓冲区大小是否与记录长度相匹配，文件结束判断处理是否一致。

⑤ 测试边界值。

边界值测试是单元测试中最后的、也是最重要的工作，因为程序往往会在边界值上出现一些莫名其妙的错误。例如，一个 for 循环语句中有一个 n 次循环，当程序运行到第 n 次循环时就有可能出现错误。

要特别注意数据流和控制流中恰好等于、大于或小于确定的比较值时出错的可能性，同时要精心设计测试用例对这些地方进行测试。

4．测试用例设计

软件测试的种类大致可以分为人工测试和基于计算机的测试，而基于计算机的测试又可以分为黑盒测试和白盒测试。

（1）黑盒测试

根据软件产品的功能设计规格在计算机上进行测试，以证实每个功能的实现是否符合要求，这种测试方法就是黑盒测试。黑盒测试要在软件的接口处进行，也就是说，这种方法是把测试对象看作一个黑盒子，测试人员完全不考虑程序内部的逻辑结构和内部特性，只依据程序的需求分析规格说明，检查程序的功能是否符合它的功能说明。

用黑盒测试发现程序中的错误，必须在所有可能的输入条件和输出条件中确定测试数据，来检查程序是否都能产生正确的输出。

（2）白盒测试

根据软件产品的内部工作过程在计算机上进行测试，以证实每种内部操作是否符合设计规格要求，所有内部成分是否已经过检查，这种测试方法就是白盒测试。白盒测试把测试对象看作一个打开的盒子，允许测试人员利用程序内部的逻辑结构及有关信息，设计或选择测试用例，对程序所有逻辑路径进行测试。通过在不同点检查程序的状态，确定实际的状态是否与预期的状态一致。

不论是黑盒测试还是白盒测试，都不可能把所有可能的输入数据都拿来进行所谓的穷举测试。软件工程的总目标是充分利用有限的人力、物力资源，高效率、高质量、低成本地完成软件开发项目。在测试阶段既然穷举测试不可行，为了节省时间和资源，提高测试效率，就有必要从数量极大的可用测试用例中精心地挑选少量的测试数据，使得采用这些测试数据能够达到最佳的测试效果，能够高效率地把隐藏的错误揭露出来，具体测试用例设计方法请参见相关软件工程书籍。

4.1.4 任务实施

为了保证“中国无锡质量网”后台管理系统的各项功能可靠的实现，应编写详细的测试计划。

“中国无锡质量网”后台管理系统主要由用户管理模块、质量网新闻管理模块、质量网民意调查投票管理模块、质量网领导信箱管理模块、质量网访谈视频管理模块及系统日志等组成。本节主要针对用户管理模块进行测试。

1．主要测试内容如下：

（1）管理员登录模块

测试用例序号	01	测试用例名称	管理员登录模块	被测试系统	“中国无锡质量网”后台管理系统
测试功能描述	1：运行登录对话框 2：检验输入的管理员账号和密码 3：检验输入的账号和密码是否匹配				
测试用例描述					
测试步骤	1：运行“中国无锡质量网”后台管理系统 2：输入账号和密码				
期待输出结果	1：显示登录对话框 2：如果账号和密码正确则进入系统 3：反之则提示用户重新输入				
测试结果	与期望输入结果吻合				

（2）新闻录入模块

测试用例序号	02	测试用例名称	质量网新闻录入模块	被测试系统	“中国无锡质量网”后台管理系统
测试功能描述	1：运行质量网新闻管理界面对话框 2：检验输入新闻信息 3：检验输入的新闻信息是否正确				
测试用例描述					
测试步骤	1：运行“中国无锡质量网”后台管理系统 2：输入质量网新闻信息				
期待输出结果	1：显示提示对话框 2：如果新闻信息格式正确则录入成功 3：反之则提示重新输入新闻信息				
测试结果	与期望输入结果吻合				

（3）新闻修改模块

测试用例序号	03	测试用例名称	质量网新闻信息修改模块	被测试系统	“中国无锡质量网”后台管理系统
测试功能描述	1：运行质量网新闻修改管理界面对话框 2：检验输入修改标题				
测试用例描述					
测试步骤	1：运行“中国无锡质量网”后台管理系统 2：输入质量网标题 3：修改质量网标题、新闻及附件				

（续）

期待输出结果	1：显示提示对话框 2：如果存在且修改的格式正确则修改成功 3：反之则提示重新输入
测试结果	与期望输入结果吻合

2. 测试设计说明

（1）用户登录（01）

本测试主要考虑用户名与密码不匹配处理。

1）控制方法是利用白盒测试和黑盒测试相结合的方式。

2）输入和输出内容如下。

输入与测试用例	期望输出	选取理由
输入用户名，不输入密码	显示未输入密码	密码不能为空
不输入用户名，输入密码	显示未输入用户名	用户名不能为空
输入不匹配的用户名或密码	显示密码不正确	用户名和密码必须匹配才能登录
输入未注册的用户名	显示该用户不存在	登录必须为已注册用户
输入匹配的用户名和问题	显示登录成功	为合法登录请求

（2）新闻录入模块（02）

本测试主要考虑输入新闻信息格式是否正确。

1）控制方法是利用白盒测试和黑盒测试相结合的方式。

2）输入和输出内容如下。

输入	测试用例	测试数据	期望输出	选取理由
新闻标题	不输入标题 输入标题	张 三	显示出错 显示有效	标题为空不能录入新闻 标题最好是中文
新闻内容	不输入新闻内容 输入新闻内容	今天是大年初一	显示有效 显示有效	内容可以为空 内容可以是字符、文字及数字
新闻附件	输入.ppt 格式的附件 输入.doc 格式的附件	*.ppt *.doc	显示出错 显示有效	附件不可以是.ppt 格式的文件 附件可以是.doc 格式的文件
新闻图片	输入.png 格式的图片 输入.jpg、.gif 格式的图片	*.png *.jpg、*.gif	显示出错 显示有效	系统不支持.png 格式的图片 系统支持.jpg、.gif 格式的图片

（3）新闻修改模块（03）

本测试主要考虑输入新闻信息格式是否正确。

1）控制方法是利用白盒测试和黑盒测试相结合的方式。

2）输入和输出内容如下。

输入	测试用例	测试数据	期望输出	选取理由
新闻标题	输入的标题不存在 输入的存在	小小 张三	显示出错 显示有效	不存在的不能进行信息修改 类型及长度均有效
新闻内容	不输入新闻内容 输入新闻内容	今天是大年初一	显示有效 显示有效	内容可以为空 内容可以是字符、文字及数字
新闻附件	输入.ppt 格式的附件 输入.doc 格式的附件	*.ppt *.doc	显示出错 显示有效	附件不可以是.ppt 格式的文件 附件可以是.doc 格式的文件
新闻图片	输入.png 格式的图片 输入.jpg、.gif 格式的图片	*.png *.jpg、*.gif	显示出错 显示有效	系统不支持.png 格式图片 系统支持.jpg、.gif 格式图片

4.1.5 任务考核

本任务主要考核是否掌握了单元测试的能力，是否能够结合各功能模块的特点设计合适的测试用例并进行测试，表 4-1 为本任务考核标准。

表 4-1 本任务考核标准

评分项目	评分标准	分值	比例
任务完成情况	是否正确地完成了测试用例设计	0～30 分	50%
	是否达到了单元测试的目的	0～20 分	
任务过程	根据任务实施过程的态度、团队合作精神和创新能力等方面进行考核	酌情打分	20%
任务完成时间	在规定时间内完成任务者得满分，每推延一小时扣 5 分	0～30 分	30%

4.1.6 任务小结

在这个实验单元测试活动中，软件的独立单元将在与程序的其他部分相隔离的情况下进行测试。单元测试不仅仅是作为无错编码一种辅助手段在一次性的开发过程中使用，单元测试必须是可重复的，无论是在软件修改，或是移植到新的运行环境的过程中。测试用例的核心是输入数据，预期输出是依据输入数据和程序功能来确定的。

4.1.7 拓展与提高

请读者自行完成质量网新闻管理模块、质量网民意调查投票管理模块、质量网领导信箱管理模块、质量网访谈视频管理模块等功能模块的单元测试，并根据测试结论进行缺陷修正。

4.1.8 思考与讨论

（1）什么是软件测试？

（2）软件测试的目的和原则是什么？

（3）软件测试的过程与策略是什么？

（4）如何完成单元测试？

（5）基于计算机的测试可以分为黑盒测试和白盒测试，他们各自的特点是什么？

4.1.9 实训题

模仿“中国无锡质量网”中对用户管理模块进行测试过程，进行对“图书馆门户信息管理系统”中各个模块的单元测试，并根据测试结论进行缺陷修正。

任务 4.2 集成测试

4.2.1 任务引入

在单元测试的基础上，需要将“中国无锡质量网”所有模块按照设计要求组装成完整的系统。单元测试集中对“中国无锡质量网”各个功能模块的每一个程序单元进行测试，检查各个程序模块是否正确地实现了规定的功能。然后进行集成测试，根据设计规定的软件体系结构，把已测试过的模块组装起来，在组装过程中检查程序结构的组装的正确性，本任务将以"中国无锡质量网"后台管理系统的集成测试过程为例来说明集成测试的过程及注意事项。

4.2.2 任务目标

本任务主要完成两个目标：一是知识目标，掌握软件集成测试的相关知识；二是能力目标，掌握对软件进行集成测试的方法。

4.2.3 相关知识

在单元测试的基础上，需要将所有模块按照设计要求组装成为系统。这时需要考虑以下几个方面。

- 在把各个模块连接起来时，穿越模块接口的数据是否会丢失。
- 一个模块的功能是否会对另一个模块的功能产生不利的影响。
- 各个子功能组合起来，能否达到预期要求的父功能。
- 全局数据结构是否有问题。
- 单个模块的误差累积起来是否会放大，从而达到不能接受的程度。
- 单个模块的错误是否会导致数据库错误。

选择什么方式把模块组装起来形成一个可运行的系统，直接影响模块测试用例的形式、所用测试工具的类型、模块编号的次序和测试的次序以及生成测试用例的费用和调试的费用。通常，把模块组装成为系统的方式有一次性集成方式和增殖式集成方式两种，下面分别进行介绍。

（1）一次性集成方式

它是一种非增殖式集成方式，也叫整体拼装。使用这种方式，首先对每个模块分别进行模块测试，然后再把所有模块组装在一起进行测试，最终形成要求的软件系统。由于程序中不可避免地存在涉及模块间接口、全局数据结构等方面的问题，所以一次试运行成功的可能性并不很大。

（2）增殖式集成方式

增殖式集成方式又称渐增式集成方式。首先对所有模块逐一进行模块测试，然后将这些模块逐步组装成较大的系统，在组装的过程中边连接边测试，以发现连接过程中产生的问题，最后通过增殖逐步组装成为要求的软件系统。

① 自顶向下的增殖方式：将模块按系统程序结构，沿控制层次自顶向下进行集成。由于这种增殖方式在测试过程中较早地验证了主要的控制和判断点，所以在一个功能划分合理的程序结构中，判断常出现在较高的层次，较早就能遇到。如果主要控制有问题，尽早发现能够减少以后的返工。

② 自底向上的增殖方式：从程序结构的最底层模块开始组装和测试。因为模块是自底向上进行组装的，所以对于一个给定层次的模块，它的子模块（包括子模块的所有下属模块）已经组装并测试完成，所以不再需要桩模块。在模块的测试过程中需要从子模块得到的信息可以直接运行子模块获取。

③ 合增殖式测试：是将以上两种方式结合起来进行组装和测试。自顶向下增殖方式和

自底向上增殖方式各有优缺点。自顶向下增殖方式的缺点是需要建立桩模块，要使桩模块能够模拟实际子模块的功能将是十分困难的，同时，涉及复杂算法和真正输入/输出的模块一般在底层，它们是最容易出问题的模块，到组装和测试的后期才遇到这些模块，一旦发现问题，会导致过多的回归测试，其优点是能够较早地发现在主要控制方面的问题。自底向上增殖方式的缺点是程序一直未能作为一个实体存在，直到最后一个模块加上去后才形成一个实体。也就是说，在自底向上组装和测试的过程中，对主要的控制直到最后才接触到，但这种方式的优点是不需要桩模块，而建立驱动模块一般比建立桩模块容易，同时由于涉及复杂算法和真正输入/输出的模块最先得到组装和测试，所以可以把最容易出问题的部分在早期解决。此外，自底向上增殖的方式可以实施多个模块的并行测试。鉴于此，通常是把以上两种方式结合起来进行组装和测试。

④ 衍变的自顶向下的增殖测试：它的基本思想是强化对输入/输出模块和引入新算法模块的测试，并自底向上组装成为功能相当完整且相对独立的子系统，然后由主模块开始自顶向下进行增殖测试。

⑤ 自底向上-自顶向下的增殖测试：它首先对含读操作的子系统自底向上直至根节点模块进行组装和测试，然后对含写操作的子系统做自顶向下的组装与测试。

⑥ 回归测试：这种方式采取自顶向下的方式测试被修改的模块及其子模块，然后将这一部分视为子系统，再自底向上测试，以检查该子系统与其上级模块的接口是否适配。

4.2.4 任务实施

本节将以“中国无锡质量网”后台管理系统为例介绍集成测试方法。

1．集成测试

（1）接口-路径测试

接口测试用例设计表如表 4-2 所示。

表 4-2　接口测试用例设计表

接口 A 的函数原型		
输入/动作	期望的输出/相应	实际情况
典型值……		
边界值……		
异常值……		

路径测试的检查表如表 4-3 所示。

表 4-3　路径测试检查表

问题类型	检查项	结论
数据类型问题	1）变量的数据类型是否有错误 2）是否存在不同数据类型的赋值 3）是否存在不同数据类型的比较	
变量值问题	1）变量的初始化或默认值是否有错误 2）变量是否发生上溢或下溢 3）变量的精度是否不够	
逻辑判断问题	1）是否由于精度原因导致比较无效 2）表达式中的优先级是否有误 3）逻辑判断结果是否颠倒	

（续）

问题类型	检查项	结论
循环问题	1）循环终止条件是否不正确 2）是否无法正常终止（死循环） 3）是否错误地修改循环变量 4）是否存在误差累积	
文件 I/O 问题	1）是否对不存在的或者错误的文件进行操作 2）文件打开方式是否正确 3）文件结束判断是否正确 4）是否有正确的关闭文件	
错误处理问题	1）是否忘记进行错误处理 2）错误处理程序块是否一直没有机会被运行 3）错误处理程序块本身是否存在问题（如报告的错误与实际情况不一致、处理方式不正确等） 4）错误处理程序块是否在被调用之前软件已经出错	
……		

（2）功能测试

功能测试用例设计表如表 4-4 所示。

表 4-4　功能测试用例设计表

功能 A 描述		
用例目的		
前提条件		
输入/动作	期望的输出/相应	实际情况
示例：典型值……		
示例：边界值……		
示例：异常值……		

（3）容错能力/恢复能力测试

容错能力/恢复能力测试用例设计表如表 4-5 所示。

表 4-5　容错能力/恢复能力测试用例设计表

异常输入/动作	容错能力/恢复能力	造成的危害、损失
示例：错误的数据类型……		
示例：定义域外的值……		
示例：错误的操作顺序……		
示例：异常中断通信……		
示例：异常关闭某个功能……		
示例：负荷超出了极限……		

（4）图形用户界面测试

用户界面测试的检查表如表 4-6 所示。

表 4-6　用户界面测试的检测表

检查项	测试人员的类别及其评价
窗口切换、移动、改变大小等功能是否正常	

（续）

检 查 项	测试人员的类别及其评价
各种界面元素的文字是否正确（如标题、提示等）	
各种界面元素的状态是否正确（如有效、无效、选中等状态）	
各种界面元素是否支持键盘操作	
各种界面元素是否支持鼠标操作	
对话框中的默认焦点是否正确	
数据项是否能正确回显	
对于常用的功能，用户能否不必阅读手册就能使用	
执行有风险的操作时，是否有“确认”、“放弃”等提示	
……	

（5）信息安全性测试

信息安全性测试用例如表 4-7 所示。

表 4-7　信息安全性能测试用例

假想目标 A		
前提条件		
非法入侵手段	是否实现目标	代价、利益分析
……		

（6）压力测试

压力测试用例如表 4-8 所示。

表 4-8　压力测试用例

极限名称 A	例如“最大并发用户数量”	
前提条件		
输入/动作	输出/响应	是否能正常运行
例如 10 个用户并发操作		
……		

（7）可靠性测试

可靠性测试用例设计表如表 4-9 所示。

表 4-9　可靠性测试用例设计表

任务 A 描述	
连续运行时间	
故障发生的时刻	故障描述
……	
任务 A 无故障运行的平均时间间隔	（CPU 小时）
任务 A 无故障运行的最小时间间隔	（CPU 小时）
任务 A 无故障运行的最大时间间隔	（CPU 小时）

2．测试报告撰写

根据测试情况，撰写测试报告。

① 测试报告基本信息如表 4-10 所示。

表 4-10　基本信息

测试计划的来源	提示：填写（测试计划书）名称、版本、时间
测试用例的来源	提示：填写（测试用例）名称、版本、时间
测试对象描述	
测试环境描述	
测试驱动程序描述	提示：可以把测试驱动程序当作附件
测试人员	
测试时间	

② 测试实况记录如表 4-11 所示。

表 4-11　实况记录

测试用例名称	测试结果	缺陷严重程度
……		

③ 对测试结果进行分析并提出建议。

④ 缺陷修改记录如表 4-12 所示。

如果采用了缺陷管理工具，能自动输出缺陷报表的话，则无须本表。

表 4-12　缺陷修改记录

缺陷名称	原因	修改人	修改时间	是否进行了回归测试
……				

4.2.5　任务考核

本任务考核对系统进行集成测试的能力，主要考核测试用例设计文档和测试报告文档的撰写情况，表 4-13 为本任务考核标准。

表 4-13　本任务考核标准

评 分 项 目	评 分 标 准	分　值	比例
任务完成情况	是否正确地完成了测试用例设计	0～30 分	50%
	是否正确、规范地完成了测试报告文档	0～20 分	
任务过程	根据任务实施过程的态度、团队合作精神等方面进行考核	酌情打分	20%
任务完成时间	在规定时间内完成任务者得满分，每推延一小时扣 5 分	0～30 分	30%

4.2.6　任务小结

软件开发过程是一个自顶向下、逐步细化的过程，而测试过程则是依相反的顺序安排的自底向上、逐步集成的过程，低一级测试为上一级测试准备条件。首先对每一个程序模块进行单元测试，消除程序模块内部在逻辑上和功能上的错误和缺陷，再对照软件设计进行集成测试，检测和排除子系统（或系统）结构上的错误。

4.2.7 拓展与提高

请读者自行完成测试设计用例的设计和测试报告的撰写。

4.2.8 思考与讨论

（1）在单元测试的基础上，需要将所有模块按照设计要求组装成为系统，这时需要考虑有哪些注意点？

（2）把模块组装成为系统的方式有哪几种？分别有什么特点？

4.2.9 实训题

模仿“中国无锡质量网”中的集成测试过程，完成“图书馆门户信息管理系统”中各模块的集成测试，并完成测试报告文档。

学习情境5 “中国无锡质量网”安装与部署

本学习情境结合实际项目开发过程中的工作要点对政府（部门）门户网“中国无锡质量网”进行安装与部署，详细介绍IIS Web服务器安装与配置以及制作安装程序的过程。

任务5.1 IIS Web服务器安装与配置

5.1.1 任务引入

“中国无锡质量网”测试完成后，看配置网站服务器，然后发布网站，并将发布后的网站交付客户。“中国无锡质量网”的服务器主要是使用Windows Server 2008 R2操作系统，本任务将介绍基于Windows Server 2008 R2上的IIS Web服务器的安装与部署。

5.1.2 任务目标

本任务主要完成两个目标：一是知识目标，了解服务器操作系统Windows Server 2008 R2以及IIS 7.5的主要功能；二是能力目标，掌握服务器操作系统Windows Server 2008 R2以及IIS 7.5的安装和部署。

5.1.3 相关知识

1．Windows Server 2008 R2

Windows Server 2008 R2是目前最安全的Windows服务器操作系统，该操作系统增强了核心Windows Server操作系统的功能，提供了富有价值的新功能，以协助各种规模的企业提高控制能力、可用性和灵活性，适应不断变化的业务需求。Windows Server 2008 R2提供了最新的Web服务器角色和Internet信息服务（IIS7.5版），并在服务器核心提供了对.NET更强大的支持。新的Web工具、虚拟化技术、可伸缩性增强和管理工具有助于节省时间、降低成本，并为信息技术基础结构奠定坚实的基础。

2．IIS

IIS（Internet Information Services，互联网信息服务）是由微软公司提供的基于运行Microsoft Windows的互联网基本服务。最初是Windows NT版本的可选包，随后内置在Windows 2000、Windows XP Professional、Windows Server 2003和Windows Server 2008 R2版本中一起发行。IIS是一种Web（网页）服务组件，其中包括Web服务器、FTP服务器、NNTP服务器和SMTP服务器，分别用于网页浏览、文件传输、新闻服务和邮件发送等方法，使得在网络（包括互联网和局域网）上发布信息成了一件很容易的事情。

IIS作为Microsoft的杰作，现在已经升级到7.5版本，此版本安全性大大地提高了，因为微软将IIS服务器分成40多项可选服务，安装时可以自由化选择，减少了一些不必要的组建。另外，此版本可操作性、功能也大大提高了。

3．.NET Framework

Microsoft.NET Framework 是支持生成和运行下一代应用程序和 XML Web Services 的内部 Windows 组件，其主要提供如下功能服务。

1）提供一个一致的、面向对象的编程环境，无论对象代码是在本地存储和执行的，还是在本地执行但在 Internet 上分布的，或者是在远程执行的。

2）提供一个将软件部署和版本控制冲突最小化的代码执行环境。

3）提供一个可提高代码（包括由未知的或不完全受信任的第三方创建的代码）执行安全性的代码执行环境。

4）提供一个可消除脚本环境或解释环境的性能问题的代码执行环境。

5）使开发人员的经验在面对类型大不相同的应用程序（如基于 Windows 的应用程序和基于 Web 的应用程序）时保持一致。

6）按照工业标准生成所有通信，以确保基于.NET Framework 的代码可与任何其他代码集成。

【提示】：使用.NET Framework 提供的类库开发的应用程序，必须在安装了.NET Framework 的计算机上才能运行。

5.1.4 任务实施

1．安装操作系统 Windows Server 2008 R2 企业版

（1）安装需求

安装系统的硬件需求条件，如表 5-1 所示。

表 5-1　安装 Windows Server 2008 R2 企业版硬件需求条件

硬　件	需　求
处理器	最低：1.4 GHz（x64 处理器）
内存	最低：512 MB RAM 最大：8 GB（基础版）或 32 GB（标准版)或 2 TB（企业版、数据中心版）
可用磁盘空间	最低：32 GB 或以上；基础版：10 GB 或以上 注意：配备 16 GB 以上 RAM 的计算机将需要更多的磁盘空间，以进行分页处理、休眠及转储文件
显示器	超级 VGA（800 × 600 像素）或更高分辨率的显示器

（2）安装步骤

① 启动计算机后，放入 Windows Server 2008 R2 系统安装光盘，弹出安装初始界面，如图 5-1 所示。

② 单击【下一步】按钮，计算机将进入安装程序启动状态，这个过程需要几分钟时间需要耐心等待，之后程序将自动进入选择“Windows Server 2008 R2 Enterprise（完全安装）”界面，如图 5-2 所示。

③ 单击【下一步】按钮，根据提示进行默认选择安装。安装程序将是一个漫长的安装过程，需耐心等待。

（3）配置计算机 IP 地址

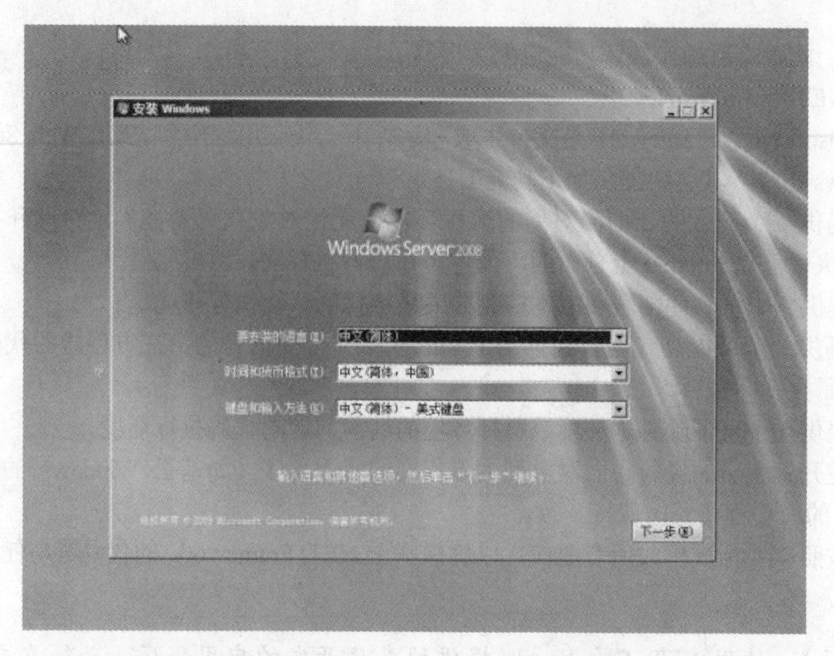

图 5-1　Windows Server 2008 R2 安装 1

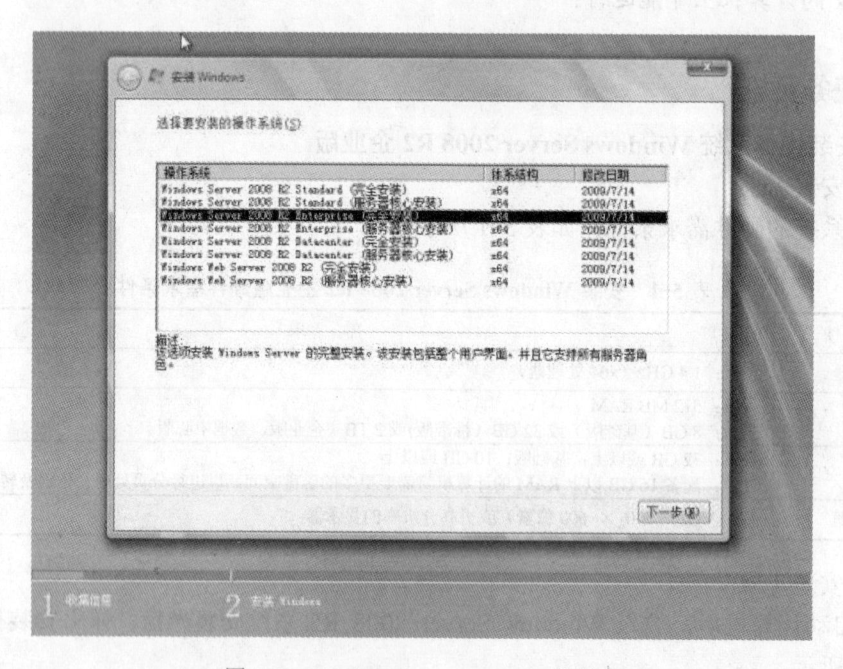

图 5-2　Windows Server 2008 R2 安装 2

① 右键单击任务栏右侧通知栏中的“网络”图标，如图 5-3 所示。

图 5-3　配置计算机 IP 地址 1

② 选择【打开网络和共享中心】并单击，进入【网络和共享中心】窗口，如图 5-4 所示。

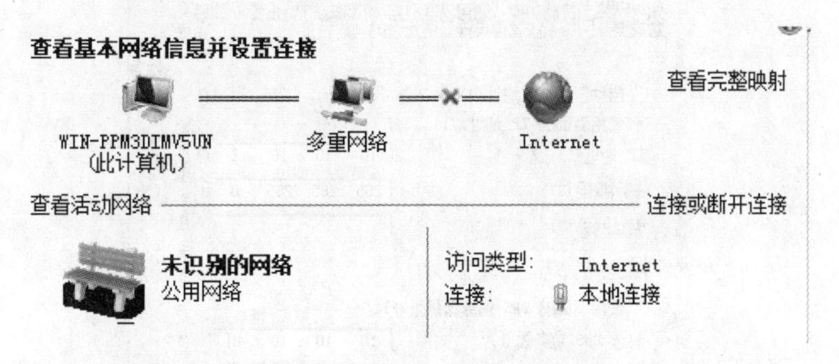

图 5-4 配置计算机 IP 地址 2

③ 单击【本地连接】超链接按钮，弹出【本地连接 状态】窗口，如图 5-5 所示。

④ 单击【属性】按钮，弹出【本地连接 属性】窗口，如图 5-6 所示。

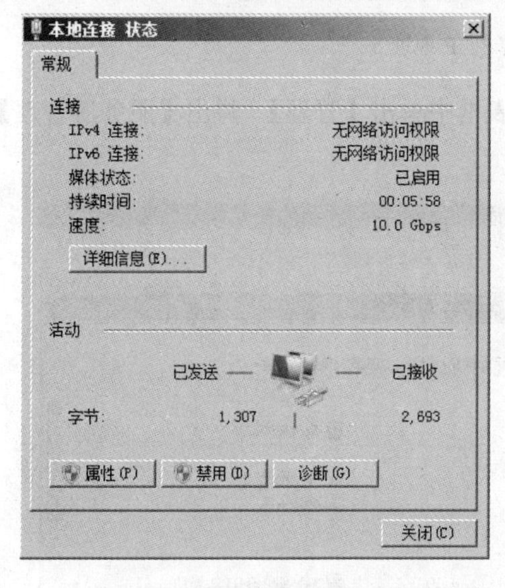

图 5-5 配置计算机 IP 地址 3

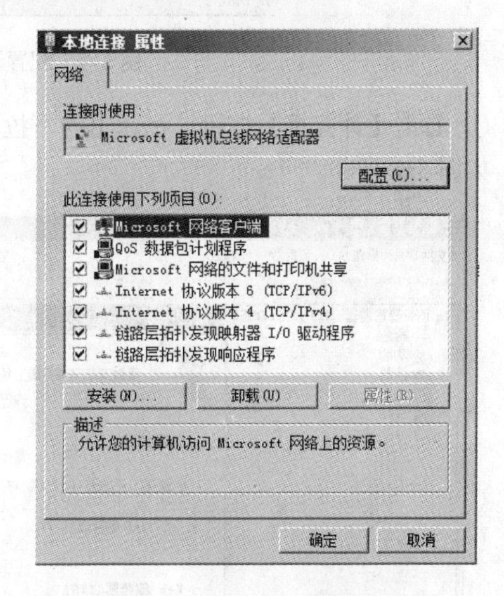

图 5-6 配置计算机 IP 地址 4

⑤ 单击【Internet 协议版本 4（TCP/IPv4）】选项，弹出【Internet 协议版本 4（TCP/IPv4）】窗口，如图 5-7 所示。

⑥ 输入 IP 地址、子网掩码和 DNS 地址，单击【确定】按钮，关闭所有窗口。至此计算机 IP 地址配置完成。

2．安装 IIS 7.5

Windows server 2008 R2 最大的优点是集成了所有的服务于服务管理器，并且集成了服务管理器中绝大多数服务的管理软件包，再也不需要安装一个服务到安装光盘或网站上下载相关软件包才能使用该服务。默认情况下，Windows Server 2008 R2 上不安装 IIS 7.5。可以使用服务器管理器中的“添加角色”向导或使用命令行来安装 IIS 7.5。具体实现方法如下：

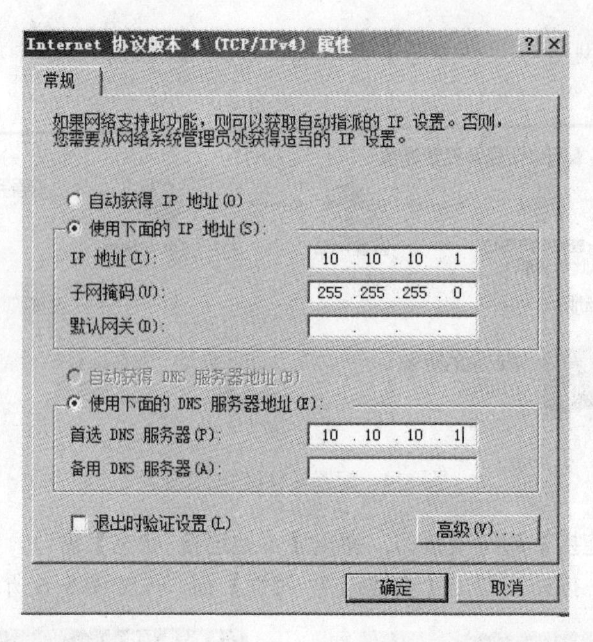

图 5-7　配置计算机 IP 地址 5

① 右击【计算机】按钮，在弹出的下拉列表框中单击【管理】，弹出【服务器管理】窗口，如图 5-8 所示。

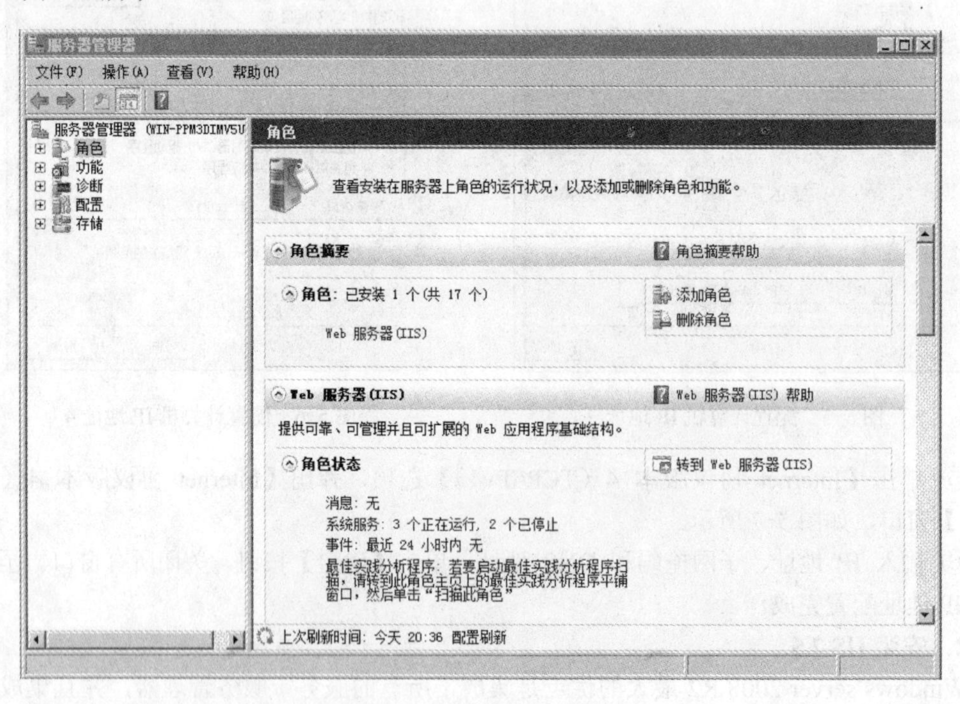

图 5-8 【服务器管理】窗口

② 在【角色摘要】中，单击【添加角色】按钮，弹出【添加角色向导】窗口，如图 5-9 所示。

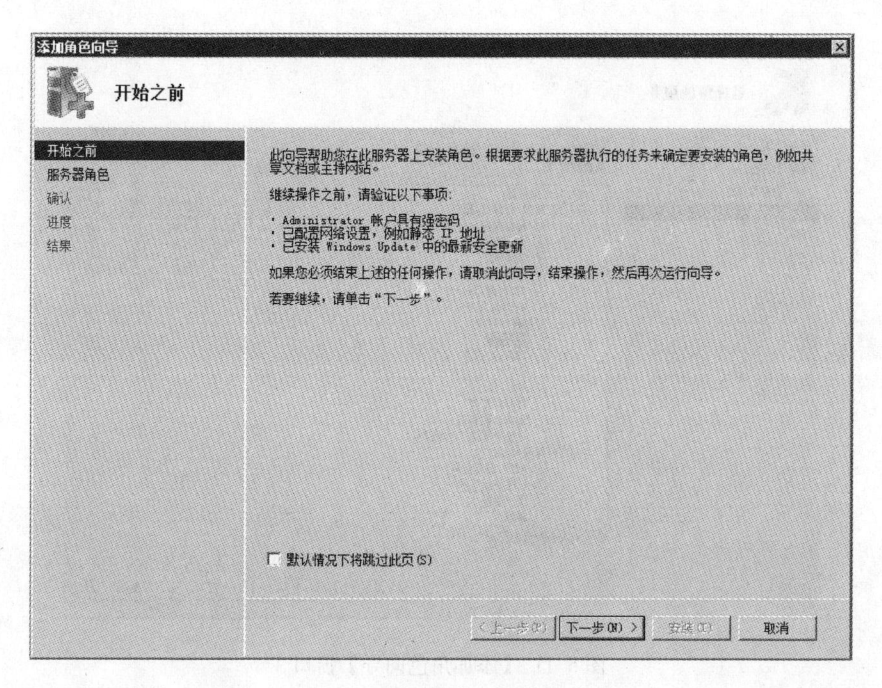

图 5-9 【添加角色向导】窗口 1

③ 单击【下一步】按钮，进入下一【添加角色向导】窗口，如图 5-10 所示。

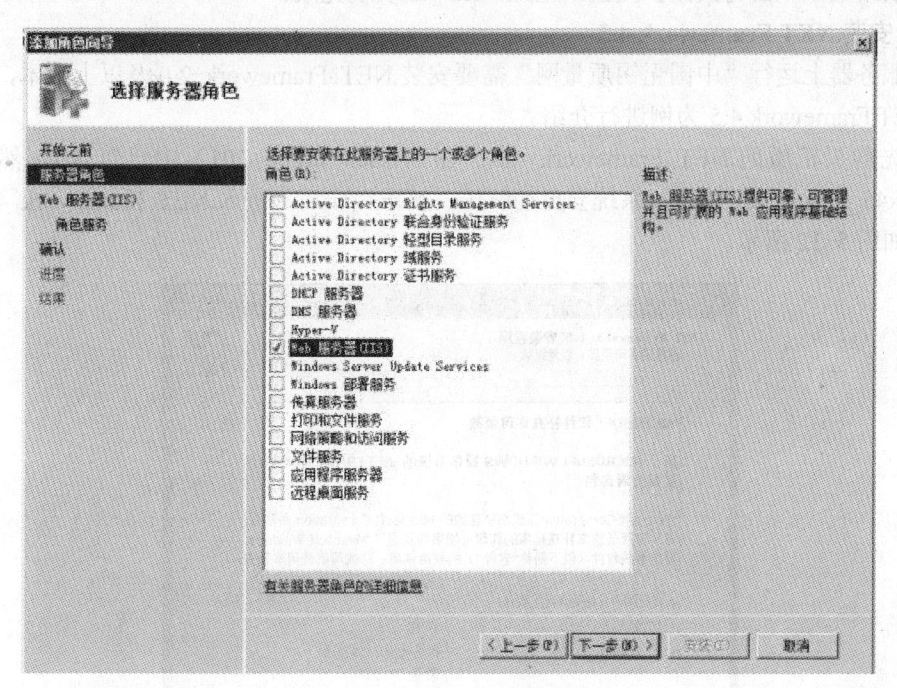

图 5-10 【添加角色向导】窗口 2

④ 选择【Web 服务器（IIS)】，切换到下面的【角色服务】，便可以看到它的默认安装角色，也可以自定义选择。这里选中【Web 服务器（IIS)】，单击【下一步】按钮，进入下一【添加角色向导】窗口，如图 5-11 所示。

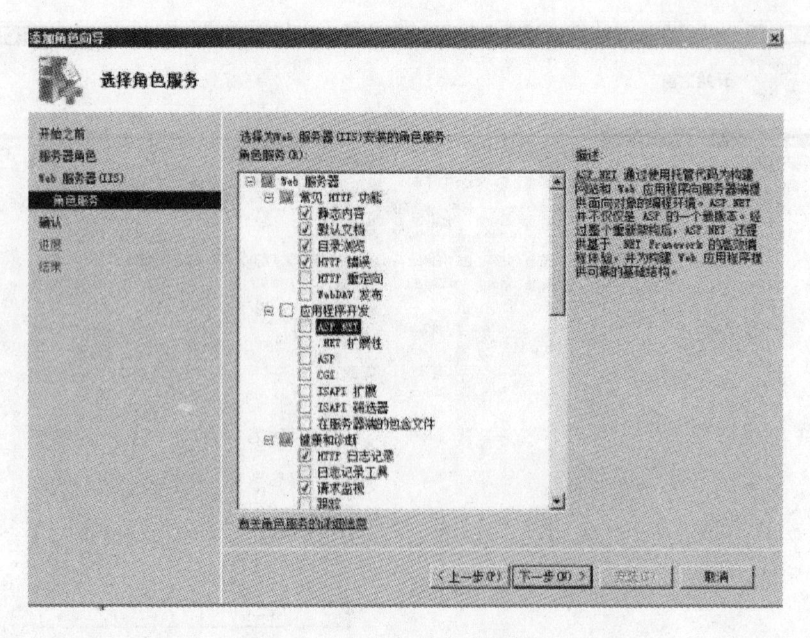

图 5-11 【添加角色向导】窗口 3

⑤ 单击【下一步】按钮，服务器便会自动找到并识别软件包，进行自动安装。

安装结束，单击【关闭】按钮，至此，IIS 7.5 安装完成。

3．安装.NET Framework 4.5

在服务器上运行“中国无锡质量网”需要安装.NET Framework 2.0 及以上版本，本文以安装.NET Framework 4.5 为例进行介绍。

首先购买正版的.NET Framework 4.5（在 Visual Studio 2012 中已包含），然后双击 dotNetFx45_Full_setup 软件，系统会自动解压，解压完成后，进入.NET Framework 4.5 安装窗口，如图 5-12 所示。

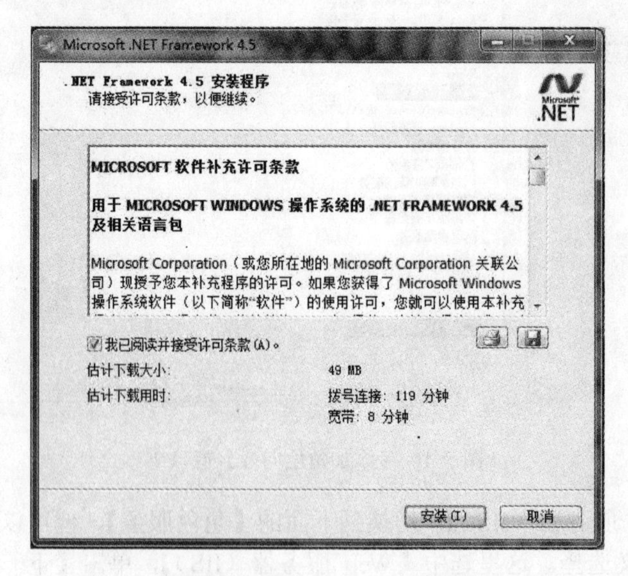

图 5-12 【.NET Framework 4.5 安装程序】窗口

勾选【我已阅读并接受许可条款】复选框，单击【安装】按钮，安装程序将进入一个漫长的安装过程，安装完成，将自动进入安装完毕窗口，至此.NET Framework 4.5 安装结束。

4．网站配置（IIS7.5 的部署）

① 选择【开始】→【控制面板】→【管理工具】→【Internet 信息服务】命令，弹出如图 5-13 所示的窗口。

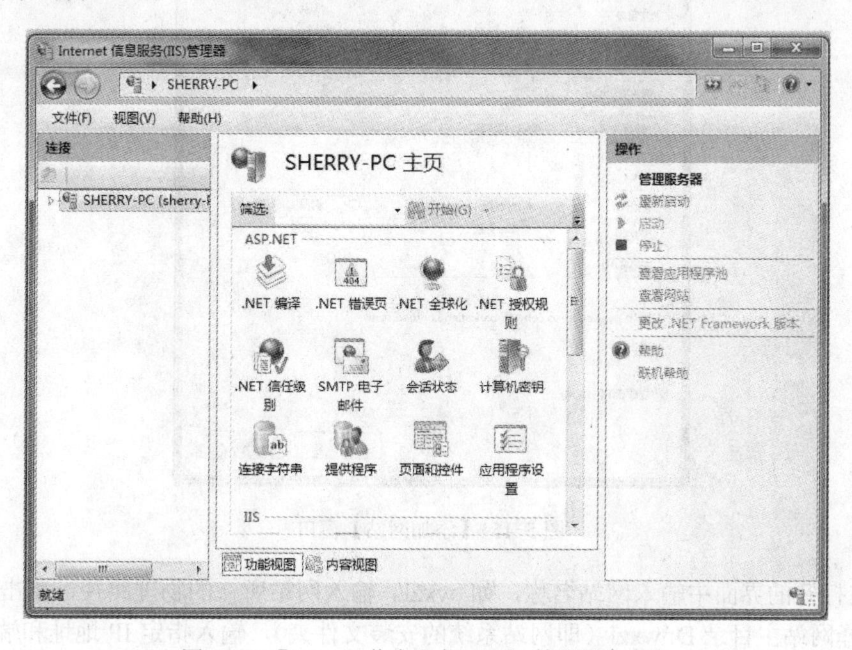

图 5-13 【Internet 信息服务（IIS）管理器】窗口

② 在【Internet 信息服务（IIS）管理器】窗口中单击本地计算机前面的“小三角”。在展开的列表中单击【网站】节点，效果如图 5-14 所示。

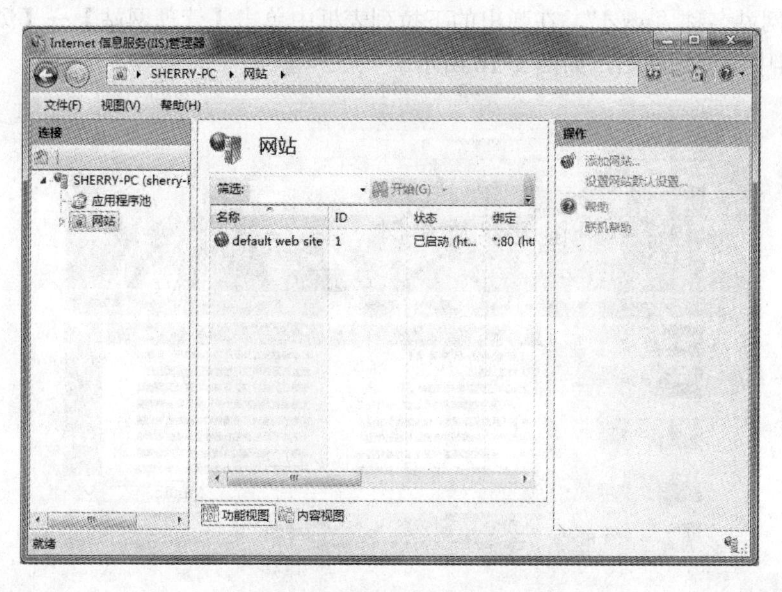

图 5-14 展开【网站】节点

③ 右击【网站】节点，在弹出的快捷菜单中选择【添加网站】命令，打开【添加网站】窗口，如图5-15所示。

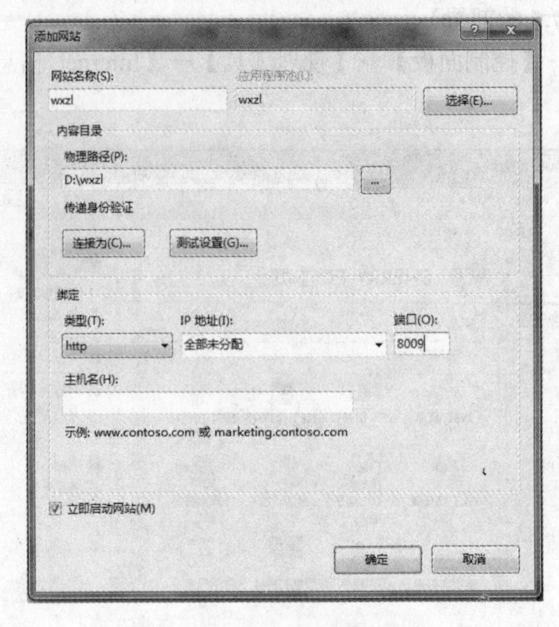

图5-15 【添加网站】窗口

④ 在打开的界面中输入网站名称，如 wxzl。输入网站所在的物理路径，单击【浏览】按钮，选择网站主目录D:\wxzl（即网站系统的安装文件夹）。输入指定IP地址和端口号，IP地址可选择【全部未分配】，也可以选择本机的具体 IP 地址，端口号一般设置为 80，单击【确定】按钮。

⑤ 添加default.aspx为默认文档，并将其上移到第一个位置。

⑥ 单击网站名称"wxzl"，在弹出的下拉列表框中单击【管理网站】→【浏览】命令，即能在浏览器中浏览到网站，如图5-16所示。

图5-16 【中国无锡质量网】首页

需要注意的是，图片、配置文件和 HTML 等静态文件不会被编译。在预编译过程中，只是复制这些文件到目标目录中即可。发布后文件中没有保留.cs 文件。发布后的站点可通过配置 IIS 进行浏览，但需注意的是在配置 IIS 时，【ASP.NET】选项卡中的 ASP.NET 版本一定要进行合适选择。

5.1.5 任务考核

本任务考核完成“中国无锡质量网”正确运行所需服务器的安装与配置，表 5-2 为本任务考核标准。

表 5-2 本任务考核标准

评分项目	评分标准	分值	比例
任务完成情况	是否正确地完成了 Windows Server 2008 R2 的安装与配置	0～10 分	50%
	是否正确地完成了安装 IIS 7.5 的安装	0～10 分	
	是否正确地完成了安装 IIS 7.5 的配置	0～20 分	
	是否正确地完成了.NET Framework 4.5 的安装	0～10 分	
任务过程	根据任务实施过程的态度、团队合作精神和创新能力等方面进行考核	酌情打分	20%
任务完成时间	在规定时间内完成任务者得满分，每推延一小时扣 5 分	0～30 分	30%

5.1.6 任务小结

服务器的安装与配置是网站发布的先决条件，服务器的操作系统选用的是 Windows Server 2008 R2，并需要正确安装和配置 IIS 7.5 和.NET Framework 4.5，为《中国无锡质量网》的发布做好准备。

5.1.7 拓展与提高

自行完成《中国无锡质量网》正确运行所需数据库服务器的安装与配置。

5.1.8 思考与讨论

（1）Windows Server 2008 R2 以及 IIS 7.5 的主要功能有哪些？

（2）Microsoft .NET Framework 是支持生成和运行下一代应用程序和 XML Web Services 的内部 Windows 组件，本系统运行的.NET Framework 的版本为 4.5，其主要功能有哪些？

5.1.9 实训题

模仿“中国无锡质量网”正确运行所需服务器的安装与配置过程，自行完成“图书馆门户信息管理系统” 正确运行所需服务器的安装与配置。

任务 5.2 制作安装程序

5.2.1 任务引入

建立好 ASP.NET 应用程序后，需要把完成的产品部署到用户的服务器上，而且许多应用程序都建立为可销售的产品，这就要求能够在用户服务器环境下安装这些产品，然而用户服务器的环境根本无法控制，此时，最好给使用者提供一个安装软件，确保应用程序在任意环境下都能正确安装。在本任务中，将介绍在任意环境下都能进行安装的“中国无锡质量网”安装程序的制作方法。

5.2.2 任务目标

本任务主要完成的能力目标是掌握“中国无锡质量网”的安装程序的制作方法。

5.2.3 相关知识

发布预编译站点是最常用的站点发布形式。一般而言，程序员都是通过 FTP 工具连接站点的。虽然发布预编译站点可以使用 FTP 方式直接连接服务器，但完全覆盖式的发布方式常常出现问题，尤其是对站点的更新维护，如果直接发布到运行中的站点，万一发布过程中发生问题，有可能造成严重的异常。

5.2.4 任务实施

1．制作安装包的准备

（1）生成网站

在部署 ASP.NET 之前，需要做一些准备工作。首先，在 Web.Config 中关闭调试功能，即将 Web.Config 的<Compilation>元素中的 debug 属性设置为 false。其次，生成网站，单击 Visual Studio 2012 管理工具中的【生成】，在弹出的下拉列表框中选择【生成网站】，如图 5-17 所示。

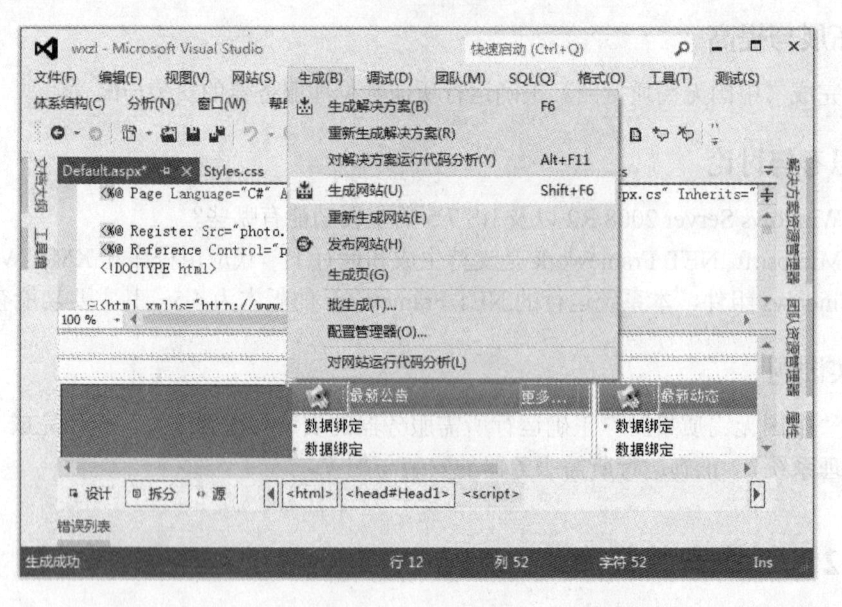

图 5-17　生成网站

（2）发布预编译站点

发布预编译的方法如下：

① 用鼠标右键单击解决方案资源管理器中的 Web 项目，在弹出的快捷菜单中选择【发布网站】命令，弹出【发布网站】窗口，如图 5-18 所示。

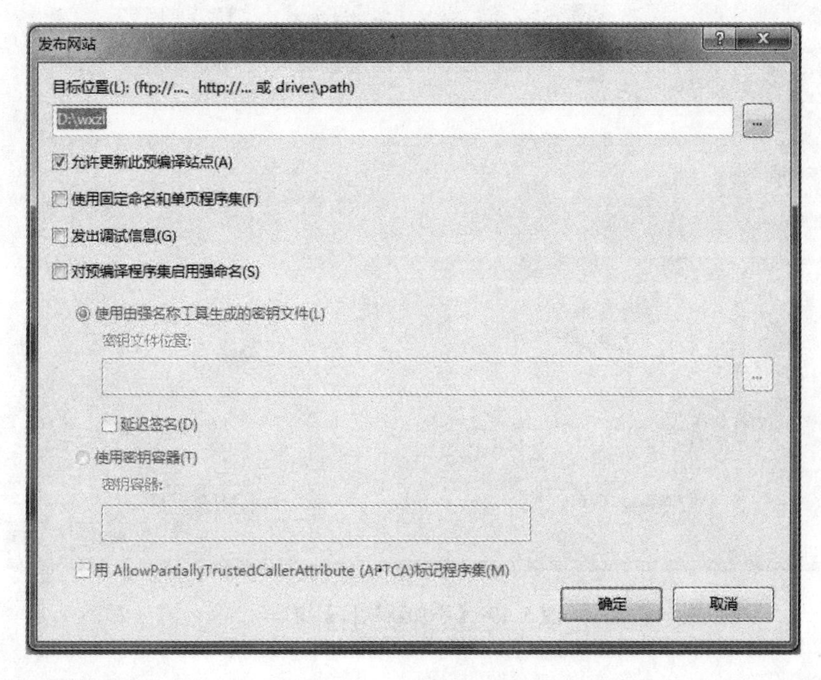

图 5-18 【发布网站】窗口

② 当选择目标位置后，单击【确定】按钮，网站即可发布。发布预编译站点是最常见的站点部署形式，这种方式又称为部署预编译。.aspx 页面在第一次运行时速度比较慢，因为它有一个编译过程，一般这个过程称为动态编译。ASP.NET 可以使用预编译来发布站点，这样就可以将每个页面都编译为一个应用程序 DLL 和一些占位符文件，也就是说，预编译的站点目录中不再有.cs 文件。

2．制作安装程序

（1）安装 InstallShield Limited Edition

Visual Studio 2012 的安装项目只能用 InstallShield Limited Edition。首先，从 Visual Studio 2012 开始，以前的 Visual Studio Installer 不复存在，打开 Visual Studio 2012，新建项目中的“安装和部署”项目模板，多了一个“启用 InstallShield Limited Edition”，双击可以得到这个软件的下载页面，直接用邮箱进行注册后，会发下载地址和注册码到邮箱，具体方法如下。

① 打开“中国无锡质量网”项目，右击解决方案，在弹出的下拉列表框中选择【添加】→【新建项目】，弹出【添加新项目】窗口，在打开的对话框中展开【其他项目类型】→【安装和部署】节点，如图 5-19 所示。

② 双击【安装和部署】项目下的【启用 InstallShield Limited Edition】，将出现 InstallShield Limited Edition 软件的下载界面，如图 5-20 所示。

③ 单击“转到下载网站”，注意注册后方可进行下载，然后解压缩下载后的软件程序包，双击.exe 文件进行安装，如图 5-21 所示。

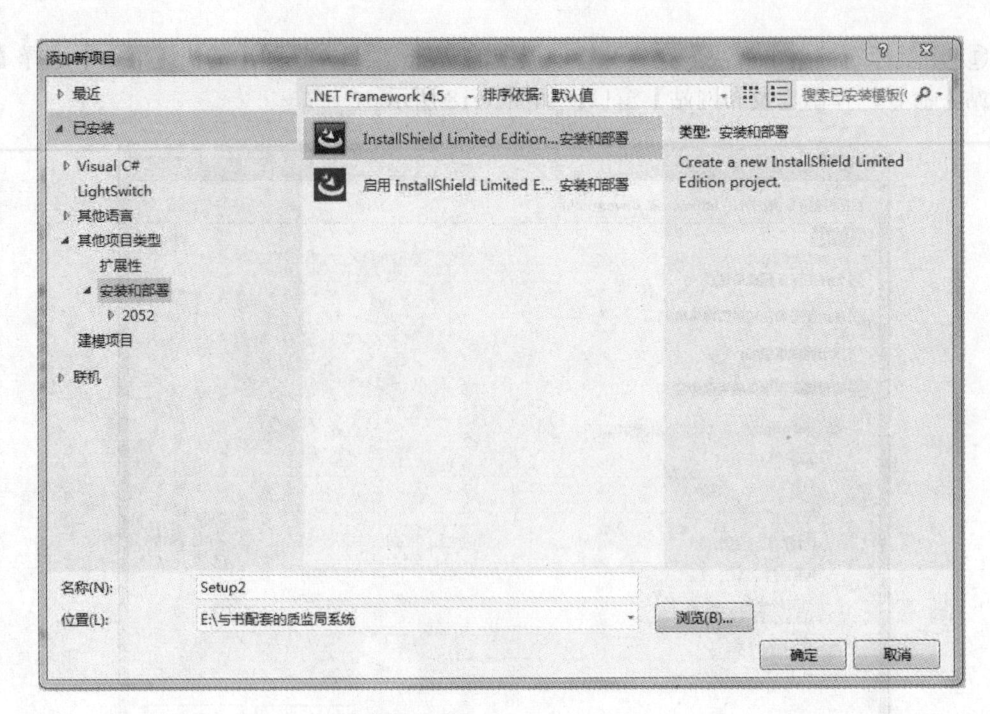

图 5-19 【添加新项目】窗口

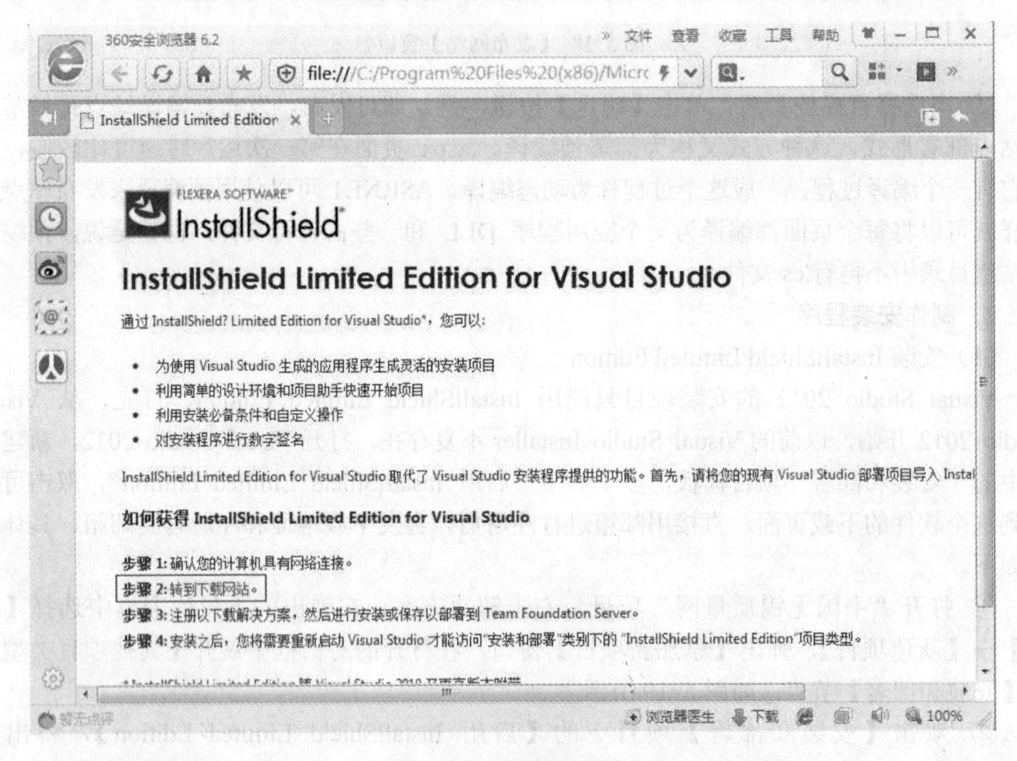

图 5-20 软件下载窗口

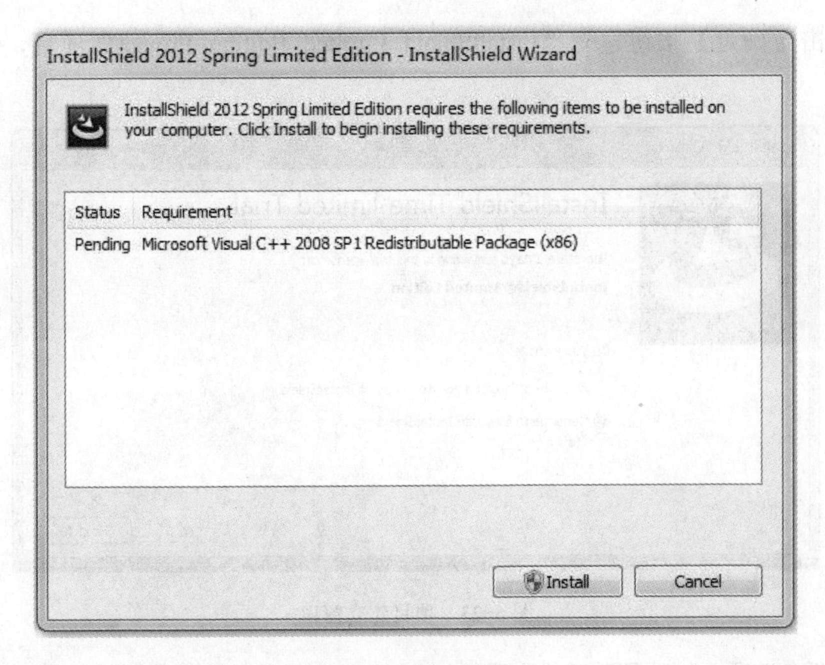

图 5-21　软件安装窗口

④ 单击【Install】按钮，进行默认安装。安装结束单击【Finish】按钮，InstallShield Limited Edition 软件安装成功。

（2）创建打包程序包

① 打开“中国无锡质量网”项目，右击解决方案，在弹出的下拉列表框中选择【添加】→【新建项目】，弹出【添加新项目】窗口，在打开的对话框中展开【其他项目类型】→【安装和部署】节点，指定安装包名称和位置，如图 5-22 所示。

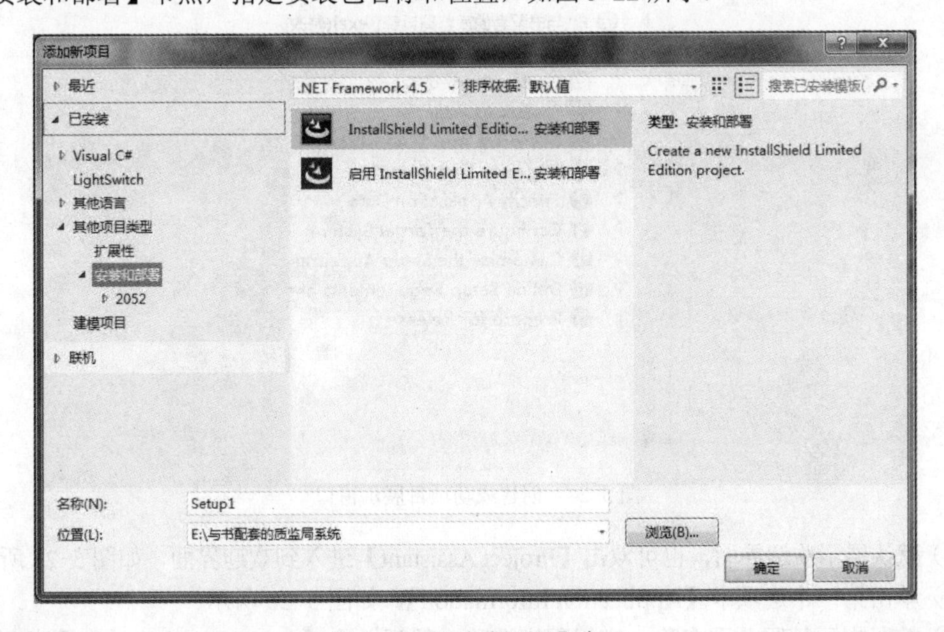

图 5-22　【添加新项目】窗口

② 单击【确定】按钮建立“InstallShield Limited Edition Project”项目，如图 5-23 所示。

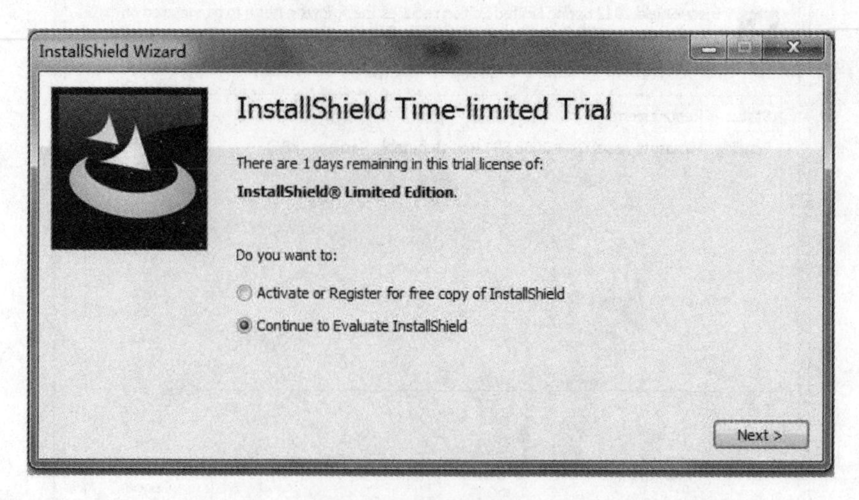

图 5-23 项目建立窗口

③ 有两个选项：一种是激活或注册 InstallShield，一种是确定使用试用版，这里选择第二个选项继续使用试用版，单击【Next】按钮，“Setup1”项目建立完成。创建成功的项目如图 5-24 所示。

图 5-24 创建成功项目展示窗口

④ 默认展示欢迎界面，也可双击【Project Assistant】进入到欢迎界面，如图 5-25 所示。

⑤ 单击第一个选项卡【Application Information】，如图 5-26 所示。

⑥ 按照指示填写公司名称、应用程序名称，然后单击【General Information】超链接，

弹出【General Information】窗口，如图 5-27 所示。

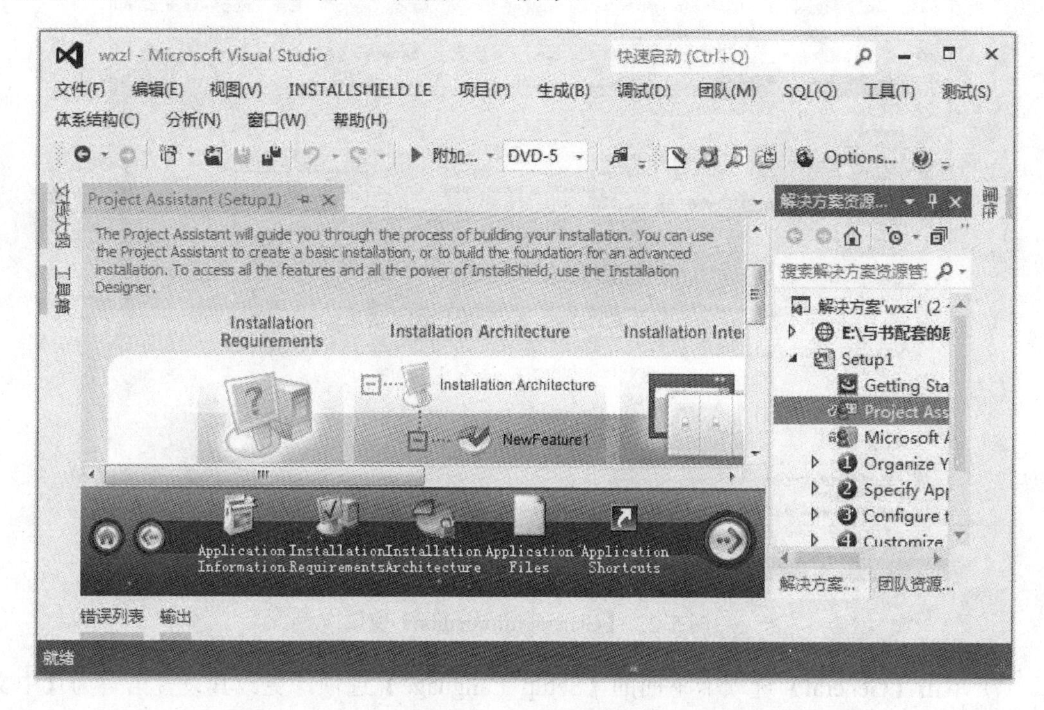

图 5-25　默认欢迎窗口

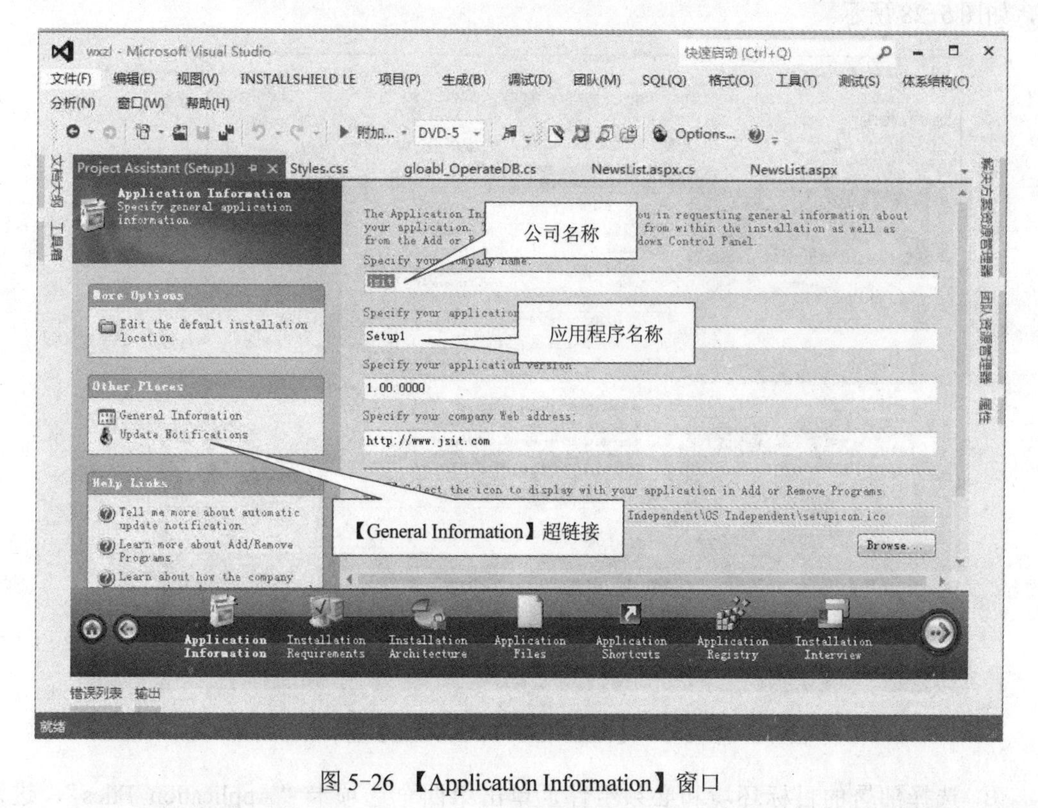

图 5-26　【Application Information】窗口

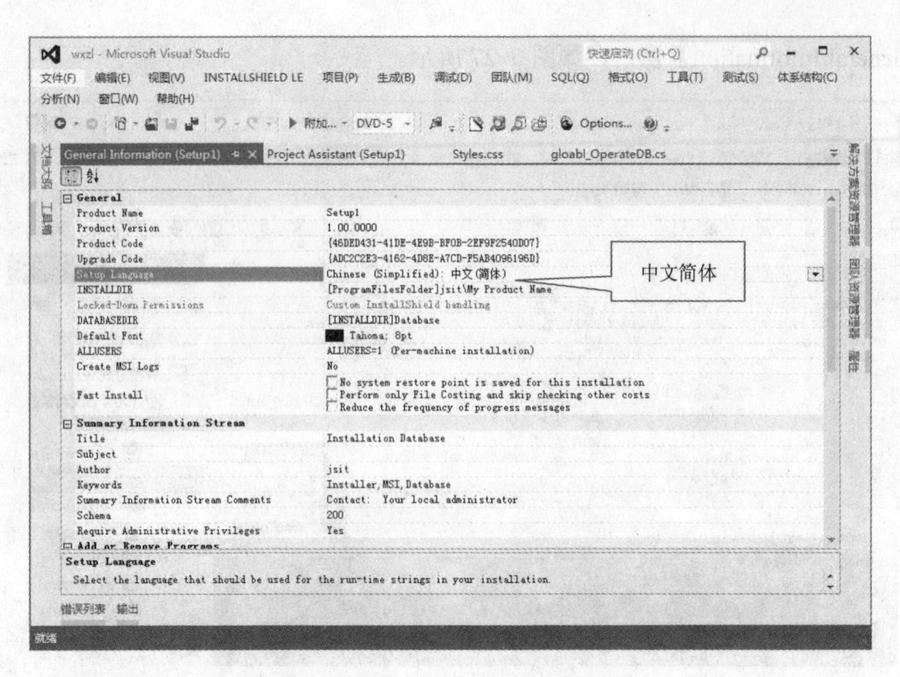

图 5-27 【General Information】窗口

⑦ 单击【General】选项卡下面的【Setup Language】选项，更改其设置语言为【中文(简体)】。单击第二个选项卡【Application Information】，进入【Application Information】窗口，如图 5-28 所示。

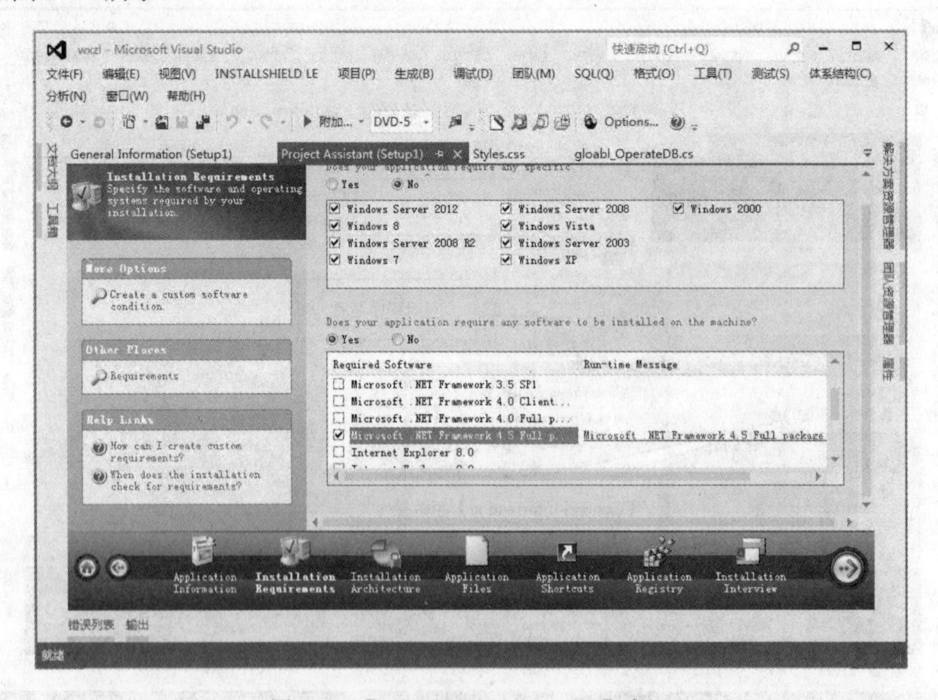

图 5-28 【Application Information】窗口

⑧ 选择部署的目标环境和必须组件，单击第四个选项卡“Application Files”，进入

【Application Files】窗口，如图 5-29 所示。

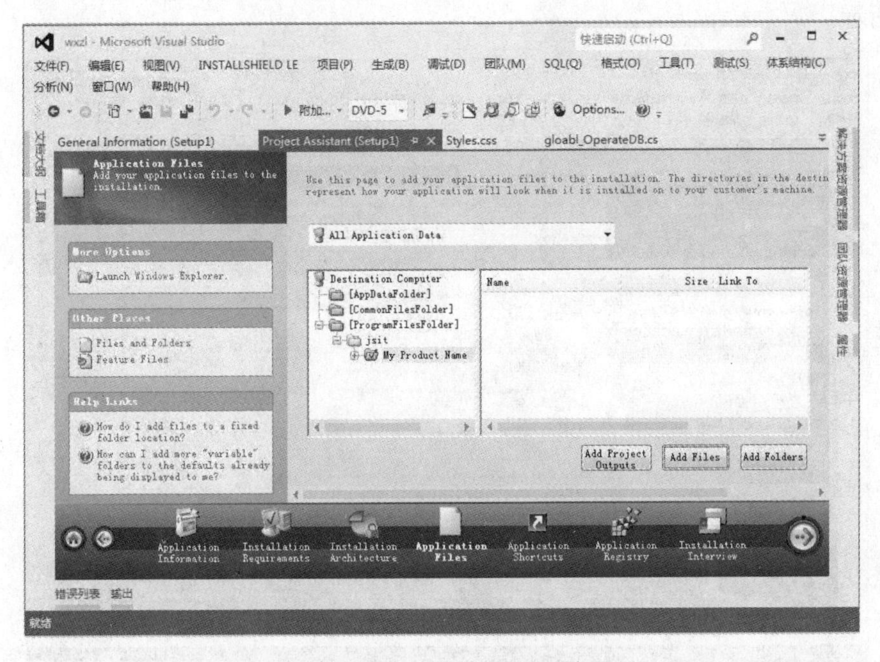

图 5-29 【Application Files】窗口 1

⑨ 单击【Add Folders】按钮，选择发布后的项目。

【提示】：添加的文件是 release 文件夹下的内容。注意在 Release 模式下编译才会输出到这里；如果添加 debug 文件夹下的内容也可以，只是里面包含有调试信息。如图 5-30 所示。

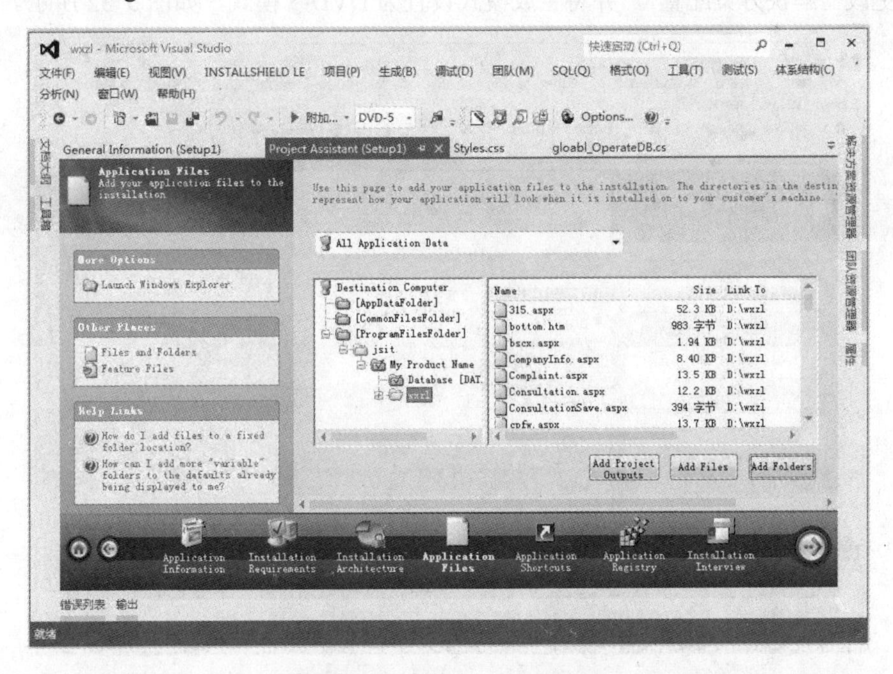

图 5-30 【Application Files】窗口 2

⑩ 单击第七个选项卡【Installation Interview】，进入【Installation Interview】窗口，如图 5-31 所示。

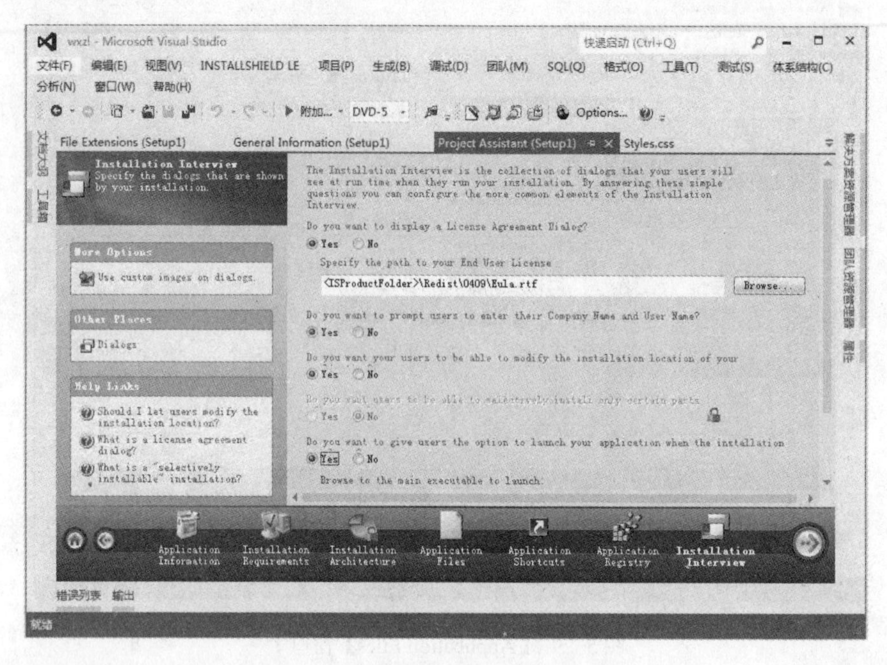

图 5-31 【Installation Interview】窗口

⑪ 此处可以选择显示 License 对话框、是否输入公司名称和用户名称、是否可修改安装目录、是否选择部分安装、当安装完成是否开始启动等选项。

⑫ 更改“解决方案配置”，并将生成模式设置为 DVD-5 模式，如图 5-32 所示。

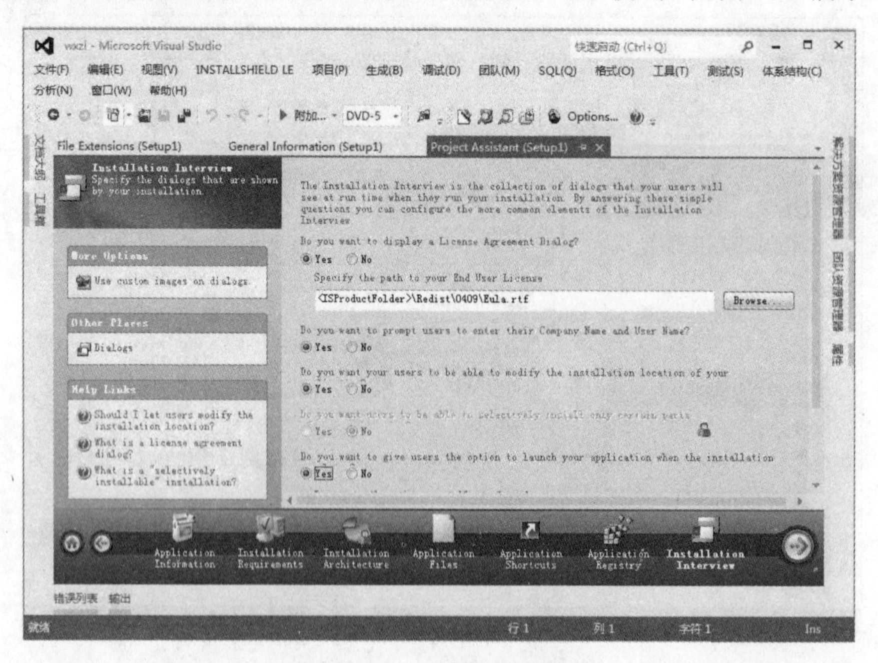

图 5-32 设置解决方案配置

⑬ 至此就已经完成所有设置，右击“Setup1”，在弹出的下拉列表框中单击【生成】，系统就会生成安装包。安装包所在文件夹中的文件如图 5-33 所示。双击 DISK1 文件夹中的 setup.exe 文件，将自动进入安装进程，根据安装向导指定安装路径后即可自动安装。

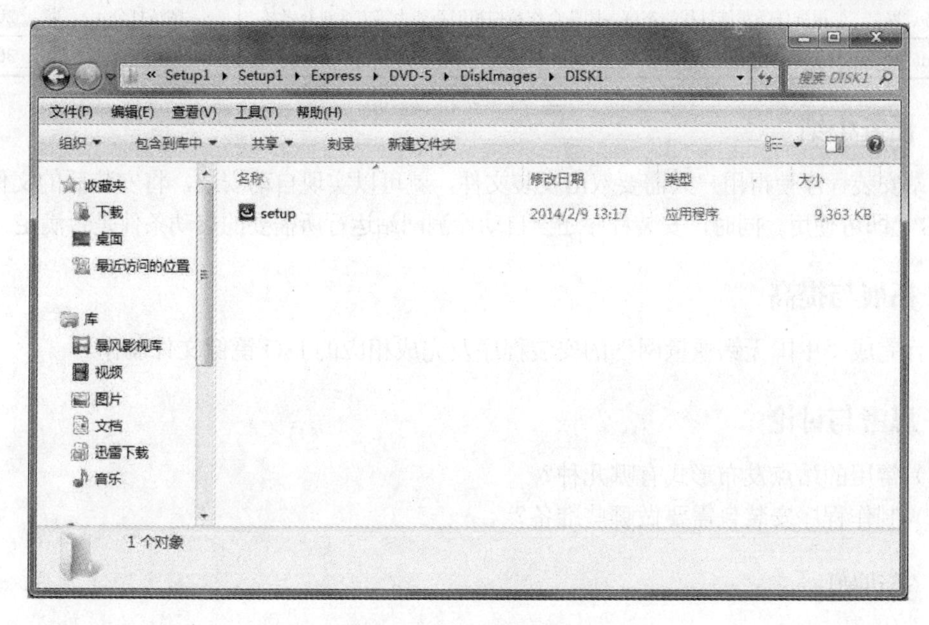

图 5-33　安装包文件夹

⑭ 安装后的项目文件夹中的文件如图 5-34 所示，将安装后的文件夹配置到 IIS 上即可运行网站系统。

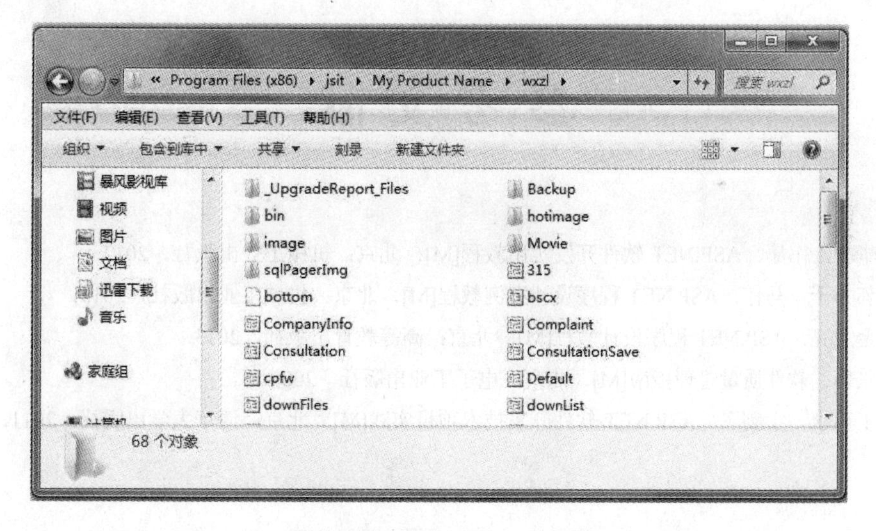

图 5-34　安装后的项目文件夹

5.2.5　任务考核

本任务要求会制作网站项目的安装程序，表 5-3 为本任务考核标准。

表 5-3　本任务考核标准

评分项目	评分标准	分　值	比例
任务完成情况	是否正确制作安装程序	0～50 分	50%
任务过程	根据任务实施过程的态度、团队合作精神和创新能力等方面进行考核	酌情打分	20%
任务完成时间	在规定时间内完成任务者得满分，每推延一小时扣 5 分	0～30 分	30%

5.2.6　任务小结

网站安装程序使得用户只需要双击安装文件，就可以实现自动安装，将安装后的文件夹配置在 IIS 上即可使用。同时，安装程序还会自动检测网站运行所需要的启动条件是否满足。

5.2.7　拓展与提高

自行完成“中国无锡质量网”的安装程序及完成相应的 ISO 镜像文件制作。

5.2.8　思考与讨论

（1）常用的站点发布形式有哪几种？

（2）制作程序安装包需要做哪些准备？

5.2.9　实训题

模仿“中国无锡质量网”安装程序的制作过程，使用 InstallShield Limited Edition 工具制作“图书馆门户信息管理系统”安装程序及完成相应的 ISO 镜像文件制作。

参考文献

[1]　华驰，韦康．ASP.NET 软件开发实用教程[M]．北京：机械工业出版社，2012．

[2]　郭力子，马伟．ASP.NET 程序设计案例教程[M]．北京：机械工业出版社，2013．

[3]　金旭亮．ASP.NET 程序设计教程[M]．北京：高等教育出版社，2013．

[4]　张瑾．软件质量管理指南[M]．北京：电子工业出版社，2009．

[5]　王德永，丁剑飞．ASP.NET 软件开发技术项目实践[M]．北京：清华大学出版社，2011．